川藏铁路拉林段·重大工程地质问题研究

雅鲁藏布江缝合带地区泥石流发育特征研究

蒋良文 总主编

何平 游勇 唐川 等著

中国铁道出版社有限公司
CHINA RAILWAY PUBLISHING HOUSE CO., LTD.

北京

内 容 简 介

本书为"川藏铁路拉林段·重大工程地质问题研究"丛书之分册。本书是对拉林铁路沿线雅鲁藏布江缝合带地区泥石流的调查与评价，阐述了泥石流遥感解译、泥石流类型与分布规律、泥石流发育特征与成因分析、泥石流定量评价及泥石流危险程度划分与危险性评价的研究方法与技术体系，分析研究了雅鲁藏布江缝合带构造区域的泥石流发育及对铁路工程的影响等。

本书适合工程地质、地质灾害及轨道交通等领域的科研人员、设计人员、工程技术人员参考，也可供高等院校工程地质、地质灾害及铁路工程等专业研究生和高年级本科生学习。

图书在版编目（CIP）数据

雅鲁藏布江缝合带地区泥石流发育特征研究/何平等著. —北京：中国铁道出版社有限公司，2023.12
（川藏铁路拉林段·重大工程地质问题研究）
"十四五"时期国家重点出版物出版专项规划项目
ISBN 978-7-113-30862-9

Ⅰ.①雅… Ⅱ.①何… Ⅲ.①雅鲁藏布江-流域-泥石流-研究 Ⅳ.①P642.23

中国国家版本馆 CIP 数据核字（2023）第 235789 号

书　　名：	雅鲁藏布江缝合带地区泥石流发育特征研究
作　　者：	何　平　游　勇　唐　川　等
策　　划：	张卫晓
责任编辑：	张卫晓　　编辑部电话：(010)51873193　　电子邮箱：zhxiao23@163.com
封面设计：	崔丽芳
责任校对：	安海燕
责任印制：	赵星辰

出版发行：中国铁道出版社有限公司（100054，北京市西城区右安门西街 8 号）
网　　址：http://www.tdpress.com
印　　刷：北京联兴盛业印刷股份有限公司
版　　次：2023 年 12 月第 1 版　2023 年 12 月第 1 次印刷
开　　本：787 mm×1 092 mm　1/16　印张：26.75　插页：1　字数：664 千
书　　号：ISBN 978-7-113-30862-9
定　　价：198.00 元

版权所有　侵权必究

凡购买铁道版图书，如有印制质量问题，请与本社读者服务部联系调换。电话：(010)51873174
打击盗版举报电话：(010)63549461

编 委 会

主　　任： 蒋良文

主　　编： 何　平　游　勇　唐　川
副 主 编： 杨　明　贾金城　张　敏　陈晓清
编　　委： 邹远华　蒋良文　徐正宣　强新刚　王　科
　　　　　　 张雨露　杨红兵　何秋林　毛邦燕　张广泽
　　　　　　 曹化平　吴俊猛　曾健新　易勇进　杨　菊
　　　　　　 姜　杨　程尊兰　吕　娟　陈兴长　范建容
　　　　　　 柳金峰　刘建康　时　亮　黄　凯　张怀珍
　　　　　　 李德基　赵万玉　张　钰　刘大翔　刘曙亮
　　　　　　 李　昆　李磊磊　杨永红　王高峰　王雨夜
　　　　　　 李　杰　金　叶　苏永超

参编单位： 中铁二院工程集团有限责任公司
　　　　　　 中国科学院水利部成都山地灾害与环境研究所
　　　　　　 成都理工大学
　　　　　　 中铁二局第五工程有限公司

序

　　川藏铁路是世纪性战略工程。川藏铁路拉林段绵亘于青藏高原冈底斯山与喜马拉雅山之间的藏东南谷地，90％以上的线路在海拔 3 000 m 以上，16 次跨越雅鲁藏布江，沿线山高谷深，相对高差达 2 500 m。线路整体位于印度洋板块和欧亚板块碰撞形成的雅鲁藏布江缝合带构造单元，是世界地壳运动最强烈的地区之一。拉林铁路建设面临显著的地形高差、强烈的板块活动、频发的地质灾害、敏感的生态环境、恶劣的气候条件、薄弱的基础设施六大环境特征，修建难度之大世所罕见。由此带来了工程建设环境极其恶劣、铁路长大坡度前所未有、超长深埋隧道最为集中、山地灾害防范任务艰巨、生态环境保护责任重大五大技术难题。拉林铁路东端连接规划建设中的川藏、滇藏铁路，可通往西南及东中部地区，向北、向西连接青藏铁路和规划的新藏铁路，可通往青海、新疆等地，是西藏对外运输通道的重要组成部分。拉林铁路的建成通车具有重大的现实意义和深远的历史意义。

　　川藏铁路拉林段西起西藏自治区拉萨市，经贡嘎、扎囊、山南、桑日、加查、朗县、米林，东止于林芝市区。工程前期调查研究和选线所面临的工程地质、选线和生态等难题，国内外无经验可借鉴和参考，也正是因为复杂的地形、地质、气候、生态等因素，工程地质对线路走向起决定性作用，严重影响铁路建设的成本、工期、安全和运营等。众多一线工程地质专家，对各种方案一一进行精心的踏勘、调查、研究、分析、论证与研判，最终为川藏铁路确定科学的建设方案。2021 年 6 月 25 日，拉林铁路的开通运营，标志着工程地质选线的成功，也标志着工程地质专家多年的辛苦工作获得圆满成功，为拉林铁路确定的建设方案是科学的、正确的。

　　"川藏铁路拉林段·重大工程地质问题研究"丛书分为《雅鲁藏布江缝合带工程地质特征及对铁路工程的影响研究》《川藏铁路拉林段沿线地质灾害分布特征与发育规律研究》《雅鲁藏布江缝合带断裂活动性及区域水文地质与水热活动研究》《雅鲁藏布江缝合带地区泥石流发育特征研究》四册。该丛书系统总结了拉林铁路勘察设计经验和科研成果,全面阐述了川藏铁路拉林段勘察设计选线过程中的典型工程地质问题,以及开展的系列调查、鉴定、分析、研究及评价成套技术思路,内容涵盖拉林铁路沿线地理环境和地质、岩石建造、地质构造、地貌与新构造运动、地质灾害(地震、滑坡、崩塌、泥石流、风沙、高地应力及高地温)等。丛书专业性强,具有一定的学术价值,对类似工程建设具有指导意义和参考价值。

"川藏铁路拉林段·重大工程地质问题研究"丛书,再现了前期现场调查资料、科研成果、宝贵现场图片和试验数据,并有新的论述;丛书理论联系实际,内容全面、系统、完整,论述深入浅出。丛书展现了铁路工程地质领域的最新发展,致力推动我国铁路建设技术新发展,是对我国铁路勘察技术体系的补充和完善,使我国铁路建设领域又占领了一个新的制高点,有力地支撑了铁路"走出去"和"一带一路"倡议。

听闻该丛书即将出版,感到由衷高兴,相信工程地质领域专家和铁路建设者都能从书中得到启示和借鉴,并有所获益。

特此欣然作序!

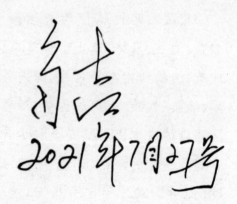

目 录

绪 论 1

上篇 拉萨—加查段

1 研究区自然环境条件 5
  1.1 地形地貌 5
    1.1.1 宽谷区 5
    1.1.2 桑加峡谷区 6
    1.1.3 山原湖盆地貌区 6
  1.2 地质环境 6
    1.2.1 区域地质 6
    1.2.2 地质概况 7
  1.3 气候与水文 11
    1.3.1 气候 11
    1.3.2 水文 12
  1.4 土壤与植被 13
  1.5 人类经济活动 14

2 泥石流沟、冰川、冰湖遥感解译 16
  2.1 资料收集与数据预处理 16
  2.2 泥石流沟室内初步解译 17
  2.3 野外考察验证 18
    2.3.1 泥石流堆积扇野外考察 18
    2.3.2 泥石流冲出物野外考察 19
    2.3.3 部分小流域泥石流沟野外考察 21
  2.4 泥石流沟特征信息提取 22
    2.4.1 泥石流沟数据库设计 22
    2.4.2 泥石流沟特征信息提取 22
    2.4.3 泥石流流域内冰川、冰湖特征信息提取 23
    2.4.4 遥感解译结果 24

— Ⅰ —

3 泥石流的主要类型、特征和分布规律 ... 25
3.1 区域泥石流概况 ... 25
3.1.1 区域背景简介 ... 25
3.1.2 各流域泥石流概况 ... 25
3.1.3 泥石流危害 ... 27
3.2 泥石流的性质和主要类型 ... 30
3.3 泥石流的特征 ... 32
3.3.1 泥石流的活动特征 ... 32
3.3.2 泥石流的运动特征 ... 33
3.3.3 泥石流的冲淤特征 ... 34
3.3.4 泥石流的堆积特征 ... 34
3.4 泥石流的分布规律 ... 37
3.4.1 分布概况 ... 37
3.4.2 区县泥石流分布情况 ... 38
3.4.3 各铁路线路方案泥石流分布规律 ... 50

4 泥石流堆积扇特征及其成因分析 ... 60
4.1 泥石流堆积扇发育特征 ... 60
4.2 典型泥石流堆积扇形成时间 ... 60
4.3 "宽而泛"沟口堆积扇成因分析 ... 62
4.4 "宽而泛"堆积扇的稳定性及其对工程的影响分析 ... 63
4.4.1 堆积扇场地稳定性分析 ... 63
4.4.2 对工程的影响分析 ... 63

5 典型泥石流沟主要特征值计算 ... 67
5.1 设计洪水洪峰流量计算 ... 67
5.2 泥石流流速计算 ... 69
5.3 设计泥石流洪峰流量计算 ... 73
5.4 一次泥石流过程总量 Q 计算 ... 76
5.5 一次泥石流最大堆积厚度的计算 ... 77
5.6 冰川—降雨型泥石流主要特征值计算 ... 79

6 泥石流危险程度的划分与危险性评价 ... 81
6.1 泥石流易发程度评价 ... 81
6.2 泥石流活动强度评价 ... 84
6.3 泥石流综合致灾能力评价 ... 86

6.4 单沟泥石流危险性评价 ······87
6.5 区域泥石流危险性评价 ······89
    6.5.1 评价的原则 ······89
    6.5.2 评价因子 ······92
    6.5.3 评价结果 ······93

7 泥石流对铁路工程的影响及防治对策 ······96
7.1 泥石流对铁路工程的影响 ······96
    7.1.1 泥石流对铁路的直接危害 ······96
    7.1.2 泥石流对铁路的间接危害 ······97
7.2 泥石流防治对策 ······98
    7.2.1 泥石流灾害防治总体原则 ······98
    7.2.2 泥石流灾害防治对策建议 ······99
    7.2.3 泥石流防治工程 ······101

8 典型单沟泥石流防治对策 ······103
8.1 程巴村沟 ······103
    8.1.1 泥石流的形成条件、性质和类型 ······103
    8.1.2 泥石流的活动特征 ······107
    8.1.3 泥石流基本参数计算 ······107
    8.1.4 泥石流治理目标、原则与标准 ······110
    8.1.5 泥石流治理工程方案 ······111
8.2 那木干当沟 ······112
    8.2.1 泥石流的形成条件、性质和类型 ······113
    8.2.2 泥石流的活动特征 ······116
    8.2.3 泥石流基本参数计算 ······116
    8.2.4 泥石流治理目标、原则与标准 ······117
    8.2.5 泥石流治理工程方案 ······117

9 结　　论 ······119

下篇　加查—林芝段

10 研究区自然环境概况 ······123
10.1 米林段自然环境概况 ······123
    10.1.1 地形地貌特征 ······123

  10.1.2　工程地质特征 …… 123
  10.1.3　水文地质特征 …… 124
  10.1.4　气候特征 …… 125
  10.1.5　人类工程活动 …… 125
 10.2　朗县段自然环境概况 …… 125
  10.2.1　地形地貌特征 …… 125
  10.2.2　工程地质特征 …… 125
  10.2.3　水文地质特征 …… 126
  10.2.4　气候特征 …… 127
  10.2.5　人类工程活动 …… 127
 10.3　加查段自然环境概况 …… 128
  10.3.1　地形地貌特征 …… 128
  10.3.2　工程地质特征 …… 129
  10.3.3　水文地质特征 …… 129
  10.3.4　气候特征 …… 130
  10.3.5　人类工程活动 …… 132

11　泥石流调查内容与方法 …… 133
 11.1　泥石流调查方法 …… 133
  11.1.1　遥感技术在地质灾害研究中的应用 …… 133
  11.1.2　遥感调查研究技术路线 …… 135
  11.1.3　遥感图像资料来源 …… 136
  11.1.4　遥感图像预处理 …… 138
  11.1.5　遥感影像的泥石流判译 …… 140
 11.2　冰川、冰湖的空间分布和地貌特征的遥感调查、分析 …… 149
  11.2.1　源地信息提取方法 …… 149
  11.2.2　冰湖、冰川的水文特征分析 …… 152
  11.2.3　冰川型泥石流形成机理 …… 154
  11.2.4　冰川型和暴雨型泥石流的活动历史调查 …… 155
  11.2.5　冰川型和暴雨型泥石流的形成环境调查 …… 155

12　泥石流活动特征与分布规律 …… 157
 12.1　沿线冰川型和暴雨型泥石流活动特征 …… 157
  12.1.1　沿线冰川型泥石流活动特征 …… 158
  12.1.2　沿线暴雨型泥石流活动特征 …… 158
 12.2　泥石流分布规律 …… 158

12.2.1　沿线泥石流分布基本特征 ··· 158
　　　12.2.2　沿线冰川型泥石流分布规律 ··· 162
　　　12.2.3　地层岩性与泥石流的分布关系 ··· 162
　　　12.2.4　地形地貌与泥石流的分布关系 ··· 165
　　　12.2.5　降雨与泥石流的分布关系 ··· 168
　　　12.2.6　地质构造与泥石流的分布关系 ··· 170
　12.3　泥石流沟源地冰川信息及冰湖提取结果 ·· 173
　12.4　泥石流沟源地冰川与泥石流的关系 ·· 174
　12.5　泥石流源地信息分布特征 ·· 177
　　　12.5.1　泥石流源地物源分布特征 ··· 177
　　　12.5.2　泥石流源地冰川、冰湖分布特征 ······································· 177
　　　12.5.3　泥石流源地冰川分布对源地物源的影响 ··························· 180
　　　12.5.4　地形地貌与泥石流源地分布 ··· 180
　12.6　泥石流堆积扇演化特征与规律 ·· 183
　　　12.6.1　堆积扇平面形态 ··· 183
　　　12.6.2　堆积扇范围规模 ··· 187
　　　12.6.3　堆积扇纵比降 ··· 187
　　　12.6.4　堆积扇面积与流域地形参数的相关性分析 ······················· 187

13　泥石流活动程度分析与危险性评价 ·· 195
　13.1　泥石流活动程度分析 ·· 195
　13.2　冰川型泥石流危险度研究 ·· 197
　　　13.2.1　研究思路与技术路线 ··· 197
　　　13.2.2　冰川泥石流发育特征 ··· 197
　　　13.2.3　冰川型泥石流形成机制和影响因素敏感分析 ··················· 199
　　　13.2.4　危险度评价数学方法的选择 ··· 207
　　　13.2.5　冰川泥石流危险度评价指标体系建立 ······························· 208
　　　13.2.6　模糊综合评判对研究区冰川泥石流危险度评价 ··············· 212
　13.3　暴雨型泥石流危险度研究 ·· 225
　　　13.3.1　危险度研究技术路线 ··· 225
　　　13.3.2　危险度评价方法选择 ··· 225
　　　13.3.3　评价方法介绍 ··· 225
　　　13.3.4　评价模型的确定 ··· 230
　　　13.3.5　基于层次分析的单沟泥石流危险度评价 ··························· 235
　　　13.3.6　危险度评价结果验证 ··· 251

14 各区段典型泥石流沟分析评价 ········ 253
14.1 米林段典型泥石流沟分析评价 ········ 253
14.1.1 扎西绕登乡空普沟 ········ 253
14.1.2 工巴沟(L10) ········ 260
14.1.3 龙阿沟(L25) ········ 268
14.1.4 普丁当嘎沟(L31) ········ 274
14.1.5 茂公村二号沟(L37) ········ 282
14.1.6 加日村沟(L40) ········ 289
14.1.7 阿噶布沟(L46) ········ 296
14.1.8 才巴村 3 号沟(R3) ········ 302
14.1.9 玉松村 3 号沟(R20) ········ 311
14.1.10 米林 R54 号沟 ········ 320
14.2 朗县段典型泥石流沟分析评价 ········ 327
14.2.1 旺热沟(L61) ········ 327
14.2.2 L86 号沟 ········ 334
14.2.3 托麦 1 号沟(L92) ········ 340
14.2.4 温则沟(L113) ········ 347
14.2.5 R68 号沟 ········ 354
14.2.6 R76 号沟 ········ 362
14.2.7 R84 号沟 ········ 370
14.2.8 R96 号沟 ········ 376
14.3 加查段典型泥石流沟分析评价 ········ 382
14.3.1 熊玛沟 ········ 384
14.3.2 白沟 ········ 391
14.3.3 白助沟 ········ 394
14.3.4 1 号沟 ········ 399
14.3.5 聂荣沟 ········ 403
14.3.6 多助沟 ········ 408

参考文献 ········ 412

附图 加查—林芝段泥石流分布图 ········ 417

绪　论

　　川藏铁路拉林段(拉萨—林芝)位于西藏自治区内,为川藏铁路先行段。拉林段的建成通车,为川藏铁路雅安—林芝段的建设提供宝贵的工程实践经验。拉萨—林芝线路方案曾分为北线和南线两大线路方案。北线方案为拉萨—达孜—墨竹工卡—工布江达—林芝;南线方案为拉萨—贡嘎—扎囊—乃东—加查—朗县—米林—林芝。拉萨至加查段以桑日为界,桑日以西设计了雅鲁藏布江北岸和雅鲁藏布江南岸两套方案;桑日以东除了桑日—加查峡谷(简称桑加峡谷)方案外,还设计了桑日—曲松—加查的曲松方案。综合廊道地质条件、经济据点、带动经济发展及资源开发等因素,推荐南线方案。

　　川藏铁路拉林段沿线地质条件复杂,地质灾害发育。其中,泥石流是铁路沿线主要的地质灾害类型之一。泥石流暴发突然、来势凶猛、破坏性强,一旦成灾,往往造成重大损失。铁路这种线性工程,更容易遭受泥石流灾害的威胁。泥石流对铁路的危害主要表现在:

　　(1)泥石流冲刷桥涵使基础淘空,导致建筑物发生局部沉陷变形和损坏,甚至毁坏墩台,摧毁桥涵。

　　(2)桥涵孔洞被泥石流局部淤堵或全部堵塞而失去排泄效能,对铁路造成威胁。

　　(3)泥石流漫溢改道,将桥涵废置一旁,迫使必须改建或新建桥涵工程。

　　(4)冲毁路基或淤埋线路,给养护工作造成困难,严重者致使整段铁路改线。

　　泥石流灾害的发生不仅恶化铁路沿线脆弱的生态环境,而且严重影响铁路的建设和运营安全。因此,深入研究铁路线路方案沿线泥石流分布与发育规律,对有效指导铁路选线,保障线路以安全可靠、经济合理的方案通过泥石流活动地区具有重要的现实意义。

　　拉林段铁路线路主要沿雅鲁藏布江缝合带展布。雅鲁藏布江缝合带地形地质条件十分复杂,山高坡陡、沟壑纵横;地层遭受强烈的构造变形和变质作用,岩体节理裂隙发育,完整性差;加之该区域独特的水文气象条件,孕育了多种泥石流发育和成灾环境。拉林段沿线不仅发育大量我国西南地典型区的暴雨型泥石流,而且还孕育有以冰碛物、冰雪融水为水动力条件的冰川泥石流。这类泥石流暴发频率低、规模大,搬运力和破坏力极强,而且治理难度大,成为局部乃至全线的关键性控制节点。

　　随着全球气候变暖,特别是20世纪50年代以来,青藏高原冰川退缩、冰湖范围不断扩大,冰湖溃决洪水及冰川泥石流灾害的潜在威胁也随之增加。因此需对沿线冰川泥石流和暴雨泥石流的成因、分布规律、危险性、发展趋势和防治对策等方面进行深入的研究。

上篇

拉萨—加查段

本篇以拉萨—加查段泥石流为主要研究对象,根据该段独特的区域地质、地貌和气候条件,结合该地区泥石流灾害的特点,在资料收集和遥感解译的基础上,通过现场调查、室内试验和理论分析等综合方法,深入研究泥石流的形成条件及其特征,探讨泥石流的分布规律,系统地评价泥石流的危险程度,全面分析泥石流对铁路线路方案的影响,提出了泥石流灾害的防治对策,为该段铁路选线和保障线路以安全可靠、经济合理的方案通过泥石流活动地区提供了技术依据。

1 研究区自然环境条件

1.1 地形地貌

西藏自治区位于青藏高原的主体区域,总体地势由西北向东南倾斜。地貌大致可分为喜马拉雅高山区和西藏南部谷地、北部高原、东部高山峡谷区。拉萨—加查段主要位于西藏南部谷地,雅鲁藏布江中游,平均海拔 3 700 m,拉萨—加查段内可分为宽谷区、桑加峡谷区和山原湖盆地貌区三个大的地貌单元。

1.1.1 宽谷区

宽谷区主要包括雅鲁藏布江的一级支流拉萨—曲水的拉萨河宽谷区和曲水—乃东的雅鲁藏布江宽谷区。

1. 拉萨河段

拉萨河谷区总体地形呈梁谷相间,地势总体呈现北高南低、西高东低、梁高谷深的特点。拉萨河谷地面海拔 3 610～4 130 m,地势平坦开阔,土质肥沃,是西藏主要的农业区,也是当地群众从事各项经济活动的主要场所,具体分布在拉萨—堆龙德庆—曲水一线。

2. 雅鲁藏布江段

雅鲁藏布江宽谷区地形地貌大致可分为雅鲁藏布江河谷平原区、雅鲁藏布江江南高山宽谷区和雅鲁藏布江江北高山宽谷三大类型,平均海拔 3 564 m,海拔最高达 5 438 m,相对高差 1 890 m。

(1)雅鲁藏布江河谷平原区,位于雅鲁藏布江沿岸两侧,主要地貌单元为平坦谷地、裸露浅滩和风成沙丘等。

(2)雅鲁藏布江江南高山宽谷区位于雅鲁藏布江南侧,该区地形起伏较大,地貌以高山、峡谷、宽谷为主,是主要的人口聚集区,人类工程活动相对较强,也是地质灾害主要分布区。

(3)雅鲁藏布江江北高山宽谷区位于雅鲁藏布江北岸,该区地形起伏较大,地貌以高山、峡谷、宽谷为主,人口密度相对较小,人类工程活动相对较弱,地质灾害主要沿沟谷两侧分布。

雅鲁藏布江宽谷区具体分布在曲水—贡嘎—扎囊—乃东—桑日一线。

1.1.2 桑加峡谷区

桑加峡谷区位于雅鲁藏布江中游的桑日县张嘎—加查县藏木公社之间，属典型的高山峡谷地貌。峡谷长达 37 km，山势陡峻，地势险要，峰峦叠嶂，难以通行。峰顶海拔最高达 6 000 m 以上，与谷底的垂直高差达 2 000 余米。整个峡谷段两岸岩石坚硬，形成了典型的"V"形谷，谷底宽一般在百米之内，水面宽 40～50 m。峡谷幽深，江面狭窄，水流湍急，跌水节节相连，涛声阵阵，山顶白雪皑皑，山麓绿树成荫，构成峡谷区独特的自然景观。

1.1.3 山原湖盆地貌区

山原湖盆地貌区属于喜马拉雅山脉东段北侧，雅鲁藏布江中游南岸，为喜马拉雅极高山亚区，群山绵亘，峰峦叠嶂，沟谷纵横，谷地狭窄，悬崖峭壁林立。整个区域属雅鲁藏布江的两个一级支流——曲松河和色卧普曲流域。

第三纪上新世以来，青藏高原地壳迅速而强烈的隆起和断陷，隆起的山地长期受到剥蚀、侵蚀，断陷谷地则长时间接受外来物质的堆积，形成了以广大基岩山地为格架，其间不均匀夹持狭长河(沟)谷的高原地貌景观。平均海拔 4 200 m，大部分地区高差都在 500 m 以上，而曲松河谷等一些深切割的沟谷区相对高差可达 1 200 m 左右。山原湖盆地貌区主要分布在曲松县和加查县的拉绥乡范围。

1.2 地质环境

1.2.1 区域地质

拉林铁路位于我国青藏高原的东南部。在大地构造上属于南北大陆之间的阿尔卑斯—喜马拉雅巨型山系的东段，历史上经历过多次构造变动，尤其是进入第三纪以来，在喜马拉雅运动的驱使下，经历强烈的垂向断块运动。特定的大地构造经历，决定了其特殊的地质环境。西藏高原的大地构造由北向南依次可划分为：南昆仑—巴颜喀拉板片、若拉岗日—金沙江缝合带、羌塘—三江复合板片、班公错—怒江缝合带、冈底斯—念青唐古拉板片、雅鲁藏布江缝合带、喜马拉雅板片、西藏南部边界的西瓦里克 A 型俯冲带。拉萨—加查段位于雅鲁藏布江缝合带中段，如图 1.1 所示。

雅鲁藏布江缝合带是最为典型的板块构造缝合带。雅鲁藏布江缝合带基本平行于雅鲁藏布江河谷发育，向西经阿里地区的阿依松日居延出国外，与印度河缝合带相接;向东沿着南迦巴瓦构造楔进地体的边缘伸展到缅甸、泰国境内。雅鲁藏布江缝合带在西藏自治区内长约 1 700 km,宽约 10 km 不等,岩性包括雅鲁藏布江蛇绿岩带、混杂岩带及高压低温变质带。

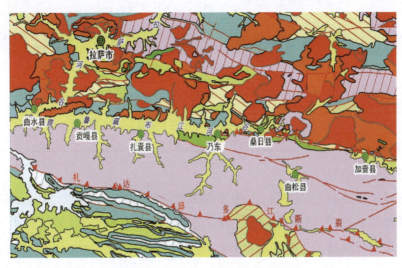

图 1.1 拉萨—加查段区域地质图

拉萨—加查段正好处于雅鲁藏布江缝合带仲巴—朗杰学陆缘移置混杂地体,以札达—拉孜—邱多江断裂为南界,以发育上三叠统修康群缝合线型复理石—混杂组合为特征。其混杂基质主要为浅变质的上三叠统修康群复理石,常与蛇绿岩伴生,变质基性岩、火山岩发育,混杂组合中有大量的蛇绿岩卷入。蛇绿岩以地幔橄榄岩为主,并与基性脉岩和晚三叠世放射虫硅质岩共生。

1.2.2 地质概况

1. 地层岩性

1)拉萨河区域

出露地层由老至新依次有:上侏罗统多底沟组,白垩系~侏罗系林布宗组,下白垩统门中组、楚木龙组、塔克那组和上白垩统汤贾组、设兴组、温区组,第四系更新统~全新统,见表1.1。

表 1.1 拉萨河区域地层一览表

界	系	代号	地层名称	主要岩性描述
新生界	第四系	Qh	全新统	杂色砂卵石、漂卵石、块石为主,局部以黄褐色或灰黑色亚黏土或淤泥土为主
		Qp	更新统	杂色卵石或漂卵石,碎石为主砂砾石充填;局部为浅黄色亚砂土、含砾亚砂土或含砾细砂土

续上表

界	系	代号	地层名称	主要岩性描述
中生界	白垩系	K_2	上统汤贾组、设兴组、温区组	流纹质熔结凝灰岩、火山角砾岩,长石岩屑砂岩,岩屑石英砂岩、粉砂岩,泥岩,局部夹生物碎屑灰岩;深灰色、灰色、黄灰色绢云母板岩、砂质板岩夹砂岩、灰岩及流纹岩
中生界	白垩系	K_1	下统门中组、楚木龙组、塔克那组	灰、暗灰色灰岩、大理岩夹石英岩、砂岩、板岩等;浅黄色~浅灰色变质砂岩、变质细砂岩;灰色石英砂岩夹灰黑色页岩、粉砂岩,局部夹砾岩及黑色板岩;灰色、黄灰色砂岩、粉砂岩夹生物碎屑灰岩
	白垩系~侏罗系	J_3K_1l	林布宗组	灰黑色、黑色页岩,粉砂岩夹灰黑色石英砂岩
	侏罗系	J_3d	上统多底沟组	灰~灰白色中厚层状灰岩,生物碎屑灰岩夹泥质灰岩及少量砂岩,板岩

2)雅鲁藏布江宽谷段

出露的地层主要有上三叠统、上中下侏罗统、上侏罗下白垩统、中上白垩系统、古近系古新统及始新统、第四系更新统~全新统等,见表1.2。岩浆岩出露面积也较大。岩石类型为喜马拉雅期二长花岗岩($\eta\gamma_6^1$)、花岗闪长岩($\gamma\delta_6^1$)、闪长岩(δ_6^2)及燕山期辉长岩(ν_5^3、ν)等。

表1.2 贡嘎县地层一览表

界	系	代号	地层名称	主要岩性描述
新生界	第四系	$Qh、Qp$	全新统、更新统	杂色卵石或漂卵石,碎石为主砂砾石充填;局部为浅黄色亚砂土、含砾亚砂土或含砾细砂土
新生界	古近系	$E_{1-2}L$	林子宗群	英安质岩
中生界	白垩系	K_2w	温区组	钙泥质板岩,粉砂质板岩等
中生界	白垩系~侏罗系	J_3K_1S	桑日群	灰绿色、灰色火山岩、砂岩、泥岩、灰岩大理岩等
中生界	三叠系	$T_3X.$	修康群	杂色页岩、板岩变质细砂岩、石英砂岩

山南市泽当附近出露有泽当蛇绿岩。蛇绿岩东西延展20余公里,西端最宽处约4 km,东端较窄处约1.5 km,出露面积约45 km²。泽当蛇绿岩南侧为一套下三叠统类复理石沉积杰德秀组($T_3j.$),主要为粉砂质板岩夹细砂岩、灰岩透镜体;北侧为一套不同于蛇绿岩的岛弧岩石组合;再向北隔着雅鲁藏布江缝合带有晚侏罗~早白垩世及晚白垩世的火山沉积建造分布,包括麻木下组(J_3K_1m,岩性为安山岩、英安岩、凝灰岩、凝灰质砾岩、灰质砾岩),比马组(J_3K_1b,岩性为细晶或粉晶灰岩、板岩、变质片状安山质凝灰岩),以及旦师庭组(K_2Ed,岩性为安山质火山角砾岩,角闪质安山岩);东部与罗布莎群(RLb,杂色复成分砾岩、砂砾岩、粉砂岩)相邻;西部则被第四系沉积物覆盖。在泽当蛇绿岩壳层熔岩顶部出现的深海沉积物,主要以一套泥~砂质岩构成的复理石建造为主,夹有含放射虫化石的彩色燧石,还可见到少量玄武质熔岩夹层。

3) 桑加峡谷段

桑加峡谷段地势陡峭，两岸山谷林立。峡谷两岸出露的地层主要以喜马拉雅早期和燕山晚期的岩浆岩为主，有第三系溶母棍巴组（E_2r）的中粒角闪黑云二长花岗岩、白堆组（E_2b）中粒斑状角闪黑云二长花岗岩、畜牧组（E_2x）中～细粒少斑黑云二长花岗闪长岩、知给岗组（E_2z）中细粒角闪黑云英云闪长岩；白垩系门朗组（K_2m）中～细粒角闪黑云石英二长闪长岩、那布定组（K_2n）的中粒斑状二长花岗岩等。

4) 曲松方案段

曲松方案所经区域主要以上三叠统修康群（$T_3X.$）地层和第四系（Q）堆积层为主。上三叠统修康群总体呈近东西向展布，北侧与罗布莎群（RLb）或镁铁～超镁铁岩呈断层接触。该套地层在区域上分布较稳定，由中细粒碎屑沉积岩类夹少量火山岩和灰岩组成。主要岩石类型有变质砂岩及粉砂岩、绢云石英千枚岩、炭质绢云千枚岩、片岩等，共分七段，各段岩性存在一定差异。

第四系堆积物从分布范围和面积来看，残积物（Q_4^{el}）和坡积物（Q_4^{dl}）分布最广，主要分布在坡麓及坡脚地带，堆积物由碎石土、亚黏土、亚砂土组成，堆积物结构普遍较为松散，厚度 0.5～10 m；冲洪积物（Q_4^{alp}）主要分布在河流及支沟沟谷地带，由卵石、砾石及少量细粒物混合堆积而成，分选性差，最大堆积厚度大于 20 m；洪积物（Q_4^{pl}）主要分布曲松河两侧的支沟沟口地带，由于这些支沟纵比降大，在暴雨条件下易形成泥石流，因而在沟口地带往往形成洪积扇，在冲沟密集地段，扇体往往相互连接并构成洪积裙，堆积物以块石为主并夹有部分细粒物质，结构松散，堆积厚度变化较大；河湖积相堆积物（Q_4^{hl}）主要分布在曲松县城、堆随乡洛村以及邱多江乡的局部地区，堆积物厚度数米至数十米，岩性以含砾卵石土为主，堆积物结构中密。

2. 地质构造

拉萨—加查段内主要地质构造为雅鲁藏布江缝合带，资料显示雅鲁藏布江缝合带不属于第四纪活动断裂，主要沿雅鲁藏布江河谷分布，东西走向（图 1.1）。雅鲁藏布江缝合带的构造—建造类型有：

(1) 主要与板块俯冲—碰撞有关的蛇绿混杂岩建造。

(2) 碰撞—逆冲有关的泥沙质混杂岩建造。

前者经高压蓝闪绿片岩相变质，是雅鲁藏布江缝合带的主要标志；后者经高压低绿片岩相变质，是雅鲁藏布江构造混杂岩带主体。雅鲁藏布江缝合带为数条相近平行的断层组成一个断裂破碎带，带宽达数百米至数公里，由碎裂岩、糜棱岩、构造透镜体、挤压劈理等组成。雅鲁藏布江缝合带发育的次级构造主要有：近东西向的曲松—错古—折木朗脆韧性剪切带、邱多江—卡拉复合断裂带和近南北向的沃卡—曲松—邱多江活动构造带。

1) 曲松—错古—折木朗脆韧性剪切带

曲松—错古—折木朗脆韧性剪切带近东西向贯穿全区,是本区一条重要的脆韧性剪切应变带。由数条近东西向断裂组成,断面总体南倾,倾角35°~55°,最宽处在错古一带,宽达2~3 km,拟建铁路线位附近宽度为100~300 m。该脆韧性剪切带介于雅鲁藏布江缝合带和邱多江—卡拉复合断裂带之间的曲松—登木地块内一条与板块碰撞有关的重要应变界面。构造带岩石主要由上三叠统朗杰学群千枚岩、板岩、变砂岩等组成,受构造作用影响,岩石强烈破碎。

2) 邱多江—卡拉复合断裂带

邱多江—卡拉复合断裂带地处喜马拉雅地块北缘,延伸于邱多江—宗许—卡拉一线。邱多江—卡拉复合断裂带宽100~200 m,近东西向展布,断面总体倾向15°~25°,倾角30°~60°。在地貌上沿邱多江—卡拉复合断裂带形成了邱多江、宗许等近东西向展布的新生代盆地。

3) 沃卡—曲松—邱多江活动构造带

沃卡—曲松—邱多江活动构造带近南北向展布,宽7~12 km,由多组、多条北东、北西和近南北向张扭性及正断层组成。活动构造带总体呈带状展布特征十分清楚,具右行走滑性质,切割、错断了第三系及其近东西走向的地层、岩体及构造带;该活动构造带由一系列第四纪断陷盆地组成,沉积物向盆地中心倾斜,根据该活动构造带最低海拔高度与隆起带高程推算,活动带最大高差累积达到1 200~1 700 m。

雅鲁藏布江缝合带在挽近地质时期以来,特别引人注目的是新活动十分强烈。在贡嘎县沃拉附近见喜马拉雅构造运动期侵入的超基性岩、基性岩和第三系岩层皆遭到强烈挤压破碎。在桑日县沃卡电站第三级阶地上,见第四系砂砾石层与花岗岩呈明显的断层接触,断层走向N85°E,倾向南东,倾角65°,糜棱岩及断层泥宽1~5 cm。在晚更新世形成的第二阶地上发现花岗闪长岩直接逆冲在第四系砂砾石层之上,断层产状N75°E,倾向南东,倾角85°,糜棱岩带宽2~3 m。

两个不同方向的断裂构造带(近东西向的曲松—错古—折木朗脆韧性剪切带、邱多江—卡拉复合断裂带和近南北向的沃卡—曲松—邱多江活动构造带),主要形成时期是在燕山运动末。

第三纪末的喜马拉雅构造运动使整个西藏高原隆起,该区域的构造得到了显著的加强,导致喜马拉雅构造运动期的中酸性、基性、超基性岩体遭到强烈挤压破碎。从晚更新世砾岩层与花岗岩体呈断层接触的实事说明,区域在晚更新世以后仍处在强烈的构造活动之中。北东向构造明显切割东西向,两者呈截接的复合关系,北东向构造的成生时期相对东西向构造晚,很可能是在早期北东向扭性破裂的基础上迁就、利用、改造发展起来的,因此具有多期活动的特点。

3. 新构造运动与地震

1) 新构造运动

中新世以来,由于印度洋板块的持续向北俯冲,导致青藏高原不断抬升。而研究区处于喜马拉雅隆起带和雅鲁藏布江缝合带之间。这种强大的地壳水平运动,使山体岩层中积累了巨大的地应力,造成挤压带内地形强烈的差异性升降运动,其结果是地形复杂、地貌类型多,岩层在强烈的挤压下形成断裂和褶皱,同时活动断层众多,新构造运动尤为强烈。

研究区内新构造运动主要表现在新生代以来差异性上升为主;高山区表现为局部上升伴随缓慢剥蚀,峡谷区表现为强烈的河流下切形成高山峡谷,宽谷河坝区表现为缓慢堆积。总体上研究区新构造运动表现为缓慢上升、强烈剥蚀和切割、缓慢堆积作用,在区内形成高山峡谷、宽阔的河谷阶地、漫滩及树枝状河流。

2) 地震

地震是现代构造活动的重要表现形式。研究区位于雅鲁藏布江深大断裂带附近,现代应力场最大主应力方向呈南北向,喜马拉雅地槽目前处于强烈上升阶段,地壳运动剧烈,构造应力强而且变化大,岩石中的应变能可迅速积累和释放,因此,地震活动强度大,且频率高。地震多分布在雅鲁藏布江深大断裂带及其沃卡—曲松—邱多江活动构造带附近,地震活动频繁,震源深度一般在 20~70 km 范围内,少数可达 150 km。据有关资料记载:1915 年 12 月 3 日在罗布沙地区曾发生过 7 级地震,中心部位位于沃卡—邱多江活动构造带,造成数百人伤亡,房屋、农田等受到严重破坏;20 世纪 80 年代以来,增嘎村、竹麦沙村等地也不间断地发生有震感的地震。

据 1:4 000 000《中国地震烈度区划图》(1990 年)显示,研究区大部分地区地震基本烈度为Ⅶ度,地震动峰值加速度 $0.15g$;而在由曲松—桑日之间和拉萨河右岸两个区域为Ⅷ度区,地震动峰值加速度 $0.20g$。

1.3 气候与水文

1.3.1 气候

研究区地处青藏高原西藏南部谷地,受地势影响,纬度地带性气候变得不太明显,受太阳辐射、地理条件和大气、环境等诸多因素的影响,呈现出非地带性特点,形成独特的温带半干旱高原气候。

据西藏自治区气象局资料,当地气候具有日照充足,空气稀薄,降水量小,蒸发量大,湿度小,旱、雨季分明,昼夜温差大,无霜期短等特点。四季不明显,温度日变化大,年变化小,冷暖变化特点是长冬无夏,春秋相连。冬春盛行河谷风,寒冻风化显著,在局部地段常常会形成冰雹、风沙等自然灾害。

研究区固定的气象观测站相对较少，据已有气象观测资料：雅鲁藏布江宽谷段多年平均最高温 15.5～15.8 ℃，多年平均最低气温 0.8～2.2 ℃，多年平均气温 7.2～8.5 ℃；多年平均降水量 379.6～448.8 mm，年最大降水量 843.3 mm，年最小降水量 217 mm；历年蒸发量 1 388.8～2 330.7 mm，多年平均蒸发量 1 928.8 mm。

据曲松县有关气象资料显示：拉林铁路曲松方案经过的山原湖盆区年平均气温 8.7 ℃；最高气温出现在每年的 7 月，平均 11.8 ℃，极端最高气温 21.9 ℃；最低气温出现在每年的 1 月，平均气温为 −1.4 ℃，极端最低气温 −21.7 ℃。年平均降水量 470 mm，集中在 6～9 月，年最大降水量 590 mm（1974 年），年最小降水量 340 mm（1981 年）。

1.3.2 水文

1. 地表水

研究区内水系属雅鲁藏布江水系。研究区内沟谷发育，河流密布、水流湍急，且大部分支流溪短流急，水位暴涨暴跌，落差很大，冲刷切割山体能力极强。长年性流水河流均属雅鲁藏布江一级支流，主要有拉萨河及其支流堆龙曲、曲松河、色卧普曲等。

雅鲁藏布江是研究区内主要的河流。曲水—桑日段为雅鲁藏布江的宽谷段，河谷宽阔；雅鲁藏布江在桑日—加查为峡谷段，峡谷长达 37 km，呈典型的"V"形峡谷，谷底宽一般在百米之内，水面宽 40～50 m，江面狭窄，水流湍急。

拉萨河由东北向西南伸展，发源于念青唐古拉山，流域面积 31 760 km²。拉萨河由拉萨市西郊附近进入市界，在岗德林一带接纳堆龙曲河水后南流汇入雅鲁藏布江，河流纵比降约 2‰，河床宽 600～2 200 m，心滩、边滩发育。堆龙曲发源于冈底斯山东段南麓，全长 137 km，流域面积 5 093 km²，为拉萨河下游右岸一级支流，由堆龙德庆区北西侧进入区界，蜿蜒南下，于堆龙德庆东南部（岗德林一带）注入拉萨河，为淤积型河床，宽 25～170 m，平均纵比降 8.6‰，局部河段心滩、边滩较发育。

曲松河发源于曲松县东部向当普东拉附近，自南东向北西流，上游每年冬春季节会出现断流，而下游丰水期流量可达 45 m³/s；色卧普曲与曲松河以布丹拉山口为分水岭，自南西向北东流。两条河流均为雅鲁藏布江一级支流。

区内除几条大的河流外，其余小河、沟也十分发育，有着非常丰富的水资源。此外，在研究区西北和北部高山地区还发育有许多大大小小的高原湖泊，海拔一般在 4 500～5 000 m；湖泊形成年代一般较长，地质结构相对稳定。

2. 地下水

研究区的水流主要是以雨水补给为主，地下水补给为辅。地下水主要赋存于第四系松散堆积物和基岩裂隙中,可分为第四系松散堆积层孔隙水和基岩裂隙水两大类。

第四系松散堆积层孔隙水广泛分布于雅鲁藏布江及其支流的河谷平原,大中型支沟谷地以及部分小支谷与山前洪积扇。含水层多由松散的冲、洪积砂、砾、卵石、黏性土和风化残积土组成。受堆积结构、成因类型、地形地貌、补给条件等因素的控制,松散岩类孔隙水的分布规律与富水性具有明显的时空差异。河谷地带冲洪积物接受地表水补给,卵砾石层补给充足,透水性好,水量丰富;残坡积层、河湖相成因的高阶地地段,主要接受大气降水及基岩裂隙水的补给,富水性差异较大;洪积物由于泥质含量较高,透水性差,富水性微弱。其排泄方式主要排泄给河流、蒸发。富水土体可在寒冻气候条件下形成冻土,并造成斜坡物理力学性质改变。在暴雨时水位急剧升高,因排泄不畅而产生很大的动水压力,使土体抗剪强度降低导致边坡失稳,或携带松散堆积物流向下游,易产生滑坡、土质崩(坍)塌、泥石流等灾害。

基岩裂隙水可分为风化裂隙水和构造裂隙水。风化裂隙水一般分布在基岩的上表部,分布均匀,水位变化很大,含水层厚度小,多形成潜水或孔隙裂隙水。构造裂隙水分布在基岩表层之下,均匀性差,但水位稳定,多具承压性。基岩裂隙水的补给、径流与排泄严格受到地形地貌条件的控制。从宏观上看,地下水径流方向基本与地表水水流方向一致,以泉、地下潜流等形式排入溪沟、河流等。在深切沟谷沿岸及公路沿线基岩出露区的部分地段常呈下降泉出露,丰水期冲蚀岩石裂隙,使岩体抗剪强度降低,形成滑坡危害;枯水期动水压力降低造成基岩破裂形成崩塌。

地下水化学特征受各种因素影响,主要与含水层介质和地下水的循环交替作用有关,加之研究区内沟谷发育,地形切割强烈,水循环交替作用强烈,地下水补给单一。因此,地下水化学成分差异性不大,矿化度低,一般为弱酸~弱碱性低矿化极软~微硬水。

基岩裂隙水,尤其是在岩体表部一定深度范围内的裂隙水,可产生动水压力,在寒冻气候条件下可冻胀,从而加剧裂隙的发展及贯通,严重时往往导致边坡基岩崩塌。

1.4 土壤与植被

西藏自治区内成土条件复杂,土壤发育类型众多,由于高寒、干燥的成土环境占据优势,全部土类中近1/4为西藏所特有的高山土壤类型。在研究区内主要发育有森林土壤、草地土壤和耕种土壤三大类型。

1. 森林土壤

在研究区海拔3 600 m左右发育棕壤、暗棕壤土;植被以温性松林、针阔叶混交林、部分高山栎林,以及云杉和冷杉等冷湿暗针叶林。

2. 草地土壤

在海拔 4 100 m 以下的谷地发育有山地灌丛草原土及部分高山寒漠土、亚高山漠土。除部分辟作耕地外,大多作为牧场。草甸土和沼泽土主要分布于宽谷低地处,草甸与沼生植物生长茂盛,土壤有机质含量可达 10% 以上。

3. 耕种土壤

耕种土壤大多分布于海拔 4 200 m 以下的湖盆宽谷等热量相对充足,并有一定灌溉便利的区域,主要包括耕种山地灌丛草原土、耕种草甸土、潮土、灌淤土、水稻土以及种植业利用的各类森林土壤。研究区是西藏重要的农耕地域。

研究区属西藏南部山地灌丛草原区,植被类型复杂多样,主要发育有根茎基禾草草原、低湿草甸、落叶阔叶灌丛和常绿针叶林等。

1.5 人类经济活动

雅鲁藏布江宽谷区是人类活动相对频繁的区域,主要以农业生产、修建道路、乡村和城镇房屋建设、水利水电工程建设等为主。

1. 农业耕作及放牧活动

农牧活动是研究区内分布最广、最普遍的人类经济活动,范围涉及整个宽谷区;分布面广,活动频繁,但强度较小,影响深度较浅。该类活动中过渡开垦、放牧都会破坏植被,不仅对地表水的流态产生影响,同时会使土壤表层失去天然的保护形成沙化,从而对地质灾害的发生和发展产生影响。

2. 修建道路

国道 G108 线、省道 S101 线以及江北公路、县乡公路和乡村公路纵横交错。县乡公路大多沿斜坡中下部或坡脚地带通过,筑路削坡形成的高陡边坡,改变了斜坡的地形地貌和自然平衡,是诱发地质灾害的重要因素之一。

3. 乡村和城镇房屋建设

房屋建设具有零星或局部地段集中的工程活动特征,不合理的取土、采石,特别是依山削坡,使坡体土石内应力发生变化,导致斜坡不稳定。

4. 水利工程建设

研究区水能资源丰富,随着国家西部大开发的实施,水利、水电建设活动将日益增多。水电工程建设活动在一定程度上对环境和生态造成影响,尤其是不合理的工程开挖等容易诱发各种地质灾害的发生。

此外,历史上的乱垦滥伐和过渡开垦放牧,也使地表植被遭受严重破坏,加之引水灌溉等造成水土流失,原始生态环境被改变,降水及地表水对斜坡松散物的入渗,使斜坡稳定性受到破坏。

雅鲁藏布江桑加峡谷区,由于地形条件的限制,人类活动相对较弱,仅有少量的农业活动。此外,省道 S306 线桑日—加查段沿峡谷北岸通过,对环境有一定的影响。

2 泥石流沟、冰川、冰湖遥感解译

研究区主要包括拉萨河拉萨至曲水段、雅鲁藏布江曲水至加查段、雅鲁藏布江支流曲松河流域及晒嘎曲。研究区大的地质构造主要是雅鲁藏布江缝合带,地形地貌较复杂。拉萨河拉萨至曲水段与雅鲁藏布江曲水至桑日段河谷宽阔;雅鲁藏布江桑日至吓噶河谷逐渐变窄,吓噶至加查是雅鲁藏布江峡谷河段,两岸比较陡峭。

由于研究区受自然环境和交通状况的限制,较难实现逐沟的野外调查,尤其是冰川冰湖区。通过遥感影像可以解译出泥石流沟及冰川冰湖区,确定重点调查研究区域,为进一步的工作提供参考。经野外调查后,最终实现研究区泥石流沟特征信息的提取。

2.1 资料收集与数据预处理

收集的资料主要有研究区 1∶50 000 地形图及相关地质资料等。遥感解译的影像主要是 RapidEye 影像(图 2.1),产品类型为 3A;即 RapidEye 正射产品——经过辐射校正、传感器校正和几何校正,采用了 DTED 1 级 SRTM DEM 或更高精度的 DEM。

图 2.1　RapidEye 卫星影像

收集的 1∶50 000 地形图,是经扫描得到的数据栅格地形图,但不具有坐标投影信息;该地形图坐标系统为 1954 年北京坐标系。我国 1∶50 000 地形图采用高斯-克吕格投影(Gauss-Kruger),是一个等角横切椭圆柱投影,又叫横轴墨卡托投影(Transverse Mercator);1954 年北京坐标系采用克拉索夫斯基(Krasovski)椭球体。需要对地形图进行校正,添加投影坐标;然后镶嵌拼接研究区整体地形图。这些工作在 RS 专业软件 ERDAS Imagine 的 Image Geometric Correction 模块中完成。

2.2 泥石流沟室内初步解译

泥石流是山区常见的一种自然现象,是介于崩塌、滑坡等块体运动与挟沙水流运动之间的一系列连续流动现象(过程)。泥石流是特定的地质、地形、气候条件的组合环境产生。泥石流沟解译就是要解译出那些已经发生过泥石流或有产生泥石流的条件、尚存潜在可能发生的沟谷。植被、地貌条件及山坡形态与泥石流的发生相当密切,这些要素信息都能被记录在遥感影像中,依据这些要素信息可以对泥石流沟进行初步的遥感解译。

一般情况下,发生过泥石流的沟谷,在沟口会形成由泥石流冲出物堆积而成的堆积扇。经常发生泥石流的沟谷,植被破坏严重,存在大量的泥石流沉积物,而且裸岩较多。裸岩和泥石流的反射率较高,泥石流的残留堆积物反射率相对于周围地物也较高些,这些区域在遥感影像上都有明显的色调和颜色差异。

解译泥石流沟可以先解译出山谷,再解读山谷的形态;依据有无堆积扇初步判别是否是泥石流沟,根据堆积扇的形态和纹理特征来识别是否发生过泥石流;新发生过泥石流的沟谷会有泥石流沉积物形成的痕迹。山谷的判读主要是根据影像上的形态和纹理特征;泥石流堆积扇的判读主要是根据形态和位置;泥石流泥痕主要根据纹理特征。

总体上,先从纹理和形态上判读出山谷,根据有无堆积扇初步判读泥石流沟;若有堆积扇,依据堆积扇的形态和纹理特征来判读是否为泥石流沟;即,建立初步遥感解译标志。

参考上述方法,结合 RapidEye 遥感影像对于泥石流沟进行解译。首先在影像上判读出山谷(图 2.2,蓝色线区域),然后判读有无堆积扇(图 2.2 红色线区域),再根据影像纹理特征判别有无泥石流泥痕(图 2.2,绿色线区域),最后解译出泥石流沟(图 2.2,黄色线)。由于泥石流沟很复杂,在遥感影像上较难完全解译出泥石流沟,需要进一步地进行野外考察验证。

图 2.2　RapidEye 影像中典型的泥石流

2.3　野外考察验证

野外考察验证主要是对室内解译确定的解译标志及解译的初步结果进行验证。通过野外考察,可以根据实地的自然环境更加准确地确定解译标志;对于室内无法判读区域的实地考察,确定地物类型及其是否与泥石流沟存在联系。总体上,野外考察是对室内解译的验证和补充,也可以为泥石流沟的解译判读和特征参数的提取提供指导。

由于自然条件和交通限制,野外主要考察泥石流沟的沟口及堆积扇区域。根据沟口及堆积扇可以确定是否为泥石流沟,可以验证室内初步解译的结果。对于无法到达的区域通过遥感影像进行判读,这正是遥感的优势所在。

2.3.1　泥石流堆积扇野外考察

野外考察中,实地的泥石流堆积扇形态差别较大,植被及地物类型差别也较大。在遥感影像上反应的影像特征不同,主要体现在形态、纹理与色调的差别。新泥石流的堆积扇色调较暗,形态较为完整(图 2.3);发生泥石流比较频繁的堆积扇沟壑较密,在影像上纹理特征较明显(图 2.4);低频泥石流堆积扇上的植被覆盖较好,有部分的灌丛分布,在遥感影像上主要从形态和位置上进行解译判读(图 2.5)。

2 泥石流沟、冰川、冰湖遥感解译

图 2.3　新泥石流的堆积扇

图 2.4　高频泥石流堆积扇

2.3.2　泥石流冲出物野外考察

泥石流的冲出物差别也较大，主要是泥石流固体松散物质的来源不同，与先前室内解译过程中认定的泥石流冲出物反色率较高不同。在野外考察中，观察了不同种类的泥石流冲出物。图 2.6 所示色调较暗的泥石流冲出物，在遥感影像上反映出的色调也较暗；图 2.7 所示研究区较普遍的泥石流冲出物，在遥感影像上的色调还是与周围地物有一点差别的，能在遥感影像上判读；图 2.8 是研究区雅鲁藏布江曲水至加查段、拉萨河拉萨至曲水段较常见的泥石流冲出物，泥沙较多，色调较浅，遥感影像上色调也同样较浅。另外，冲出物的含水率也会影响其在遥感影像上的色调。

图 2.5　低频泥石流堆积扇

图 2.6　色调较暗的泥石流冲出物

图 2.7　一般的泥石流冲出物

图 2.8　泥沙较多、色调较浅的泥石流冲出物

2.3.3　部分小流域泥石流沟野外考察

对于研究区的部分小泥石流沟,受地理位置及周围地物的影响,在遥感影像上较难判读。这些泥石流沟的解译判读需要参考多种遥感影像,结合相关地质资料;对于难以确定的区域需要实地验证考察。

在野外考察过程中,考察验证在遥感影像中不能判读和不确定的泥石流沟,并用 GPS 进行定位。这些小泥石流沟山谷两侧地势较陡,在影像上多处于阴影区,或植被覆盖较好,不易解译判读,如图 2.9 所示。

通过野外考察实地验证,进一步完善泥石流堆积扇和泥石流冲出物的解译标志,为泥石流沟的判读提供更为可靠的解译判读依据;对于部分不确定和难以解译的区域进行验证和确定。

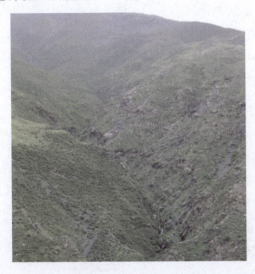

图 2.9 遥感影像中较难解译小山谷泥石流沟

2.4 泥石流沟特征信息提取

2.4.1 泥石流沟数据库设计

泥石流沟特征信息主要是指泥石流沟沟口坐标(高斯及经纬度)和高程、泥石流沟流域信息(边界、面积)、泥石流沟流域最高点高程、泥石流沟主沟长度、泥石流沟主沟源头高程及泥石流沟主沟纵比降(源头与沟口的高差与泥石流沟长度比值)。这些信息不能够在 RapidEye 影像中提取,需要参考其他资料。

在泥石流沟特征信息的提取过程中主要的参考资料是 1∶50 000 地形图。泥石流沟信息提取主要在 ArcGIS 的 ArcCatalog 和 ArcMap 模块中完成。建立 File Geodatabase 类型的泥石流沟特征信息数据库(图 2.10),分层逐步提取泥石流特征信息。

2.4.2 泥石流沟特征信息提取

结合 1∶50 000 地形图和野外考察数据,对 RapidEye 影像中泥石流沟的特征信息进行提取;以泥石流沟特征信息数据库为基础,在 ArcMap 的 Editor 模块下分层逐步进行泥石流沟特征信息提取。

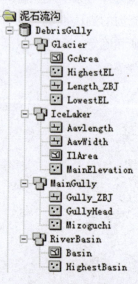

图 2.10 泥石流沟特征信息数据库

2.4.3 泥石流流域内冰川、冰湖特征信息提取

对于研究区泥石流流域内有冰川和冰湖的也需要遥感解译,并提取流域内冰川、冰湖的特征信息,包括冰川的面积、最高海拔及汇口海拔(最低海拔)、长度和纵比降、冰湖的面积、(平均)长宽、中心海拔和坐标信息等。

冰川一般在终年冰封的高山或两极地区,多年的积雪经重力或冰河之间的压力,沿斜坡向下滑动形成冰川。冰川挖蚀成的洼坑和水碛物堵塞冰川槽谷积水而成冰湖。冰川冰湖的形成需要特殊的自然环境。遥感解译中,要注意山顶一般积雪与冰川、高原湖泊与冰湖的差异和区别。

遥感解译采用 RapidEye 卫星影像,产品为真彩色影像。在影像上冰川和冰湖较容易识别,如图 2.11 所示,图中红色线区域为冰川,蓝色线区域为冰湖。由于冰川在 RapidEye 卫星影像存在阴影,对于阴影区需要参考其资料进行解译。

图 2.11 RapidEye 卫星影像中冰川冰湖区域

冰川冰湖区域一般处于高海拔区,道路交通极不方便,较难到达进行实地考察。冰川及冰湖的解译主要依据遥感影像,参考地形图等相关资料完成冰川冰湖的遥感解译及特征参数的提取。

研究区泥石流沟流域中有冰川冰湖的泥石流沟主要是编号为 YL285T 的泥石流沟。提取的冰川冰湖特征信息见表 2.1 和表 2.2。

表 2.1 YL285T 泥石流流域内冰川特征参数

编号	汇口高程(m)	x 坐标	y 坐标	最高点(m)	纵比降	平均长度(m)	面积(m²)
bc01	5 317	433 359	3 240 260	5 879	0.540 7	1 039.5	430 122
bc02	5 318	433 636	3 241 570	5 742	0.592 7	715.3	744 112
bc03	5 350	442 160	3 245 050	5 861	0.640 9	797.3	213 846
bc04	5 659	441 980	3 243 950	5 736	0.378 4	203.5	11 659
bc05	5 638	441 935	3 243 750	5 702	0.658 4	97.2	4 428

表 2.2 YL285T 泥石流流域内冰湖特征参数

编号	高程(m)	x 坐标	y 坐标	平均长度(m)	平均宽度(m)	面积(m^2)
bh01	5 057	439 085	3 246 560	596	244	123 269
bh02	5 057	439 400	3 246 220	212	82	15 985
bh03	5 057	438 947	3 246 150	98	60	7 008
bh04	5 057	438 671	3 246 170	65	62	5 645
bh05	5 263	441 808	3 244 820	58	109	7 321
bh06	5 034	440 883	3 245 000	261	190	79 499
bh07	4 979	439 111	3 244 590	47	78	4 320
bh08	4 946	439 227	3 245 170	289	143	42 744
bh09	5 008	440 116	3 245 370	127	109	17 488
bh10	5 044	437 433	3 245 660	177	244	79 030
bh11	4 995	437 042	3 244 670	62	74	4 951
bh12	5 442	432 681	3 239 610	145	236	42 773
bh13	5 263	433 467	3 238 940	120	240	33 998
bh14	5 263	433 438	3 238 630	108	137	15 100

2.4.4 遥感解译结果

经过遥感初步解译，野外实地考察验证和进一步的遥感解译；拉林铁路拉萨—加查段沿线路方案总计确定了 294 条泥石流沟，结合 1∶50 000 地形图等资料，提取了这些泥石流沟的特征参数，并对部分泥石流流域内的冰川冰湖进行了解译，提取了泥石流流域内冰川冰湖的特征信息。

3 泥石流的主要类型、特征和分布规律

3.1 区域泥石流概况

3.1.1 区域背景简介

青藏高原经历多次构造变动,尤其是上新世以来,幅度高达3 000～4 000 m的隆升高度,形成了世界上海拔最高、时代最新的大高原。它的隆起对自然环境产生了强烈的影响,使广大高原出现在冻土带内,数条山脉延伸到冰冻圈之内,致使地处亚热带的青藏高原,发育了类型繁多的泥石流,成为我国泥石流最发育、最活跃的地区之一。频繁的地震活动和气候的寒冻风化作用,以及日益增加的人类活动导致该地区的不稳定松散物规模增大,为泥石流的发生提供了物质条件;全球变暖诱发的极端气候、异常莫测的山地气候为泥石流的发生提供了水文条件;地区发育的大落差山谷地貌,为泥石流的发生提供了有利的地形条件。

拉林铁路拉萨—加查段沿线路方案泥石流流域分布特征如图3.1所示。

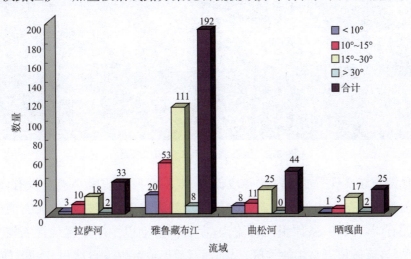

图 3.1 拉林铁路拉萨—加查段沿线泥石流流域分布特征(按沟道坡度)

3.1.2 各流域泥石流概况

拉林铁路拉萨—加查段方案全线跨越拉萨河、雅鲁藏布江、曲松河和晒嘎曲四个流域,每一个地区的地貌、气候和地质等环境背景存在较大的差异,从而决定了沿线各

类泥石流的暴发规律和展布格局。

在拉萨河和雅鲁藏布江山南以西段流域,河谷宽阔,多年平均降雨量在 500 mm 左右,河漫滩发育。泥石流活动以中小型稀性暴雨泥石流为主,泥石流流路在堆积扇上的位置摆动不定,具有主流改道的特点。由于堆积扇的缓冲作用,泥石流到达河谷岸时破坏能力锐减,因此该区域泥石流对人类活动的影响作用有限。

在雅鲁藏布江乃东—桑日段和曲松段流域,河谷渐窄,多年平均降雨量在 600 mm 左右,河漫滩和河流阶地发育但规模较乃东以西段流域小,泥石流的成因类型属暴雨型泥石流。泥石流暴发以过渡性和黏性泥石流为主,且规模较大。由于泥石流沟口距离河岸较近,该区域泥石流暴发对沿线公路、居民点及公共设施影响都很大。通过实地考察和访问获得的资料表明,雅鲁藏布江乃东—桑日段流域每逢雨季都会有泥石流活动,泥石流暴发时,冲刷和淤埋沟口的公路,如图 3.2 所示;在曲松流域,泥石流以大型黏性泥石流为主,不仅对沿线公路设施造成巨大破坏,也造成曲松河被堆积物挤压变形,极大地改变着该地区的地貌景观,如图 3.3 所示。

图 3.2 泥石流冲刷、淤埋沟口公路

在雅鲁藏布江桑日—加查段峡谷段流域,堆积扇发育规模小甚至没有,泥石流流通区直接与雅鲁藏布江相连。该流域多年平均降雨量大,植被较好,泥石流的成因类型属暴雨泥石流,仅有一条冰川泥石流沟,泥石流活动以中小型稀性泥石流为主。比较特殊的是,该流域位于高山峡谷区,局部泥石流形成区内发育冰川、冰湖,如 YL285T 冰川泥石流沟,有 14 处冰湖,总面积约 0.48 km²,有冰川 5 处,总面积约 1.4 km²。冰川泥石流活动具有来势凶猛、短历时、洪峰流量大、破坏力强大等特点,需高度重视。

在晒嘎曲流域,河谷狭窄,多年平均降雨量在 800 mm 左右,植被良好,堆积扇规模小甚至没有,泥石流的成因属暴雨型泥石流,泥石流活动以中小型过渡性泥石流为主。

图 3.3 泥石流冲出物严重挤压主河

3.1.3 泥石流危害

泥石流具有暴发突然、流速快(每秒数米)、历时短暂的特点,泥石流冲出的固体物质方量为数万立方米或数十万立方米,而有时达数百万立方米。例如:1981 年 7 月 1 日凌晨 1 点 10 分,中尼公路友谊桥被次仁玛错冰湖溃决泥石流冲毁,桥位处泥石流前锋(龙头)高 25 m,泥石流冲毁公路,致使桥位处附近长 6 km 路堤变为主河道;泥石流进入尼泊尔境内,又冲毁沿程两岸公路、村庄、农田和部分逊科西水电站,死亡 200 人。因此,泥石流已成为山区灾害链中危害严重的自然灾害之一。

据统计,仅川藏公路沿线就有泥石流沟 1 000 余条,先后发生泥石流灾害 400 余起,每年因泥石流灾害阻碍车辆行驶时间长达 1~6 个月。野外考察结果显示,拉林铁路线路方案沿线泥石流的危害形式主要以冲刷、淤埋和堵塞主河道的形式交替出现。

1. 冲刷造成的危害

拉林铁路拉萨—加查段沿线地形起伏造成的相对高差大,泥石流按地形高差分布如图 3.4 所示。该区域的泥石流形成区比降很大,泥石流暴发时的冲击力都很大,导致其两岸崩塌、滑坡日趋严重,崩滑活动不断向分水岭和沟道两个方向发展。由于崩滑体积增加,源地土体储量递增,致使沟道泥石流得以频繁暴发。泥石流的冲刷危害表现为下蚀沟床和侧蚀岸坡作用。下蚀沟床主要会导致掏空护岸、护坡,造成桥梁建筑物及相应工程的毁坏。除下蚀沟床外,泥石流流体对岸边的侧蚀作用主要表现为弯道处的强烈侵蚀及超高,从而造成建筑物的毁坏。在曲松河、晒嘎曲和雅鲁藏布江峡谷段,由于泥石流汇入主河的基准面低,导致其下蚀作用不断增强,泥石流沟下蚀深度可达数米甚至数十米,如图 3.5 所示。

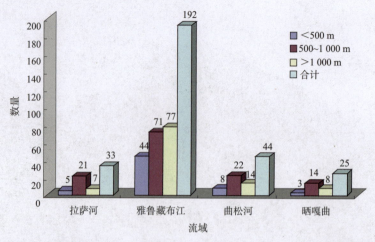

图 3.4　拉林铁路拉萨—加查段沿线泥石流流域分布特征（按地形高差）

图 3.5　工人在泥石流沟道内修建排导槽（曲松河流域）

2. 淤埋造成的危害

泥石流的淤埋发生于泥石流沟的堆积地带。泥石流堆积作用十分强烈，在极短时间内即可堆积成大片泥砾扇和泥砾滩，又可堵塞江河，形成险滩和湖堤等。泥石流往往淤埋原扇体位置的建筑物或在沟床填高加厚，造成桥涵泄洪能力不足，过流断面缩小，不利于规模较大的泥石流通过，因此必须不断清淤方能保证交通不遭受更大的危害。除了淤埋桥涵等设施外，沿线广泛分布的泥石流还经常淤埋路面，造成断道堵车，交通不畅。在曲松河流域，由于频繁遭受泥石流的淤埋危害，部分新公路在整治改建中，为避免灾害已经改线，但沿线的泥石流灾害，因经费问题，也未得到很好的控制，泥石流淤埋公路如图 3.6 所示。

3. 堵塞造成的危害

由于泥石流沟床断面狭窄、排泄泥石流的能力有限等特点，当遭遇大规模泥石流汇入时极易造成主河道的堵塞，形成泥石流堵塞坝；上游回水成湖，淹没上游公路、村寨，造成严重灾害;当堵塞坝溃决,超常洪水冲毁沿江村庄、公路、桥梁和一些基础设施,其危害超过泥石流本身的危害数倍。通过考察数据显示,泥石流堵江集中发生在曲松河流域,初步统计共约16条泥石流沟,见表3.1;主要表现为局部堵江、江对岸水毁为主的特点,如图3.7所示。

图3.6 泥石流淤埋公路

表3.1 曲松河流域堵江泥石流统计表

堵江类型	1/4	1/3	1/2	2/3	合计
数　量	2	5	7	2	16
占　比	12.5%	31.3%	43.7%	12.5%	100%

图3.7 泥石流堵塞主河造成对岸水毁(曲松河)

3.2 泥石流的性质和主要类型

拉林铁路拉萨—加查段线路方案各种类型的泥石流沟共有 294 条,遵循传统的泥石流分类方法,根据泥石流成因、沟谷形态、激发因素、流体动力学特征、流体性质等指标原则划分出 4 种类型:

1. 按泥石流发生的地貌条件分类

按泥石流发生的地貌条件分类,有沟谷型泥石流和坡面型泥石流两种,分别占 44.6% 和 55.4%。由于沿线跨越的地理位置差异,两种泥石流类型在分布规律亦体现出流域差别:在拉萨河和雅鲁藏布江开阔河谷地区,两种类型的泥石流沟发育程度相当;而在曲松河和晒嘎曲"V"形峡谷区,属于地貌发育过程中被称为"幼年期"(戴维斯地貌学理论)的最为活跃流域,高原隆升、河流下切等活动频发,导致侵蚀基准面的不断下降,从而沟谷型泥石流沟发育较坡面型泥石流更为强烈。按沟谷型和坡面型分类分布特征如图 3.8 所示。

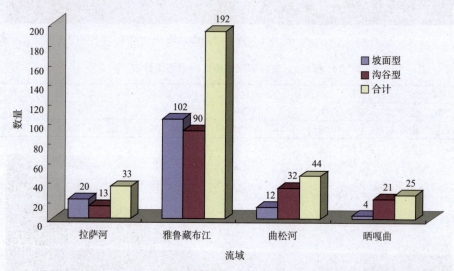

图 3.8 拉林铁路拉萨—加查段沿线泥石流分布特征(按沟谷和坡面类型分类)

2. 按泥石流流体性质分类

由于地层岩性、风化程度以及区域气候等因素的影响,沿线各区发育泥石流的基本特征值也存在较大差异。根据泥石流的容重划分,有稀性、过渡性和黏性三种类型泥石流,见表 3.2。稀性泥石流容重为 $15\sim17\ kN/m^3$,约占总数的 76.5%,主要分布在拉萨河和雅鲁藏布江流域段;过渡性泥石流容重为 $17\sim19\ kN/m^3$,约占总数的 8.5%,主要分布在晒嘎曲和雅鲁藏布江桑日段流域;黏性泥石流容重为 $20\sim23\ kN/m^3$,约占总数的 15.0%,主要分布在曲松河流域段。

表 3.2　拉林铁路拉萨—加查段泥石流类型统计表

泥石流类型	拉萨河(条)	雅鲁藏布江(条)	曲松河(条)	晒嘎曲(条)	占比
稀性泥石流	33	192	—	—	76.5%
过渡性泥石流	—	—	—	25	8.5%
黏性泥石流	—	—	44		15.0%

3. 按泥石流激发因素分类

按泥石流激发因素分类有暴雨型泥石流和冰川型泥石流；其中，暴雨型泥石流范围最广、数量最多，分布在铁路沿线跨越的各个流域；冰川型泥石流则集中分布在雅鲁藏布江峡谷段(即沃卡电站—加查段)，所统计的拉萨—加查段沿线 294 条泥石流沟内仅 YL285T 为冰川型泥石流。

4. 按泥石流物质组成分类

由于拉林铁路拉萨—加查段沿线沟谷内或坡面上的松散物质的成因复杂，有强烈的寒冻风化物、冰碛物，以及古堆积物的流水再造、风化剥落形成的多种多样、颗粒粗细不均的松散堆积体，还有拉萨河和雅鲁藏布江宽阔河谷特别发育的风尘沙(当地称作"沙窝地")，如图 3.9 所示。这些物质经再搬运形成泥石流，按照土体颗粒的大小分为以下三种类型。

图 3.9　第四纪时期形成的风尘沙(拉萨河和雅鲁藏布江宽阔河谷发育)

(1)泥石流

流体中土体颗粒大小不一，由黏土、粉土、砂、砾、卵石甚至漂砾等各种大小的颗粒组成。拉林铁路拉萨—加查段沿线流域面积小于或等于 50 km² 的沟谷中多发生此类泥石流。

(2)泥流

泥石流中土体主要由黏土、粉土和砂组成,夹杂很少的砾和卵石颗粒。拉萨河和雅鲁藏布江宽阔河谷流域的一部分坡面泥石流属于此种类型。

(3)水石流

泥石流中土体主要由大量的砂、砾和卵石组成,夹杂很少的黏土和粉土颗粒。拉萨河和雅鲁藏布江宽阔河谷流域,由于支沟众多,泥石流集水面广,许多沟谷在固体颗粒补给不充分或诱发的水力条件十分充足的情况下发生此类泥石流,在一定程度可以称作山洪。雅鲁藏布江北岸沟谷暴发的山洪水石流如图3.10所示。

图3.10 雅鲁藏布江北岸沟谷暴发的山洪水石流

3.3 泥石流的特征

3.3.1 泥石流的活动特征

据统计,川藏公路上各类泥石流暴发时间一般都在每年的6~8月;其中,暴雨类泥石流集中出现于5~10月,具有暴雨强度愈大,泥石流暴发越频繁的特点。拉林铁路拉萨—加查段沿线泥石流多以暴雨型泥石流为主,因此活动特征与降雨时空分布、暴雨强度密切相关。在暴发频率上,拉萨—加查段沿线泥石流活动以中高频为主。其中,拉萨河和雅鲁藏布江流域由于地区降雨稀少,泥石流活动以中频为主;曲松河流域则因为降雨丰沛,泥石流活动多以高频为主。在暴发规模上,拉萨—加查段沿线泥石流的暴发规模以中小型和坡面型泥石流为主。由于山地气候有别于平原区的气候,常出现局地暴雨,所以沿线也曾暴发过大规模泥石流的记录。

在野外调查过程中,当地居民介绍泥石流暴发大多集中在雨季,例如 YR150T(甲林村)泥石流沟于 2009 年 7 月暴发的大型冰川型泥石流,以及 QR209B 泥石流沟 2009 年 7 月 19 日暴发的大型黏性泥石流。

3.3.2 泥石流的运动特征

拉林铁路拉萨—加查段沿线泥石流的运动特征主要分为三种类型:

1. 主流摆动型

主要分布在拉萨河和雅鲁藏布江宽谷段。由于河漫滩阶地十分发育,以及降雨稀少引起的规模限制,泥石流主要在堆积扇上形成的无数条冲沟,最终能量耗尽而停淤在堆积扇上,并表现出层理发育良好的冲积特征。因此,不同阵次的泥石流可能在堆积扇的不同地方冲刷成沟,导致"散流"的现象,如图 3.11 所示。

图 3.11 泥石流"散流"现象

注:剖面可见不同时期冲积留下的层理。

2. 整体、惯性和直进型

分布在曲松河流域的大中型黏性泥石流沟内。据调查,该区域沟谷如 QR209B 在泥石流到达之前,水源补给有间断性和暂时性,表现出大规模堵塞现象,水流的这种特征决定了运动的阵性特点。因此,泥石流搬运能力较沿线其他流域大得多,不仅冲出的碎屑物质规模巨大,在沟口还可发现大量被携带出来的巨大砾石,如图 3.12 所示。

3. 山洪型

表现为流体中以高含砂为主和低容重的洪水特点,主要分布在沿线流域面积

20 km² 以上的泥石流沟谷内。由于支沟众多、集水面积广，主沟的水源条件丰富；因此，此种泥石流沟可称作季节性河流，每逢雨季就会暴发较大规模的山洪，如图 3.10 所示。

图 3.12 沟口巨大砾石

3.3.3 泥石流的冲淤特征

在拉萨河和雅鲁藏布江宽阔河谷流域，由于泥石流多以中小型的坡面泥石流和稀性暴雨泥石流为主，以及出山口发育坡度渐缓的大规模堆积扇，冲淤特征一般以淤积为主或局部冲刷为主，一次淤积或冲刷 0.2~1 m。

在雅鲁藏布江峡谷和晒嘎曲流域，泥石流的堆积区遭到主河流水的冲刷破坏，大多呈现小规模或缺失的状况，从而加速了沟口以上沟床的快速溯源掏刷作用，冲淤特征以冲刷为主，一次冲刷 0.2~1 m。

在曲松河流域，沿线黏性泥石流冲淤变化的特点是大冲大淤，一次淤积或冲刷 1~5 m 不足为奇。并且，由于沟口距离主河较近，泥石流暴发时，直接将固体物质泄入主河，缩窄主河的过流断面；当泥石流的规模较大时，便会堵断主河，形成泥石流坝，溃坝后，超常洪水将对下游造成很大的危害和严重的损失，如图 3.3 所示。

3.3.4 泥石流的堆积特征

在拉萨河和雅鲁藏布江宽谷段，以中小型坡面流和稀性泥石流为主，沟口的堆积扇规模宏大，扇面坡度缓；在曲松河流域，以黏性泥石流为主，呈典型泥石流堆积，部分堆积扇缺失。根据对堆积扇剖面的调查分析，研究区泥石流堆积扇可大致分为以下三大类。

1. 典型泥石流堆积

此类泥石流堆积主要分布在曲松河两岸。从堆积扇剖面上可以看出具有典型的泥石流堆积物特征，如 QL206B、QR217B 等。在曲松河河谷相对狭窄段，由于河水的冲刷，堆积扇发育不完整；但在下游河谷宽阔地段往往发育有典型的泥石流堆积扇，部分堆积扇还表现出明显的多期次堆积特征，如图 3.13 所示。此外，由于曲松河两岸泥石流规模较大，曾出现多处堵断主河或部分堵河的现象，如图 3.14 所示。

图 3.13　QR218B 的堆积扇

图 3.14　QR221B 的堆积扇

2. 以泥石流堆积为主

在拉萨河谷和雅鲁藏布江宽谷段沟口扇形地规模普遍较大，甚至与其流域面积很不相称。通过对扇形地上堆积剖面的调查发现，堆积物并非全部来自泥石流，混杂有其他来源的物质，如砂层（风成或者静水沉积，如图 3.15 所示）、坡积物（图 3.16）等。但总体来看，还是以泥石流堆积为主。

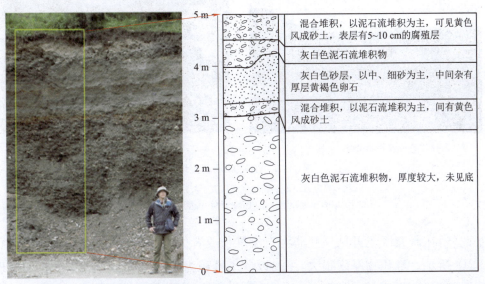

图 3.15　泥石流堆积为主的典型剖面 1（间杂有风成砂土和流水形成的砂土层）

3. 间杂有泥石流堆积

在拉萨河谷和雅鲁藏布江宽谷段沟口扇形地规模宏大，单单从堆积扇的规模来

图 3.16　泥石流堆积为主的典型剖面 2（底部以古泥石流堆积为主，
顶部坡积物与现代泥石流呈混杂堆积）

看，与其流域面积极不相称[图 3.17(a)]。通过对沟口扇形地上堆积剖面的调查发现，堆积主要以砂土堆积为主，局部夹杂有泥石流物质。初步分析认为，由于扇形地规模较大，一次泥石流规模相对较小，泥石流流路不稳定，从而导致在砂土堆积中局部夹杂有泥石流或者呈互层状堆积[图 3.17(b)]。

（a）流域全貌

（b）堆积扇的堆积剖面

图 3.17　YR170T 泥石流堆积

[图(a)可以看出堆积扇的规模很大，与流域面积不相称；
图(b)可以看出堆积物主要以砂土为主，局部夹有泥石流物质]

此外，在研究区还可见一些非泥石流堆积或者仅有少量泥石流物质夹杂其中，如图 3.18 所示。堆积物厚度很大，主要以砂土堆积为主；从剖面上来看，堆积的层理面清晰呈水平状，粒度相对均匀。初步分析认为应属雅鲁藏布江（可能是堵江后）回水形成的沉积物，其中夹杂的薄层状粗颗粒物质，不排除来源于山洪或者泥石流物质。

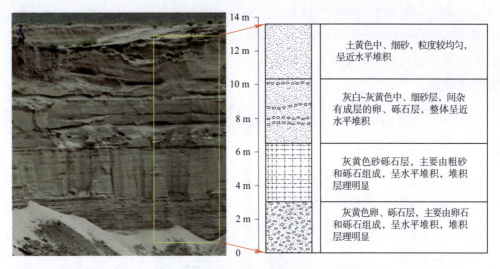

图 3.18 由砂土堆积形成的堆积扇剖面

3.4 泥石流的分布规律

3.4.1 分布概况

拉林铁路拉萨—加查段沿线路方案分布有 294 条泥石流沟,依据泥石流的类型、降水条件、暴发频率、规模等的差异,将拉林铁路拉萨—加查段按流域分为 4 段,每一段起止点、高程和每段内的泥石流数量(分为沟谷型和坡面型两类)、泥石流密度、占全线泥石流总数的比例详见表 3.3。

表 3.3 拉林铁路拉萨—加查段沿线泥石流分布密度表

流域		拉萨河	雅鲁藏布江	曲松河	晒嘎曲	全线
路段起讫地点		拉萨—嘎拉山(两桥—洞)	嘎拉山(两桥—洞)—加查	桑日—布丹拉山	布丹拉山—加查	拉萨—加查
路段内泥石流编号		LL、LR 系列	YL、YR 系列	QL、QR 系列	SL、SR 系列	—
泥石流数(处)	沟谷	13	90	32	4	139
	坡面	20	102	12	21	155
	合计	33	192	44	25	294
泥石流占比		11.2%	65.3%	15.0%	8.5%	100%
泥石流密度(处/km)		0.83	1.04	1.10	1.00	1.01
主要泥石流类型		稀性暴雨		黏性暴雨	过渡性暴雨	

注:雅鲁藏布江峡谷段局部地区还发育冰川泥石流。

从表 3.3 统计结果可以看出,沿线泥石流分布具有广泛性和地带性的差异特点。广泛性体现在各种类型的泥石流沟在各流域均有所发育,如图 3.19 所示;沿线泥石流较均匀的密集分布形态,如图 3.20 所示。地带性则体现在各流域泥石流在类型上的差异性分布,占全线总数 76.5% 的稀性泥石流主要分布在拉萨河和雅鲁藏布江流域,占 15.0% 的黏性泥石流则分布在曲松河流域,余下的 8.5% 的过渡性泥石流则主要分布在晒嘎曲流域。

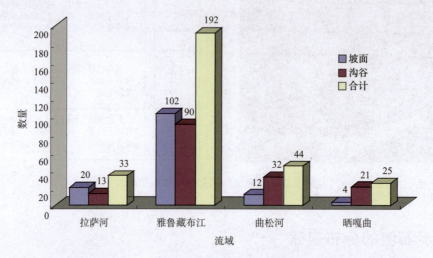

图 3.19 拉林铁路拉萨—加查段沿线路方案泥石流流域分布特征(沟谷与坡面)

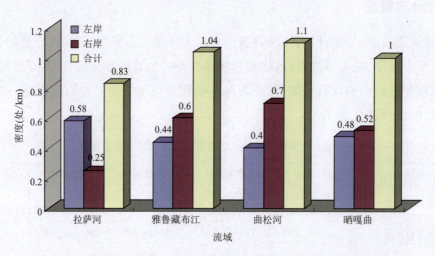

图 3.20 拉林铁路拉萨—加查段沿线路方案泥石流流域分布密度特征

3.4.2 区县泥石流分布情况

拉林铁路拉萨—加查段线路方案合计跨越 8 个区县级行政管辖范围,分别是拉萨市的堆龙德庆、曲水和山南地区的贡嘎、扎囊、乃东、桑日、曲松、加查。由于铁路线路在各管辖区域的选址以及所在流域自然地理条件的不同,泥石流沟在各个区县的分布情况也存在差异,最明显的体现在数量方面。在山南地区泥石流沟在数量上占据绝对优势,合计 260 条,铁路沿线泥石流具体分布如图 3.21 所示。其中,贡嘎县分布泥石流沟

3 泥石流的主要类型、特征和分布规律

图 3.23　曲水县自然地理条件(风尘沙危害较大)

3. 贡嘎县泥石流

贡嘎县作为西藏自治区重要的交通枢纽地,不仅拥有自治区最大的贡嘎机场,拉林铁路也充分考虑火车站在该县的布局规划。贡嘎机场方案、岗菊站位方案以及主线推荐方案都将经过贡嘎县行政所在地,并在此设置贡嘎站和贡嘎西站两个站。充分考虑贡嘎县在铁路方案选址决策上的重要性,泥石流沟的分布和危害特点将起到关键影响作用。

贡嘎县泥石流主要分布在雅鲁藏布江两岸,并且也是对铁路方案选址影响最为重要的地质灾害因素之一。泥石流沟总计有 70 条,为拉林铁路拉萨—加查段数量最多的行政县;其中,雅鲁藏布江左岸发育有 25 条泥石流沟,约占该县沿线泥石流沟总数的 35.7%;雅鲁藏布江右岸有 45 条,约占该县沿线泥石流沟总数的 64.3%。贡嘎县泥石流分布情况见表 3.6。

表 3.6　贡嘎县沿线泥石流分布情况

流　　域		数量合计	堆积体相对高差			流域面积			
			<500 m	500~1 000 m	>1 000 m	<1 km²	1~5 km²	5~10 km²	>10 km²
雅鲁藏布江	左岸	25	24	1		9	12	3	1
	右岸	45	45			30	7	3	5

贡嘎县沿线泥石流沟的分布特点:

(1)由于地处雅鲁藏布江宽谷地带,因此两岸泥石流沟的地形起伏较小,从表 3.6 可以看出,贡嘎县泥石流沟相对高差大部分都小于 500 m,在 70 条的泥石流沟中,69 条归属于此范畴,仅剩雅鲁藏布江左岸 1 条泥石流沟相对高差在 500~1 000 m。

(2)泥石流沟规模都比较小,但也有大规模的泥石流沟存在。泥石流流域面积小于 1 km² 的泥石流沟总计有 39 条,约占贡嘎县沿线泥石流沟总数的 55.7%;其中,雅鲁

藏布江左岸有 9 条,右岸有 30 条。流域面积在 1~5 km² 范围内的泥石流沟总计有 19 条,约占该县沿线泥石流沟总数的 27.1%;其中,雅鲁藏布江左岸 12 条,右岸 7 条。流域面积为 5~10 km² 范围内的泥石流沟总计有 6 条,约占该县沿线泥石流沟总数的 8.6%;其中,雅鲁藏布江左岸 3 条,右岸 3 条。流域面积大于 10 km² 的泥石流沟总计有 6 条,占该县沿线泥石流沟总数的 8.6%;其中,雅鲁藏布江左岸 1 条,右岸 5 条。

(3)贡嘎县沿线泥石流沟的发育受雅鲁藏布江河谷风沙的影响,并且经历长期作用后在雅鲁藏布江河谷两岸形成特有的"沙窝地",在一定程度上为泥石流的形成提供了一定的物源条件。

(4)小规模的坡面泥石流十分发育,如图 3.24 所示,占据统计数量总和的一半以上,并对沿线设施存在一定的潜在危害。为数不多的大规模沟谷泥石流偏向于季节性山洪泥石流特点,在流域内由无数条小型支沟汇合形成。

图 3.24 贡嘎县雅鲁藏布江右岸的坡面泥石流

4. 扎囊县泥石流

扎囊县西接贡嘎,东邻乃东,行政区域从雅鲁藏布江南岸延伸至雅鲁藏布江北岸。铁路线路在该县的选址,主要在两岸河谷阶地上,分为雅鲁藏布江南岸主线推荐方案与雅鲁藏布江北岸备选方案。因此,线路辐射区域的泥石流沟主要为雅鲁藏布江南北两侧宽阔河谷为集中发源地,数量合计共 33 条。其中,雅鲁藏布江左岸 13 条,约占扎囊县沿线泥石流沟总数的 39.4%;右岸 20 条,约占该县沿线泥石流沟总数的 60.6%。扎囊县泥石流分布情况见表 3.7。

扎囊县沿线泥石流沟的分布特点:

(1)与贡嘎县泥石流沟特点相同,受雅鲁藏布江宽阔河谷地形的影响,地表起伏相对较小,统计的 33 条泥石流沟相对海拔高差均不超过 500 m。

表 3.7 扎囊县沿线泥石流分布情况

流域		数量合计	堆积体相对高差			流域面积			
			<500 m	500~1 000 m	>1 000 m	<1 km²	1~5 km²	5~10 km²	>10 km²
雅鲁藏布江	左岸	13	13				8	2	3
	右岸	20	20			10	7	2	1

(2) 该区域发育有各种规模的泥石流沟,不过仍以小型泥石流为主。流域面积小于 1 km² 的泥石流沟有 10 条,约占扎囊县沿线泥石流沟总数的 30.3%,均分布在雅鲁藏布江右岸。流域面积为 1~5 km² 的泥石流沟数量合计为 15 条,约占扎囊县沿线泥石流沟总数的 45.5%,雅鲁藏布江左岸 8 条,左岸 7 条。流域面积在 5~10 km² 的泥石流沟数量总计为 4 条,约占扎囊县沿线泥石流沟总数的 12.1%,雅鲁藏布江左、右岸分别发育 2 条。流域面积大于 10 km² 的泥石流沟数量合计为 4 条,约占扎囊县沿线泥石流沟总数的 12.1%,雅鲁藏布江左岸 3 条,右岸 1 条。

(3) 扎囊县所在的河谷两岸仍然遭受来自雅鲁藏布江的风尘沙危害,并在局部地段形成"沙窝地"。

(4) 该区大规模泥石流沟都在雨季暴发,并呈现出山洪泥石流的特点。在雅鲁藏布江南岸,由于有人为防治措施的存在,泥石流未对公路等基础设施造成巨大的冲刷、淤埋等破坏;而在雅鲁藏布江北岸,由于地广人稀,几乎没有采用任何泥石流防治设施,因而该段的公路在雨季遭受山洪泥石流的冲刷、淤埋等破坏(图 3.25)。

图 3.25 扎囊县雅鲁藏布江北岸山洪泥石流危害公路

5. 山南市乃东区泥石流

山南市乃东区西接扎囊县,东邻桑日县,是山南地区的行政中心、文化中心以及经济中心。拉林铁路拉萨—加查段选址时,主线推荐方案也将在此处设站。与贡嘎县和扎囊县相似,乃东区管辖范围覆盖雅鲁藏布江南、北两岸,影响铁路线路方案的泥石流集中分布在两岸的宽阔河谷阶地上,共计 22 条;其中,雅鲁藏布江左岸 12 条,右岸 10 条,山南市乃东区泥石流分布情况见表 3.8。

表 3.8　山南市乃东区沿线泥石流分布情况

流域		数量合计	堆积体相对高差			流域面积			
			<500 m	500~1 000 m	>1 000 m	<1 km²	1~5 km²	5~10 km²	>10 km²
雅鲁藏布江	左岸	12	10	2		5	4	1	2
	右岸	10	10			3	1	3	3

山南市乃东区沿线泥石流沟的分布特点:

(1)由乃东往东方向,地形起伏变化逐渐变大,雅鲁藏布江宽阔河谷也开始变窄,在桑日以东成为雅鲁藏布江峡谷地形。因受地形变化的影响,乃东泥石流沟的相对海拔高差除了集中分布在小于 500 m 的地带内,数量合计 20 条,约占乃东沿线泥石流沟总数的 90.9%;另外,在雅鲁藏布江左岸还发育 2 条相对高差为 500~1 000 m 的泥石流沟,约占乃东沿线泥石流沟总数的 6.1%。

(2)泥石流沟规模均匀分散(图 3.26),与前面几个区县的泥石流沟分布特点形成鲜明对比。流域面积小于 1 km² 的泥石流沟数量合计为 8 条,约占乃东沿线泥石流沟总数的 36.4%,雅鲁藏布江左岸 5 条,右岸 3 条。流域面积为 1~5 km² 的泥石流沟数量合计为 5 条,约占乃东沿线泥石流沟总数的 22.7%,雅鲁藏布江左岸 4 条,右岸 1 条。流域面积为 5~10 km² 的泥石流沟数量合计为 4 条,占乃东沿线泥石流沟总数的 18.2%,雅鲁藏布江左岸 1 条,右岸 3 条。流域面积大于 10 km² 的泥石流沟数量合计为 5 条,约占乃东沿线泥石流沟总数的 22.7%,雅鲁藏布江左岸 2 条,右岸 3 条。

(3)乃东自然地理条件较雅鲁藏布江流域的贡嘎县和扎囊县有所改善,灌丛为主的植被覆盖良好,"沙窝地"地貌现象明显减少,风沙危害减弱。

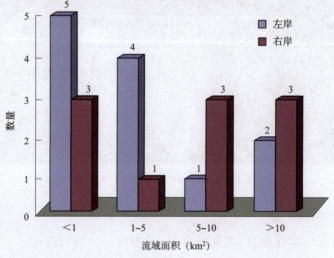

图 3.26　乃东区沿线泥石流分布特征柱状图(按流域面积)

(4)由于雅鲁藏布江河谷逐渐变窄的缘故,泥石流活动对河谷沿岸基础设施的影响逐渐加强,沟口地段泥石流的冲毁和淤埋破坏作用愈加严重,如图3.27所示。

图3.27 山南市乃东区内泥石流对基础设施的危害严重

6. 桑日县泥石流

桑日县西接山南市乃东区,东邻加查县,位于雅鲁藏布江宽阔河谷与峡谷的过渡地段,且曲松河在桑日县行政所在地附近,由东南方向汇入雅鲁藏布江主河。由于地形的复杂性,铁路线路方案在该县预设2个主要路线:雅鲁藏布江峡谷路线为推荐方案,曲松路线为备选方案,分叉点拟定在曲松河与雅鲁藏布江交汇地段。桑日县行政管辖地区包括部分雅鲁藏布江宽阔河谷和峡谷流域,以及部分曲松河流域,发育泥石流沟数量合计50条,仅次于贡嘎县位列第二。其中,雅鲁藏布江流域42条,左岸23条,右岸19条;曲松河流域8条,左岸4条,右岸4条。桑日县沿线泥石流分布情况见表3.9。

表3.9 桑日县沿线泥石流分布情况

流域		数量合计	堆积体相对高差			流域面积			
			<500 m	500~1 000 m	>1 000 m	<1 km²	1~5 km²	5~10 km²	>10 km²
雅鲁藏布江	左岸	23	15	7	1	6	7	5	5
	右岸	19	17	2		10	1	3	5
曲松河	左岸	4	4			3	1		
	右岸	4	3	1		1	1	1	1

桑日县沿线泥石流沟的分布特点:

(1)桑日县地处雅鲁藏布江宽阔河谷与峡谷交界地带,地形起伏开始明显增大。

在桑日县雅鲁藏布江峡谷段发育的泥石流沟,相对高差在 500~1 000 m 的泥石流沟明显增多,甚至出现相对高差大于 1 000 m 的情况。发育在相对高差小于 500 m 的泥石流沟总计 39 条,占桑日县沿线泥石流沟总数的 78%;雅鲁藏布江左岸 15 条,右岸 17 条;曲松河左岸 4 条,右岸 3 条。相对高差在 500~1 000 m 范围内的泥石流沟共计 10 条,占桑日县沿线泥石流沟总数的 20%,雅鲁藏布江左岸 7 条,右岸 2 条;曲松河仅右岸 1 条。相对高差大于 1 000 m 的泥石流沟仅 1 条,占桑日县沿线泥石流沟总数的 2%,分布在雅鲁藏布江峡谷的左岸。

(2)泥石流规模巨大,为铁路线路方案沿线各区县之首(图 3.28)。流域面积小于 1 km² 的泥石流沟总计 20 条,占桑日县沿线泥石流沟总数的 40%;雅鲁藏布江左岸 6 条,右岸 10 条;曲松河左岸 3 条,右岸 1 条。流域面积为 1~5 km² 的泥石流沟总计 10 条,占该县沿线泥石流沟总数的 20%;雅鲁藏布江左岸 7 条,右岸 1 条;曲松河左岸 1 条,右岸 1 条。流域面积为 5~10 km² 的泥石流沟总数合计 9 条,占该县沿线泥石流沟总数的 18%;雅鲁藏布江左岸 5 条,右岸 3 条;曲松河仅右岸有 1 条。流域面积大于 10 km² 的泥石流沟合计 11 条,占该县沿线泥石流沟总数的 22%;雅鲁藏布江左岸 5 条,右岸 5 条,曲松河仅右岸有 1 条。

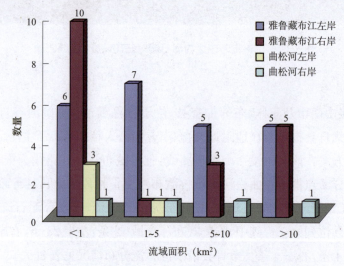

图 3.28 桑日县沿线泥石流分布特点柱状图(按流域面积)

(3)泥石流分布类型众多,无论是稀性泥石流还是黏性泥石流,在该地区都较发育。桑日县西部与山南市乃东区交界地区,以稀性泥石流和山洪泥石流为主。桑日县东部与曲松县交界地区,以黏性泥石流为主,泥石流容重均在 18 kN/m³ 以上。桑日县中部地区,以过渡性为主,并且泥石流活动频率高、规模巨大,因此每年雨季泥石流活动对沟口的基础设施都造成淤埋冲刷等危害,如图 3.29 所示。

(4)桑日县自然地理条件较之其他区域都好,风尘沙的危害并不明显,局部区域植被条件较好。

图 3.29 桑日县界内发育多条频率高、规模大、危害严重的泥石流

7. 曲松县泥石流

曲松县地理位置比较特殊,位于布丹拉山山麓地区,西接桑日县,东邻加查县,行政区划内主要的城镇、基础设施和农田都集中在曲松河以及雅鲁藏布江峡谷流域段。因此,拉林铁路拉萨—加查段曲松方案选址时,所经过的地区重点选择在两个河谷地带,并且是泥石流危害特别严重的区域。曲松县共发育各种类型的泥石流沟 40 条;其中,雅鲁藏布江右岸 4 条,曲松河左岸 12 条,右岸 24 条。曲松县沿线泥石流分布情况见表 3.10。

表 3.10 曲松县沿线泥石流分布情况

流域		数量合计	堆积体相对高差			流域面积			
			<500 m	500～1 000 m	>1 000 m	<1 km²	1～5 km²	5～10 km²	>10 km²
曲松河	左岸	12	12			4	5	2	1
	右岸	24	22	2		6	12	1	5
雅鲁藏布江	右岸	4	4				1		3

曲松县沿线泥石流沟的分布特点:

(1)泥石流主要分布在曲松河低洼河谷地区,沟谷地形起伏较小,因此泥石流主要活动在相对高差小于 500 m 的区间,此类型泥石流沟数量合计有 38 条,占曲松县沿线泥石流沟总数的 95%;其余 2 条泥石流沟分布在曲松河右岸,相对高差在 500～1 000 m,占该县沿线泥石流沟总数的 5%。

(2)曲松县各条泥石流沟的规模与桑日县有相似之处,各种不同规模的泥石流十分发育;不同之处在于该区域的泥石流流域面积小于 1 km² 和 1～5 km² 两种类型的各占有一定比例,如图 3.30 所示。流域面积小于 1 km² 的泥石流沟合计 10 条,占曲松县沿线泥石流沟总数的 25%;曲松河左岸 4 条,右岸 6 条。流域面积 1～5 km² 的泥石流沟合计 18 条,占该县沿线泥石流沟总数的 45%;曲松河左岸 5 条,右岸 12 条;雅鲁藏布江右岸 1 条。流域面积 5～10 km² 的泥石流沟合计 3 条,占曲松县沿线泥石流沟总数的 7.5%;曲松河左岸 2 条,右岸 1 条。流域面积大于 10 km² 的泥石流沟数量合计 9 条,占曲松县沿线泥石流沟总数的 22.5%;曲松河左岸 1 条,右岸 5 条;雅鲁藏布江右岸 3 条。

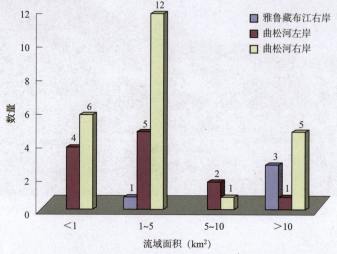

图 3.30　曲松县沿线泥石流分布特点柱状图(按流域面积)

(3)曲松县的泥石流是铁路线路方案沿线泥石流容重最大的区域,受地质地貌条件以及水文气象条件的影响,该区域的泥石流主要以黏性泥石流为主。黏性泥石流由于自身高容重、堵塞系数大以及规模大等特点,每年雨季泥石流暴发后,冲刷和淤埋公路等基础设施,严重影响当地经济的发展。尤其是当泥石流汇入主河道,其搬运的大量泥沙,加速了河道地貌的演变。曲松县黏性泥石流堵江情况如图 3.31 所示。

图 3.31　曲松县黏性泥石流分布广、堵江严重

(4)曲松河河谷两侧发育的泥石流都具有规模大、活动频繁,且流体中固体颗粒粒径大、危害严重的高容重泥石流特点。通过线路方案考察,在整个铁路线路方案中,该地区的泥石流危害是最严重的区域。该区域泥石流频繁活动主要与该县的地质地貌条件、水文气象条件及丰富的物质条件密切相关。

8. 加查县泥石流

加查县位于布丹拉山山麓和雅鲁藏布江峡谷出口地带,也是推荐方案与曲松方案交集的地点。铁路线路方案将在该县设置火车站台,作为拉林铁路全线的重要枢纽站之一。加查县行政管辖范围涉及雅鲁藏布江峡谷段及其支流晒嘎曲流域,泥石流沟沿两河两岸流域发育,数量合计 45 条。其中,雅鲁藏布江流域 20 条,左岸分布有 7 条,右岸 13 条;晒嘎曲流域 25 条,左岸分布有 12 条,右岸 13 条。加查县泥石流分布情况见表 3.11。

表 3.11 加查县沿线泥石流分布情况

流域		数量合计	堆积体相对高差			流域面积			
			<500 m	500~1 000 m	>1 000 m	<1 km²	1~5 km²	5~10 km²	>10 km²
雅鲁藏布江	左岸	7	5	2		1	5	1	
	右岸	13	8	3	2	2	8	1	2
晒嘎曲	左岸	12	12			4	7	1	
	右岸	13	10	3		4	4	4	1

加查县沿线泥石流沟的分布特点:

(1)受地形起伏强烈的影响,特别是雅鲁藏布江峡谷流域,泥石流沟相对高差大。其中,相对高差小于 500 m 的泥石流沟数量合计 35 条,约占加查县沿线泥石流沟总数的 77.8%;雅鲁藏布江峡谷段流域分布有 13 条,约占该类型的 37.1%,左岸 5 条,右岸 8 条;晒嘎曲流域分布有 22 条,约占该类型的 62.9%,左岸 12 条,右岸 10 条。相对高差 500~1 000 m 的泥石流沟数量合计 8 条,约占该县沿线泥石流沟总数的 17.8%;雅鲁藏布江峡谷段流域分布有 5 条,约占该类型的 62.5%,左岸 2 条,右岸 3 条;晒嘎曲流域仅右岸分布有 3 条,约占该类型的 37.5%。相对高差大于 1 000 m 的泥石流沟数量合计 2 条,分布在雅鲁藏布江峡谷段流域的右岸,约占该县沿线泥石流沟总数的 4.4%。

(2)泥石流沟规模大部分以中小规模为主,特大规模的泥石流属于冰川—暴雨型。流域面积小于 1 km² 的泥石流沟数量合计 11 条,约占加查县沿线泥石流沟总数的 24.4%;雅鲁藏布江流域分布有 3 条,左岸 1 条,右岸 2 条;晒嘎曲流域分布有 8 条,左岸 4 条,右岸 4 条。流域面积介于 1~5 km² 的泥石流沟数量合计 24 条,约占该县沿线泥石流沟总数的 53.3%;雅鲁藏布江流域分布有 13 条,左岸 5 条,右岸 8 条;晒嘎曲流域分布有 11 条,左岸 7 条,右岸 4 条。流域面积 5~10 km² 的泥石流沟数量合计 7 条,约占该县沿线泥石流沟总数的 15.6%;雅鲁藏布江流域分布有 2 条,左、右岸分别 1 条;晒嘎曲流域分布有 5 条,左岸 1 条,右岸 4 条。流域面积大于 10 km² 的泥石流沟数量合计 3 条,约占该县沿线泥石流沟总数的 6.7%;雅鲁藏布江右岸分布有 2 条,晒嘎曲右岸分布有 1 条。

(3)加查县泥石流流体性质以过渡性为主,集中分布在晒嘎曲流域。在雅鲁藏布江高山峡谷段发育的泥石流沟中,源头有大面积冰川冰湖,因此具有冰川—暴雨型的特点,这将是铁路方案沿线面临潜在危害严重的泥石流沟。

(4)加查县多年平均降雨量为全线最为丰富的地区,但由于植被覆盖良好,泥石流都属于低频率,危害等级不高,如图3.32所示。

图3.32 加查县自然植被覆盖良好、泥石流活动弱

3.4.3 各铁路线路方案泥石流分布规律

初步拟定的拉林铁路拉萨—加查段线路方案,在沿线所面临的选址抉择主要有3个地段,分别是两桥一洞地区(嘎拉山)、雅鲁藏布江宽阔河谷流域以及曲松县。两桥一洞地区(嘎拉山)位于拉萨河汇入雅鲁藏布江流域,公路为缩短里程以节约拉萨市至机场的行车时间,在拉萨河、雅鲁藏布江以及山脉间修建了这条捷径,拉林铁路线路方案也将采取相似的模式,以减少路线里程。考虑到该地区的工程地质条件、经济效应以及成本投入等因素,选址方案有以下四个(图3.33):主线推荐方案、岗菊站方案、机场方案和雅鲁藏布江北线方案。雅鲁藏布江宽阔河谷流域的路线选址主要针对河谷的南北岸地质条件、经济情况以及战略意义等进行比较后确定。曲松方案主要是针对铁路沿雅鲁藏布江峡谷修建,或选择沿曲松河及晒嘎曲流域修建的问题,因而分为雅鲁藏布江峡谷主线方案和曲松备选方案。

根据各种方案的组合,具体分析5种路线:主线推荐方案;雅鲁藏布江北线方案;曲松方案;岗菊站方案;机场方案。对这5种铁路线路方案沿线泥石流分布特点进行介绍各铁路线路方案泥石流分布情况见表3.12。

3 泥石流的主要类型、特征和分布规律

图 3.33 "两桥一洞"地区(嘎拉山)铁路各线路方案选址示意图

注:黄色线为主线推荐方案;蓝色线为岗菊站方案;绿色线为机场方案;粉色线为雅鲁藏布江北线方案

表 3.12 各铁路线路方案泥石流分布情况

方案		流域面积				合计
		<1 km²	1~5 km²	5~10 km²	>10 km²	
主线推荐方案		43(43.4%)	28(28.3%)	16(16.2%)	12(12.1%)	99
曲松方案		63(41.4%)	52(34.2%)	20(13.2%)	17(11.2%)	152
雅鲁藏布江北线方案		20(26.6%)	33(44.0%)	11(14.7%)	11(14.7%)	75
岗菊站方案	经主线推荐方案	45(41.7%)	35(32.4%)	16(14.8%)	12(11.1%)	108
	经曲松方案	65(40.4%)	59(36.6%)	20(12.4%)	17(10.6%)	161
机场方案	经主线推荐方案	53(45.3%)	36(30.7%)	14(12.0%)	14(12.0%)	117
	经曲松方案	73(42.9%)	60(35.3%)	18(10.6%)	19(11.2%)	170

1. 主线推荐方案

铁路主线推荐方案沿拉萨河左岸修建,至吾相拉岗站后开挖隧道至 D 点(图 3.33 和图 3.34),修建横跨雅鲁藏布江的大桥连接铁路线;由贡嘎站往东,沿雅鲁藏布江右岸河谷铺设铁路至桑日县曲松河汇入口附近,修建跨江大桥将铁路线引导至雅鲁藏布江峡谷左岸的桑日县城,继而沿雅鲁藏布江下游方向沿峡谷铺设路线到达加查县城。主线推荐方案主要覆盖拉萨河和雅鲁藏布江 2 个流域,分布在拉萨市堆龙德庆区、曲水县、贡嘎县、扎囊县、山南市乃东区、桑日县和加查县 7 个区县,泥石流沟数量合计 99 条。

主线推荐方案泥石流沟分布特点:

(1)泥石流沟集中分布在拉萨河和雅鲁藏布江 2 个流域。其中,拉萨河流域分布泥石流沟 10 条,约占主线推荐方案泥石流沟总数的 10.2%,集中于拉萨河右岸;雅鲁藏

图 3.34　主线方案在雅鲁藏布江北岸的隧道出口（D 点）

布江流域分布泥石流沟 88 条，约占 89.8%，集中于雅鲁藏布江右岸（河谷南侧）以及雅鲁藏布江峡谷段。

(2) 泥石流按流体性质分类以稀性泥石流为主，过渡性泥石流数量次之。由于拉萨河与雅鲁藏布江流域降雨量少，植被覆盖率较曲松地区低，泥石流流体的固体物质主要以寒冻风化以及部分风尘沙为主，因此泥石流暴发时以稀性为主，局部地段的大规模泥石流沟以山洪泥石流为主要特征。在桑日县与曲松边界，发育少量过渡性泥石流，并受流域面积大和降雨丰富等因素的影响，每逢雨季都会爆发较大规模泥石流。泥石流按激发因素分类以暴雨型泥石流占绝对比例，发育少量的冰川－暴雨混合型泥石流。在雅鲁藏布江高山峡谷地区，受高海拔地形的影响，泥石流沟形成区源头发育多处冰川和冰湖。冰川融化或冰湖溃决都将在下游形成大规模的泥石流，因此为避免灾害的发生，对冰川和冰湖活动的详细勘察是必需的，为铁路线路方案确定甚至铁路建设、运营提供充分的数据基础。

(3) 流域面积大于 $10\ \text{km}^2$ 的泥石流沟主要集中在山南市乃东区以东的雅鲁藏布江河谷地区，按泥石流流域面积分布规律与沟口段堆积体相对高差分布规律一致，泥石流按流域面积和按堆积体相对高差的分布规律如图 3.35 和图 3.36 所示。

(4) 拉萨河和雅鲁藏布江宽阔河谷流域，植被覆盖条件较差，泥石流沟分布地段还遭受风尘沙的危害，在河谷阶地发育大量"沙窝地"。

2. 雅鲁藏布江北线方案

雅鲁藏布江北线方案沿拉萨河左岸修建，至吾相拉岗站后开挖隧道至 E 点（图 3.33 和图 3.37），沿雅鲁藏布江北岸往东至峡谷左岸的桑日县城，继而沿雅鲁藏布江下游方向沿峡谷铺设路线到加查县城。该备选方案主要覆盖拉萨河和雅鲁藏布江2个流域,分布在拉萨堆龙德庆区、曲水县、贡嘎县、扎囊县、山南市乃东区、桑日县和加查县7个区县,泥石流沟数量合计75条。

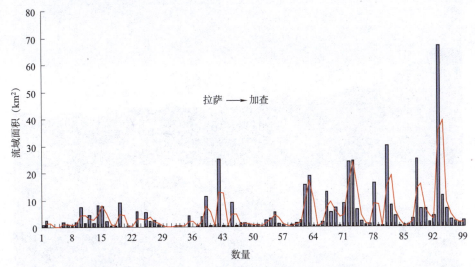

图3.35 主线推荐方案泥石流分布规律(按泥石流流域面积)

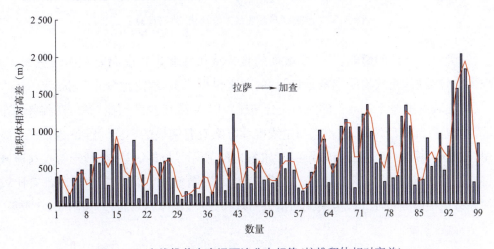

图3.36 主线推荐方案泥石流分布规律(按堆积体相对高差)

雅鲁藏布江北线方案与主线推荐方案(雅鲁藏布江南线)的主要区别在于路线出隧道后,前者直接沿雅鲁藏布江北线往东直接连接东边的桑日县城,后者将在雅鲁藏布江修建两座跨江大桥连接两岸路线。雅鲁藏布江北线方案泥石流沟分布特点与主线推荐方案几乎保持一致,泥石流沟分布特点的差异主要分布在雅鲁藏布江北岸河谷段,不同点有以下几个方面:

(1)由于雅鲁藏布江北岸地广人稀,基础设施少,因而泥石流防治工程并没有成型的体系,导致泥石流活动没有得到控制而泛滥,危害程度较南线严重。野外考察中发现,雅鲁藏布江北线的山洪泥石流在雨季时期漫流在沟口公路,大量固体物质堆积在公路线上,迫使来往车辆绕道行驶。

图 3.37　雅鲁藏布江北线方案隧道出口(E 点)

(2)受地形条件的影响,位于阳坡面的雅鲁藏布江北岸昼夜温差较南线更大,因此寒冻风化较强烈,松散物质丰富,风成沙的危害也更严重,沙窝地分布范围广。

(3)流域面积大于 10 km² 的泥石流分布比较广泛,除了拉萨河流域外,在雅鲁藏布江流域各个地段都有所发育,这一点与主线推荐方案有着明显的不同。雅鲁藏布江北线方案泥石流分布规律(按泥石流流域面积)如图 3.38 所示。同时,堆积体地形特点与流域面积特点相符,相对高差大于 1 000 m 的泥石流沟在雅鲁藏布江流域各个地段都有比较均匀的分布。雅鲁藏布江北线方案泥石流分布规律(按堆积体相对高差)如图 3.39 所示。

3. 曲松方案

曲松方案在桑日以西段,采用主线推荐方案线路,以东段采用往南沿曲松河和晒嘎曲河谷展布的曲松方案,最终到达加查县城。该路线方案覆盖拉萨河、雅鲁藏布江、曲松河和晒嘎曲 4 个流域,分布在拉萨市堆龙德庆区、曲水县、贡嘎县、扎囊县、山南市乃东区、桑日县、曲松县和加查县 8 个区县,泥石流沟数量合计 152 条。

曲松方案泥石流沟分布有以下几个特点:

(1)泥石流沟不仅数量众多,而且类型齐全。除了不具有冰川泥石流类型外,沿线泥石流涵盖了稀性、黏性和过渡性 3 种流体性质的泥石流。其中拉萨河和雅鲁藏布江流域以稀性泥石流为主,曲松河流域以黏性泥石流为主,晒嘎曲流域以过渡性泥石流为主。

(2)泥石流活动频繁、危害程度严重,尤其值得注意的是曲松河流域发育的黏性泥

3 泥石流的主要类型、特征和分布规律

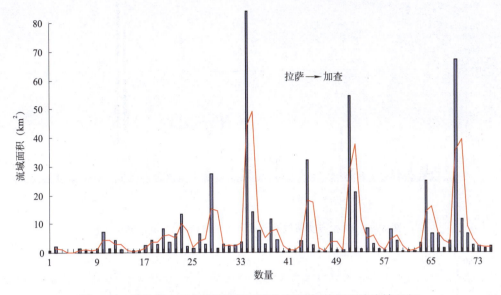

图 3.38 雅鲁藏布江北线方案泥石流分布规律(按泥石流流域面积)

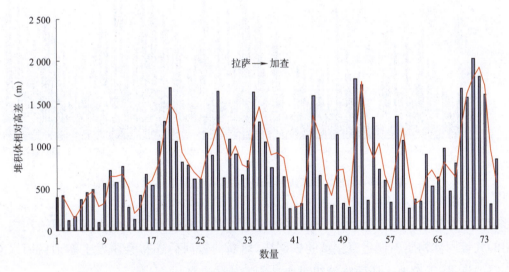

图 3.39 雅鲁藏布江北线方案泥石流分布规律(按堆积体相对高差)

石流。由于曲松方案路线将经过黏性泥石流严重的曲松河河谷地区,铁路线路方案将会面临大量路线绕避或是穿越泥石流堆积区,对需采取泥石流综合防治工程的沟道还要进一步做详细勘察和各种特征值设计参数计算。

(3)流域面积大于 10 km² 的泥石流沟集中分布在雅鲁藏布江宽阔河谷与峡谷过渡地带,曲松河上游以及晒嘎曲流域的泥石流规模偏小(图 3.40)。

(4)受布丹拉山山脉地形的影响,曲松河和晒嘎曲流域发育的泥石流沟虽然流域面积并不大,但沟口段堆积扇的地形起伏较大,表现为巨大的相对高差(图 3.41)。

(5)曲松河地区由于特殊的地质、地貌和丰富的降水条件,以及强烈的风化作用,

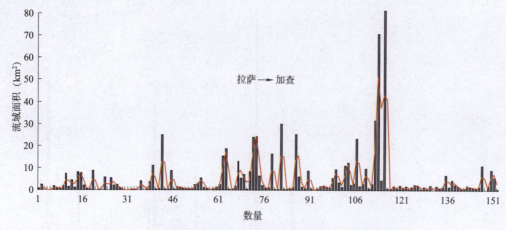

图 3.40 曲松方案路线泥石流分布规律(按泥石流流域面积)

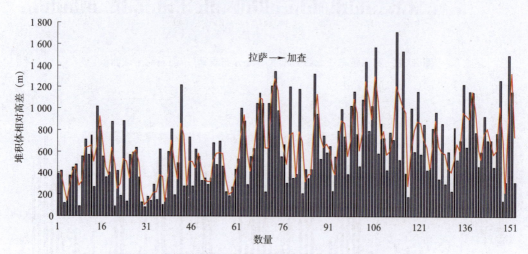

图 3.41 曲松方案路线泥石流分布规律(按堆积体相对高差)

形成的大量松散固体物质,致使该地区的泥石流活动频繁且规模偏大。泥石流沟内冲出的大量固体物质不仅将直接威胁铁路线,堵断曲松河后还将会诱发上游地区回水对铁路的淹没;下游地区还面临溃决洪水冲刷造成的破坏。

4. 岗菊站方案

岗菊站方案沿拉萨河左岸修筑,至吾相拉岗站后继续沿河岸延伸至协荣站,开挖隧道至 C 点(图 3.33 和图 3.42),修建横跨雅鲁藏布江的大桥连接铁路线;由贡嘎站(拟建站台)往东,沿雅鲁藏布江右岸河谷铺设铁路至桑日县曲松河入汇口附近,路线选址将再次分为两种情况:

(1)修建跨江大桥将铁路线引导至雅鲁藏布江峡谷左岸的桑日县城,继而沿雅鲁藏布江下游方向沿峡谷铺设路线到加查县城。

(2)沿曲松河上游方向而采用曲松方案,最后连通加查县城。

前一种方案主要覆盖拉萨河和雅鲁藏布江两个流域,分布在拉萨市堆龙德庆区、曲水县、贡嘎县、扎囊县、山南市乃东区、桑日县和加查县 7 个区县,泥石流沟数量合计 108 条;后一种方案覆盖拉萨河、雅鲁藏布江、曲松河和晒嘎曲 4 个流域,分布在拉萨市堆龙德庆区、曲水县、贡嘎县、扎囊县、山南市乃东区、桑日县、曲松县和加查县 8 个区县,泥石流沟数量合计 161 条。

图 3.42　岗菊站方案在雅鲁藏布江北岸的隧道出口(C 点)

岗菊站方案分为经主线推荐方案和经曲松方案两种,由于选址的变化不大,仅对两桥一洞地区(嘎拉山)的隧道出口位置进行变动,因此沿线泥石流沟分布特点分别与主线推荐方案、曲松方案两部分描述相同。岗菊站方案相比主线推荐方案,优点在于大大缩短了隧道长度,节约了隧道投资,并且还在拉萨河左岸增设协荣站台,可以为地方经济发展提供交通基础;缺点在于延长了铁路路线里程,由此沿线泥石流数量也相应地增加。经调查显示,岗菊站方案(经主线推荐方案)泥石流沟数量合计 108 条,比主线方案多 9 条;岗菊站方案(经曲松方案)泥石流沟数量合计 161 条,比曲松方案多 9 条。

5. 机场方案

机场方案沿拉萨河左岸修建,至协荣站后继续沿河岸延伸至 A 点(图 3.33 和图 3.43),开挖隧道到 B 点(图 3.33 和图 3.44),修建横跨雅鲁藏布江的大桥连接铁路线;由贡嘎西站(拟建站台)往东,沿雅鲁藏布江右岸河谷铺设铁路至桑日县曲松河汇入口附近,路线选址将再次分为两种情况:

(1)修建跨江大桥将铁路线引导至雅鲁藏布江峡谷左岸的桑日县城,继而沿雅鲁藏布江下游方向沿峡谷铺设路线到加查县城。

(2)沿曲松河上游方向而采用曲松方案,最后连通加查县城。

前一种方案主要覆盖拉萨河和雅鲁藏布江 2 个流域,分布在堆龙德庆区、曲水县、贡嘎县、扎囊县、乃东区、桑日县和加查县 7 个区县,泥石流沟数量合计 117 条;后一种方案覆盖拉萨河、雅鲁藏布江、曲松河和晒嘎曲 4 个流域,分布在堆龙德庆区、曲水县、贡嘎县、扎囊县、乃东区、桑日县、曲松县和加查县 8 个区县,泥石流沟数量合计 170 条。

图 3.43　机场方案在拉萨河南岸的隧道入口（A 点）

图 3.44　机场方案在雅鲁藏布江北岸的隧道出口（B 点）

机场方案与岗菊站方案类似,分为经主线推荐方案和经曲松方案两种。铁路方案为了经过贡嘎机场而设立贡嘎西站,因此路线选址继续往西偏移,线路整体变化很小,仅对两桥一洞地区(嘎拉山)的隧道出口位置进行变动,因此沿线泥石流沟分布特点分别与主线推荐方案、曲松方案两部分描述相同。机场方案相比主线推荐方案,优点在于继续缩短了隧道长度,节约了隧道投资,并且还在拉萨河左岸增设协荣站台,可以为地方经济发展提供交通基础;缺点在于延长了铁路路线里程,由此沿线泥石流数量也相应地增加。调查显示,机场方案(经主线推荐方案)泥石流沟数量合计117条,比主线推荐方案多18条;机场方案(经曲松方案)泥石流沟数量合计170条,比曲松方案多18条。

4 泥石流堆积扇特征及其成因分析

4.1 泥石流堆积扇发育特征

拉萨河和雅鲁藏布江宽谷段,河谷宽阔,河漫滩(和河流阶地)较发育;河谷两岸山坡较陡,泥石流沟流路短(形成和流通区短),主要发育中小型坡面流和稀性泥石流。但沟口的堆积扇规模宏大,往往形成"宽而泛"的沟口堆积扇,扇面平缓,一般 2°～6°。如 YR170T 和 YR176T 堆积扇坡度仅 3.5°,YL085B 约 4.4°,YL114B 约 5.9°,YL087B 堆积扇坡度稍大,也仅仅只有 9.4°。这类堆积扇物质来源复杂,主要有三类:泥石流堆积、主河冲洪积物和风沙堆积物,属典型的混合堆积,如图 3.15 所示。

在雅鲁藏布江窄谷段,河谷两岸山高坡陡,河谷狭窄,河漫滩不发育。泥石流堆积扇规模普遍较小,甚至缺失,仅在枯水季节可以看到堆积扇,且对主河挤压明显。如YL190T 堆积扇挤压主河达 1/2 以上;YL187T 和 YR199B 两条泥石流对冲,堆积物严重挤压主河道。这类堆积扇以泥石流堆积为主。

曲松河流域泥石流流体以黏性为主,堆积物属典型的泥石流堆积。由于部分河段较窄,堆积扇缺失或不完整。

通过对堆积物的详细调查,根据其物质组成,研究区泥石流堆积扇大致可分为三大类:典型的泥石流堆积、以泥石流堆积为主混杂有其他物质、以冲洪积物和风成沙土为主间杂泥石流堆积(详见"3.3.4 泥石流的堆积特征")。

4.2 典型泥石流堆积扇形成时间

为了对线路沿线典型的具有"高而大""洪积扇"的形成原因、形成年代及稳定性进行系统分析,判断工程寿命期内是否重显这类堆积,以指导线路选线及工程设置的选取。在研究区内选取了两个典型的堆积扇,并对不同层位进行了取样测年。

测年方法采用的是放射性碳定年法,利用加速器质谱仪(AMS)技术对样品中的 ^{14}C 进行检测以定年。

测年样品分别是桑日县城附近雅鲁藏布江两岸的两个泥石流堆积扇,分别为YL162B 和 YR199B 的堆积扇,位置如图 4.1 所示。YL162B 为一稀性泥石流沟,沟口坐标为 29°16′48″N,91°55′59″E,流域面积约 20.9 km²,主沟长度约 7.9 km,沟床平均纵比降 216.3‰,堆积扇面积约 6.5 km²。YR199B 也为一稀性泥石流沟,沟口坐标为 29°17′56″N,92°7′41″E,流域面积约 8.0 km²,主沟长度约 4.6 km,沟床平均纵比降 312.4‰,堆积扇面积约 1.5 km²。

图 4.1　YL162B 和 YR199B 的堆积扇位置

在每个堆积扇上自上而下分别取三个样品送检,具体位置及现场图片如图 4.2 和图 4.3 所示。

图 4.2　YL162B 堆积扇剖面取样位置　　　　图 4.3　YR199B 堆积扇剖面取样位置
取样位置距堆积扇表面距离:　　　　　　　　取样位置距堆积扇表面距离:
a 处 3.4 m;b 处 4.1 m;c 处 5.0 m　　　　　a 处 2.8 m;b 处 3.7 m;c 处 4.2 m

根据测年结果,YL162B 堆积扇的三个样品放射性碳年龄由新到老依次为(10 820±60)a BP、(18 560±70)a BP 和(22 510±120)a BP。根据放射性碳年龄,最上面的样品所在层位形成于全新世早期,而下面两个样品所在层位均形成于晚更新世。据此推断,该堆积扇至少自晚更新世就已经开始形成。

根据测年结果,YL199B堆积扇的三个样品放射性碳年龄由新到老依次为(5 870±30)a BP、(13 580±50)a BP和(14 680±60)a BP。根据放射性碳年龄,最上面的样品所在层位形成于全新世中期,而下面两个样品所在层位均形成于晚更新世晚期。据此推断,该堆积扇至少自晚更新世就已经开始形成。根据剖面粒度特征,该堆积扇至少在全新世早中期就已经开始有泥石流堆积。

4.3 "宽而泛"沟口堆积扇成因分析

在雅鲁藏布江窄谷段和曲松河流域,主河两岸泥石流沟口堆积均属于典型的泥石流堆积,成因较清楚。而在拉萨河和雅鲁藏布江宽谷段,沟口堆积扇规模宏大,扇面平缓,形成"宽而泛"的沟口堆积扇。主要对这种"宽而泛"的沟口堆积扇的成因进行分析。

1. 宽阔的河谷提供了有利的地形条件

雅鲁藏布江宽谷段河谷宽阔,最宽处达5~6 km,河漫滩(和河流阶地)较发育。河谷两岸支沟流路短,受主河的影响泥石流沟口地形平坦开阔,为形成"宽而泛"的沟口堆积扇提供有利的地形条件。

2. 泥石流流路不稳有利于形成"宽而泛"沟口堆积扇

研究区受独特的温带半干旱高原气候影响,旱、雨季分明,沟道流水多以季节性洪水为主,加上沟口地形平坦,洪水流路不稳定;尤其在暴发泥石流时,泥石流流路更加不稳,在堆积扇上四处摆动,形成"宽而泛"的泥石流堆积扇。

3. 河谷风沙成为泥石流的重要物源之一

研究区冬春盛行河谷风,大量黄沙堆积在主河两岸山坡上,如图4.4所示。这些黄沙在暴雨和流水作用下,参与形成泥石流,并在沟口堆积下来形成大规模的沟口堆积扇。如图3.15、图3.17和图3.18所示,砂土和泥石流物质呈混杂堆积,部分地段呈现较厚的砂土层。这些砂土层既有静水沉积形成的(可能是雅鲁藏布江早期形成的壅塞湖沉积物),也有风成和流水冲积(砂层中间杂砾石层)形成的。

4. 主河洪水既对堆积扇前缘进行改造,也可能加积其规模

如前所述,"宽而泛"的沟口堆积扇多呈混合堆积,既有泥石流物质,也有河流相冲洪积物。这表明"宽而泛"沟口堆积扇的形成是支沟泥石流和主河洪积物等共同作用的结果。尤其主河洪水不断对堆积扇前缘进行加积、改造,也是形成"宽而泛"沟口堆积扇的重要原因之一。

雅鲁藏布江宽谷段宽阔的河谷和沟口平坦开阔的场地为沟口堆积扇的形成提供充分的地形条件;堆积扇上不固定的泥石流流路为扩大堆积扇的范围提供了良好的动

图 4.4　雅鲁藏布江宽谷段河谷两岸山坡上的风成黄沙堆积

力条件;风沙堆积和早期河流洪泛堆积为大规模堆积扇的形成提供重要的物源条件。正是在各种因素共同作用下,才形成了目前规模宏大,具有独特堆积特征的"宽而泛"的泥石流沟口堆积扇。

4.4　"宽而泛"堆积扇的稳定性及其对工程的影响分析

4.4.1　堆积扇场地稳定性分析

雅鲁藏布江宽谷段两岸的堆积扇地形平坦,场地开阔便于道路选线。但是,由于堆积扇属混合堆积,地层复杂,厚度变化大,无论是纵向上还是横向上,均属不均匀地基土。

堆积扇浅表层堆积层形成时间短,密实度差,加上地层分布不均匀,场地稳定性较差。在振动荷载作用下,天然地基土沉降变形较大;封闭饱水的细砂层在振动荷载作用下可能发生液化,从而导致地基沉陷变形。

4.4.2　对工程的影响分析

如前所述,"宽而泛"堆积扇属不均匀、稳定性较差的场地,对工程建设有一定的影响。

雅鲁藏布江宽谷段两岸泥石流沟道大都短小顺直,流域面积不大;泥石流物源主要以寒冻风化物和风沙堆积物为主。由于流域面积和物源量的影响,单次泥石流规模通常情况下不会太大(堆积扇上四处摆动的泥石流流路也表明单次泥石流的规模不大)。此外,由于堆积扇范围大,坡度很小,泥石流冲出沟道后流速变小,其动能也变小。因此,该区段泥石流对铁路工程的冲击破坏作用较小,对工程的影响主要是淤埋作用,局部地段会对路(桥)基有较强的冲刷作用。

研究区铁路线路方案沿线典型泥石流特征及其对工程的影响见表4.1。

表4.1 拉林铁路拉萨—加查段(主线推荐方案)沿线典型泥石流特征及其危害

序号	里程	工程设置	泥石流沟室内编号	泥石流性质	泥石流堆积扇形态特征	泥石流堆积物特征	泥石流危害形式及对主线推荐方案的影响
1	CK33+815~CK35+416	桥	LL027B	稀性	堆积扇完整,前缘宽1 400 m左右,扇径约2 000 m	堆积物质成分为砂、粉质黏土、碎石类土夹块石。发育在线路左侧	危害形式以淤埋为主;对桥梁的危害主要是冲毁和淤埋
2	CK40+400~CK41+400	桥	YL041B	稀性	堆积扇较完整,前缘宽300 m左右,扇径约410 m	堆积物成分主要为砂、粉质黏土、碎石类土夹块石。发育在线路右侧	危害形式主要是淤埋;对桥梁的危害主要是冲毁和淤埋
3	CK41+400~CK42+320	桥	YL042B	稀性	堆积扇完整,前缘宽1 600 m左右,扇径约800 m	沟谷两侧坡陡纵沟较大,堆积物成分为砂、粉质黏土、碎石类土夹块石。发育在线路右侧	危害形式以淤埋为主;对桥梁的危害主要是冲毁和淤埋
4	CK61+640~CK63+500右侧	车站、路基	YR100T	稀性	堆积扇规模宏大,较完整,纵深3.5 km以上,前缘宽约1 800 m	堆积物质成分为砂、粉质黏土、碎石类土夹块石等。发育在线路右侧	泥石流流路不稳定,危害形式以局部冲刷和淤埋为主;对工程的危害主要是冲毁和淤埋
5	CK65+000~CK67+160右侧	路基	YR103T	稀性	堆积扇规模宏大,较完整;堆积扇纵深2.4 km以上,前缘宽约1 500 m	堆积物成分为砂、粉质黏土、碎石类土夹块石,堆积松散。发育在线路右侧	泥石流流路不稳定,危害形式以局部冲刷和淤埋为主;对路基的危害以局部冲毁和淤埋为主
6	CK67+350~CK69+200	路基	YR104T	稀性	堆积扇规模宏大,较完整;堆积扇纵深2.8 km以上,前缘宽约1 700 m	堆积物成分为砂、粉质黏土、碎石类土夹块石,堆积松散。发育在线路右侧	泥石流流路不稳定,危害形式以局部冲刷和淤埋为主;对路基的危害以局部冲毁和淤埋为主
7	CK71+560~CK73+600	路基	YR107T	稀性	堆积扇规模宏大,较完整;堆积扇纵深4.5 km以上,前缘宽约1 700 m	堆积物成分为砂、粉质黏土、碎石类土夹块石。发育在线路右侧	泥石流流路不稳定,危害形式以局部冲刷和淤埋为主;对路基的危害以局部冲毁和淤埋为主
8	CK75+250~CK76+370	路基	YR119T	稀性	堆积扇规模宏大,较完整;堆积扇纵深2.4 km以上,前缘宽约1 200 m	沟谷两侧坡陡纵沟较大,堆积物成分为砂、粉质黏土、碎石类土夹块石。发育在线路右侧	泥石流流路不稳定,危害形式以局部冲刷和淤埋为主;对路基的危害以局部冲毁和淤埋为主

续上表

序号	里程	工程设置	泥石流沟室内编号	泥石流性质	泥石流堆积扇形态特征	泥石流堆积物特征	泥石流危害形式及对主线推荐方案的影响
9	CK90+100～CK91+100	路基	YR128T	稀性	堆积扇较完整，前缘宽约 800 m，扇径约 900 m	沟道短小，坡度较大，堆积物以砂、粉质黏土、碎石类土夹块石等为主。发育在线路右侧	泥石流流路不稳定，危害形式以淤埋为主；对路基的危害以局部冲毁和淤埋为主
10	CK93+200～CK94+360	路基	YR129T	稀性	堆积扇规模较大，较完整；纵深 2.5 km 以上，前缘宽约 1 700 m	沟道较短，坡度较大，堆积物质成分为砂、粉质黏土、碎石类土夹块石等。发育在线路右侧	泥石流流路不稳定，危害形式以淤埋为主；对路基的危害以局部冲毁和淤埋为主
11	CK106+500～CK108+1600	路基	YR145T	稀性	堆积扇规模较大，形态完整；纵深 3.8 km 以上，前缘宽约 2 000 m	沟谷两侧坡陡，纵沟较大，堆积物质成分以砂、粉质黏土、碎石类土夹块石为主。发育在线路右侧	泥石流流路不稳定，危害形式以淤埋为主；对路基的危害以淤埋为主
12	CK109+500～CK110+410	路基	YR146T	稀性	堆积扇规模较大，形态完整；纵深 3.5 km 以上，前缘宽约 2 000 m	沟谷两侧坡陡，纵沟较大，堆积物质成分为砂、粉质黏土、碎石类土夹块石等，堆积松散，厚度大于 50 m。发育在线路右侧，线路位于该泥石流沟的堆积区前缘	泥石流流路不稳定，危害形式以淤埋为主；对路基的危害以局部冲毁和淤埋为主
13	CK114+000～CK115+100	路基	YR150T	稀性	堆积扇规模较大，形态完整；纵深 2.0 km 以上，前缘宽约 1 300 m	沟谷两侧坡陡，纵沟较大，堆积物质成分为砂、粉质黏土、碎石类土夹块石。发育在线路右侧	泥石流危害形式以淤埋为主；对路基的危害以局部冲毁和淤埋为主
14	CK134+350～CK135+800	路基	YR170T	稀性	堆积扇规模较大，形态完整；纵深 3.2 km 以上，前缘宽约 1 400 m	沟谷两侧坡陡，纵沟较大，堆积物质成分为砂、粉质黏土、碎石类土夹块石等。发育在线路右侧	泥石流危害形式以淤埋为主；对路基的危害以局部冲毁和淤埋为主
15	CK136+010～CK138+250	路基	YR171T	稀性	堆积扇规模较大，形态完整；纵深 2.5 km 以上，前缘宽约 2 100 m	沟谷两侧坡陡纵沟较大，堆积物质成分为砂、粉质黏土、碎石类土夹块石。发育在线路右侧	泥石流危害形式以淤埋为主；对路基的危害以局部冲毁和淤埋为主
16	CK146+600～CK147+520	路基	YR176T	稀性	堆积扇规模较大，形态完整；堆积扇径 1.5 km 以上，前缘宽约 1 800 m	沟谷两侧坡陡，纵沟较大，堆积物质成分为砂、粉质黏土、碎石类土夹块石等。发育在线路右侧	泥石流危害形式以淤埋为主；对路基的危害以局部冲毁和淤埋为主

续上表

序号	里程	工程设置	泥石流沟室内编号	泥石流性质	泥石流堆积扇形态特征	泥石流堆积物特征	泥石流危害形式及对主线推荐方案的影响
17	CK159+500～CK160+000	路基、桥	YR193B	稀性	堆积扇形态完整,呈对称型,规模较大,堆积扇径约1.5 km,前缘宽约3 000 m	两侧坡陡,纵沟较大,堆积物质成分为砂、粉质黏土、碎石类土夹块石。发育在线路右侧	泥石流危害形式以淤埋为主;对工程的危害主要为淤埋
18	CK160+000～CK162+050	路基	YR197B	稀性	堆积扇规模较大,形态完整,大部分已开垦成农田;堆积扇坡度7%～10%,流路较稳定;堆积扇纵深约3.5 km,前缘宽约2 300 m	沟谷两侧坡陡,纵沟较大,堆积物质成分为砂、粉质黏土、碎石类土夹块石。发育在线路右侧	泥石流危害形式以冲刷为主;对路基的危害以冲刷和淤埋为主
19	CK163+250～CK165+000	路基	YR199B	稀性	堆积扇明显,形态完整,由于对面YL187T泥石流对主河的顶冲,堆积扇前缘冲刷明显;堆积扇坡度13%,流路较稳定,但泥流规模较大时,流路会发生摆动;堆积扇纵深约1.58 km,前缘宽约1 700 m	沟谷两侧坡陡、沟床比降较大;堆积物质成分为砂、粉质黏土、碎石类土夹块石等;物质来源主要为风化(冻融作用)下产生的坡积、残积及崩积物,属中型泥石流。发育在线路右侧	泥石流危害形式以冲刷为主;对路基的危害以冲刷和淤埋为主
20	CK166+600～CK166+750	桥、隧道进口端	YL188T	稀性	堆积扇明显,形态较完整,偏向下游;堆积扇径约190 m,前缘宽约150 m	沟谷两侧坡陡,沟谷较多、沟床比降较大;堆积物质成分为砂、粉质黏土、碎石类土夹块石等。发育在线路左侧	泥石流危害形式以冲刷为主;对工程的危害以冲击和淤埋为主

5 典型泥石流沟主要特征值计算

典型泥石流沟的选择需能代表拉林铁路拉萨—加查段沿线294条各类泥石流的特点。首先,典型泥石流沟必须涵盖各种类型的泥石流,如稀性、过渡性和黏性泥石流都必须有所体现;其次,典型泥石流沟的选择必须体现出其位置的特殊性或重要性,如堆积扇分布居民点,铁路火车站方案或是铁路线路各种方案选址的分叉点等;然后,典型泥石流沟的选择必须以铁路推荐方案沿线泥石流沟为主,备选方案沿线泥石流沟主要起对比参照的辅助作用;最后,典型泥石流沟必须是代表该区域内最危险的泥石流,只有通过对最危险泥石流沟的特征值计算,才能确保拟建铁路的安全运行。

5.1 设计洪水洪峰流量计算

暴雨型泥石流同山洪的涨落一样,高峰历时很短,通常只有十几分钟或几十分钟,陡涨陡落,过程十分快速。造成暴雨型泥石流的几乎都与短历时降雨强度有关,具有规模小,过程短,变化快的特点。由降雨到汇流,历时不长,地下水循环不多,调蓄作用弱。在半旱、半湿润地区的土壤贫瘠,粒度较粗,透水性好,地下水储存条件较差,平时径流不发育,洪峰径流系数在0.5~0.8(土地面坡地0.5~0.7,基岩坡地0.65~0.8),年径流深为100~700 mm,地表岩石疏松、干燥,短历时暴雨过程,汇流快,侵蚀作用强。在湿润地区,土层发育植被好,又有地下水调节径流,多数沟长流水不断,洪峰径流系数为0.4~0.7(土石坡地0.4~0.6,基岩坡地0.55~0.7),年径流深为300~800 mm,地表受每期降雨或地下水作用,故稳定性差,泥石流极易形成。

暴雨是形成洪水的直接因素。在无实测流量资料情况下,暴雨是推算设计洪水最基本的依据。因此,假定泥石流与暴雨洪水同频率且同步发生,将暴雨洪水设计流量全部换算为泥石流流量。暴雨洪水的设计流量计算,通过大量山区的洪水流量资料分析,推理公式适用于西藏地区。

计算原理参考中国水利科学院水文研究所的"小流域暴雨洪峰流量计算方法",对于基流 Q_0 的计算及汇流参数 m、产流参数 μ 未知情况下的分析计算,均根据《四川省水文手册》(四川省水利电力局水文总站,1979年),数学模式及理论推导在此从略。该方法适用面积广、变量少的情况,对于西藏地区无水文资料条件下,有很大的参考价值。

设计洪峰流量计算一般根据推理公式计算得到,其表达式为

$$Q_m = 0.2784iF = 0.278\psi \frac{S}{\tau^n}F \tag{5.1}$$

在全面汇流条件下 $\tau \leqslant t_0: \psi = 1 - \frac{\mu}{S}\tau^n$

在部分汇流条件下 $\tau > t_0: \psi = n\left(\frac{t_0}{\tau}\right)^{1-n}$

$$t_0 = \left[(1-n)\frac{S}{\mu}\right]^{\frac{1}{n}}$$

$$\tau = \tau_0 \psi^{\frac{-1}{4-n}}$$

$$\tau_0 = \frac{0.278^{\frac{3}{4-n}}}{\left(\frac{mJ^{\frac{1}{3}}}{L}\right)^{\frac{4}{4-n}}(SF)^{\frac{1}{4-n}}}$$

式中　Q_m——最大流量,m³/s,其值可作为设计洪水洪峰流量 Q_B;

　　　ψ——洪峰径流系数;

　　　S——暴雨雨力,mm/h,即最大 1 h 暴雨量;

　　　i——最大平均暴雨强度,mm/h;

　　　τ——流域汇流时间,h;

　　　F——流域面积,km²;

　　　n——暴雨公式指数;

　　　L——沟道长度,km;

　　　J——沟道平均坡度,‰;

　　　τ_0——$\psi=1$ 的流域汇流时间,h;

　　　t_0——产流历时,h;

　　　μ——产流参数,即产流历时内流域平均渗流强度,mm/h;

　　　m——汇流参数。

参照《四川省水文手册》对产、汇流参数地区分区。根据流域自然地理和下垫面情况选定设计流域产流采用Ⅲ区。

产流参数:

$$\mu = 6F^{-0.19}$$

汇流参数:

$$m = 0.221\theta^{0.204}$$

式中　$\theta = \frac{L}{J^{1/3}F^{1/4}}$——流域特征系数。

由于拉林铁路选址时,沿线水文、气象台(站)有限,且资料不全,故参照《四川省水

文手册》以及沿线气象资料,并结合沿线地质、地貌、气候、植被等条件和前人资料综合确定相关参数。从沿线泥石流沟中选出部分典型沟进行分析计算,计算结果见表 5.1。

表 5.1 设计洪水洪峰流量 Q_B

编 号	所在流域	泥石流流域面积 F（km²）	沟长 L（km）	纵比降 I	设计洪水洪峰流量 Q_B(m³/s)		
					设计频率 $P=0.5\%$	设计频率 $P=1\%$	设计频率 $P=2\%$
LR010B	拉萨河	24.20	6.03	0.170 7	73.83	65.66	57.15
LL014T	拉萨河	7.20	2.89	0.246 6	34.67	30.94	27.05
LL027B	拉萨河	4.51	2.24	0.229 9	23.53	20.99	18.35
YR064B	雅鲁藏布江	18.10	5.36	0.164 5	55.82	49.60	43.13
YR068B	雅鲁藏布江	10.37	4.40	0.158 9	32.00	28.38	24.61
YR107T	雅鲁藏布江	24.81	7.57	0.161 1	59.19	52.41	45.33
YL112B	雅鲁藏布江	27.33	9.65	0.169 9	52.73	46.48	39.97
YR129T	雅鲁藏布江	5.29	2.56	0.271 0	26.81	23.92	20.91
YL139B	雅鲁藏布江	11.50	5.07	0.213 0	35.17	31.20	27.07
YR146T	雅鲁藏布江	18.70	4.99	0.176 7	64.09	57.06	49.73
YR150T	雅鲁藏布江	12.90	4.34	0.241 6	49.94	44.49	38.82
YL162B	雅鲁藏布江	20.89	7.92	0.216 3	49.57	43.85	37.89
YR170T	雅鲁藏布江	23.78	8.31	0.145 4	48.53	42.81	36.85
YR171T	雅鲁藏布江	24.39	8.56	0.156 3	50.03	44.15	38.01
YR176T	雅鲁藏布江	16.19	8.23	0.145 8	28.51	25.00	21.34
YR179T	雅鲁藏布江	29.89	9.87	0.119 7	50.81	44.71	38.33
YL186T	雅鲁藏布江	24.77	4.63	0.109 9	85.44	76.13	66.44
QR209B	曲松河	6.01	4.14	0.229 6	18.60	16.47	14.24
QR215B	曲松河	23.10	9.85	0.159 4	39.57	34.75	29.71
SR275B	晒嘎曲	8.55	3.15	0.187 3	36.60	32.62	28.47

5.2 泥石流流速计算

许多学者都尝试通过泥石流运动力学模型来求解泥石流运动的平均流速与流速分布,具有较强的理论基础(Johnson 和 Rahn,1970 年;Takahashi,1978 年;Tigue;1982 年;Chen,1986 年;王光谦等,1992 年;杨美卿、王立新,1992 年;O'Brein,1993 年;Iverson,1997 年;费翔俊,1995 年,2002 年)。由于各种模型应用时本身具有一定的局限性及某些不足,如假定固体颗粒沿垂向均匀分布、模型中很多参数的确定等问题,现阶段通过各种理论模型求解泥石流运动速度的方法,在相当长时期内还难以达到应用的要求;在这种情况下,使用实际观测资料或试验资料求解有适用范围的经验公式,能在一定程度上解决泥石流防治工程的实际需要。

泥石流流速是决定泥石流动力学性质的最重要参数之一。国内外的许多学者都对泥石流的流速进行研究,建立泥石流流速的计算公式。建立泥石流流速公式主要有两种方法:一是利用明渠均匀流谢才公式,根据野外实际观测资料,采用统计计算的方法确定其阻力系数,从而得出多种泥石流流量计算公式。由于在特定沟道条件下,泥石流运动的内部阻力大于清水,固体颗粒的存在使泥石流流速比相同水力半径和相同比降下的清水流速要小,因此可以通过实测资料对曼宁糙率系数修正,以便计算流速。最著名的即为斯里勃内依公式,国内外的许多学者在此基础上建立了大量的有地区适用性的经验公式。二是根据推理或试验资料,或两者结合,采用数学分析或量纲分析的方法建立泥石流流速公式(周必凡等,1991年;康志成等,2004年)。目前,比较常用的一些公式见表 5.2。

表 5.2 国内外泥石流流速计算经验公式

编号	公式	数据来源及说明	适用泥石流性质	作者
1	$v_c = \dfrac{1}{\sqrt{\gamma_s \varphi + 1}} V_b$		水石流 稀性泥石流	斯里勃内依
2	$v_c = \dfrac{m_c}{\sqrt{\gamma_s \varphi + 1}} R^{2/3} J^{1/2}$		水石流 稀性泥石流	铁道科学研究院西南研究所
3	$v_c = \dfrac{M}{\sqrt{\gamma_s \varphi + 1}} R^{2/3} J^{1/6}$	东川老干沟、法窝沟等	稀性泥石流	丁玉寿
4	$v_c = \dfrac{m}{\sqrt{\gamma_s \varphi + 1}} R^{2/3} J^{1/10}$		大比降水石流	刘德昭
5	$v_c = \dfrac{15.5}{\sqrt{\gamma_s \varphi + 1}} H^{2/3} J^{1/2}$	西北地区泥石流	稀性泥石流	铁三院
6	$v_c = \dfrac{1}{n_c} \beta R^{2/3} J^{1/2}$	$\beta = \sqrt{\dfrac{1-S_v}{1+S_v(\gamma_s-1)}}$	水石流 稀性泥石流	弗列斯曼
7	$v_c = \dfrac{1}{n_c} H^{2/3} J^{1/2}$	古乡沟黏性泥石流 $n_c = 0.45$,稀性为 0.25	黏性泥石流 稀性泥石流	王书睿
8	$v_c = \gamma_m^{-0.4} \left(\dfrac{\eta}{\eta_m}\right) V_b^{0.1}$	η 为清水有效黏度,η_m 为泥石流浆体有效黏度	紊动强烈的稀性泥石流	
9	$v_c = K \left(\dfrac{c}{\rho_c}\right)^m \left(\dfrac{d}{H}\right)^n \sqrt{gHJ}$	K, m, n 为地区差异的系数		马蔼乃
10	$v_c = \dfrac{1}{n_c} \left(1 - \dfrac{XS_v}{S_{vm}}\right)^{2/3} H^{2/3} J^{1/2}$	X 为粗颗粒质量百分含量	水石流、稀性泥石流	费祥俊

通过对前人研究成果的分析,研究中泥石流流速计算公式选取如下:

1. 稀性泥石流流速计算

稀性泥石流流速计算公式采用西南地区(铁二院)公式:

$$v_c = \frac{1}{\sqrt{\gamma_H \varphi + 1}} \frac{1}{n} R^{2/3} I^{1/2} \tag{5.2}$$

式中 v_c——泥石流断面平均流速，m/s；

γ_H——泥石流固体物质容重，kN/m³；

$\frac{1}{n}$——清水河床糙率系数，见表5.3；

R——水力半径，m，按式 $R = \frac{w}{P_s}$ 计算（w 为过流断面面积，m²；P_s 为湿周，m）或用平均水深 H_s 代替；

I——泥石流水力坡度，‰，一般可用沟床纵比降代替。

表5.3 泥石流沟道清水河床糙率表

河段特征	河床物质组成及形态	沟岸状况	1/n
河段较顺直，河宽逐渐扩展，断面较规则，水流通畅，有堵塞	砂、土质河床，河底平顺，沟床纵坡<3°	平顺的土岸或人工堤防，沟岸山坡坡度<15°	≥55(50~75)
	砂、土质河床，河底不很平顺，沟床纵坡3°~6°	平顺的土岸，略有坍塌，沟岸山坡坡度15°~25°	50(40~55)
	卵、砾石河床，河底较平顺，沟床纵坡3°~6°	有坍塌的土岸或岩质沟岸，沟岸山坡坡度15°~25°	45(35~50)
	卵、砾石河床，河底不平顺，沟床纵坡6°~12°	有坍塌的土岸或岩质沟岸，坍塌较发育，沟岸山坡坡度25°~32°	40(30~45)
	卵、碎、块石河床，河底不平顺，沟床纵坡6°~12°	崩、坡积物或岩质沟岸，沟岸山坡坡度25°~32°坍塌发育，有堵塞痕迹	35(25~40)
	卵、碎、块石河床，河底松散堆积，很不平顺，沟床纵坡>12°	崩坡积物或岩质沟岸，沟岸山坡坡度>32°，坍塌很发育，有明显堵塞痕迹	≤25(15~35)
山区峡谷河段、弯曲河段、阻塞的复式断面河段	砂、圆砾石河床，边滩沙州犬牙交错	人工堤防强制弯曲者	35(30~40)
		有矶石或丁坝挑流者	30(25~35)
	卵石、圆砾石河床，河底起伏不平或长有水生植物的沟床	参差不齐的卵石、圆石河岸或长中密灌丛的河岸	25(20~30)
		参差不齐的岩岸或长灌木丛生的河岸	20(15~25)
	卵石、块石、大漂石河床，石梁、跌水、孤石交错或水生植物稠密，阻水严重的沟床	参差不齐的岩岸或长灌木丛生的河岸	15(12~20)
		两岸时有岩咀突出，很不平顺，形成强烈斜流、回水、死水的河岸	12(10~15)

2. 黏性泥石流流速计算公式

黏性泥石流流速计算公式，选用综合西藏古乡沟、东川蒋家沟、武都火烧沟的通用公式：

$$v_c = \frac{1}{n_c} H_c^{2/3} I^{1/2} \tag{5.3}$$

式中 n_c——黏性泥石流的河床糙率，见表5.4；

H_c——平均泥深，m。

表 5.4 黏性泥石流流速沟床粗糙率表

序号	泥石流特征	沟床状况	糙率值 n_c	$1/n_c$
1	流体呈整体运动;石块粒径大小悬殊,一般在 30～50 cm,2～5 m 粒径的石块约占 20%;龙头由大石块组成,在弯道或河床展宽处易停积,后续流可超越而过,龙头流速小于龙身流速,堆积呈垄岗状	沟床极粗糙,沟内有巨石和狭带的树木堆积,多弯道和大跌水,沟内不能通行,人迹罕至,沟床流通段纵坡在 100‰～150‰,阻力特征属高阻型	平均值 0.27	3.57
			$H_c<2$ m 时,0.445	2.27
2	流体呈整体运动;石块较大,一般石块粒径 20～30 cm,含少量粒径 2～3 m 的大石块,流体搅拌较为均匀,龙头紊动强烈,有黑色烟雾及火花,龙头和龙身流速基本一致,停积后呈垄岗状堆积	沟床比较粗糙、凹凸不平,石块较多,有弯道、跌水;沟床流通段纵坡在 70‰～100‰,阻力特征属高阻型	$H_c<1.5$ m 时,平均 0.040	20～30 25
			$H_c\geqslant 1.5$ m 时,0.050～0.100 平均 0.067	10～20 15
3	流体搅拌十分均匀,石块粒径一般在 10 cm 左右,狭有个别 2～3 m 的大块石,龙头和龙身物质组成差别不大;在运动过程中龙头紊动十分强烈,浪花飞溅;停积后浆体与石块不分离,向四周扩散呈叶片状	沟床较稳定,河床物质较均匀,粒径 10 cm 左右;受洪水冲刷沟底不平而且粗糙,流水沟两侧较平顺,但干而粗糙;沟床流通段纵坡在 55‰～70‰,阻力特征属中阻型或高阻型	0.1 m<H_c≤0.5 m 0.043	23
			0.5 m<H_c≤2.0 m 0.077	13
			2.0 m<H_c≤4.0 m 0.100	10
4		泥石流铺床后原河床黏附一层泥浆体,使干而粗糙河床变得光滑平顺,利于泥石流体运动,阻力特征属低阻型	0.1 m<H_c≤0.5 m 0.022	46
			0.5 m<H_c≤2.0 m 0.033	26
			2.0 m<H_c≤4.0 m 0.050	20

选取的典型沟计算结果见表 5.5。

表 5.5 泥石流流速计算

编号	所在流域	纵比降 I	流速 v_c (m/s)	备注
LR010B	拉萨河	0.170 7	4.36	稀性泥石流
LL014T	拉萨河	0.246 6	5.24	稀性泥石流
LL027B	拉萨河	0.229 9	5.06	稀性泥石流
YR064B	雅鲁藏布江	0.164 5	4.28	稀性泥石流
YR068B	雅鲁藏布江	0.158 9	4.20	稀性泥石流
YR107T	雅鲁藏布江	0.161 1	5.84	过渡性泥石流
YL112B	雅鲁藏布江	0.169 9	5.99	过渡性泥石流
YR129T	雅鲁藏布江	0.271 0	7.57	过渡性泥石流
YL139B	雅鲁藏布江	0.213 0	6.71	过渡性泥石流
YR146T	雅鲁藏布江	0.176 7	6.11	过渡性泥石流

续上表

编　号	所在流域	纵比降 I	流速 v_c(m/s)	备　注
YR150T	雅鲁藏布江	0.241 6	7.15	过渡性泥石流
YL162B	雅鲁藏布江	0.216 3	6.76	过渡性泥石流
YR170T	雅鲁藏布江	0.145 4	5.55	过渡性泥石流
YR171T	雅鲁藏布江	0.156 8	8.04	稀性泥石流
YR176T	雅鲁藏布江	0.145 8	5.55	过渡性泥石流
YR179T	雅鲁藏布江	0.119 7	5.03	过渡性泥石流
YL186T	雅鲁藏布江	0.109 9	4.82	过渡性泥石流
QR209B	曲松河	0.229 6	17.72	黏性泥石流
QR215B	曲松河	0.159 4	8.12	黏性泥石流
SR275B	晒嘎曲	0.187 3	6.29	过渡性泥石流

5.3 设计泥石流洪峰流量计算

泥石流的流量是反映其规模或强度的重要指标,而且决定着泥石流防治工程构筑物的类型及设计标准。

确定一个流域内泥石流的最大流量比较可靠的方法是形态调查法,即首先确定泥石流的最高泥位,以及最高泥位下的泥石流流体断面面积和相应的平均流速,而泥石流断面与流速又受到泥石流活动频率与泥石流性质的影响。由于冰湖溃决泥石流暴发的突然性,很难获得比较可靠的数据,而且不同学者调查不同的断面可能会得到不同的结果。目前,对于泥石流流量的计算一般采用配方法进行峰值流量的计算;虽然进行了参数的修正,但是计算结果仍然偏大(康志成,2004 年)。在 20 世纪 70 年代弗列斯曼和康志成根据野外观测资料,分析影响泥石流峰值流量的诸因素,提出了泥石流峰值流量计算成因法。该方法具有一定的科学性,但是由于参数难以获取,因此很难符合实际的需要。

常用的泥石流流量计算方法有雨洪法和泥痕法。泥石流流量计算较为准确的方法是采用泥痕法进行计算,然而泥痕法要求野外能采集到新近发生泥石流的新鲜断面,这样计算的数据才更准确。根据实地调查,除少数沟道能采集到泥痕之外,拉林铁路沿线多处未见泥石流痕迹,难以测出准确的泥石流过流断面,故对各沟主要采用雨洪法来计算流量,个别沟道使用泥痕法计算流量。

1. 雨洪法

目前对暴雨泥石流流量的计算均采用配方法计算泥石流峰值流量。即假设泥石流与暴雨同频率、且同步发生,先按水文方法计算出断面不同频率下的小流域暴雨洪峰流量(计算方法查阅《四川省水文手册》),然后选用堵塞系数进行计算。

设计泥石流洪峰流量计算采用式(5.4)。

$$Q_c=(1+\varphi)Q_B D_c \qquad (5.4)$$

$$\varphi=\frac{\gamma_c-\gamma_w}{\gamma_H-\gamma_c}$$

式中 Q_c——频率为 P 的泥石流洪峰流量，m³/s；

$\quad\quad Q_B$——频率为 P 的暴雨设计洪水洪峰流量，m³/s，其值计算参考 Q_m 计算；

$(1+\varphi)$——可参考表5.6；

$\quad\quad D_c$——泥石流堵塞系数；

$\quad\quad \varphi$——泥石流泥沙修正系数；

$\quad\quad \gamma_c$——泥石流容重，kN/m³；

$\quad\quad \gamma_w$——清水的容重，kN/m³；

$\quad\quad \gamma_H$——泥石流固体物质容重，kN/m³。

表5.6 数量化评分 N 与容重、$(1+\varphi)$ 关系对照表

评分	容重 γ_c (kN/m³)	$1+\varphi$	评分	容重 γ_c (kN/m³)	$1+\varphi$	评分	容重 γ_c (kN/m³)	$1+\varphi$
44	13.00	1.223	73	15.02	1.459	102	17.03	1.765
45	13.07	1.231	74	15.09	1.467	103	17.10	1.778
46	13.14	1.239	75	15.16	1.475	104	17.17	1.791
47	13.21	1.247	76	15.23	1.483	105	17.24	1.804
48	13.28	1.256	77	15.30	1.492	106	17.31	1.817
49	13.35	1.264	78	15.37	1.500	107	17.38	1.830
50	13.42	1.272	79	15.44	1.508	108	17.45	1.842
51	13.49	1.280	80	15.51	1.516	109	17.52	1.855
52	13.56	1.288	81	15.58	1.524	110	17.59	1.868
53	13.63	1.296	82	15.65	1.532	111	17.66	1.881
54	13.70	1.304	83	15.72	1.540	112	17.72	1.894
55	13.77	1.313	84	15.79	1.549	113	17.79	1.907
56	13.84	1.321	85	15.86	1.557	114	17.86	1.919
57	13.91	1.329	86	15.93	1.565	115	17.93	1.932
58	13.98	1.337	87	16.00	1.577	116	18.00	1.945
59	14.05	1.345	88	16.07	1.586	117	18.43	2.208
60	14.12	1.353	89	16.14	1.599	118	18.86	2.471
61	14.19	1.361	90	16.21	1.611	119	19.29	2.735
62	14.26	1.370	91	16.28	1.624	120	19.71	2.998
63	14.33	1.378	92	16.34	1.637	121	20.14	3.216
64	14.40	1.386	93	16.41	1.650	122	20.57	3.524
65	14.47	1.394	94	16.48	1.663	123	21.00	3.778
66	14.53	1.402	95	16.55	1.676	124	21.43	4.051
67	14.60	1.410	96	16.62	1.688	125	21.86	4.314
68	14.67	1.418	97	16.69	1.701	126	22.29	4.577
69	14.74	1.426	98	16.76	1.714	127	22.71	4.840
70	14.81	1.435	99	16.83	1.727	128	23.14	5.104
71	14.88	1.443	100	16.90	1.740	129	23.57	5.367
72	14.95	1.451	101	16.97	1.753	130	24.00	5.630

泥石流容重取值可参考表5.7；选取的典型沟洪峰流量计算结果见表5.8。

表5.7 泥石流容重 γ_c 取值

分 类	容重 γ_c(kN/m³)		
	设计频率 $P=0.5\%$	设计频率 $P=1\%$	设计频率 $P=2\%$
稀性泥石流	18	17.5	17
过渡性泥石流	20	19.5	19
黏性泥石流	23	22.5	22

表5.8 设计泥石流洪峰流量 Q_c

编 号	所在流域	流域面积 F(km²)	沟长 L (km)	纵比降 I	泥石流洪峰流量 Q_c(m³/s)		
					设计频率 $P=0.5\%$	设计频率 $P=1\%$	设计频率 $P=2\%$
LR010B	拉萨河	24.20	6.03	0.170 7	251.04	199.74	155.44
LL014T	拉萨河	7.20	2.89	0.246 6	117.89	94.11	73.57
LL027B	拉萨河	4.51	2.24	0.229 9	79.99	63.85	49.91
YR064B	雅鲁藏布江	18.10	5.36	0.164 5	189.79	150.90	117.31
YR068B	雅鲁藏布江	10.37	4.40	0.158 9	108.79	86.33	66.94
YR107T	雅鲁藏布江	24.81	7.57	0.161 1	287.51	225.71	173.40
YL112B	雅鲁藏布江	27.33	9.65	0.169 9	256.11	200.19	152.87
YR129T	雅鲁藏布江	5.29	2.56	0.271 0	130.22	103.01	79.99
YL139B	雅鲁藏布江	11.50	5.07	0.213 0	170.84	134.38	103.53
YR146T	雅鲁藏布江	18.70	4.99	0.176 7	311.31	245.73	190.23
YR150T	雅鲁藏布江	12.90	4.34	0.241 6	242.57	191.61	148.49
YL162B	雅鲁藏布江	20.89	7.92	0.216 3	240.75	188.85	144.92
YR170T	雅鲁藏布江	23.78	8.31	0.145 4	235.72	184.38	140.93
YR171T	雅鲁藏布江	24.39	8.56	0.156 8	243.01	190.12	145.37
YR176T	雅鲁藏布江	16.19	8.23	0.145 8	138.47	107.69	81.64
YR179T	雅鲁藏布江	29.89	9.87	0.119 7	246.80	192.55	146.61
YL186T	雅鲁藏布江	24.77	4.63	0.109 9	414.98	327.85	254.12
QR209B	曲松河	6.01	4.14	0.229 6	237.16	167.95	116.19
QR215B	曲松河	23.10	9.85	0.159 4	504.53	354.42	242.42
SR275B	晒嘎曲	8.55	3.15	0.187 3	177.76	140.47	108.91

2. 泥痕调查法

用相应的泥石流流速计算公式，求出流速 v_c 后，即可用式(5.5)求泥石流洪峰流量 Q_c。

$$Q_c = W_c v_c \tag{5.5}$$

式中 W_c——泥石流过流断面面积，m²。

5.4 一次泥石流过程总量 Q 计算

泥石流冲出量包括一次泥石流过程总量和一次泥石流冲出固体物质总量两个参数。

1. 一次泥石流过程总量

一次泥石流过程总量 Q 可通过计算法和实测法确定。实测法精度高,但因往往不具备测量条件,只是一个粗略的概算。计算法根据泥石流历时 $T(s)$ 和最大流量 $Q_c(m^3/s)$,按泥石流暴涨暴落的特点,将其过程线概化成五角形,通过断面的一次泥石流过程总量 Q 由式(5.6)计算。

$$Q = 0.264 T Q_c \tag{5.6}$$

2. 一次泥石流冲出固体物质总量

一次泥石流冲出固体物质总重按照《泥石流灾害防治工程勘查规范》(DZ/T 0220—2006)附录I提供的计算公式进行计算,见式(5.7)。

$$Q_H = Q(\gamma_c - \gamma_w)/(\gamma_H - \gamma_w) \tag{5.7}$$

式中 Q_H——一次泥石流冲出固体物质总量,m^3。

选取的典型沟计算结果见表5.9。

表5.9 一次泥石流过程总量和冲出固体物质总量

编号	所在流域	一次泥石流过程总量 $Q(m^3)$			一次泥石流冲出固体物质总量 $Q_H(m^3)$		
		$P=0.5\%$	$P=1\%$	$P=2\%$	$P=0.5\%$	$P=1\%$	$P=2\%$
LR010B	拉萨河	805 526	660 015	531 757	379 071	291 183	218 959
LL014T	拉萨河	216 858	178 129	144 011	102 051	78 586	59 299
LL027B	拉萨河	131 686	108 158	87 431	61 970	47 717	36 001
YR064B	雅鲁藏布江	591 404	484 305	389 893	278 308	213 664	160 544
YR068B	雅鲁藏布江	326 795	267 239	214 721	153 786	117 899	88 415
YR107T	雅鲁藏布江	1 187 291	960 863	765 451	558 725	536 953	405 239
YL112B	雅鲁藏布江	1 308 734	1 055 719	837 194	615 875	589 960	443 220
YR129T	雅鲁藏布江	222 999	181 508	145 749	104 941	101 431	77 161
YL139B	雅鲁藏布江	521 401	422 597	337 356	245 365	236 157	178 600
YR146T	雅鲁藏布江	870 263	707 193	566 597	409 536	395 196	299 963
YR150T	雅鲁藏布江	583 157	474 158	380 194	343 034	264 970	201 279
YL162B	雅鲁藏布江	987 381	798 604	635 662	580 812	446 279	336 527
YR170T	雅鲁藏布江	1 129 432	911 569	723 428	664 372	509 406	382 991
YR171T	雅鲁藏布江	1 161 205	937 375	744 089	683 062	523 827	393 929
YR176T	雅鲁藏布江	737 000	592 259	467 140	433 529	330 968	247 309
YR179T	雅鲁藏布江	1 428 930	1 151 035	910 834	840 547	643 225	482 206
YL186T	雅鲁藏布江	1 170 857	952 096	763 516	688 739	532 054	404 214

续上表

编　号	所在流域	一次泥石流过程总量 Q(m³)			一次泥石流冲出固体物质总量 Q_H(m³)		
		$P=0.5\%$	$P=1\%$	$P=2\%$	$P=0.5\%$	$P=1\%$	$P=2\%$
QR209B	曲松河	684 996	500 100	358 774	523 821	367 721	253 252
QR215B	曲松河	2 839 353	2 060 462	1 465 641	2 171 270	1 515 045	1 034 570
SR275B	晒嘎曲	374 803	304 823	244 500	220 472	170 342	129 441

5.5　一次泥石流最大堆积厚度的计算

泥石流的淤积厚度是对泥石流灾害评估和防治最重要的参数之一。泥石流的淤积厚度可以通过野外调查获得,也可以通过泥石流的容重和泥石流危险范围的地形坡度,结合相应泥石流流体的屈服应力计算而得。但到目前为止,还没有一个方法能直接计算出所有地区和类型的泥石流流体的屈服应力和淤积厚度。因缺少泥石流流体的屈服应力数据,故不能通过该方法获得一次泥石流最大堆积厚度。

刘希林等曾提出一次泥石流危险范围预测模型。该模型中一次泥石流最大堆积厚度 d_h 与堆积区比降 I_g 呈反比关系,与一次松散固体物质最大补给量 V(此处取 $V=Q_H$)呈正比。一次泥石流最大堆积厚度 d_h 的计算公式为

$$d_h = 0.017\left(\frac{V\gamma_{cmax}}{I_g^2 \ln \gamma_{cmax}}\right)^{1/3} \quad (5.8)$$

式中　d_h——一次泥石流最大堆积厚度,m;
　　　V——一次松散固体物质最大补给量,m³;
　　　γ_{cmax}——泥石流最大容重,kN/m³;
　　　I_g——堆积区比降。

该模型的误差分析表明,一次泥石流最大堆积厚度的平均相对误差在7%左右,属于允许误差范围内,能满足目前对一次泥石流最大堆积厚度预测的精度要求。

一次泥石流最大堆积厚度 d_h 计算参数及计算结果见表5.10和表5.11。

表5.10　一次泥石流最大堆积厚度 d_h 计算参数

编　号	一次松散固体物质最大补给量 V(m³)			泥石流最大容重 γ_{cmax}(kN/m³)			堆积区比降 I_g
	$P=0.5\%$	$P=1\%$	$P=2\%$	$P=0.5\%$	$P=1\%$	$P=2\%$	
LR010B	379 071	291 183	218 959	18	17.5	17	0.12
LL014T	102 051	78 586	59 299	18	17.5	17	0.09
LL027B	61 970	47 717	36 001	18	17.5	17	0.10
YR064B	278 308	213 664	160 544	18	17.5	17	0.12
YR068B	153 786	117 899	88 415	18	17.5	17	0.14
YR107T	558 725	536 953	405 239	20	19.5	19	0.06

续上表

编号	一次松散固体物质最大补给量 $V(m^3)$			泥石流最大容重 $\gamma_{cmax}(kN/m^3)$			堆积区比降 I_g
	$P=0.5\%$	$P=1\%$	$P=2\%$	$P=0.5\%$	$P=1\%$	$P=2\%$	
YL112B	615 875	589 960	443 220	20	19.5	19	0.10
YR129T	104 941	101 431	77 161	20	19.5	19	0.15
YL139B	245 365	236 157	178 600	20	19.5	19	0.19
YR146T	409 536	395 196	299 963	20	19.5	19	0.08
YR150T	343 034	264 970	201 279	20	19.5	19	0.19
YL162B	580 812	446 279	336 527	20	19.5	19	0.15
YR170T	664 372	509 406	382 991	20	19.5	19	0.07
YR171T	683 062	523 827	393 929	20	19.5	19	0.08
YR176T	433 529	330 968	247 309	20	19.5	19	0.09
YR179T	840 547	643 225	482 206	20	19.5	19	0.08
YL186T	688 739	532 054	404 214	20	19.5	19	0.12
QR209B	523 821	367 721	253 252	23	22.5	22	0.20
QR215B	2 171 270	1 515 045	1 034 570	23	22.5	22	0.30
SR275B	220 472	170 342	129 441	20	19.5	19	0.17

表 5.11　一次泥石流最大堆积厚度 d_h

编号	一次泥石流最大堆积厚度 $d_h(m)$		
	$P=0.5\%$	$P=1\%$	$P=2\%$
LR010B	7.17	6.61	6.06
LL014T	5.78	5.33	4.90
LL027B	4.68	4.32	3.97
YR064B	6.75	6.23	5.71
YR068B	4.99	4.60	4.21
YR107T	12.45	12.33	11.28
YL112B	9.64	9.54	8.71
YR129T	4.05	4.02	3.68
YL139B	4.66	4.62	4.23
YR146T	9.47	9.39	8.61
YR150T	5.21	4.80	4.40
YL162B	7.24	6.66	6.09
YR170T	12.32	11.32	10.34
YR171T	11.93	10.96	10.01
YR176T	9.24	8.47	7.73
YR179T	12.10	11.11	10.14
YL186T	8.78	8.09	7.41
QR209B	5.64	5.02	4.44
QR215B	6.83	6.07	5.35
SR275B	4.68	4.31	3.96

5.6 冰川—降雨型泥石流主要特征值计算

青藏高原海洋性冰川活动性强,积水量大,消融率高,特别在雨季消融十分强烈,对径流的补给和洪峰的形成起重要作用。冰川由于受辐射及降水的影响,以 7 月和 8 月两个月的消融量最大,雨季消融量占全年 70% 以上。冰川面积占流域面积的 10%~30% 时,冰川融水对溪沟的径流形成与变化起主导作用。

根据中国科学院青藏高原综合考察队泥石流组资料,冰川消融洪峰系数,首先取决于流域内冰川的分布面积和流域面积之比;冰川分布面积越大,对冰川消融的径流发育越有利。其次为冰川发育的坡度,坡度越大,越有利于冰川消融。与此同时,由于大量冰川消融,冰川末端产生局部冰崩,大量冰块随消融径流而下,极易于狭窄的沟谷产生堵塞,增大消融洪峰系数,故取冰川消融洪峰系数为

$$d_x = 1 + 7.6 \frac{F_b}{F} + 0.05\theta_0 \tag{5.9}$$

式中 d_x——冰川消融洪峰系数;
F_b——冰川面积,km^2;
θ_0——冰川坡度,(°)。

由于单一的温度性冰川消融,其流量很小,一般激发泥石流较难;但当有一定的降雨条件配合,就会激发冰川剧烈消融,产生一定规模的径流,从而导致泥石流的形成。所以,在西藏地区冰川泥石流一般都在雨季暴发,故为冰川—降雨型泥石流。对于冰川—降雨型泥石流的水文计算,通过对大量的观测资料分析,得到如下相关计算式。

(1)有降雨时,冰川消融清水洪峰流量为

$$Q_2 = F_b(0.5H_j + 2.1) \tag{5.10}$$

式中 Q_2——降雨型消融流量;
H_j——降雨量,mm。

(2)冰川—降雨型泥石流的流量计算公式综合为

$$Q_c = (Q_2 + Q_0)(1 + \varphi)d_x \tag{5.11}$$

式中 Q_c——冰川—降雨型泥石流流量,m^3/s;
Q_0——流域内非冰川区的洪峰流量,m^3/s;
$(1+\varphi)$——配方法泥石流洪峰流量修正系数。

计算参数选取及计算结果见表 5.12~表 5.15。

表 5.12 冰川—降雨型泥石流参数

编号	所在流域	流域面积 $F(km^2)$	冰川面积 $F_b(km^2)$	纵比降 I	冰川坡度 θ_0(°)	冰川消融洪峰系数 d_x	修正系数 $1+\varphi$
YL285T	雅鲁藏布江	5.97	3.85	0.276 9	0.571 4	2.81	3.4

表 5.13　冰川-降雨型泥石流流量表

编号	所在流域	Q_0(m³/s)			Q_2(m³/s)			Q_c(m³/s)		
		$P=0.5\%$	$P=1\%$	$P=2\%$	$P=0.5\%$	$P=1\%$	$P=2\%$	$P=0.5\%$	$P=1\%$	$P=2\%$
YL285T	雅鲁藏布江	21.22	18.83	16.35	43.08	40.69	38.09	768	632	520

表 5.14　一次泥石流冲出固体物质总量

编号	所在流域	流速(m/s)	一次泥石流过程总量 Q(m³)			一次泥石流冲出固体物质总量 Q_H(m³)		
			$P=0.5\%$	$P=1\%$	$P=2\%$	$P=0.5\%$	$P=1\%$	$P=2\%$
YL285T	雅鲁藏布江	13.34	1 928 124	1 634 698	1 393 899	1 361 029	1 153 904	983 928

表 5.15　一次泥石流最大堆积厚度

编号	一次泥石流最大堆积厚度 d_h(m)		
	$P=0.5\%$	$P=1\%$	$P=2\%$
YL285T	5.47	5.20	4.95

6 泥石流危险程度的划分与危险性评价

6.1 泥石流易发程度评价

根据流域内泥石流活动条件的诸因素,围绕地形、松散堆积物质和水源三个主要方面,选择有代表性的15项因素进行数量化处理,以此来评价泥石流沟的易发程度。泥石流沟易发程度数量化评分表见表6.1。

表6.1 泥石流沟易发程度数量化评分表

序号	影响因素	量级划分							
		极易发(A)	得分	易发(B)	得分	轻度易发(C)	得分	不易发生(D)	得分
1	崩坍、滑坡及水土流失(自然和人为活动的)严重程度	崩坍、滑坡等重力侵蚀严重,多层滑坡和大型崩坍,表土疏松,冲沟十分发育	21	崩坍、滑坡发育、多层滑坡和中小型崩坍,有零星植被覆盖,冲沟发育	16	有零星崩坍、滑坡和冲沟存在	12	无崩坍、滑坡、冲沟或发育轻微	1
2	泥沙沿程补给长度比	>60%	16	60%~30%	12	30%~10%	8	<10%	1
3	沟口泥石流堆积活动程度	主河河形弯曲或堵塞,主流受挤压偏移	14	主河河形无较大变化,仅主流受迫偏移	11	主河河形无变化,主流在高水位时偏,低水位时不偏	7	主河无河形变化,主流不偏	1
4	主沟床纵坡	>21.3%	12	21.3%~10.5%	9	10.5%~5.2%	6	<5.2%	1
5	区域构造影响程度	强抬升区,6级以上地震区,断层破碎带	9	抬升区,4~6级地震区,有中小支断层	7	相对稳定区,4级以下地震区,有小断层	5	沉降区,构造影响小或无影响	1
6	流域植被覆盖率	<10%	9	10%~30%	7	10%~30%	5	>60%	1
7	河沟近期一次变幅	>2 m	8	2~1 m	6	1~0.2 m	4	<0.2 m	1
8	岩性影响	软岩、黄土	6	软硬相间	5	风化强烈和节理发育的硬岩	4	硬岩	1

续上表

序号	影响因素	量级划分							
		极易发(A)	得分	易发(B)	得分	轻度易发(C)	得分	不易发生(D)	得分
9	沿沟松散物储量($\times 10^4 m^3/km^2$)	>10	6	10~5	5	5~1	4	<1	1
10	沟岸山坡坡度	>62.5%	6	62.5%~46.5%	5	46.6%~26.8%	4	<26.8%	1
11	产沙区沟槽横断面	V形、U形谷、谷中谷	5	宽U形谷	4	复式断面	3	平坦形	1
12	产沙区松散物平均厚度	10 m	5	10~5 m	4	5~1 m	3	<1 m	1
13	流域面积	0.2~5 km²	5	5~10 km²	4	0.2 km²以下,10~100 km²	3	>100 km²	1
14	流域相对高差	>500 m	4	500~300 m	3	300~100 m	2	<100 m	1
15	河沟堵塞程度	严重	4	中等	3	轻微	2	无	1

根据泥石流沟诸因素的综合评分结果并结合灾害评估等级要求(灾害等级分为大、中、小),将泥石流易发程度分为三级,泥石流沟易发程度数量化综合评判等级标准见表6.2。

表6.2 泥石流沟易发程度数量化综合评判等级标准表

是与非的判别界限值		划分严重等级的界限值	
等级	标准得分 N 的范围	等级	按标准得分 N 的范围自判
是	44~130	极易发	116~130
		易发	87~115
		轻度易发	44~86
非	15~43	不发生	15~43

极易发(严重):各项因素均很活跃,处境严峻,有威胁感,有一触即发之势,15项影响因素得分之和大于116分;

易发(中等):各项因素有一定程度的活跃或个别因素活跃突出,总的威胁感突出,15项影响因素得分在87~115分之间;

轻度易发(轻度):各项因素均较稳定,无特殊条件将不会频发或突出,15项影响因素得分之和在44~86分之间。

按照泥石流易发程度评价,选取20条典型泥石流沟天然状况下诸因素打分进行综合评价,其评分值见表6.3。

表 6.3 典型泥石流沟易发程度评价表

序号	影响因素	泥石流沟																			
		LR010B	LL027B	LL026B	YL043T	YR068B	YR091T	YR100T	YL114B	YR127T	YR150T	YR168T	YR170T	YR171T	YR176T	YR179T	YL162B	YL186T	YL190T	QR209B	SR275B
1	崩塌、滑坡及水土流失（自然和人为活动的）严重程度	16	16	16	16	16	16	16	16	16	16	16	16	16	16	16	16	16	16	16	16
2	泥沙沿程补给长度比	8	1	12	8	8	12	16	12	16	12	16	16	16	16	16	12	12	16	16	16
3	沟口泥石流堆积活动程度	1	1	1	1	1	1	1	1	1	1	1	1	1	1	1	1	1	1	14	11
4	主沟床纵坡	9	12	9	12	9	12	12	12	12	12	12	9	9	9	9	12	9	9	12	9
5	区域构造影响程度	9	9	9	9	9	9	9	9	9	9	9	9	9	9	9	9	9	9	9	9
6	流域植被覆盖率	1	7	1	5	1	1	1	5	1	1	1	1	1	1	1	1	1	1	1	1
7	河沟近期一次变幅	4	6	4	4	4	4	4	4	4	4	6	6	4	4	4	6	4	4	8	4
8	岩性影响	4	4	4	4	4	4	4	4	4	4	4	4	4	4	4	4	4	4	4	4
9	沿沟松散物储量	4	4	4	4	4	4	4	4	4	4	4	4	4	4	4	4	4	4	6	4
10	沟岸山坡坡度	5	5	5	6	5	5	5	5	5	5	5	5	5	5	5	5	5	5	5	5
11	产沙区沟槽横断面	4	4	4	4	4	4	4	4	4	4	4	4	4	4	4	4	4	4	4	4
12	产沙区松散物散平均厚度	3	3	3	3	3	3	3	3	3	3	3	3	3	3	3	3	3	3	5	4
13	流域面积	3	5	5	5	5	5	5	5	5	5	3	4	3	3	3	3	3	3	4	4
14	流域相对高差	4	4	4	4	4	4	4	4	4	4	4	4	4	4	4	4	4	4	4	4
15	河沟堵塞程度	1	1	2	3	2	2	2	2	2	2	2	2	2	2	2	2	2	2	3	2
	总分	76	82	83	88	77	86	90	90	90	84	86	87	87	85	85	86	81	88	111	97
	易发程度	轻度易发	轻度易发	轻度易发	易发	轻度易发	轻度易发	易发	易发	易发	轻度易发	轻度易发	易发	易发	轻度易发	轻度易发	轻度易发	轻度易发	易发	易发	易发

6.2 泥石流活动强度评价

泥石流活动强度由地形地貌、地质环境和水文气象所决定。比如滑坡、岩堆、崩塌,岩石破碎、风化带,这些都可能是泥石流固体物质的补给源;沟谷的长度较大、汇水面积大、纵向坡度较陡等因素为泥石流的流通提供了条件;水文气象因素直接形成了水动力条件。通过对各因子指标数据的统计分析,指标可分等级与泥石流活动强度等级关系的分析、综合,将单因子参评指标等级分为四级。选取的泥石流活动强度判别见表 6.4。

表 6.4 典型泥石流沟活动强度判别表

编号	活动强度	堆积扇规模	主河河形变化	主流偏移程度	泥沙补给长度比(%)	松散物储量($\times 10^4$ m³/km²)	松散体变形量	暴雨强度指数 R
LR010B	很强	很大★	被逼弯	弯曲	>60	>10	很大	>10★
	强	较大	微弯	偏移★	60~30	10~5	较大	10~4.2
	较强★	较小	无变化	大水偏移	30~10	5~1★	较小	4.2~3.1
	弱	小或无	无变化★	不偏	<10	<1	小或无	<3.1
LL027B	很强	很大★	被逼弯	弯曲	>60	>10	很大	>10★
	强	较大	微弯	偏移	60~30	10~5	较大	10~4.2
	较强★	较小	无变化	大水偏移	30~10	5~1★	较小	4.2~3.1
	弱	小或无	无变化★	不偏★	<10★	<1	小或无	<3.1
LL026B	很强	很大★	被逼弯	弯曲	>60	>10	很大	>10★
	强	较大	微弯	偏移★	60~30★	10~5	较大	10~4.2
	较强★	较小	无变化	大水偏移	30~10	5~1★	较小	4.2~3.1
	弱	小或无	无变化	不偏	<10	<1	小或无	<3.1
YL043T	很强	很大	被逼弯	弯曲	>60	>10	很大	>10
	强	较大	微弯	偏移★	60~30	10~5	较大	10~4.2★
	较强★	较小	无变化	大水偏移	30~10★	5~1★	较小	4.2~3.1
	弱	小或无	无变化★	不偏	<10	<1	小或无	<3.1
YR068B	很强	很大★	被逼弯	弯曲	>60	>10	很大	>10
	强	较大	微弯	偏移★	60~30	10~5	较大	10~4.2★
	较强★	较小	无变化	大水偏移	30~10★	5~1★	较小★	4.2~3.1
	弱	小或无	无变化	不偏	<10	<1	小或无	<3.1
YR091T	很强	很大	被逼弯	弯曲	>60	>10	很大	>10
	强	较大	微弯	偏移★	60~30★	10~5	较大	10~4.2★
	较强★	较小	无变化	大水偏移	30~10	5~1★	较小	4.2~3.1
	弱	小或无	无变化★	不偏	<10	<1	小或无	<3.1
YR100T	很强	很大★	被逼弯	弯曲	>60	>10	很大	>10
	强	较大	微弯	偏移★	60~30	10~5	较大	10~4.2★
	较强★	较小	无变化	大水偏移	30~10	5~1★	较小	4.2~3.1
	弱	小或无	无变化★	不偏	<10	<1	小或无	<3.1

续上表

编号	活动强度	堆积扇规模	主河河形变化	主流偏移程度	泥沙补给长度比(%)	松散物储量(×10⁴ m³/km²)	松散体变形量	暴雨强度指数 R
YL114B	很强	很大	被逼弯	弯曲	>60	>10	很大	>10
	强★	较大★	微弯★	偏移★	60~30★	10~5	较大★	10~4.2★
	较强	较小	无变化	大水偏移	30~10	5~1★	较小	4.2~3.1
	弱	小或无	无变化	不偏	<10	<1	小或无	<3.1
YR127T	很强	很大	被逼弯	弯曲	>60★	>10	很大	>10
	强★	较大★	微弯	偏移★	60~30	10~5★	较大★	10~4.2★
	较强	较小	无变化★	大水偏移	30~10	5~1	较小	4.2~3.1
	弱	小或无	无变化	不偏	<10	<1	小或无	<3.1
YR150T	很强	很大★	被逼弯	弯曲	>60	>10	很大	>10
	强	较大	微弯	偏移★	60~30★	10~5	较大	10~4.2★
	较强★	较小	无变化★	大水偏移	30~10	5~1★	较小★	4.2~3.1
	弱	小或无	无变化	不偏	<10	<1	小或无	<3.1
YR168T	很强	很大	被逼弯	弯曲	>60	>10	很大	>10
	强	较大	微弯	偏移★	60~30	10~5	较大★	10~4.2★
	较强★	较小★	无变化	大水偏移	30~10	5~1★	较小	4.2~3.1
	弱	小或无	无变化★	不偏	<10	<1	小或无	<3.1
YR170T	很强	很大★	被逼弯	弯曲	>60★	>10	很大	>10
	强★	较大	微弯	偏移★	60~30	10~5	较大★	10~4.2★
	较强	较小	无变化★	大水偏移	30~10	5~1★	较小	4.2~3.1
	弱	小或无	无变化	不偏	<10	<1	小或无	<3.1
YR171T	很强	很大★	被逼弯	弯曲	>60★	>10	很大	>10
	强★	较大	微弯	偏移★	60~30	10~5	较大★	10~4.2★
	较强	较小	无变化★	大水偏移	30~10	5~1★	较小	4.2~3.1
	弱	小或无	无变化	不偏	<10	<1	小或无	<3.1
YR176T	很强	很大★	被逼弯	弯曲	>60★	>10	很大	>10
	强★	较大	微弯	偏移★	60~30	10~5	较大	10~4.2★
	较强	较小	无变化★	大水偏移	30~10	5~1★	较小★	4.2~3.1
	弱	小或无	无变化	不偏	<10	<1	小或无	<3.1
YR179T	很强	很大	被逼弯	弯曲	>60★	>10	很大	>10
	强★	较大	微弯	偏移★	60~30	10~5	较大★	10~4.2★
	较强	较小	无变化★	大水偏移	30~10	5~1★	较小	4.2~3.1
	弱	小或无	无变化	不偏	<10	<1	小或无	<3.1
YL162B	很强	很大	被逼弯	弯曲	>60	>10	很大	>10
	强	较大★	微弯	偏移★	60~30★	10~5	较大	10~4.2★
	较强★	较小	无变化	大水偏移	30~10	5~1★	较小★	4.2~3.1
	弱	小或无	无变化★	不偏	<10	<1	小或无	<3.1
YL186T	很强	很大	被逼弯	弯曲	>60	>10	很大	>10
	强	较大	微弯	偏移★	60~30★	10~5	较大	10~4.2★
	较强★	较小	无变化	大水偏移	30~10	5~1★	较小★	4.2~3.1
	弱	小或无	无变化★	不偏	<10	<1	小或无	<3.1

续上表

编号	活动强度	堆积扇规模	主河河型变化	主流偏移程度	泥沙补给长度比%	松散物储量（×10⁴ m³/km²）	松散体变形量	暴雨强度指数 R
YL190T	很强	很大	被逼弯	弯曲	>60★	>10	很大	>10
	强	较大	微弯	偏移★	60～30	10～5	较大	10～4.2★
	较强★	较小★	无变化★	大水偏移	30～10	5～1★	较小★	4.2～3.1
	弱	小或无	无变化	不偏	<10	<1	小或无	<3.1
QR209B	很强★	很大★	被逼弯★	弯曲	>60★	>10★	很大★	>10
	强	较大	微弯	偏移★	60～30	10～5	较大	10～4.2★
	较强	较小	无变化	大水偏移	30～10	5～1	较小	4.2～3.1
	弱	小或无	无变化	不偏	<10	<1	小或无	<3.1
SR275B	很强	很大	被逼弯	弯曲	>60★	>10	很大	>10
	强★	较大★	微弯★	偏移★	60～30	10～5	较大★	10～4.2★
	较强	较小	无变化	大水偏移	30～10	5～1★	较小	4.2～3.1
	弱	小或无	无变化	不偏	<10	<1	小或无	<3.1

注：★为各沟对应指标项。

6.3 泥石流综合致灾能力评价

泥石流的综合致灾能力 F_z 按表 6.5 中四个因素分级量化总分值判别：

$F_z=16～13$，综合致灾能力很强；

$F_z=12～10$，综合致灾能力强；

$F_z=9～7$，综合致灾能力较强；

$F_z=6～4$，综合致灾能力弱。

表 6.5 致灾体的综合致灾能力分级量化表

活动强度	很强	4	强	3	较强	2	弱	1
活动规模	特大型	4	大型	3	中型	2	小型	1
发生频率	极低频	4	低频	3	中频	2	高频	1
堵塞程度	严重	4	中等	3	较微	2	无堵塞	1

按表 6.5 对选取的 20 条典型泥石流沟的致灾能力进行评价，其评价结果见表 6.6。

表 6.6 典型泥石流沟综合致灾能力评价结果表

编号	评价指标				总分	综合致灾能力
	活动强度	活动规模	发生频率	堵塞程度		
LR010B	2	3	2	2	9	较强
LL027B	2	2	2	1	7	较强

续上表

编号	评价指标				总分	综合致灾能力
	活动强度	活动规模	发生频率	堵塞程度		
LL026B	2	2	2	2	8	较强
YL043T	2	1	1	2	6	弱
YR068B	2	3	2	2	9	较强
YR091T	2	1	2	2	7	较强
YR100T	2	2	1	2	7	较强
YL114B	3	1	1	2	7	较强
YR127T	3	1	1	2	7	较强
YR150T	2	2	1	2	7	较强
YR168T	2	1	2	2	7	较强
YR170T	3	3	1	2	9	较强
YR171T	3	3	1	2	9	较强
YR176T	3	2	1	2	9	较强
YR179T	3	3	1	2	9	较强
YL162B	2	2	3	2	9	较强
YL186T	2	3	2	2	9	较强
YL190T	2	2	2	2	8	较强
QR209B	4	3	1	3	11	强
SR275B	3	2	2	2	9	较强

6.4 单沟泥石流危险性评价

为了较合理地进行评价,达到对泥石流危险度评价的目的,采用《泥石流危险性评价》(刘希林、唐川,1995 年)和《泥石流风险评价》(刘希林、莫多闻,2003 年)中推荐的定量计算公式,对泥石流危险度进行计算,并根据拉林铁路的冰川泥石流特点进行必要的修正。该方法共采用 7 个评价因子,除泥石流规模和发生频率外,其他 5 个次要环境因子分别是流域面积 s_1、主沟长度 s_2、流域相对高差 s_3、流域切割密度 s_6 和不稳定沟床比例 s_9。这 5 个次要因子可从流域地形图和遥感图像上比较准确地获取。次要因子选取的方法是从与单沟泥石流危险度有关的 14 个候选因子中,采用双系列关联度分析方法,分别将 14 个候选因子与泥石流规模和发生频率进行关联度分析,再根据每个候选因子与泥石流规模和发生频率得出的两个关联度的平均值来确定是否与主要因子关系密切,从而决定其取舍。各评价因子的权重及权重系数见表 6.7。

表 6.7 单沟泥石流危险度评价因子的权重系数

项 目	泥石流规模 M_d	发生频率 F_p	流域面积 S_1	主沟长度 S_2	流域相对高差 S_3	流域切割密度 S_6	不稳定沟床比例 S_9
权重	10	10	5	3	2	4	1
权重系数	0.29	0.29	0.14	0.09	0.06	0.11	0.03

危险性评价方法是根据上述对泥石流危险性评价因子的分析和因子的权重的确定,单沟泥石流危险度计算公式为:

$$H_d = 0.29 M_d + 0.29 F_p + 0.14 S_1 + 0.09 S_2 + 0.06 S_3 + 0.11 S_6 + 0.03 S_9 \quad (6.1)$$

式中 $M_d, F_p, S_1, S_2, S_3, S_6, S_9$ ——$m_d, f_p, s_1, s_2, s_3, s_6, s_9$ 的转化值,由表 6.8 的转换函数获取。

表 6.8 单沟泥石流危险度评价因子的转换函数

转换值(0~1)	转换函数($m_d, f_p, s_1, s_2, s_3, s_6, s_9$ 为实际值)
M_d	当 $m_d \leq 1$ 时,$M_d = 0$; 当 $1 < m_d < 1\,000$ 时,$M_d = \lg m_d / 3$; 当 $m_d \geq 1\,000$ 时,$M_d = 1$
F_p	当 $f_p \leq 1$ 时,$F_p = 0$; 当 $1 < f_p < 100$ 时,$F_p = \lg f_p / 2$; 当 $f_p \geq 100$ 时,$F_p = 1$
S_1	当 $0 < s_1 \leq 50$ 时,$S_1 = 0.245\,8 s_1^{0.349\,5}$; 当 $s_1 > 50$ 时,$S_1 = 1$
S_2	当 $0 < s_2 \leq 10$ 时,$S_2 = 0.290\,3 s_2^{0.537\,2}$; 当 $s_2 > 10$ 时,$S_2 = 1$
S_3	当 $0 < s_3 \leq 1.5$ 时,$S_3 = 2 s_3 / 3$; 当 $s_3 > 1.5$ 时,$S_3 = 1$
S_6	当 $0 < s_6 \leq 20$ 时,$S_6 = 0.05 s_6$; 当 $s_6 > 20$ 时,$S_6 = 1$
S_9	当 $0 < s_9 \leq 60$ 时,$S_9 = s_9 / 60$; 当 $s_9 > 60$ 时,$S_9 = 1$

单沟泥石流的危险度分级与防治对策见表 6.9。

表 6.9 单沟泥石流危险度和泥石流活动特点及其防治对策

单沟泥石流危险度	危险性分级	泥石流活动特点	灾情预测	防治原则	防治对策
0~0.2	极低危险	基本无泥石流活动	基本没有泥石流灾害	防为主,无需治	维护生态环境的良性循环
0.2~0.4	低度危险	各因子取值较小,组合欠佳,能够发生小规模低频率的泥石流或山洪	一般不会造成重大灾难和严重的危害	防为主,治为辅	加强水土保持,保护生态环境,搞好群策群防;必要时辅以一定的工程治理
0.4~0.6	中度危险	各因子取值较大,组合尚可,能够间歇性发生中等规模的泥石流,较易由工程治理所控制	较少造成重大灾难和严重危害	治为主,防为辅	实施生物工程与土木工程综合治理即可抑制泥石流的发生发展;必要时可建立预警避难系统,避免必要的灾害损失

续上表

单沟泥石流危险度	危险性分级	泥石流活动特点	灾情预测	防治原则	防治对策
0.6~0.8	高度危险	各因子取值较大,个别因子取值甚高,组合亦佳,处境严峻,潜在破坏力大,能够发生大规模和高频度的泥石流	可造成重大灾难和严重危害	防、治并重	加强预测预报和预警避难"软"措施,同时施以生物工程和土木工程综合治理措施;确保危害对象安全无恙
0.8~1.0	极高危险	各因子取值极大,组合亦佳,一触即发,能够发生巨大规模和特高频的泥石流	可造成重大灾难和严重危害	防为主,治为辅	尽量绕避,不能绕避的建立预警避难系统;必要时采取生物工程和土木工程综合治理,将可能的灾害损失减少到最低程度

采用以上方法对选取的 20 条典型泥石流进行危险性评价,其评价结果见表 6.10。

6.5 区域泥石流危险性评价

6.5.1 评价的原则

1. 相对一致性原则

相对一致性是指划分出的危险区内部,各要素要保持相对的一致。主要表现在泥石流发生条件、流体属性和活动特征的相对一致性,实质上是孕育泥石流发生、发展的环境背景条件的相对一致性。可归纳为地形条件的相对一致性、地质条件的相对一致性、气温条件的相对一致性、降水条件的相对一致性。

只要上述条件是相对一致的,那么形成泥石流的能量条件、物质条件、泥石流体的属性和活动特征也是相对一致的或者基本近似。

2. 定量指标与定性指标相结合的原则

定量指标与定性指标相结合的原则,是指初级指标一律采用定量指标。初级指标通过综合分析、整理,不断概括、升华,形成中级、高级和最高级指标时,其既具有初级指标的定量特性,又具有综合指标的定性特性。这样的指标,既保证了指标的可靠性和合理性,又保证了指标的辩证性和灵活性。

3. 主导因素原则

主导因素原则是指在分析各因素的作用时,要分清主次,抓住主要因素进行区划的原则。

4. 综合分析原则

综合分析原则是指在采用相对一致性、定量指标与定性指标相结合和主要因素等原则进行区划的基础上,在具体确定分区界限时,应对界限附近的条件做综合分析,然后根据分析结果确定分区界限的原则。只有在这样的原则指导下划出的分区界限,才会符合或基本符合泥石流活动的实际状况。

表 6.10 典型泥石沟危险度评价结果表

编号	所属流域	值类别	泥石流规模	泥石流发生频率	流域面积	主沟长度	流域相对高差	流域切割密度	不稳定沟床比例	危险度 H_d	危险度等级
LR010B	拉萨河	实际值	181.14	8.00	24.20	6.03	1.72	1.12	0.30	0.66	高度危险
		转换值	0.75	0.45	0.75	0.76	1.00	0.56	0.50		
LL027B	拉萨河	实际值	29.48	5.00	4.51	2.24	0.74	0.50	0.10	0.40	中度危险
		转换值	0.49	0.35	0.42	0.45	0.49	0.25	0.17		
LL026B	拉萨河	实际值	21.72	5.00	3.43	1.62	0.93	1.67	0.40	0.47	中度危险
		转换值	0.49	0.45	0.38	0.38	0.62	0.84	0.67		
YL043T	雅鲁藏布江	实际值	6.04	10.00	2.01	2.09	0.76	2.06	0.20	0.45	中度危险
		转换值	0.26	0.50	0.31	0.43	0.51	1.00	0.33		
YR068B	雅鲁藏布江	实际值	40.67	5.00	10.37	4.40	0.98	1.76	0.20	0.54	中度危险
		转换值	0.54	0.35	0.56	0.64	0.65	0.88	0.33		
YR091T	雅鲁藏布江	实际值	5.80	20.00	1.96	1.73	0.66	2.89	0.45	0.50	中度危险
		转换值	0.25	0.65	0.31	0.39	0.44	1.00	0.75		
YR100T	雅鲁藏布江	实际值	13.21	20.00	3.95	2.62	0.80	1.95	0.65	0.57	中度危险
		转换值	0.37	0.65	0.40	0.49	0.53	0.98	1.00		
YL114B	雅鲁藏布江	实际值	9.20	5.00	3.06	4.14	1.13	1.64	0.45	0.46	中度危险
		转换值	0.32	0.35	0.36	0.62	0.75	0.82	0.75		
YR127T	雅鲁藏布江	实际值	6.94	20.00	2.27	2.40	0.73	2.98	0.75	0.53	中度危险
		转换值	0.28	0.65	0.33	0.46	0.49	1.00	1.00		
YR150T	雅鲁藏布江	实际值	51.34	10.00	12.90	4.34	1.36	0.81	0.45	0.57	中度危险
		转换值	0.57	0.50	0.60	0.64	0.91	0.41	0.75		
YR168T	雅鲁藏布江	实际值	0.77	50.00	0.34	0.74	0.33	2.18	0.50	0.44	中度危险
		转换值	0.00	0.85	0.17	0.25	0.22	1.00	0.83		

6 泥石流危险程度的划分与危险性评价

续上表

编号	所属流域	值类别	泥石流规模	泥石流发生频率	流域面积	主沟长度	流域相对高差	流域切割密度	不稳定沟床比例	危险度 H_d	危险度等级
YR170T	雅鲁藏布江	实际值	110.13	100.00	23.78	8.31	1.46	1.16	0.60	0.83	极高危险
		转换值	0.68	1.00	0.74	0.91	0.97	0.58	1.00		
YR171T	雅鲁藏布江	实际值	113.57	80.00	24.39	8.56	1.68	1.11	0.80	0.81	极高危险
		转换值	0.69	0.95	0.75	0.92	1.00	0.55	1.00		
YR176T	雅鲁藏布江	实际值	66.36	80.00	16.19	8.23	1.59	1.15	0.60	0.78	高度危险
		转换值	0.61	0.95	0.65	0.90	1.00	0.58	1.00		
YR179T	雅鲁藏布江	实际值	132.30	100.00	29.89	9.87	1.76	1.19	0.65	0.85	极高危险
		转换值	0.71	1.00	0.81	0.99	1.00	0.59	1.00		
YL162B	雅鲁藏布江	实际值	91.99	5.00	20.89	7.92	1.78	0.90	0.40	0.60	中度危险
		转换值	0.65	0.35	0.71	0.88	1.00	0.45	0.67		
YL186T	雅鲁藏布江	实际值	108.50	10.00	24.77	4.63	1.67	0.96	0.40	0.64	高度危险
		转换值	0.68	0.50	0.75	0.66	1.00	0.48	0.67		
YL190T	雅鲁藏布江	实际值	13.45	20.00	4.06	3.70	0.81	1.03	0.90	0.53	中度危险
		转换值	0.38	0.65	0.40	0.59	0.54	0.52	1.00		
QR209B	雅鲁藏布江	实际值	191.20	50.00	6.01	4.14	1.05	1.07	0.85	0.72	高度危险
		转换值	0.76	0.85	0.46	0.62	0.70	0.53	1.00		
SR275B	雅鲁藏布江	实际值	39.20	20.00	8.55	3.15	1.14	0.93	0.90	0.59	中度危险
		转换值	0.53	0.65	0.52	0.54	0.76	0.47	1.00		

6.5.2 评价因子

区域泥石流危险性评价主要是反映区域内泥石流灾害的整体特征,同时也要反映出区域间泥石流灾害的空间一致性。泥石流作为一种地貌现象,也具有地貌的地带性,同样存在着地域分异规律,所以有必要进行区域泥石流灾害评价。研究的评价区域为拉萨—加查段河流所构成的区域。由于此段基础资料缺乏,在进行区域泥石流危险度评价时,主要从泥石流形成的地形地貌、松散物质及降水三大条件出发,选取山坡坡度、距断层距离、岩性和年平均降水量4个因素作为评价因子。

1. 山坡坡度

山坡坡度属于泥石流形成的地貌指标,是衡量泥石流活动具有的能量条件或潜在能量条件的重要指标。陡峻的坡度易造成坡面上的松散固体物质的剪切强度减小,剪切应力增大而最终导致斜坡破坏失稳,为泥石流提供固体物质来源和运动动能。根据研究区 30 m 的 DEM 数据,应用 ArcGIS 软件活动山坡坡度图,在此基础上将山坡坡度指标分为四级,即≤15°、15°~25°、25°~45°、>45°。根据崩塌、滑坡在不同山坡坡度下发生的敏感性高低,将此四级指标从高到低排列为 25°~45°、15°~25°、>45° 和≤15°,并依次对其赋分为 100 分、75 分、50 分和 25 分。研究区的山坡坡度指标分级情况如图 6.1 所示。

图 6.1 山坡坡度分级图

2. 距断层距离

距断层距离为地质指标,是衡量泥石流活动所具有的物质条件或潜在物质条件(松散碎屑物质量的多少)的重要指标。距断层距离越近,地质构造活动所产的崩塌、滑坡等松散物质越多。根据国内外对断层两侧崩塌、滑坡灾害的分布研究,结合研究区的实际情况,将距断层距离指标分为四类,即＜5 km、5～10 km、10～20 km 和＞20 km,并依次对其赋分为 100 分、75 分、50 分和 25 分。研究区的距断层距离指标分级情况如图 6.2 所示。

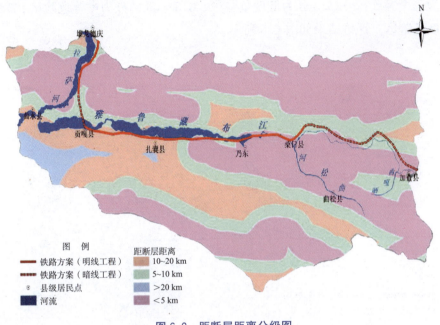

图 6.2　距断层距离分级图

3. 地质岩性

岩性为地质指标,是衡量泥石流活动所具有的物质条件或潜在物质条件(松散碎屑物质量的多少)的重要指标。岩性的软硬程度不同,地质构造活动所产的崩塌、滑坡等松散物质也不同。根据研究区的岩性情况,将岩性指标分为三级,即软弱岩质、中性岩质和硬性岩质,并依次对其赋分为 100 分、67 分和 33 分。研究区的岩性指标分级情况如图 6.3 所示。

4. 年平均降水量

降水是泥石流发生一个重要的诱发因子,其不仅为泥石流活动提供动力和水源,而且还是雨水型泥石流的激发因素。由于研究区降水资料缺乏,研究中采用年平均降水量作为指标来评价泥石流的危险性。研究区年平均降水量介于 380～740 mm,根据实际情况,将年平均降水量指标分为四级,即≤400 mm、400～500 mm、500～600 mm 和＞600 mm,并依次对其赋分为 25 分、50 分、75 分和 100 分。研究区的年平均降水指标分级情况如图 6.4 所示。

6.5.3　评价结果

根据上述选取的四个因子地质岩性、年平均降水量、距断层距离、山坡坡度,再对因子进行赋值后,采用层次分析法确定这四个因子的权重;通过计算,得到地质岩性、年平均降水量、距断层距离、山坡坡度四个因子的权重分别为 0.35、0.30、0.20、0.15。在因子赋值和权重确定完成后,采用 ArcGIS 软件对这个四个因子进行叠加,叠加后将结果分为三个等级:0~33.3 分为低度危险区、33.3~66.7 分为中等危险区、66.7~100 分为高度危险区。评价结果如图 6.5 所示。

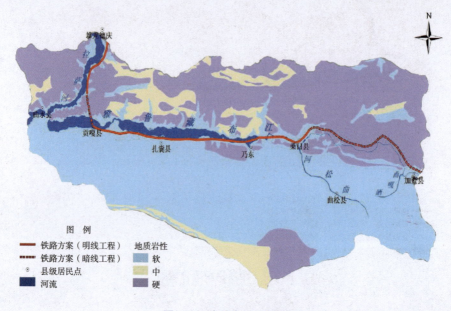

图 6.3 地质岩性分级图

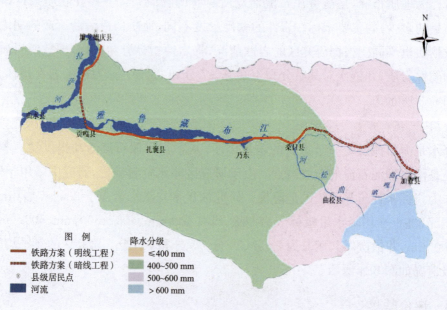

图 6.4 年平均降水量分级图

6 泥石流危险程度的划分与危险性评价

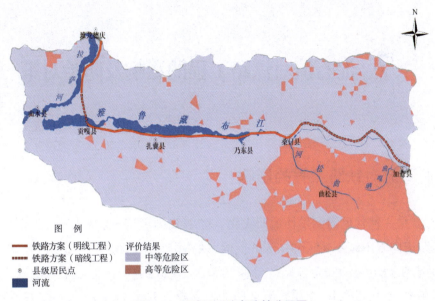

图6.5 区域泥石流危险性分区图

根据评价结果图6.5可知,研究区区域泥石流危险性可以划分为两个区,即高度危险区和中等危险区。高度危险区主要分布在雅鲁藏布江右岸两条支流曲松河和晒嘎曲。其他区域包括拉萨河流域和雅鲁藏布江干流段为中等危险区。

7 泥石流对铁路工程的影响及防治对策

7.1 泥石流对铁路工程的影响

泥石流是一种常见的突发性地质灾害。随着我国经济不断发展,铁路作为国民经济大动脉,正向着山区不断延伸。与此同时,铁路沿线遇到的泥石流灾害也随之增加,时刻威胁着铁路运输的安全。据统计我国铁路沿线已查明的泥石流沟在 1 593 条以上,分布在 32 条铁路线上,受泥石流威胁的铁路累计长度为 3 000 km 左右,受危害的桥涵长度为 200 km 左右,存在泥石流危险的区间达 374 个以上。新中国成立以来已累计发生铁路泥石流灾害 1 200 余起,由于泥石流暴发造成的行车中断已超过 300 次,中断行车时间累计达 7 500 小时以上,36 个车站被淤埋 44 次,不仅给国家和人民造成了巨大的直接经济损失,间接经济损失和社会影响也很大。泥石流既可直接对铁路造成破坏,也可在暴发后间接对铁路造成危害。

7.1.1 泥石流对铁路的直接危害

1. 泥石流冲击桥墩

泥石流是高速运动的流体,并携带有巨大漂砾。当铁路以架桥的方式通过泥石流沟时,一旦爆发泥石流,在泥石流流体高速地冲击下,桥墩无法承受其巨大的冲击力时,就会发生破坏,甚至被剪断。1981 年 7 月 9 日,成昆线利子依达沟暴发大型泥石流,1 h 内冲出挟带着巨石的固体物质达 84 万 m^3,泥石流剪断桥墩,造成 422 次客车颠覆,死亡 240 余人,直接经济损失达 2 000 余万元,断道 1 200 h,后以隧道绕避泥石流,耗资 2 000 余万元,严重影响交通运输。1991 年 7 月 26 日川藏公路上索通沟暴发大型泥石流,将桥梁拱脚破坏,造成桥面坍塌,桥梁毁坏,数人死亡,断道 20 余天。

2. 泥石流淤埋铁路及相关设施

泥石流淤埋铁路是较为常见的危害方式。遭受泥石流淤埋后,铁路的使用受到很大的限制,甚至受到破坏而失去运输作用。若线路通过区高程较低,泥沙可将线路、车站、桥涵和隧洞淤埋,造成铁路中断。1982 年 7 月 31 日,陕西华阴县发生大暴雨,陇海铁路孟源至华县段 40 km 范围内,发生山坡溜滑 20 多处、泥石流 5 处,淤埋在铁路上的土石方达 15 万 m^3,华山车站内泥沙淤积达 7 000 多立方米,铁路中断 24 h。宝成铁路在1987年8月21日被暴雨泥石流淤埋5个车站,冲毁8座桥梁,漫灌隧道4处,停运抢修2个月,导致严重损失。

3. 泥石流下切导致路基失稳

泥石流具有大冲大淤的特点,一次泥石流发生后可将沟床下切15 m以上。铁路受到泥石流冲刷,主要表现在由于泥石流强烈的冲刷作用,造成路基的强烈冲刷,危害铁路安全。1981年8月,成昆线上疙瘩大桥沟暴发泥石流,沟床一次下切深度达7~13 m,危及桥墩,险些毁桥。

7.1.2 泥石流对铁路的间接危害

1. 中小规模泥石流淤积对铁路的危害

中小规模的泥石流活动对铁路直接危害较弱,频繁的泥石流活动仍会将大量泥沙输入主河,使河流泥沙增多,造成中、下游河床因泥沙淤积抬升,使主河河床快速上涨,这是一种不可逆转的灾害,危害漫滩线和低阶地线,对线路产生区段性的重大影响。东川铁路大桥河至小江桥段,长约10 km,1959年建成的河滩线,高出河床面6 m左右,由于泥石流活动并携带大量泥沙进入小江河道,至1972年线路被小江河床上涨所淤埋。1972年改建后,至1982年又被淤积3 m。1985年以后,东川支线部分线路已低于河床6.0 m,导致东川支线在小江河谷段全部废弃再重建。

当铁路以桥涵通过泥石流沟时,若桥涵过流能力小或桥上、下纵坡连接不当,必将被泥石流堵塞。泥石流首先将桥涵堵死,以后便直冲路基,危及线路及其他设施。如1985年7月1日,成昆线马厂沟暴发泥石流几乎将桥孔淤塞,经铁路工人冒险疏浚,大桥才幸免被毁坏,事后对沟床进行了大量的清淤工作。

2. 大型泥石流堵江形成堰塞湖淹没线路

当暴发大型泥石流,大量泥沙进入主河道,造成河流被完全堵断,形成堰塞湖时,河水会迅速上涨,淹没上游沿岸线路。当堆积物局部阻塞河道时,将主河挤压到对岸,使河道变窄,造成挑流,束窄水流,引起河岸冲刷,导致岸坡失稳产生滑坡,或使墩台和路基冲刷,危害线路。云南东川蒋家沟泥石流2000年以前曾7次堵断小江,1968年堵江时间达3个月之久,东川支线小江桥被淹,运输中断,堵江处经人工爆破疏浚后,小江水位才恢复至正常水位。

3. 泥石流堵江(河)形成二次灾害对铁路的影响

上游暴发泥石流堵断主河形成堰塞湖,上游水位超过警戒或发生地震等灾害而导致堰塞体溃决,则会在下游形成溃决洪水冲毁路基、桥梁及相关设施。在上游水位回落过程中,可能导致上游路基沉降或局部崩塌。2000年4月9日川藏公路帕隆藏布流域内易贡藏布支沟的扎木弄巴暴发特大崩塌—滑坡—碎屑流—泥石流灾害链,在堵断易贡湖62 d后溃决,形成特大规模洪水,溃决洪水水位高出正常水位约50 m,洪峰持续达 6 h 之久,冲毁沟口国道 G318 公路的通麦大桥。洪峰沿帕隆藏布直泄雅鲁藏布江,毁坏下游公路近 30 km。

7.2 泥石流防治对策

本书仅是泥石流灾害方面的调查研究,所以就具体泥石流防治而言,因为基础工作和资料还十分薄弱,还需进一步开展比较深入的调查、勘测、试验和分析工作。因此,就雅鲁藏布江缝合带地区(拉萨—加查段)泥石流防治与综合治理技术体系的总体原则、可能采用的对策方案等问题,分析和归纳供参考。

7.2.1 泥石流灾害防治总体原则

1. 统一规划,突出重点,分期、分批进行防治

雅鲁藏布江缝合带地区(拉萨—加查段)地质构造多样,地形复杂,区内每一条泥石流沟都能给铁路工程造成一定或严重的危害。这就需要在制定泥石流防治规划时,要立足全局,纵观整个研究区;根据各条泥石流沟的特点和对工程的危害形式、可能危害程度等,并结合其他灾害整治,提出保证整个工程安全的泥石流灾害防护规划;在统一规划指导下开展工作,以避免不必要的人力、物力、财力的浪费。

研究区范围大,工程跨越不同的自然环境、人类活动区域,泥石流灾害的形成条件、发展趋势、灾害特点、危害方式等也不尽相同,在泥石流灾害防治时,各区段各有侧重,要根据不同区域、同一区域不同部位灾害的具体情况采取相应的对策。对一些影响大,一旦发生将对工程产生巨大危害的泥石流灾害,必须作为重点进行整治。在灾害整治中,要分清主次,明确轻重缓急,采取远近结合,分期、分批进行防治。

2. 因地制宜、因害设防的原则

由于研究区内泥石流灾害分布广泛,数量众多,而且各具特色;不同的区段,不同类型的泥石流灾害,形成的机理不尽相同;同一区段在不同的泥石流灾害危害的方式、规模和程度也不完全相同,泥石流灾害危害对象也可能是不一样。因此,在泥石流灾害防治时,应研究认识其基本的自然规律,根据泥石流灾害活动特点,从实际情况出发,采取适当的防治措施。在宜土木工程防治的地方,则采取土木工程措施;在宜生物工程防治的地方,则采取生物工程措施;在宜综合工程措施的地方,则采取综合工程防治措施。认真贯彻因地制宜、因害设防的原则。

3. 以防为主,防治结合的原则

研究区泥石流灾害数量众多,区域性暴发频率较高,活动较强烈,危害严重。对如此众多的泥石流灾害,要在较短的时间内一一进行治理是困难的;应采取以防为主、防治结合的原则进行防治。研究区内的泥石流灾害活动与不合理的人类经济活动有一

定的关系,以防为主要停止不合理的人类经济活动,从而逐渐缩小泥石流灾害的规模和危害;同时,以防为主还应加强灾害的监测预报工作。通过灾害环境背景信息与监测相结合,进行区域泥石流灾害的预报,建立山地灾害预警系统,制定泥石流灾害防灾预案,为铁路建设和安全运营提供技术支持。以防为主,还要紧紧与治理结合,在以防为主前提下,做到防治结合。泥石流灾害活动的影响短期内是不会减弱的,监测预报等只能减轻泥石流造成的危害,不能削弱灾害的活动强度,因此加强治理工作,对工程影响大、危害严重的泥石流灾害点进行积极处理,以确保铁路的安全。

7.2.2 泥石流灾害防治对策建议

1. 加强规划勘测设计中泥石流防治研究工作

对研究区的泥石流灾害,要防患于未然,选址时要对铁路主体工程及配套工程的整体布局,与泥石流沟的关系进行详细的比较论证,要综合考虑各泥石流沟防治的整体规划,要设计能够保证设计标准条件下安全可靠得防治工程。如果选址时对泥石流灾害防治未作规划,或不能保证设计标准条件下的安全可靠,必然要带来泥石流灾害的隐患。选址要充分满足防治泥石流灾害的要求,要认真调查各泥石流沟的特征、危害方式、危害程度、发展趋势等,提出相应对策,做到有的放矢,切忌只凭经验,盲目套用,尽可能避免把泥石流灾害遗漏,减少泥石流危害。

2. 积极开展泥石流灾害的预报

根据研究区泥石流灾害激发因素的变化,对泥石流灾害发生进行预报,并积极采取相应的对策,是防治泥石流的重要内容之一。不同类型的泥石流有不同的激发因素,如降雨是暴雨型泥石流的激发因素;溃决型泥石流是堤坝溃决所致,因此堤坝溃决成为溃决型泥石流暴发的激发因素。激发暴雨泥石流的动态信息是预报的关键,天气预报及相应技术手段采集的降水信息,是暴雨泥石流的预报依据;堤坝的稳定性资料是溃决泥石流的预报依据。加强研究区降雨预报、局地暴雨预报,加强对堤坝溃决引发泥石流进行预测预报,对可能溃决的堤坝提前采取针对性的措施等,对研究区泥石流灾害的防治意义重大。

3. 积极预防人为泥石流灾害

研究区原有的自然形态是长期以来,地质、气象、水文等多方面综合作用的结果,处于相对平衡状态。如果某些因素发生变化,将会诱发相应的变化,沟道会自动调整达到新的平衡状态。自然条件的变化(比如暴雨、地震)人们往往难以控制,而不合理的人类活动则应有效的抑制,对一些企业开采矿石弃渣、修筑渠道、修筑道路及其他建设中的弃渣弃土、破坏地表生态的活动,采取相应措施积极规范,制止并杜绝目前及今后发生在研究区的各种不合理的人类经济活动,从而避免人为的泥石流灾害,达到确保铁路安全、经济活动不断繁荣和防灾兴利的目的。

4. 不同危害程度泥石流的防治对策

研究区每一条泥石流沟如果发生泥石流都会给铁路及人类生活、生态环境造成严重或一定的危害。根据研究区泥石流危害程度的轻重,提出今后可采取的防治对策建议。

(1)危害严重泥石流的防治

可能危害铁路及乡镇、村庄、公路及人民生命财产安全的泥石流沟谷,如 YR170T、TR179T、BYR171T 等应进行重点防治。建议采取土木工程和生物工程以及避让相结合的综合措施进行防治,对沟口附近有重要保护对象的泥石流沟谷,还应采取相应的泥石流监测预警措施,开展泥石流的预报、警报,以确保人民生命财产的安全。

(2)危害较严重泥石流的防治

对研究区内危害较严重的泥石流沟,如 LR010B、YR176T、YL186T 和 QR209B 等,应根据泥石流危害对象的重要性,有选择性地重点防治。对重点沟采取综合防治措施,其他沟谷一般采取单项或几项工程相组合的防治措施。

(3)危害中等泥石流的防治

对研究区内危害中等的泥石流沟,如 LL027B 等 13 条,其中危害对象重要的应采取土木工程、生物工程和避让相结合的措施进行防治;对其余危害对象一般的泥石流沟采取恢复森林植被、流域进行水土保持,并结合采取谷坊、渡槽、涵等一些单项工程措施进行防治。

(4)危害一般泥石流的防治

对研究区危害一般的泥石流沟,如 YL043T 等,可采取保护现有植被、封山育林、植树造林,并结合单项土木工程措施的防治对策。

5. 不同性质泥石流沟的防治对策

(1)黏性泥石流的防治对策

由于黏性泥石流流体中土含量大、密度高、黏度较大,一旦发生泥石流,其运动具有较强的整体性,不易分离,即使停淤后也可保持较好的结构性。针对黏性泥石流的特征,在考虑泥石流防治对策时,土木工程措施应以拦、挡为主,拦挡以重力式坝体为主,同时应加强对形成区土体的支护(如采取谷坊、固床坝、潜坝等);生物措施采取乔、灌、草相结合的方法,以稳坡固土,从而减少形成泥石流的松散固体物质量。

(2)稀性泥石流沟的防治对策建议

稀性泥石流流体中细颗粒含量相对较少,粗大颗粒比例较高,泥石流运动中的整体结构性较差,在运动过程中水石容易分离。对这些稀性泥石流沟,针对其特征,可采取格栅坝、缝隙坝等通透性较好的坝型作为拦挡工程,也可采取大开孔的重力坝,从而让平时的洪水、高含砂洪水将细颗粒挟带至下游,保持库容,一旦发生泥石流能有效拦截泥石流中的大石块,延长拦挡坝的使用寿命。生物工程方面可采取封山育林、植树造林的措施,通过生物措施,减小地表径流,削减泥石流的水动力条件。

6. 不同穿越位置的泥石流沟防治对策

(1) 泥石流堆积区

对于比较稳定的泥石流扇,在正确判断工程使用年限之内不会出现超大规模泥石流或通过一定措施能有效限制泥石流规模情况下,可以利用泥石流堆积扇相对平坦和开阔的地形展线和设置车站。在泥石流堆积扇形地上选线,要做多方面比选,如分散设桥重点防护和集中设桥集中排导等。

(2) 泥石流流通区

泥石流流通区常是铁路跨越泥石流沟的理想位置。泥石流流通区有沟道窄、直和稳定,冲淤变化幅度小,跨沟工程简单等特点。但流通区处于沟道中游,地势较泥石流堆积区高,架桥通过工程大、成本高,需权衡考量。跨沟时要留足净空且沟中不能设墩,作明洞时要加强结构的整体性和洞身、洞顶的排水性。

(3) 泥石流形成区

泥石流形成区位于沟道上游,地势高、险,岩层破碎,松散物质多。铁路多在翻越山岭、跨越河流时通过泥石流形成区。跨沟时无论作桥、明洞或渡槽,均需加强沟床和建筑物的防冲与防排水的措施。

(4) 潜在泥石流区

潜在泥石流难于识别、易被忽略,尤其是人为泥石流沟,极易被误判、漏判。综合分析灾害形成的环境背景,对于活动迹象不明显的沟谷泥石流,进行详细考察和深入分析,判识潜在泥石流并确定其可能产生的危害,在研究线路方案时应作为灾点考虑并采取相应的措施。当铁路通过潜在泥石流区时,主体工程要留有余地以应对可能发生的泥石流灾害。

7.2.3 泥石流防治工程

西部许多铁路,如陇海铁路宝天段、宝成铁路、成昆铁路等路段,其泥石流防治工程不足及工程设计不合理、工程质量不过关,铁路承灾能力差。根据选定的铁路方案进行泥石流的防治设计,必须进一步详细分析泥石流的发展规律,掌握整个地区泥石流的共性与防治工点泥石流的特性,再考虑铁路修建后,泥石流对铁路及周围地区水利及工农业建设的影响;然后针对可能产生的危害,采取必要的、经济合理的防治措施。岩土工程措施具有投资高、工期短、见效快的特点,故岩土工程措施是泥石流防治的重点之一。

铁路沿线泥石流防治的岩土工程措施主要包括稳固工程、拦挡工程、排导工程、穿越工程和防护工程。

(1) 稳固工程,针对不稳定的坡面采取稳定斜坡的工程措施稳坡,强烈下切的沟床采取谷坊或潜坝稳定沟床。

（2）拦挡工程，包括谷坊、拦砂坝和停淤场，以及由拦砂坝衍生的滤水坝、透水坝、缝隙坝、梳齿坝、格栅坝等，其主要用于拦截泥石流的固体物质。其中，拦砂坝是泥石流防治中最为常用的工程措施之一，往往成群出现，刚柔并举。

（3）排导工程，包括排导槽、截水沟等排泄泥石流或洪水的工程措施；其中，排导槽是铁路泥石流防治中最为常用的工程措施之一。修建排导工程时，要考虑平面上的布置应尽量顺直，不使泥石流在弯道上产生超高与爬高；断面上应使其纵坡既不产生冲刷，也不产生淤积。

（4）穿越工程，主要是考虑铁路作为线性工程的特性而采取的措施，区别于其他城镇、矿山、农田等泥石流防治，包括桥渡、渡槽、明洞和过水路面等工程措施，在泥石流的下方穿过。在设计与施工这类工程时，须考虑泥石流的特性，保证隧道洞口不被淤埋，洞顶有足够的抗冲刷能力等。

（5）防护工程，包括防冲墩、丁坝、顺坝和防挡墙等，主要是为了保护铁路工程主体而采取的措施。一般泥石流对铁路路基将产生强烈的冲刷作用，故这些防护与加固工程必须同路基本身形成一个整体，稳定坚固。

8 典型单沟泥石流防治对策

8.1 程巴村沟

程巴村沟(编号 YR171T)系雅鲁藏布江右岸的一级支沟,是一个典型的泥石流沟。该沟沟口西距山南市乃东区 13.8 km,东距桑日县城 16.9 km。铁路线路方案从流域下游通过,该沟一旦暴发泥石流将会对铁路线路造成严重影响,需要对该泥石流沟进行治理。通过对程巴村泥石流活动历史的调查,泥石流成因、活动特征、危害对象、发展趋势等的综合调查、分析,结合铁路线路方案走向,此处对该沟的泥石流治理方案提出建议。

8.1.1 泥石流的形成条件、性质和类型

1. 泥石流的形成条件

泥石流形成的自然条件主要包括地形条件、地质条件和降水条件。地形条件是泥石流形成的动力条件,只有具备一定的动力条件,松散物质才能起动形成泥石流;地质条件决定了一个流域内松散物质类型和形成速度,是泥石流形成的重要物质基础;而降水条件则是泥石流形成的激发条件,只有在足够的降雨条件(包括前期降雨和激发降雨)下,松散物质才能起动形成泥石流,而且不同的降雨量形成的泥石流规模不同。

泥石流形成的人为因素主要是指人类活动对泥石流形成的自然条件的改变。由于程巴村沟流域地处高原,地表植被稀少,人类活动相对较弱,仅有的人类活动也只限于泥石流堆积扇两侧,对泥石流形成的影响不大。泥石流的形成主要是流域自然演化的过程,程巴村沟泥石流形成的自然条件进行简要介绍。

1)地形条件

程巴村沟流域(29°15′18.091″N,91°53′9.654″E)发育于雅鲁藏布江右岸的高山区,最高海拔 5 338 m,沟口高程 3 659 m,流域相对高差达 1 679 m,地形起伏较大;流域面积 24.39 km²,程巴村沟流域图概况如图 8.1 所示。主沟沟床平均纵比降达 156.8‰;流域内坡度 25°~35°陡坡地和坡度≥35°的急陡坡地之和为 11.64 km²,占流域总面积的 47.72%,程巴村沟流域地形特征值见表 8.1。巨大的地形高差,使位于山坡上部和流域上游的坡面与沟床上的松散碎屑物质拥有较大的势能,而陡峻的地形又为暴雨径

流快速向沟道汇集和松散碎屑物质起动、将势能转化为动能提供了有利条件,从而有利于山洪和泥石流的形成。从提供形成泥石流的能量和能量转化条件来说,程巴村沟的地形对泥石流形成极为有利。

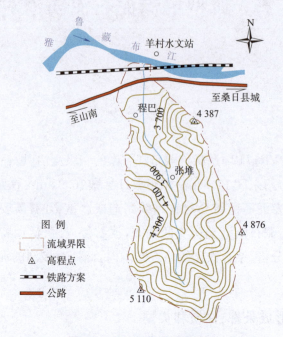

图 8.1　程巴村沟流域图概况

表 8.1　程巴村沟流域地形特征值

主沟纵比降	沟口高程(m)	最高点高程(m)	相对高差(m)	≥25°坡地所占比例
156.8‰	3 659	5 338	1 679	47.72%

2)地质条件

程巴村沟主要处于雅鲁藏布江河谷之雅鲁藏布江断裂南盘,以三叠系的变质砂岩和板岩为主,流域下游(断裂北盘)分布有第三系的砂、砾岩,程巴村沟流域地质简图如图 8.2 所示。泥石流物源主要来自流域中、上游三叠系地层,从老到新(从程巴村沟流域下游到上游)依次为朗杰学群杰德秀组($T_3j.$)、江雄组($T_3jx.$)和宋热组($T_3s.$)。杰德秀组($T_3j.$)岩性为粉砂质板岩夹细砂岩、灰岩透镜体,与上覆江雄组呈整合接触;江雄组一岩段($T_3jx^1.$),岩性为变细粒长石石英砂岩夹粉砂质板岩;江雄组二岩段($T_3jx^2.$)岩性为变细粒岩屑长石杂砂岩夹板岩,与上覆宋热组一岩段整合接触;宋热组一岩段($T_3s^1.$),分布于流域源区,岩性为板岩与细粒石英砂岩互层。流域内三叠系地层走向近东西向,倾向南,产状86°∠51°。

程巴村沟流域下游以火山熔岩和火山碎屑岩为主,与三叠系呈断层接触,其上覆第三系罗布莎群(RLb)杂色复成分砾岩、含砾长石砂岩、闪长质砾岩和第四系冲洪积物、泥石流堆积物等。

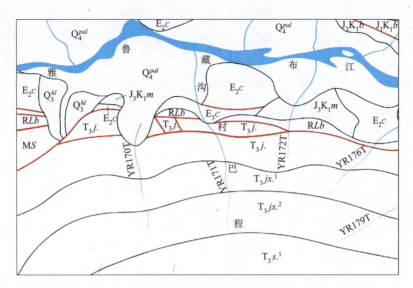

图8.2 程巴村沟流域地质简图

雅鲁藏布江断裂从流域中下游通过。虽然该断裂不属于第四纪活动构造,但历史上曾受该构造作用的影响,流域内地层受挤压作用明显,岩层变形变质强烈;加上该区域寒冻风化强烈,地表基岩裸露,流域中、上游部分地段发育有崩塌,松散物质较丰富。在地表径流作用下,坡面风化物和崩塌物质很容易进入主、支沟道,在点暴雨和局地性强降雨作用下起动形成泥石流。

3)降水条件

根据调查,该沟以往发生的泥石流均是在暴雨甚至是积雪融水的激发下形成的。从沟岸及山坡与沟道内现有松散碎屑物质条件和植被状况分析,只要有充足的水动力条件,就有可能形成泥石流。

根据距该流域最近的泽当气象站观测资料,见表8.2。流域所在区域旱、雨季分明,全年降水量在不同季节的分配相差极其悬殊,大约90%的降水量集中在当年6~9月(雨季),其余10%的降水量则分配到了当年10月至次年5月,甚至每年1月、2月、11月、12月等月份往往缺少降水天气。因此,时常发生跨年度的大旱或因雨季推迟出现的干旱,以及丰水期间歇性的干旱与洪涝灾害。该区域旱、湿分明的气候特点极易造成雨季松散物质在充足吸水后(或者在前期冰雪融水的充分滋润后),在暴雨激发下形成泥石流。

表8.2 1994—2003年逐月降雨量一览表(mm)

月份	1994年	1995年	1996年	1997年	1998年	1999年	2000年	2001年	2002年	2003年
1月	1.0	0	0	0	0.1	0	0.5	0	0.5	0.1
2月	0	0.2	1.0	0	2.2	0	0.2	0.1	0	0.3
3月	1.5	0.1	5.0	2.3	2.0	0.2	1.5	1.1	5.2	2.5
4月	6.5	5.2	2.1	10.3	25.0	3.0	13.5	9.2	16.0	25

续上表

月份	1994年	1995年	1996年	1997年	1998年	1999年	2000年	2001年	2002年	2003年
5月	25.0	13.6	18.7	9.0	9.5	16.0	90.0	25.3	20.8	32.0
6月	43.0	36.1	40.0	42.1	69.0	42.1	50.0	45.1	38.5	49.0
7月	75.2	100.2	120.0	74.0	115.0	101.2	175.0	100.0	185.0	80.0
8月	92.2	107.3	91.0	58.0	190.0	110.0	165.0	100.0	139.1	100.0
9月	85.1	69.0	50.2	132.0	50.0	55.0	59.0	40.0	64.0	95.3
10月	0	0	6.4	8.0	6.0	4.0	1.0	27.0	10.0	2.2
11月	3.0	1.8	1.2	0.2	0	0	0	0	3.0	0
12月	0	0	0	0	0	0	0	0	0	0.5

2. 泥石流的性质与密度

泥石流的性质主要由泥石流流体的黏度决定,而泥石流流体黏度的大小,又取决于松散碎屑物质中黏粒含量的多少。为确定组成泥石流的松散碎屑物质的黏粒含量,在沟内采集了泥石流样品进行现场试验与室内分析,分析结果见表8.3。

表8.3 程巴村沟泥石流堆积物颗粒分析表

粒径(mm)	≥2	2～0.05	0.05～0.005	<0.005
百分含量	51.74%	39.06%	6.96%	2.24%

由表8.3可知,泥石流堆积物中黏粒(粒径<0.005 mm)含量为2.24%。根据泥石流样颗粒成分的松散碎屑物构成和野外现场调查情况,综合确定泥石流应属于稀性泥石流,泥石流容重16～18 kN/m³。设计频率为200年一遇泥石流时,其容重以18 kN/m³ 计;设计频率为100年一遇泥石流时,其容重以17 kN/m³ 计;设计频率50年一遇泥石流时,其容重以16 kN/m³ 计。

3. 泥石流的类型

(1) 按流体性质划分

按流体性质划分,泥石流容重为16～18 kN/m³,属中等容重、低黏度稀性泥石流。

(2) 按暴发频率划分

从调查访问结果看,近年来程巴村沟频繁暴发泥石流,在调查期间还曾暴发小规模的泥石流。故按泥石流暴发的频率划分,应属高频率泥石流。

(3) 按泥石流活动规模划分

根据第5章泥石流规模计算结果(表5.9),100年一遇的泥石流过程总量约为 9.4×10^5 m³,规模为大型;50年一遇的泥石流过程总量约为 7.4×10^5 m³,规模为大型。

(4) 按泥石流活动的地貌部位形态划分

按泥石流活动的地貌部位形态划分,应为沟谷型泥石流。

(5) 按组成泥石流的固体物质划分

现场调查及取样土工试验分析结果,程巴村沟泥石流堆积物大小混杂,黏粒、粉粒、砂粒、砾石、碎石多种粒径的颗粒都有,其中最大粒径达 1.0 m,泥石流样品中,黏粒(粒径<0.005 mm)及以下的细颗粒占 2.24%(质量百分比),粒径≥2 mm 的粗粒占到 51.74%。因此,程巴村沟的泥石流应为泥石质泥石流。

(6) 按水源条件划分

泥石流的形成主要由暴雨或大暴雨激发,为暴雨型泥石流。

综上,该沟泥石流综合分类后可定义如下:

暴雨型-沟谷型-中容重-低黏度-高频率-大型-泥石质泥石流。

综合分类命名较全面地反映了泥石流各方面的特征。

8.1.2 泥石流的活动特征

1. 泥石流的物源特征

松散固体物质以坡面寒冻风化物、沟源和沟岸两侧浅表层滑塌、沟床物质起动补给为主。

沟内松散堆积物主要是由坡面寒冻风化物源不断地汇聚于主支沟道内,加上浅表层滑塌堆积物,在洪水作用下起动形成泥石流。

2. 泥石流成灾快,危害严重

由于沟床与山坡十分陡峻,泥石流一旦形成就会以较快的速度向下游倾泻,可在很短的时间内对下游的村庄、农田和公路及铁路等造成严重的冲毁和淤埋危害。

3. 泥石流活动频率高

近年来,程巴村沟频繁暴发泥石流,为高频率的泥石流沟。因沟内坡陡、沟深,地形条件对泥石流活动十分有利;沟床上的松散堆积物较为丰富,且深切的沟谷形成高陡的临空面,沟内浅表层滑塌多有发育,同时地形陡峻也往往有利于崩塌发育,从而为泥石流提供了较为丰富的松散固体物质。在暴雨的激发下,易形成泥石流,因而泥石流活动较为频繁。

4. 暴雨是泥石流形成的主要激发因素

程巴村沟所在的区域降水集中在夏半年(6~9 月),而且泥石流形成区降水量比河谷地带多,多局地暴雨。在有前期绵绵细雨(或者冰雪融水)滋润的情况下,坡体含水率高,抗剪强度低,一旦遇暴雨,就会形成滑塌,进而形成泥石流。

8.1.3 泥石流基本参数计算

1. 设计洪水洪峰流量

根据第 5 章设计洪水洪峰流量的计算结果(表 5.1),程巴村沟设计洪水洪峰流量见表 8.4。

表8.4 程巴村沟设计洪水洪峰流量 Q_B

流域面积 F (km²)	沟长 L (km)	纵比降 I	设计洪水洪峰流量 Q_B (m³/s)		
			$P=0.5\%$	$P=1\%$	$P=2\%$
24.39	8.56	156.8‰	50.03	44.15	38.01

2. 设计泥石流洪峰流量

根据第5章设计泥石流洪峰流量的计算结果(表5.8),程巴村沟泥石流洪峰流量见表8.5。

表8.5 程巴村沟泥石流洪峰流量 Q_c

流域面积 F (km²)	沟长 L (km)	纵比降 I	泥石流洪峰流量 Q_c (m³/s)		
			$P=0.5\%$	$P=1\%$	$P=2\%$
24.39	8.56	156.8‰	243.01	190.12	145.37

3. 泥石流固体物质总量计算

根据第5章一次泥石流过程总量和冲出固体物质总量的计算结果(表5.9),程巴村沟一次泥石流过程总量和冲出固体物质总量见表8.6。

表8.6 程巴村沟一次泥石流冲出固体物质总量 Q_H

一次泥石流过程总量 Q (m³)			一次泥石流冲出固体物质总量 Q_H (m³)		
$P=0.5\%$	$P=1\%$	$P=2\%$	$P=0.5\%$	$P=1\%$	$P=2\%$
1 161 205	937 375	744 089	683 062	523 827	393 929

4. 泥石流流速

根据第5章泥石流流速的计算结果(表5.5),程巴村沟泥石流流速见表8.7。

表8.7 程巴村沟泥石流流速计算

纵比降 I	泥石流流速 (m/s)			备注
	$P=0.5\%$	$P=1\%$	$P=2\%$	
156.8‰	10.29	9.72	8.04	稀性泥石流

5. 泥石流冲击力

泥石流流体中包含了从黏粒到巨石,流速高、动能大,对人民生命财产安全构成严重威胁,因此,泥石流的冲击力是泥石流治理工程设计中的重要参数之一。

泥石流的冲击力来自泥石流流体整体冲压力和个别大石块的冲击力。

(1)泥石流流体整体冲压力

泥石流整体冲压力的计算,依据《泥石流灾害防治工程勘查规范》(DZ/T 0220—2006)附录I中推荐的泥石流流体整体冲压力计算公式(铁二院公式):

$$\delta = \lambda \frac{\gamma_c}{g} v_c^2 \sin \alpha_1 \tag{8.1}$$

式中 δ——泥石流流体整体冲击压力，kPa；

　　λ——建筑物形状系数，圆形建筑物$\lambda=1.0$，矩形建筑物$\lambda=1.33$，方形建筑物$\lambda=1.47$；

　　g——重力加速度，m/s²，取$g=9.8$ m/s²；

　　α_1——建筑物受力面与泥石流冲压力方向的夹角，(°)。

根据公式(8.1)对泥石流流体整体冲压力进行计算，结果见表8.8。

表8.8　主要控制断面整体冲压力计算结果

断面(控制点)	设计频率 P	容重(kN/m³)	流速(m/s)	冲压力(kPa)
泥石流出山口处	0.5%	18	10.29	253.49
	1%	17	9.72	213.62
	2%	16	8.04	137.56

(2)泥石流个别大石块冲击力

根据现场调查，确认最大漂石直径达1.0 m，越向下游最大漂石的粒径有所减小。根据《泥石流及其综合治理》(吴积善，1993年)中推荐的梁式计算法冲击力计算公式，对冲击力F_c进行计算。

$$F_c=\sqrt{\frac{3EJ_g v_c^2 W_g}{gL_g^3}}\sin\alpha_2 \tag{8.2}$$

式中 E——构件的弹性模量；

　　J_g——构件截面惯性矩；

　　W_g——石块质量；

　　L_g——构件长度；

　　α_2——受力面与泥石流撞击面撞击角，(°)。

利用式(8.2)对各控制断面拟建的拦砂坝进行了大石块冲击力计算，结果见表8.9。

表8.9　大石块对拟建拦砂坝冲击力计算结果表

断　面 (控制点)	设计频率 P	流　速(m/s)	弹性模量 E(MPa)	构件惯性矩 J_g(m⁴)	构件长度 L_g(m)	石块质量(t)	冲击力 F_c(kN)
泥石流出山口处	0.5%	10.29	2.55	128	2	9	109.10
	1%	9.72	2.55	128	2	6	84.14
	2%	8.04	2.55	128	2	3	49.21

6. 泥石流冲起爬高

行进中的泥石流若突然遇阻或沟槽突然束窄，由于其动能在瞬间转化成势能，在泥石流与沟壁撞击处可使泥浆及其包裹的石块飞溅起来。根据动能转化为位能的原理可计算泥石流最大冲起高度。

依据《泥石流灾害防治工程勘查规范》(DZ/T 0220—2006)附录 I 中推荐的泥石流最大冲起高度计算公式,对泥石流最大冲起高度进行计算。

最大冲起高度计算公式:

$$\Delta H = \frac{v_c^2}{2g} \tag{8.3}$$

利用公式(8.3)对泥石流最大冲起高度进行计算,计算结果见表 8.10。

表 8.10 控制断面处泥石流的最大冲起高度

断面(控制点)	设计频率 P	流速 v_c(m/s)	最大冲起高度(m)
泥石流出山口处	0.5%	10.29	5.40
	1%	9.72	4.82
	2%	8.04	3.30

8.1.4 泥石流治理目标、原则与标准

根据程巴村沟泥石流的形成特征、危害形式、危害程度、发展趋势等,对泥石流治理勘察的目标和原则是减轻泥石流灾害对铁路和沟口公路的危害,全面规划,综合治理,突出重点。

1. 具体目标

(1) 根据泥石流的危害性及危险性大小,确定规划治理工程措施为永久性工程,各项治理工程必须安全可靠;通过治理,使泥石流治理工程在设计频率、规模的泥石流发生时,不再造成危害。

(2) 治理工程措施是针对泥石流类型、活动规律等进行,各项工程包括稳、拦、排、导、生物工程等配合使用,综合治理,保证安全。

(3) 应建立可行的泥石流监测网络,适时监控治理过程中和治理后的泥石流动态,以确保施工安全,为今后泥石流的治理效果监测和灾害预警提供依据和基础数据。

2. 治理工程方案规划的原则

根据被保护对象的重要性,治理工程规划应遵循的原则:坚持以泥石流灾害防治为中心,开展全面规划,综合治理,突出重点,采用土木工程措施、生物工程措施相互配合,发挥整体效益。土木工程因害设防,采用稳、拦、排、导等措施,控制和减轻泥石流灾害;生物工程因地制宜,以乡土树种为主,尽量减少水土流失,抑制泥石流的发生,加速生态恢复进程;开展泥石流等地质灾害的预警、预报工作,尽可能减轻泥石流的危害。

治理规划设计具体遵循以下原则:

(1)防治工程抗灾能力强,技术条件可靠,便于施工。

(2)防治工程不占用或尽量少占居民房屋和尽量少占耕地。

(3) 泥石流灾害治理与铁路和公路建设相结合。

(4) 在确保防护对象安全的前提下,力争节省工程投资,提高治理工程的社会效益和经济效益。

3. 治理工程方案规划的依据

(1)《地质灾害防治条例》,中华人民共和国国务院令第394号,2003年;

(2)《泥石流灾害防治工程勘查规范》(DZ/T 0220—2006);

(3) 自然资源部与四川省颁布的地质灾害防治相关文件;

(4)《城市防洪工程设计规范》(GB/T 50805);

(5)《堤防工程设计规范》(GB 20586);

(6)《防洪标准》(GB 50201—1994);

(7)《泥石流防治指南》,周必凡等,科学出版社,1993年;

(8)《四川省中小流域暴雨洪水计算手册》,四川省水利厅,1984年;

(9) 泥石流形成的背景资料,包括地质、地貌、气候、水文、土壤、植被及人类经济活动资料等。

4. 防治工程安全等级和设计标准的确定

由于程巴村沟泥石流威胁对象主要为拉林铁路和沟口边防公路,其重要性大,根据《泥石流灾害防治工程设计规范》(DZ/T 0239—2004)规定,程巴村沟泥石流防治工程安全等级应定为一级。相应的防治主体工程设计标准应按100年一遇(1%)的设计标准,拦挡工程基本荷载组合抗滑安全系数1.25,特殊荷载组合抗滑安全系数1.08,基本荷载组合抗倾覆安全系数1.60,特殊荷载组合抗滑安全系数1.15。

8.1.5 泥石流治理工程方案

泥石流治理工程常用措施主要有稳、拦、排、导及生物工程治理等。不同的工程措施,有各自的适用条件,治理措施的选择与泥石流具体情况密切相关,工程效果和经济效益各异。根据程巴村沟泥石流防治目的和原则及泥石流基本特性、成因、类型、活动规律和危害,经分析和反复论证后提出了两套治理方案,并从防灾减灾效果、工程投资规模等方面对各方案进行了比较论证,最终推荐一套合理、可行的方案。泥石流治理规划方案分别说明如下。

1. 方案一

采用拦稳+拦挡+排导等综合措施,在泥石流形成源区进行拦稳,控制为泥石流形成提供物质来源的松散物质起动;在泥石流形成流通区进行拦挡,拦截泥石流中的大颗粒,以降低进入下游沟道泥石流规模;在泥石流堆积扇至雅鲁藏布江修建排导槽,保护堆积扇上的铁路和边防公路的安全。

(1) 沟谷型泥石流物质主要为崩坡积物及沟床堆积物,为控制泥石流发生的规模,改变输砂条件,减少物质来源,方案拟在支沟上游修建谷坊,分级稳定沟床堆积物质和岸坡,使上游物源尽可能地少起动。

(2)泥石流在运动过程中,不断侧蚀岸坡坡脚,使得岸坡两侧物质源源不断地补给到泥石流中,同时也降低了岸坡的稳定性,为了减轻泥石流对下游地段的危害,在形成流通区修建拦砂坝,使上游沟岸大粒径堆积在拦砂坝内。

(3)为防止泥石流在流通区的淤积,减少泥石流的危害,在堆积区修建排导槽,以防止泥石流淤积和在堆积扇上自由摆动造成危害,同时用浆砌块石护底,使泥石流沿着固定的沟道排泄。

2. 方案二

采取拦挡+简化排导相结合的措施,此方案不考虑源区的拦稳,在泥石流形成流通区进行拦挡,拦截并控制泥石流大颗粒的起动进入下游沟道,从而降低进入下游沟道的泥石流规模;在泥石流堆积扇上修建简单排导槽。具体如下:

(1)沟谷型泥石流物质主要为崩坡积物及沟床堆积物,为控制泥石流发生时规模,改变输砂条件,减少物质来源,建议在形成流通区修建拦砂坝,使上游沟岸大粒径的拦挡在拦砂坝内。

(2)为防止泥石流在流通区的淤积,减少泥石流对居民危害,对堆积区原有排导槽进行改建,同时用浆砌块石护底,使泥石流沿着固定沟道排入雅鲁藏布江。

3. 治理工程规划方案比较

上述两个方案的治理范围不同,工程项目与规模不同,将导致防治工程数量、投资上存在很大的差别,关键在于方案的综合防治效益。为了综合对比,选出最佳方案,将程巴村沟进行综合治理的两个方案进行比较。

比较结果表明:

(1)方案一采用拦稳+拦挡+排导的综合治理措施,在形成流通上游段修建谷坊,在形成流通区修建拦砂坝,在堆积区修建排导槽。其特点是对泥石流控制佳,能充分保护下游设施,但工程量大,工程投资大。

(2)方案二采用拦挡+简易排导相结合的治理措施,在形成流通区修建拦砂坝拦挡,在泥石流堆积区修建少量排导槽。该防治体系基本可用,施工方便,投资省,但防治效果差。

经综合比较,兼顾防护对象的重要性,程巴村沟泥石流治理措施方案推荐方案一(拦稳+拦挡+排导相结合的综合措施)作为治理推荐方案。

8.2 那木干当沟

那木干当沟(编号 QR209B)系曲松河右岸的一级支沟,是典型的泥石流沟。沟口北距曲松河与雅鲁藏布江汇口处5.2 km。拉林铁路曲松方案从沟口通过,一旦暴发泥石流将会造成严重影响,需要对该泥石流沟进行综合治理。在对那木干当沟现场调查和勘测的基础上,通过对泥石流性质和基本特征、危害对象、发展趋势等的综合分析,结合铁路线路方案,初步提出泥石流沟的治理方案。

8.2.1 泥石流的形成条件、性质和类型

1. 泥石流的形成条件

泥石流的形成条件主要包括自然条件和人为因素两个方面。自然条件主要包括地形条件、地质条件和降水条件。人为因素主要是指人类活动对泥石流形成的自然条件的改变。该流域地处青藏高原,地表植被稀少,人类活动相对较弱,仅有的人类活动也只限于沟口修建的公路,对泥石流形成的影响不大。泥石流的形成主要是流域自然演化的过程,那木干当沟泥石流形成的自然条件进行简要介绍如下。

1)地形条件

那木干当沟流域(29°12′21.6″N,92°01′26.4″E)发育于雅鲁藏布江右岸的高山区,最高海拔4 780 m,沟口高程3 730 m,流域相对高差达1 050 m,地形起伏较大;流域面积6.02 km²,那木干当流域概况如图8.3所示。主沟沟床平均纵比降达229.6‰;流域内坡度25°～35°陡坡地和≥35°的急陡坡地之和为3.21 km²,占流域总面积的53.3%,那木干当沟流域地形特征值见表8.11。巨大的地形高差,使位于山坡上部和流域上游的坡面与沟床上的松散碎屑物质拥有较大的势能,而陡峻的地形又为暴雨径流快速向沟道汇集和松散碎屑物质起动,将势能转化为动能提供了有利条件,从而有利于山洪和泥石流的形成。从提供形成泥石流的能量和能量转化条件来说,那木干当沟地形对泥石流形成极为有利。

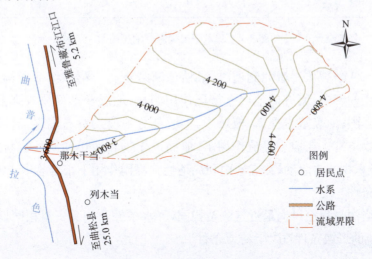

图8.3 那木干当沟流域概况

表 8.11 那木干当沟流域地形特征值

主沟纵比降	沟口高程(m)	最高点高程(m)	相对高差(m)	>25°坡地所占比例
229.6‰	3 730	4 780	1 050	53.26%

2)地质条件

那木干当沟流域主要处于雅鲁藏布江河谷之雅鲁藏布江断裂南盘,以三叠系的变质砂岩和板岩为主,那木干当沟流域地质简图如图 8.4 所示。地层从老到新依次为朗杰学群杰德秀组($T_3j.$)、江雄组一岩段($T_3jx^1.$)和江雄组二岩段($T_3jx^2.$)。杰德秀组($T_3j.$)岩性为粉砂质板岩夹细砂岩、灰岩透镜体,与上覆江雄组呈整合接触;江雄组一岩段($T_3jx^1.$),岩性为变细粒长石石英砂岩夹粉砂质板岩;江雄组二岩段($T_3jx^2.$)岩性为变细粒岩屑长石杂砂岩夹板岩,与上覆宋热组一岩段($T_3s^1.$)整合接触。地层走向北北西向,倾向南南东,产状 287°∠55°。

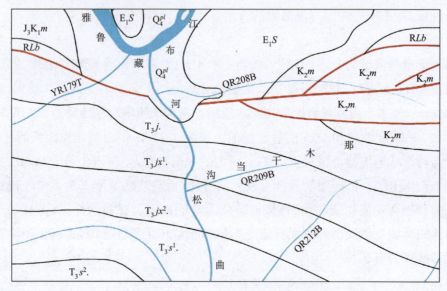

图 8.4 那木干当沟流域地质简图

雅鲁藏布江断裂从流域北侧通过,虽然该断裂不属于第四纪活动构造,但历史上曾受断裂作用的影响,流域内地层受挤压作用明显,地层变形变质较强烈。加上该区域寒冻风化强烈,地表基岩裸露,流域中、上游部分地段发育有崩塌,流域下游沟道和沟口老堆积物丰富。在地表径流作用下,坡面风化物和崩塌物质很容易进入主、支沟道,加上老堆积物的再起动,在点暴雨和局地性强降雨作用下很容易形成泥石流。

3)降水条件

那木干当沟与程巴村沟最近气象站相同,降水条件及相关资料相同,具体见 8.1.1 中"1. 泥石流的形成条件"中"3)降水条件"。

2. 泥石流的性质与密度

泥石流的性质主要由泥石流流体的黏度决定,而泥石流流体黏度的大小,又取决于松散碎屑物质中黏粒含量的多少。为确定组成泥石流的松散碎屑物质的黏粒含量，在沟内采取了泥石流样品进行现场试验与室内分析，分析结果见表8.12。

表8.12 那木干当沟泥石流堆积物颗粒分析表

粒径(mm)	≥2	2～0.05	0.05～0.005	＜0.005
百分含量	73.2%	14.32%	9.32%	3.16%

由表8.12可知，泥石流堆积物中黏粒(粒径＜0.005 mm)含量为3.16%。根据泥石流样颗粒成分的松散碎屑物构成和野外现场调查情况，综合确定该沟泥石流应属于黏性泥石流，泥石流容重20～22 kN/m³。设计频率为200年一遇泥石流时，其容重以22 kN/m³计；频率为100年一遇泥石流时，其容重以21 kN/m³计；设计频率50年一遇泥石流时，其容重以20 kN/m³计。

3. 泥石流的类型

(1)按流体性质划分

按流体性质划分，泥石流容重为20～22 kN/m³，属高容重的黏性泥石流。

(2)按暴发频率划分

从调查走访结果看，那木干当沟近期频繁暴发泥石流。2009年7月19日暴发了大型的泥石流，一度堵断了沟口的省道S306线。故按泥石流暴发的频率划分，应属高频率泥石流。

(3)按泥石流活动规模划分

根据第5章泥石流规模计算结果(表5.9)，那木干当沟100年一遇的泥石过程总量为5.0×10⁵ m³，规模为大型；50年一遇的泥石过程总量为3.59×10⁵ m³，规模为大型。

(4)按泥石流活动的地貌部位形态划分

按泥石流活动的地貌部位形态划分，那木干当沟泥石流为沟谷型泥石流。

(5)按组成泥石流的固体物质划分

现场调查及取样土工试验分析结果，泥石流堆积物大小混杂，黏粒、粉粒、砂粒、砾石、碎石多种粒径的颗粒都有，其中最大粒径达3.0 m，泥石流样品中，黏粒(粒径＜0.005 mm)及以下的细颗粒占3.16%(质量百分比)，粒径≥2 mm的粗粒占到73.2%。因此，那木干当沟的泥石流应为泥石质泥石流。

(6)按水源条件划分

泥石流的形成主要由暴雨或大暴雨激发，为暴雨型泥石流。

综上，该沟泥石流综合分类后可定义如下：

暴雨型-沟谷型-高容重-较高黏度-高频率-大型-泥石质泥石流。

综合分类命名较全面地反映了泥石流各方面的特征。

8.2.2 泥石流的活动特征

那木干当沟泥石流的活动特征与程巴村沟泥石流的活动特征基本一致，具体见"8.1.2 泥石流的活动特征"。

8.2.3 泥石流基本参数计算

1. 设计洪水洪峰流量

根据第5章设计洪水洪峰流量的计算结果（表5.1），那木干当沟设计洪水洪峰流量见表8.13。

表8.13 那木干当沟流域设计洪水洪峰流量 Q_B

流域面积 F (km²)	沟长 L (km)	纵比降 I	设计洪水洪峰流量 Q_B(m³/s)		
			$P=0.5\%$	$P=1\%$	$P=2\%$
6.01	4.14	229.6‰	18.60	16.47	14.24

2. 设计泥石流峰值流量

根据第5章设计泥石流洪峰流量的计算结果（表5.8），那木干当沟泥石流峰值流量见表8.14。

表8.14 那木干当沟流域泥石流洪峰流量 Q_c

流域面积 F (km²)	沟长 L (km)	纵比降 I	泥石流洪峰流量 Q_c(m³/s)		
			$P=0.5\%$	$P=1\%$	$P=2\%$
6.01	4.14	229.6‰	237.16	167.95	116.19

3. 泥石流固体物质方量计算

根据第5章一次泥石流过程总量和冲出固体物质总量的计算结果（表5.9），那木干当沟一次泥石流过程总量和冲出固体物质总量见表8.15。

表8.15 那木干当沟流域一次泥石流冲出固体物质总量 Q_H

一次泥石流过程总量 Q(m³)			一次泥石流冲出固体物质总量 Q_H(m³)		
$P=0.5\%$	$P=1\%$	$P=2\%$	$P=0.5\%$	$P=1\%$	$P=2\%$
684 996	500 100	358 774	523 821	367 721	253 252

4. 泥石流流速

根据第5章泥石流流速的计算结果（表5.5），那木干当沟泥石流流速见表8.16。

表8.16 那木干当沟泥石流流速计算

纵比降 I	泥石流流速(m/s)			备注
	$P=0.5\%$	$P=1\%$	$P=2\%$	
229.6‰	17.72	15.21	14.12	黏性泥石流

5. 泥石流冲击力

1)泥石流流体整体冲压力

根据公式(8.1)对泥石流流体整体冲压力进行了计算,结果见表8.17。

表 8.17　主要控制断面整体冲压力计算结果

断面(控制点)	设计频率 P	容重(kN/m^3)	流速(m/s)	冲压力(kPa)
泥石流出山口处	0.5%	22	17.72	932.93
	1%	21	15.21	656.11
	2%	20	14.12	538.52

2)泥石流个别大石块冲压力

利用公式(8.2)对各控制断面拟建的拦砂坝进行了大石块冲击力计算,结果见表8.18。

表 8.18　大石块对拟建拦砂坝冲击力计算结果表

断面(控制点)	设计频率 P	流速(m/s)	弹性模量 E(MPa)	构件惯性矩 J_g(m^4)	构件长度 L_g(m)	石块质量(t)	冲压力 F_c(kN)
泥石流出山口处	0.5%	17.72	2.55	128	2	18	144.62
	1%	15.21	2.55	128	2	13	105.50
	2%	14.12	2.55	128	2	9	81.49

6. 泥石流冲起爬高

利用公式(8.3)对泥石流最大冲起高度进行计算,计算结果见表8.19。

表 8.19　控制断面处泥石流的最大冲起高度

断面(控制点)	设计频率 P	流速 v_c(m/s)	最大冲起高度(m)
泥石流出山口处	0.5%	17.72	16.02
	1%	15.21	11.80
	2%	14.12	10.17

8.2.4　泥石流治理目标、原则与标准

那木干当沟泥石流治理目标、原则与标准与程巴村沟基本一致,具体见"8.1.4　泥石流治理目标、原则与标准"。

8.2.5　泥石流治理工程方案

根据那木干当沟泥石流防治目的和原则及泥石流基本特性、成因、类型、活动规律和危害,经分析和反复论证后提出了二套治理规划方案,并从防灾减灾效果、工程投资规模等方面对各方案进行了比较论证,最终推荐一套合理、可行的方案。下面就泥石

流治理规划方案分别说明如下。

1. 方案一

方案一与程巴村沟泥石流治理方案一相同，具体见8.1.5条"1. 方案一"。

2. 方案二

排导槽+铁路桥方案。如果拟建铁路设计高程满足要求（或者抬高拟建铁路设计高程），可采用铁路桥的方式跨过泥石流堆积扇，以规避泥石流对拟建铁路的危害。采用该方案必须满足以下要求：

（1）桥下设计净空高度不低于10 m，以保证泥石流能顺利通过，避免泥石流对拟建铁路的冲击。

（2）桥墩间距以100 m为宜；桥墩尽量避开泥石流的直接冲击。

（3）在出山口至铁路桥段修建排导槽，同时用浆砌块石护底，使泥石流沿着固定沟道排入曲松河，以防止泥石流在堆积扇上自由摆动造成危害。

3. 治理工程规划方案比较

上述两个方案的治理范围不同，工程项目与规模不同，将导致防治工程数量、投资上存在很大的差别，关键在于方案的综合防治效益。为了综合对比，选出最佳方案，将那木干当沟流域进行综合治理的两个方案进行比较。

比较结果表明：

1）方案一采用拦稳+拦挡+排导的综合治理措施，在形成流通上游段修建谷坊，在形成流通区修建拦砂坝，在堆积区修建排导槽。其特点是对泥石流控制佳，能充分保护下游设施，但工程量大，工程投资大。

2）方案二采用简易排导+铁路桥相结合的综合方案，仅需要在泥石流堆积区修建少量排导槽。该防治方案施工方便，投资省，但是对铁路设计标高有特殊要求，如果能够满足，是比较理想的防治方案。

经综合比较，兼顾防护对象的重要性，那木干当沟流域泥石流治理措施方案推荐选择方案二（排导槽+铁路桥方案）作为治理方案。

9 结 论

根据研究区独特的地质、地貌和气候条件,结合拉萨—加查段泥石流灾害的特点,在资料收集和遥感解译的基础上,通过现场调查、室内试验和理论分析等综合方法,深入研究泥石流的形成条件及其特征,探讨泥石流的分布规律,系统地评价泥石流的危险程度,全面分析了泥石流对铁路方案的影响,提出泥石流灾害的防治对策。主要结论如下:

1. 泥石流形成的环境背景条件

研究区包括雅鲁藏布江河谷区、桑加峡谷区和山原湖盆地貌区三大地貌单元。在地质构造部位上,处于雅鲁藏布江缝合带仲巴—朗杰学陆缘移置混杂地体。在气候方面,具有日照充足,旱、雨季分明。山顶高海拔区寒冻风化显著,植被稀少。区内陡峻的地形、强烈变形变质的岩体、较丰富的寒冻风化物和集中的降水是泥石流发育的重要环境背景条件。

2. 泥石流的性质和类型

经过遥感解译和野外实地调查,确定拉萨—加查段铁路线路方案沿线共有泥石流沟294条。按泥石流发生的地貌条件划分,沟谷型泥石流占44.6%,坡面型泥石流占55.4%;按流体性质划分,稀性泥石流占76.5%,过渡性泥石流占8.5%,黏性泥石流占15.0%;此外,按物质组成划分,主要有泥石流、泥流和水石流。

3. 泥石流的特征

泥石流的活动频率以中高频为主,多为暴雨泥石流,规模大多属中小型和坡面泥石流,但局地暴雨,也曾诱发大规模的泥石流。

泥石流的运动特征:

(1)主流摆动型,分布在拉萨河和雅鲁藏布江宽阔河谷地带;

(2)整体、惯性和直进型,分布在曲松河流域;

(3)山洪型,主要是沿线流域面积 20 km² 以上的泥石流沟谷。

泥石流的冲淤特征,在雅鲁藏布江宽谷区以淤积为主;雅鲁藏布江峡谷和晒嘎曲流域等峡谷区,冲刷作用明显;在曲松河流域,多表现为大冲大淤。

泥石流的堆积特征:

(1)典型泥石流堆积,分布在曲松河流域;

(2)以泥石流堆积为主,分布于拉萨河和雅鲁藏布江宽谷段,堆积物混杂有其他来

源的物质,但主要以泥石流堆积为主;

(3)间杂有泥石流堆积,在拉萨河和雅鲁藏布江宽谷段,部分堆积扇以砂土堆积为主,局部夹杂有泥石流物质。

4. 泥石流沟的分布规律

研究区已经查明的 294 条泥石流沟在各县分布不均。其中,贡嘎县分布有 70 条,桑日县 50 条,加查县 45 条,曲松县 40 条,扎囊县 33 条,山南市乃东区 22 条,拉萨市堆龙德庆区 9 条,曲水县 25 条。根据铁路方案:

(1)主线推荐方案沿线分布有泥石流沟 99 条;

(2)雅鲁藏布江北线方案有 75 条;

(3)曲松方案有 152 条;

(4)岗菊站方案有 161 条;

(5)机场方案有 170 条。

泥石流的分布具有广泛性和地带性的特点。广泛性体现在各种类型的泥石流沟均有所发育以及沿线泥石流密集分布形态;地带性则体现在泥石流在类型上的差异。

5. 典型泥石流沟特征值

在拉萨河、雅鲁藏布江、曲松河和晒嘎曲流域共选择有代表性的典型泥石流沟 20 条;分别计算每条泥石流沟的泥石流洪峰流量、泥石流流速、一次泥石流过程总量和一次泥石流最大堆积厚度等特征值。

6. 泥石流的危险性评价

在泥石流易发程度、活动强度和综合致灾能力评价的基础上,建立了单沟和区域的泥石流危险性评价模型。

利用单沟评价模型对选取的 20 条典型泥石流沟的危险性进行了评价。结果显示,有 3 条泥石流沟的危险性等级为极高,4 条为高,13 条为中等。

利用区域泥石流危险性评价模型对研究区进行了危险性评价。结果显示,高度危险区主要分布在雅鲁藏布江右岸两条支流——曲松河和晒嘎曲;其他区域包括拉萨河流域和雅鲁藏布江干流段均为中等泥石流危险区。

7. 泥石流的防治对策

提出泥石流灾害防治的总体原则,在此原则指导下,提出了铁路方案沿线泥石流灾害防治的建议,并分别对不同危害程度、不同性质、不同穿越位置的泥石流沟的防治提出了较具体的防治对策;最后分别以程巴村沟和那木干当沟为例,进行了典型单沟泥石流防治对策的方案设计。

下篇

加查—林芝段

加查—林芝段主要沿雅鲁藏布江缝合带展布，沿线地形地质条件十分复杂，山高坡陡、地层岩性破碎、历次构造运动多变、地震活动频繁；受季风气候控制，降雨量时空分布不均；受区域地质构造和地势影响，冰川发育；此外，沿线地表切割强烈，水土流失严重，加之不合理的人类活动，使该地区的泥石流灾害频繁发生，严重影响铁路选线和铁路运行安全。

根据加查—林芝段沿线特殊的地质地貌条件、水文气候条件，针对沿线泥石流灾害的特点，从系统工程地质与环境地质的角度出发，通过系统的现场调查、遥感解译、试验分析，弄清沿线泥石流灾害的水源类型、形成环境、活动历史、活动特征以及泥石流的分布规律，完成典型泥石流危险性评价和泥石流水文参数计算，评估泥石流灾害对铁路的危害影响及提出针对性的工程防治对策。

10 研究区自然环境概况

10.1 米林段自然环境概况

10.1.1 地形地貌特征

米林位于西藏自治区东部,雅鲁藏布江中下游,念青唐古拉山与喜马拉雅山之间。米林地处雅鲁藏布江中下游河谷地带,地势西高东低,多宽谷,平均海拔 3 700 m,相对高差较小。据《西藏地貌分区图》,米林属藏东极大起伏、大起伏的高山河谷区的派镇—直白极大起伏、大起伏高山、极高山亚区;其总体地貌为高山峡谷地貌。根据其物质组成及形态特征可划分为山地和山间河谷两大地貌单元。

1. 山地

山地主要分布于雅鲁藏布江两岸,分布面积较大,海拔一般在 2 888~5 000 m。在研究区东部无分布现代冰川,海拔 5 000 m 以上的山地可见古冰川遗迹,冰缘作用则在海拔 4 600~4 800 m 的山地较为普遍。米林界内最高峰南迦巴瓦峰海拔 7 782 m,与海拔 7 294 m 的加拉白垒峰隔江相望。在研究区卧龙镇、扎西绕登乡雅鲁藏布江北岸,平均海拔 4 000~4 500 m,雅鲁藏布江南岸地区,地势相对较低,里龙乡平均海拔在 4 000~4 200 m,研究区内最低海拔为派镇直白一带,海拔为 2 888 m,在研究区西南和东南地带,局部高山上还有冰川。

2. 山间河谷区

山间河谷区分布于雅鲁藏布江及其支流沿线,按地貌形态可划分为河床、河漫滩和河谷一二级阶地。其地形沿雅鲁藏布江基本为宽谷地貌,谷宽一般为 3~10 km,长约为 200 km,其间雅鲁藏布江相对高差 78 m,平均纵比降为 0.38‰,河谷两侧不对称分布有多级阶底,谷底与山前结合部位分布冲洪积扇形地。雅鲁藏布江次级河流阶地均为峡谷地貌,地势基本较陡,相对高差和纵比降均较大,从而易形成泥石流灾害。其山间河谷区的物质组成主要为砂卵砾石、碎石、残坡积物及沼泽堆积淤泥、腐殖土、泥炭等。

10.1.2 工程地质特征

地质灾害的发生除与地质构造相关外,岩土体性状也是地质灾害发生的基本条件。结构面发育、岩体整体性差、抗风化能力弱等因素往往对地质灾害的诱发起到促进的作用。正确划分岩土体工程地质特性,为预测评价地质灾害提供依据。主要从研究区内地层岩性、风化程度、岩石的结构、构造坚硬程度、岩体力学性质,可将研究区内岩土体具体划分,其特征见表10.1。

表10.1 米林段岩土体工程地质岩组划分表

岩土体工程地质类型			工程岩组代号	地貌单元	工程地质特征	单轴抗压强度
岩类		岩性				
岩体	火山岩	坚硬岩类工程地质岩组	块状坚硬火山岩强风化岩组	$Pt_1b.$	山地	致密块状、节理裂隙不发育,受地质构造影响轻微,风化较弱,无软弱夹层,层间结合良好,新鲜岩石力学强度高	>60 MPa
	石英岩	中等坚硬岩类工程地质岩组	中~薄层状中等坚硬石英岩岩组	$Pt_1g.$	山地	原生结构面发育,多呈紧闭状,次生裂隙结构面发育,岩性不均一,耐风化较强,岩体结构较完整	>30 MPa
	变粒岩、片麻岩、角闪岩、片岩、麻粒岩	软弱岩类工程地质岩组	中薄层状、片状、较弱变质岩岩组	$Pt_1b.$、$Pt_1g.$、$Pz_1q.$、$An\in$-$PtN_1.$	山地	岩石抗风化能力弱,岩性不均一,节理裂隙发育,表层因风化而剥离母体,遇水易软化、泥化,稳定性差,硬度低	≤5 MPa
土体	冰积砾石、砂石	冰积堆积土体	砂砾石混杂土体	Qp		级配差,透水性好,承载力大	
	冲积~湖积砾岩、冲积砾石	冲洪积类土体	砂卵石、中细砂双层土体	Qp	河漫滩阶地、洪积扇	级配良好,透水性好,承载力大	
	淤泥、腐殖土	沼泽相类土体	细砂多层土体、淤泥	Qh	山间谷地	地下水位浅,岩土体承载力极小	

10.1.3 水文地质特征

米林界内地表水系发育,以冈底斯山脉分水岭为界,可分为北部尼洋河流域和南部雅鲁藏布江流域;以喜马拉雅山脉分水岭为界,区内水系均属雅鲁藏布江流域。雅鲁藏布江及其支流尼洋河属印度洋水系,水系主要呈树枝状,流向总体由西向东流。上述形成的次级支流及小支流,均属高山、山地河流,落差大、水流湍急,蕴藏着丰富的水资源和水能资源。此外,高原上明镜般的冰川湖泊星罗棋布,界内湖泊面积达 0.4 km^2 以上的有 35 个。其中,以帮八清错布为首,最大面积约 1.9 km^2;次为冷空子果错,面积为 1.5 km^2;最小为岗巴错西、蹦达岗东等湖,面积约为 0.4 km^2。

地下水按含水介质的不同和地下水在岩层中的赋存状态,可将地下水分为松散岩类孔隙水和基岩裂隙水两类。地下水的补给来源主要为大气降水和冰融水渗入补给。

10.1.4 气候特征

米林气候属高原温带半湿润季风气候区,气候较干燥,年无霜期为170 d,年平均降水量600 mm,年平均气温8.2 ℃。气候特点为降水集中,雨热同季,蒸发量大。

据米林奴下水文观测站监测,1976—1982年,年降雨量最高可达891.9 mm,月最大值为391.6 mm。日最高降雨量可达53.0 mm,最大6 h降雨量36.9 mm,发生时间为1979年7月19日。降雨多集中在6~9月,此阶段也是地质灾害频繁发生时段。

10.1.5 人类工程活动

米林人类工程经济活动由来已久,人类与自然界一直相互影响、相互作用着。在20世纪80年代以前,米林由于地处高原、人口稀少、生产力水平低,人类对环境的影响极其轻微。随着第四次西藏工作座谈会的召开,米林经济迅速崛起,人口激增,城市化以及水利、交通等人类经济活动的大量实施,对地质环境的影响也愈来愈大,明显加重了雅鲁藏布江沿岸崩滑流等地质灾害的发生发展。米林人类工程活动主要包括耕种、城建、筑路、采矿、水电建设和退耕还林与天然林保护工程等。

10.2 朗县段自然环境概况

10.2.1 地形地貌特征

朗县地处喜马拉雅山脉东段北侧,雅鲁藏布江中下游,属西藏南部山原湖盆地貌区,为喜马拉雅极高山亚区。地势受雅鲁藏布江及其支流的切割控制,总体呈南北两侧高,中部低。朗县界内山地绵延不绝,山势高峻,沟谷纵横狭窄,一般山峰海拔多在5 000 m以上,山地平均海拔4 500 m,最高峰位于县区东南,海拔6 179 m;最低点位于扎西塘东侧雅鲁藏布江河谷,海拔约3 000 m。朗县大部分地区相对高差都在1 500 m以上,雅鲁藏布江深切峡谷区相对高差可达2 000 m以上。

10.2.2 工程地质特征

岩土工程地质类型是以岩石建造为基础,按岩性、岩相并结合岩土体结构和力学性质进行划分。而土体工程地质类型以粒度组合为基础,依据颗粒结构进行划分。根据这一划分原则,调查区岩体可划为两种工程地质类型和相应的工程地质岩组,土体划分为两大类型及相应的岩性组合类型,见表10.2。

表 10.2　朗县段岩土体工程地质特征及类型表

岩土体工程地质类型		地层代号	地貌单元	一般工程地质特征
岩土类型	岩性			
岩体	岩浆岩	坚硬的粗~中粒花岗岩	J_3-K_1s、$E_2\eta\gamma$、$K\Sigma$	高山	致密块状,表层机械风化强烈,新鲜岩石力学强度较高
	沉积浅变质岩	较坚硬的千枚岩、板岩及石英砂岩	ELb、$K_{1-2}R$、$T_3X.$	山地	似层状~层状,结构致密,力学强度较高,表层破碎,风化强度高,且差异性大
土体	碎石土	泥石流堆积、残积、坡积堆积碎石土	Q^{pl}、Q^{el}、Q^{dl}	洪积扇山地坡麓	结构松散,孔隙发育,透水性强,承载力较低
	卵砾石土	冲洪积堆积、河湖相堆积卵砾石土	Q^{alp}	河漫滩阶地	冲洪积物结构松散,承载力较高

10.2.3　水文地质特征

研究区内地下水按赋存空间与水力性质可划分为松散岩类孔隙水和基岩裂隙水两种类型,地下水的补给来源主要为大气降水。

1. 松散岩类孔隙水

松散岩类孔隙水赋存于不同成因类型的第四系松散堆积层中,受地形、地貌影响,含水层厚度、补给条件以及富水性都呈现极大的差异。河谷地带冲洪积物接受地表水补给,卵砾石层补给充足,透水性好,水量丰富;残坡积层、河湖相成因的高阶地地段,主要接受大气降水及基岩裂隙水的补给,富水性差异较大;而洪积物由于泥质含量较高,透水性差,富水性微弱。

2. 基岩裂隙水

基岩裂隙水分布于朗县广大的基岩山区,根据赋存介质特征可分为块状基岩裂隙水和层状基岩裂隙水。

块状基岩裂隙水:主要赋存于雅鲁藏布江以北第三系二长花岗岩($E_2\eta\gamma$)、上侏罗统~下白垩统桑日群(J_3-K_1)花岗质混合片麻岩、斜长角闪岩、变粒岩中。由于岩石硬脆,在构造形变中形成的裂隙延伸较长,开启度较大,连通性较好,呈网络状和网脉状,水力性质以潜水为主,地下水主要接受大气降水补给。由于区内植被较发育,有利于地下水的补给,地下水量较丰富,水量中等,动态随季节性变化较明显。

层状基岩裂隙水:主要赋存于雅鲁藏布江南侧上三叠统修康群($T_3X.$)、白垩系日喀则群($K_{1-2}R$)、第三系罗布莎群(RLb)等的千枚岩、千枚状板岩及石英砂岩、大理岩等裂隙中。由于岩性黏塑,在构造形变中形成的裂隙密集,延伸较短,且大多呈闭合状态,连通性及透水性差,除局部受构造以及物理风化作用影响,裂隙发育地段富水性较好外,总体水量贫乏。层状基岩裂隙水主要受大气降水补给,地下水动态随季节性变化明显。

基岩裂隙水的补给、径流与排泄条件严格受到地形、地貌条件的控制,从宏观上看,地下水径流方向基本与地表水水流方向一致,以泉、地下潜流排入溪沟、河流等。

区内地下水化学特征受各种因素影响,主要与含水层介质和地下水的循环交替作用有关,加之区内沟谷发育,地形切割强烈,水循环交替作用强烈,地下水补给单一;因此,地下水化学成分差异性不大,主要水化学类型为 HCO_3—Ca—Mg 型水,矿化度低,一般为弱酸~弱碱性低矿化极软~微硬水。

10.2.4 气候特征

朗县属藏东南温暖半湿润高原季风气候区,具夏无酷暑冬无严寒,夏秋多雨,春冬干旱多风的特点。年均降雨量约 600 mm,朗县及邻区多年平均降水量等值线如图 10.1 所示,主要集中在 5~9 月,多为夜雨;年均气温 11.2 ℃,无霜期约 220 d;日照充足,年均日照时数 2 511 h。

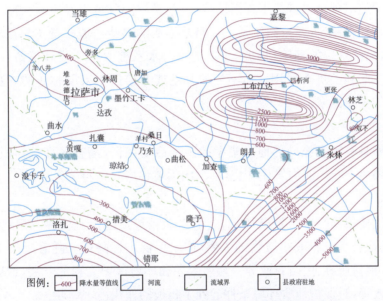

图 10.1 拉萨—林芝区域多年平均降水量等值线图

注:据西藏自治区多年平均降水量等值线图。

雅鲁藏布江近东西向蜿蜒曲折从朗县中部流过,区内流程约 92 km,两侧次级水系发育,由南向北或自北向南汇入雅鲁藏布江,平面上呈树枝状展布,主要有古如曲、普曲、金东河、工字弄沟、列木切曲、荣普纳曲。区内各级河流由于坡降大、丰水期水流急,侧蚀两岸坡脚,是滑坡、崩塌灾害产生的重要原因之一。枯水期朗县界内大部分支沟断流。朗县界内河流总长 1 328 km,河网密度 0.32 km/km²,年径流总量 $2.0×10^9$ m³。大小湖泊 60 余个,总面积 4.86 km²,大多分布在 4 500 m 以上的高山地带。

10.2.5 人类工程活动

受气候等自然条件的影响,人类工程经济活动主要集中在朗县的中部雅鲁藏布沿岸及南部古如曲、普曲、金东河河谷地区,主要活动为农业耕作、修建公路、渠道、削坡建房、历史上的乱垦滥伐等。

1. 农业耕作活动

农业耕作活动是区内分布最广、最普遍的人类经济活动,范围涉及整个农作区。其特点是分布面广、活动频繁、强度较小、影响深度较浅。该类活动在开垦田地和修筑梯田、堤坝、渠道等农田水利设施时,主要对地表水的流态产生影响,进而对地质灾害的发生和发展产生影响。如修筑梯田、防洪堤等防止地表水对斜坡的冲刷及防止河流对沟岸的侵蚀,从而降低地质灾害的发生。但在斜坡上的渠道渗漏、土地漫灌等,又对斜坡的稳定性产生不利影响。

2. 修建公路、渠道

公路和渠道呈现出条带状工程活动特征,朗县界内省道以及乡村公路大多沿斜坡中下部或坡脚地带修筑,开挖路堑及填筑路基形成的高陡边坡改变了斜坡的地形地貌和自然平衡,沿线修筑的挡墙、护坡、防护堤及排水系统改善地质环境条件,对降低地质灾害的发生起到了重要作用。但不当的开挖或开挖后不采取相应的支护措施是诱发地质灾害的重要因素。

3. 依山削坡建房

修建房屋具有零星或局部地段集中的工程活动特征,调查区多数村民依山居住,削坡筑房使坡体土石内应力发生变化,不当的削坡建房导致斜坡失稳。

4. 历史上的乱垦滥伐

乱垦滥伐使植被受到严重破坏,加之引水灌溉等造成水土流失,原始生态环境被改变,降水及地表水对斜坡松散物的入渗,使斜坡稳定性降低。随着近年来天然林保护工程实施,植树造林、生态农业等一系列生态和环境保护工程的开展,地质环境条件得到一定的改善,对保护地质环境条件起到了积极的作用。

随着国家西部大开发战略的实施,各类工程建设蓬勃兴起,水利水电建设、道路交通建设以及城乡设施建设等一系列工程活动将日益增多。

10.3 加查段自然环境概况

10.3.1 地形地貌特征

研究区位于喜马拉雅山脉东段北侧,雅鲁藏布江中游,属西藏南部山原湖盆地貌区,为喜马拉雅极高山亚区,群山绵亘,峰峦叠嶂错落,沟谷纵横,悬崖峭壁林立。山脉大致呈东西向,雅鲁藏布江江北为冈底斯山脉,雅鲁藏布江江南为喜马拉雅山系一部分。自北而南,地势总体呈驼峰状。研究区平均海拔 4 500 m 以上,山岭地带一般为 5 000 m 左右,主要山峰均超过 5 200 m,其中最高海拔 6 092 m,位于加查县西部拉绥乡;

最低点海拔3 184 m,位于冷达乡附近。

雅鲁藏布江南北两侧属深切割区。河谷地带海拔3 500 m左右,最低3 184 m,相对高差达2 800 m,一般高差在1 000 m左右。峡谷区,江面狭窄,水流湍急,跌水节节相连,涛声阵阵,山顶白雪皑皑,山麓绿树成荫,构成峡谷区独特的自然景观。

加查地貌骨架除了严格受地质构造控制外,还受雅鲁藏布江水系的制约,第三纪上新世以来地壳迅速而强烈的隆起和断陷,使隆起的山地长期受到剥蚀、侵蚀,而断陷谷地则长时间接受外来物质的堆积,在这一演变过程中形成了以广大基岩山地为格架,其间不均匀夹持狭长河(沟)谷的高原地貌景观。一级分水岭和主要谷地的走向与主要构造线方向基本一致,多呈东西向,次为北西向;次级分水岭走向又与支谷走向一致。

10.3.2 工程地质特征

岩土工程地质类型是以岩石建造为基础,按岩性、岩相并结合岩土体结构和力学性质进行划分。而土体工程地质类型以粒度组合为基础,依据颗粒结构进行划分。根据这一划分原则,调查区岩体可划为两种工程地质类型和相应的工程地质岩组,土体划分为两大类型及相应的岩性组合类型,见表10.3。

表10.3 加查段岩土体工程地质特征及类型表

岩土体工程地质类型		地层代号	地貌单元	一般工程地质特征
岩土类型	岩性			
岩体 岩浆岩	坚硬花岗岩、花岗长闪岩、变粒岩、大理岩	K_1t、K_2x、K_2z、K_2n、K_2m、E_2h、E_2z、E_2x、E_2B、E_2R、E_3w、$AnZN$	高山	致密块状,表层机械风化强烈,新鲜岩石力学强度较高
沉积浅变质岩	较坚硬的千枚岩、板岩及石英砂岩、片麻岩	K_1t、K_1c、J_3K_1l、J_3K_1G、J_3d、$J_{2-3}y$、T_3X、$AnZN$	山地	似层状~层状,结构致密,力学强度较高,表层破碎,风化强度高,且差异性大
土体 碎石土	泥石流堆积、残积、坡积堆积碎石土	Q^{pl}、Q^{el}、Q^{dl}	洪积扇山地坡麓	结构松散,孔隙发育,透水性强,承载力低
卵砾石土	冲洪积堆积、河湖相堆积卵砾石土	Q^{alp}	河漫滩阶地	冲洪积物结构松散,承载力较高

10.3.3 水文地质特征

研究区内地下水按赋存空间与水力性质可划分为松散岩类孔隙水和基岩裂隙水两种类型,地下水的补给来源主要为大气降水。

1. 松散岩类孔隙水

松散岩类孔隙水特征与朗县松散岩类孔隙水特征基本一致,详见"10.2.3 水文地质特征"中"1. 松散岩类孔隙水"。

2. 基岩裂隙水

基岩裂隙水分布于加查县广大的基岩山区,根据赋存介质特征可分为块状基岩裂隙水和层状基岩裂隙水。

块状基岩裂隙水:主要赋存于雅鲁藏布江以北白垩系、第三系二长花岗岩、花岗岩、前震旦系念青唐古拉群含黑云二长变粒岩、金云镁橄榄岩、大理岩、黑云斜长片麻岩中。由于岩石硬脆,在构造形变中形成的裂隙延伸较长,开启度较大,连通性较好,呈网络状和网脉状,水力性质以潜水为主,地下水主要接受大气降水补给,由于区内植被较发育,有利地下水的补给,地下水量较丰富,水量中等,动态随季节性变化较明显。

层状基岩裂隙水:主要赋存于雅鲁藏布江南侧上三叠统修康群($T_3X.$)、中～上侏罗统叶巴群($J_{2-3}y$)及上统多底沟组(J_3d)、上侏罗统～下白垩统嘎学群(J_3K_1G)、林布宗组(J_3K_1l)、白垩系楚木龙组(K_1c)、塔克那组(K_1t)、白垩系～第三系林子宗组(K_2El)、第三系罗布莎群(RLb)的各种变质碎屑岩、大理岩及火山岩等裂隙中,由于岩性黏塑,在构造形变中形成的裂隙密集,延伸较短,且大多呈闭合状态,连通性及透水性差,除局部受构造以及物理风化作用影响、裂隙发育地段富水性较好外,总体水量贫乏。层状基岩裂隙水主要受大气降水补给,地下水动态随季节性变化明显。

基岩裂隙水的补给、径流与排泄条件严格受到地形、地貌条件的控制,从宏观上看,地下水径流方向基本与地表水水流方向一致,以泉、地下潜流等形式排入溪沟、河流等。

区内地下水化学特征受各种因素影响,主要与含水层介质和地下水的循环交替作用有关,加之区内沟谷发育,地形切割强烈,水循环交替作用强烈,地下水补给单一,因此,地下水化学成分差异性不大,主要水化学类型为 HCO_3—Ca—Mg 型水,矿化度低,一般为弱酸～弱碱性低矿化极软～微硬水。

10.3.4 气候特征

加查县属高原温带半湿润气候区,具有日照充足,辐射强烈,热量低,气温年变化相对较小,昼夜温差大,无霜期短,降雨量少且降雨集中,干湿季节分明等特点。同时因界内地形复杂、海拔悬殊大,又具有水热再分配、呈垂直性差异等特点。

加查县河谷地区气候温和,年平均气温 9.4 ℃,累计年较差 14.4 ℃,平均气温最高月 16.6 ℃(7月),最低月 0.5 ℃(1月),极端最高气温 30.7 ℃(1991年6月25日、1983年7月12日、1988年6月28日),极端最低气温 −15.1 ℃(1978年1月12日),一年中月平均气温低于年平均气温的月份有 5 个月(11月～次年3月),1993—2002 年 10 年来平均气温变化情况见表 10.4。

表 10.4 加查县 1993—2002 年来平均气温变化情况一览表(℃)

年份	月 份												年平均	最高	最低
	1	2	3	4	5	6	7	8	9	10	11	12			
1993	0.3	3.0	5.9	9.1	12.5	15.7	17.8	15.9	13.8	11.2	4.7	1.3	9.3	30.3	−12.7
1994	2.2	2.0	6.3	9.6	14.0	16.7	17.1	16.3	16.4	11.3	4.1	−0.1	9.7	31.1	−17.0

续上表

年份	月份												年平均	最高	最低
	1	2	3	4	5	6	7	8	9	10	11	12			
1995	−0.8	7.5	7.6	9.1	16.3	17.2	16.5	16.0	14.5	11.0	5.4	1.6	9.7	30.8	−14.3
1996	1.1	2.8	7.6	10.3	13.5	15.3	16.0	16.0	14.1	11.0	5.5	0.3	9.5	29.2	−12.5
1997	−0.7	1.2	6.7	7.9	13.0	15.3	16.7	16.0	13.5	8.4	4.7	0.7	8.6	30.1	−13.6
1998	0.6	3.3	5.5	9.4	14.2	17.3	16.7	15.5	14.7	12.5	6.5	1.0	9.8	30.7	−11.1
1999	0.5	5.4	7.7	13.7	14.2	16.8	16.4	15.4	14.3	11.5	6.0	0.8	9.4	30.6	−13.2
2000	0.3	1.3	5.5	10.7	12.9	16.1	16.2	15.0	13.4	9.9	5.5	0.2	8.9	28.0	−13.7
2001	1.1	4.4	5.4	9.2	13.0	15.4	16.7	16.0	14.6	10.0	5.2	1.1	9.4	29.4	−13.1
2002	0.3	4.4	6.1	9.6	12.1	16.0	16.2	15.3	14.1	9.8	5.2	1.1	9.2	28.1	−11.8
平均	0.5	3.5	6.4	9.9	13.6	16.2	16.6	15.7	14.3	10.7	5.3	0.8	9.4	29.8	13.3

年平均土温为 13.4~14.5 ℃,高于年平均气温,地面 0 cm,1 月平均 −12.9 ℃(最低),6 月平均 47.5 ℃(最高),二者相差 60.4 ℃。一般在冬季土层越深土温越高,在夏季土层越深土温越低;通常在 10 月下旬出现封冻,冻土层 10 cm 左右,3 月上旬解冻。全年无霜期 124~169 d,平均初霜日在 9 月中旬,平均终霜日在 5 月中下旬。

加查县 1998—2002 年平均日照时数 21 813.7 h,全年日照百分率 64%,无明显的夏季,紫外线的年辐射平均值在 6 000~8 000 MJ/m²。

加查县内降水主要是印度洋方向的西南季风沿雅鲁藏布江河谷而上所形成;具有降水量少且降雨集中、雨季明显等特点;同时蒸发量大,因而呈现半湿润状态,1993—2002 年年平均降水量 549.8 mm(图 10.1 和表 10.5),主要集中在 5~9 月,这 5 个月降水量达到 467.5 mm,占全年降雨量的 92.3%,极端最大降水量 2 262.5 mm(1989 年),极端最小降水量 398.4 mm(1981 年);日最大降水量 46.4 mm(1979 年 6 月 22 日)。降雨量年变化差异大、降雨期集中的特点是造成加查县旱、涝灾害的主要原因。

表 10.5 加查县 1993—2002 年平均降雨量情况一览表(mm)

年份	月份												年降水量	日最大降水量
	1	2	3	4	5	6	7	8	9	10	11	12		
1993	1.3	7.1	1.5	14.7	52.6	55.3	116.5	124.9	82.7	5.0	1.2	0	474.5	20.6
1994	0.1	0.8	12.8	29.7	27.1	90.5	92.3	102.8	34.5	0	2.8	0	393.4	21.3
1995	0.7	7.3	1.6	71.6	4.8	106.0	159.6	114.8	98.3	1.8	3.2	0	518.8	34.2
1996	0	2.7	12.7	11.1	64.2	94.8	266.5	84.6	47.5	24.3	0	0	608.4	41.4
1997	0.5	2.9	5.1	16.9	25.6	85.0	125.6	133.6	140.3	9.2	7.4	0.4	552.1	
1998	2.9	3.9	16.2	37.2	28.3	90.9	138.1	286.0	58.4	14.5	3.5	0	679.8	34.8
1999	0	0	10.6	0.6	57.4	101.6	115.1	126.1	72.6	33.0	0	0	487.0	
2000	2.3	4.5	0.9	8.6	121.4	65.9	150.6	264.5	68.1	0.4	0	0	687.1	42.1
2001	0	1.0	20.0	29.9	22.5	96.1	155.3	161.0	65.9	31.0	0.4	0.4	583.4	35.3

续上表

年份	月 份												年降水量	日最大降水量
	1	2	3	4	5	6	7	8	9	10	11	12		
2002	0.9	3.7	15.5	26.1	55.3	126.5	286.8	164.9	34.6	20.6	3.1	0	513.0	51.3
多年平均	0.9	3.4	9.7	24.6	45.9	91.3	160.6	156.3	70.3	13.9	2.2	0.1	549.8	

加查县的降雪期始于10月上旬，终雪期在4月中下旬，平均降雪期179.7 d，年平均降水492.7 mm，集中在5月，占全年降水量的93%，无霜期149 d；年平均积雪日数在100 d左右。

1998—2002年蒸发量年平均2 209.48 mm，最大2 350 mm（1994年），最小2 066 mm（1988年）；5~6月月平均蒸发量最大，可达223.3~233.0 mm，12月最小只有98.5 mm。从年平均降水量和蒸发量比较可以看出，蒸发量是降水量的4.02倍。由于土壤水分大量外逸，从而导致气候干燥，农作物因此必须引水灌溉。

加查县河谷全年平均相对湿度在60%以下，一年中相对湿度有明显最低点和最高点，最低出现在1~3月，平均为37%~38%；最高出现在7~8月，平均为73%~76%；雨季过后，相对湿度随气温下降而逐渐降低。

加查县受大气环流和地形的影响，全年风向频率以南东向风为主，年平均风速为1.7 m/s，历年各月平均风速以1~5月最大，一般在2~2.6 m/s，极端最大平均风速为14 m/s（1978年9月27日）。

加查县县城地面平均气压91.379 kPa（685.4 mmHg），最高93.405 kPa（700.6 mmHg）（1990年），最低89.126 kPa（668.5 mmHg）（1992年）。

10.3.5 人类工程活动

与朗县相似，加查县受气候等自然条件的影响，研究区内人类工程经济活动主要集中在加查县的中部雅鲁藏布沿岸及南部达龙曲河谷地区，主要活动为农业耕作、修建公路和渠道、削坡建房、历史上的乱垦滥伐，以及水电建设等。

11 泥石流调查内容与方法

11.1 泥石流调查方法

11.1.1 遥感技术在地质灾害研究中的应用

随着航空航天对地观测技术的发展,遥感技术得到了快速发展,广泛应用于地质灾害调查及环境评价和监测中。20世纪70年代末期,国外已经开始了这方面的研究应用。日本利用遥感图像编制了全国1∶50 000地质灾害分布图;欧洲共同体各国在大量滑坡、泥石流遥感调查基础上,对遥感技术方法进行了系统总结,指出了识别不同规模、不同亮度或对比度的滑坡和泥石流所需的遥感图像的空间分辨率。国外通常采用陆地卫星TM、航空摄影与彩色红外摄影及热红外扫描来调查不良地质体,利用不同时相的航天航空遥感图像监测其动态。

我国利用遥感技术开展地质灾害调查起步较晚,但进展较快。我国地质灾害遥感调查是为山区工程提供灾害分布、潜在灾害及环境基础资料的过程中发展起来的。20世纪80年代初,湖南省率先利用遥感技术在洞庭湖地区开展了水利工程的地质环境及地质灾害调查工作。其后,在雅砻江二滩电站、红水河龙滩电站、长江三峡电站等工程建设中,大规模的利用遥感开展区域性滑坡、泥石流遥感调查。从20世纪80年代中期起,对水电站沿岸进行了大规模的航空摄影,调查地质灾害分布及其危害,为水电建设初勘和可行性研究提供了信息源。20世纪90年代起,主干公路及铁路选线也使用了地质灾害遥感调查技术。在全国范围内开展的"省级国土资源遥感综合调查"工作,各省(区)都设立了专门的"地质灾害遥感综合调查"课题。主要调查地质灾害微地貌类型及活动性,评价地质灾害对大型工程施工及运行的影响等。随着雷达干涉(InSAR)、激光雷达(LiDAR)等技术的兴起和发展,遥感地质已经不再局限于传统的目视解译,而继表层遥感应用领域之后,逐步步入了定量化发展阶段。

唐川等以高分辨率的快鸟卫星影像为数据源,完成了土地覆盖类型遥感解译,应用地理信息系统提供的统计和分析工具,进行了不同土地覆盖类型的城市泥石流易损性计算和评价。提出了城市泥石流易损性评价的系统方法包括:易损体类型划分,易损体数量调查统计,评价模型构建和核算易损体价值等主要内容。并进行泥石流风险评价,该风险区划图可用于指导对泥石流易发区的不同风险地带的土地利用进行规划和决策,从而达到规避和减轻灾害的目的,也为生活在泥石流危险区的城市居民提供有关灾害风险信息,以作避难和灾害防治的依据。

黄润秋在系统总结了20世纪地质环境管理及地质灾害领域信息技术的应用状况,重点分析了GIS技术、先进遥感技术、地质可视化技术等的应用水平及发展前景;在此基础上,根据我国这一领域发展的状况,构建了面向21世纪地质环境管理及地质灾害评价信息技术的基本框架及相应的技术支撑体系,提出了我国在这一领域重点的发展方向。建立符合地学信息客观规律的地质环境管理与灾害评价系统,成为面向21世纪环境地学研究的前沿课题。

乔建平等提出滑坡灾害快速反应系统由滑坡知识、受灾体和救灾指挥3部分组成。其中,每一部分都包括一个完整的体系,并有评价指标描述。该系统的实现主要依靠滑坡数据库、动态仿真模拟和抢险救灾预案技术的支撑。

邓辉等在大量崩滑流地质灾害的高精度卫星图像解译和已有成果的基础上,充分研究地质灾害的平面形态、内部结构及行为特征,补充和完善遥感图形的解译标志和解译方法,并提出了新的滑坡体积估算方法。建立了利用QuickBird图像提取地质灾害细部特征及其定量评价的方法。

付炜结合对天山阿拉沟流域泥石流灾害地貌的研究提出了"灾害地貌专家系统",提出灾害地貌专家系统采用压缩编码方式存储各种地学专题图形和遥感图像数据,具有数据与图像的存储更新、查询检索、分析处理、图像显示和自动制图功能。该系统可以对灾害地貌过程进行专家级的预测和评价,并对灾害地貌的综合治理与区域规划提出几种可行性方案供用户选择。

王军等从地貌学角度出发就重力地貌过程的研究现状进行了综述,指出近年来发展的各种理论与方法及遥感GIS技术在重力地貌过程研究中的应用,并对今后重力地貌过程研究的难点进行了探讨。

王治华在回顾我国滑坡、泥石流遥感调查的技术、方法、成绩及存在的问题的基础上,指出了改善现有地质灾害遥感调查技术的迫切性。

杨武年等采用3S技术和多时相TM、SPOT、ERS-SAR和RADARSAT等图像集成新技术来快速有效地监测、研究和评估地质灾害对三峡工程以及周边环境的影响,为地质灾害的预防和治理提供科学依据,取得了较好效果。

李才兴等指出随着灾害的日益加剧,各国在灾害防治方面的研究和投入也逐步增加,国内外大量研究成果和实践表明,卫星遥感技术是防灾减灾的强有力手段。卫星遥感是一项投入大、技术含量高的尖端技术,各国也在进一步加强国际合作,共享资源和成果,使得这一技术在减灾防灾中发挥更大的作用。因此,如何更好地利用卫星遥感技术,为防灾减灾工作服务成为国内外防灾减灾专家关注的一个热点。

余波等在研究水电工程地质灾害时指出在水利水电工程地质灾害调查中,运用遥感手段与地质调查及复核相结合的工作方法,能较好地解决工程中面广点多、地形地质条件复杂、调查工作量大、工作速度慢和资料及信息易缺漏的问题。

李远华等利用遥感、GIS技术和其他分析手段,在"递进分析法"(AMFP)理论框架下,利用AHP模型评估各影响因子权重,选用综合指数评价模型求取潜势度、危险度及危害度等区域地质灾害评价指数,借助自建的灾害评价系统,实现了藏东林芝地区的区域性地质灾害预测评价及其可视化表达。研究结果表明:该方法评价结果较为合理,研究方法和试点区预警系统的建设实践对于区域性灾害的预测、预报和防治不仅具有理论意义,也具有重要的现实意义,将人类活动等影响因子量化,不仅缩小了预测区的范围,也突出了地质灾害对人类生存环境的影响。

2008年5月12日四川省汶川县发生8级强烈地震后,国家减灾中心累计获取了11个国家的19颗卫星数据资源。其中包括从"空间与重大灾害国际宪章"机制获取的美国、日本、英国、法国、德国、加拿大等国家空间机构的卫星遥感影像,此外,德国宇航局联合Info Terra公司提供了多景高分辨率遥感影像。我国共有9种型号15颗卫星为抗震救灾提供支援;参与抗震救灾的卫星包括"风云"系列气象卫星、"资源"系列对地观测卫星、"北斗"导航卫星、"遥感"系列卫星、"北京一号"小卫星等。同时,国家减灾中心通过及时启动国内机制从国家基础地理信息中心等多家单位获取了多景卫星及航空遥感影像。遥感在抗震救灾中,为抗震救灾指导组快速获取信息提供了支持。将遥感技术应用于地质灾害调查和危险性分析越来越受到相关行业的重视。

11.1.2 遥感调查研究技术路线

由于研究区区域较大且环境条件恶劣,如果对泥石流的形成区、通过区及堆积区都进行详细的调查,工作量较大,利用RapidEye遥感影像观察可取得事半功倍、一目了然的效果。也可对泥石流的分类、泥石流的三/四个区情况及其对线性工程的危害程度进行详细的分析、研究和解译。泥石流形态在RapidEye遥感影像上非常容易辨认。通常,标准型的泥石流流域可清楚地看到三个区的情况。

在泥石流解译时,不能仅仅对泥石流本身的三大区进行解译来判断是否为泥石流沟,主要是因为有的处于间歇期较长的泥石流沟或者是老冰川型泥石流沟,其三大区的特点在遥感影像上显示的不是很明显。尤其是泥石流沉积物被河流流水冲走未形成沉积区,流域区植被覆盖率较好时,很容易被认为是清水沟。此时应进行大面积地层岩性、地质构造、地形地貌等的解译,还应结合实地调查走访,才能有把握地判断其为泥石流沟或是清水沟。当大型泥石流堆积扇前缘伸入河流中,而河流又不是太宽时,应注意河流对岸人类活动可能受到泥石流的威胁,还应注意对岸是否有泥石流堆积物。总之,泥石流的解译不单单限于泥石流堆积扇的解译,应和整个流域的泥石流孕育环境相结合进行分析研究。即在研究泥石流堆积扇体的同时,把泥石流发生和孕育作为一个过程,同时把诸多因素和其影响结果作为一个系统进行分析研究。

研究是基于遥感技术对地质灾害危险性评价进行初步探索,重点研究应用RapidEye

及 ETM 高分辨率遥感影像辅以一定的地面调查，对研究区地质灾害进行调查和危险性评价。分析引入现代遥感技术进行地质灾害调查、危险性评价及地质灾害治理的可能性、可行性及其优越性。研究路线如图 11.1 所示。

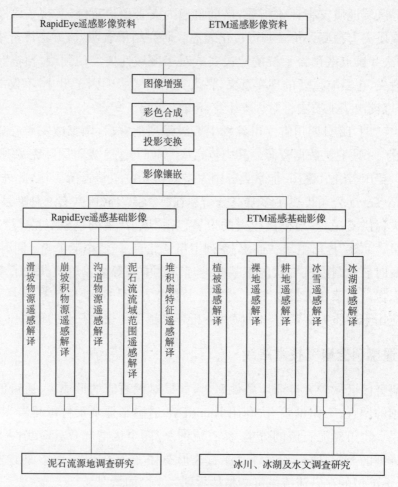

图 11.1　遥感调查研究路线图

11.1.3　遥感图像资料来源

1) 数据源介绍

目前，常用的遥感图像资料主要包括 ETM 图像、SPOT 图像、QuickBird 图像和雷达图像等。随着现代科技的不断发展，遥感技术水平的不断提高，其遥感图像的波谱分辨率和空间分辨率有了很大提高；因此，遥感无论作为一种信息源，还是作为一种技术手段在各行各业的利用率正在不断提高，特别是在地质应用方面尤为明显。在沿铁路线泥石流调查研究中，采用 RapidEye 遥感卫星图像为信息源（分辨率为5 m）。

RapidEye 卫星星座为商用卫星，2008 年 8 月 29 日 RapidEye 5 颗对地观测卫星成功发射升空,运行状况良好。RapidEye影像获取能力强,日覆盖范围达400万km²以上,能够在15 d内覆盖整个中国。

RapidEye主要性能优势:大范围覆盖、高重访率、高分辨率、多光谱获取数据方式,这些优点整合在一起,让RapidEye拥有了空前的优势。日覆盖范围达400万km²以上,每天都可以对地球上任一点成像,空间分辨率为5 m。对于RapidEye遥感影像进行图像处理分析,其色调对比度明显,影像分辨力和解译力均较好,适宜直接用于遥感泥石流流域、沟道堆积物物源及泥石流堆积扇解译。

对冰川、冰湖、植被、裸地等源地信息解译采用15 m分辨率的ETM遥感影像。

自从1972年发射第一颗地球资源卫星(ERTS)以来,美国、法国、俄罗斯、欧空局、日本、印度、中国等都相继发射了众多对地观测卫星。目前,常用的有TM图像、ETM图像、SPOT图像、雷达图像、快鸟图像(QuickBird)等。研究采用的数据源是陆地卫星ETM数据。数据源各波段的光谱范围、空间分辨率及光谱信息识别特征见表11.1。

表11.1 陆地卫星ETM+图像信息特征及用途一览表

通道	波长范围(μm)	标定光谱区域	空间分辨率(m)	光谱信息识别特征及应用范围	覆盖范围(km²)
B1	0.45~0.52	可见光蓝光波段	30	能反映岩石中铁离子叠加吸收光谱,为褐铁矿、铁帽特征识别谱带,但因大气影响图像分辨率较差	185×170
B2	0.52~0.60	可见光绿光波段	30	对水体有一定的穿透能力,可用于水下地形、环境污染、植被识别,但受大气影响图像质量相对较差	
B3	0.63~0.69	可见光红光波段	30	对岩石地层、构造等有较好显示	
B4	0.76~0.90	反射近红外波段	30	为植被叶绿素强反射谱带,反映植被种类,第四系含水率差异。实用于岩性区分,构造隐伏地质体识别,地貌细节显示较清楚	
B5	1.55~1.75	反射中红外波段	30	为水分子强吸收带,适用于调查地物含水率、植被类型区分;冰川、雪识别等	
B6	10.4~12.5	反射远红外波段	120	为地物热辐射波段,图像特征取决于地物表面温度及热红外发射率,可用于地热制图,热异常探测,水与植被热强确定	
B7	2.08~2.35	反射中红外波段	30	为烃类物质、蚀变岩类和含羟基蚀变矿物吸收谱带,用于区分热蚀变岩类、含油气信息识别、岩性和地质构造解译	
B8	0.52~0.90	全色波段	15	注:TM数据无本波段	

ETM+是于1999年4月15日发射成功的陆地卫星7号(Landsat-7)所携带的增强型专题制图仪,是一台8波段多光谱扫描辐射计,工作于可见光、近红外、短波和热红外波谱段。与Landsat-5卫星相比较,增加了一个全色波段(PAN波段),其空间分辨率为15 m,这为图像之间融合提供了更好的数据源。它将是未来一段时间服务于国土资源调查、环境监测等应用的主要数据源。

2)研究区遥感影像

林芝冰川解译采用的遥感影像数据为从马里兰大学下载的 ETM 数据,共 4 景影像(表 11.2)。其中,ETM 数据时相主要为 2001 年 12 月至 2002 年 3 月,各景图像时差约±1 年。

表 11.2 遥感数据源时相列表

影 像	ETM	备 注
13540	20020102	马里兰大学下载
13640	20011224	马里兰大学下载
13740	20020321	马里兰大学下载
13840	20020224	马里兰大学下载

11.1.4 遥感图像预处理

1)图像增强

当一幅图像的目视效果不太好或者有用的信息突出不够时,就需要做图像增强处理。例如,图像对比度不够或者某些有用的分界线比较模糊,就可以用这种方法改善图像质量。图像增强处理的目的是突出图像中相关的专题信息,扩大不同影像特征之间的差别,提高图像的分析解译能力,使之更适合实际应用。随着研究的深入,图像增强处理方法越来越多。解译和信息提取的过程中,采用对比度增强的增强方法达到提高图像质量和突出所需信息的目的。

对比度增强是一种通过改变图像像元的亮度值来改变图像像元对比度,从而改善图像质量的图像处理方法。每一幅图像都可以求出其像元亮度值的直方图,观察直方图的形态,可以粗略地分析图像的质量。一般来说,一幅包含大量像元的图像,其像元亮度值应符合统计分布规律,即假定像元亮度随机分布时,直方图应是正态分布的。实际工作中,若图像的直方图接近正态分布,则说明图像中像元的亮度接近随机分布,是一幅适合用统计方法分析的图像。当观察直方图形态时,发现直方图偏向亮度坐标轴左侧,则说明图像偏暗;直方图偏向坐标轴右侧,则说明图像偏亮;峰值提升过窄、过陡,说明图像的高密度值过于集中,以上情况都反映了图像对比度较小,图像质量较差,不能区分地物细节的缺点。

反差增强又称为"对比度增强""对比度变换""灰度增强""反差扩展"等,是一种通过改变图像像元的亮度值来改变图像像元对比度,从而改善图像质量,提高目视解译能力的基于图像光谱的增强方法。

图像显示和记录的设备一般是 256 个灰度级(8 位计算机编码所能表示的最大范围),但由于地物光谱的差异和混合像元的存在,单幅遥感图像中传感器的数据很少有超过这个范围的。反差增强就是将图像中的亮度值范围拉伸或压缩成显示系统指定的亮度显示范围,从而提高图像全部或局部的对比度。

反差增强的方法主要有:灰度阈值、灰度级分割、线性增强、非线性增强等。通过试验对比,发现直方图拉伸处理对研究区遥感图像的增强效果较好,原始图像经过拉伸增强后,图像清晰,层次分明,亮度适中,地质边界清楚,能够满足遥感图像地质解译的要求,如图11.2所示。

图 11.2　直方图调整前后的影像对比

注:左图为 p135r040 调整前的影像,右图为调整后的影像,彩色合成 R(5)G(4)B(3)。

2) 彩色合成

人眼对灰度图像的分辨能力只有10个灰度级,而对彩色影像的分辨能力则要高的多。为了充分利用彩色在遥感图像判读中的优势,常利用彩色合成的方法对多光谱图像进行处理,以得到彩色图像。由于地物波谱在不同波段上的反映各不相同,因此各地物在不同波段上的信息差异可通过彩色图像中的红(R)、绿(G)、蓝(B)三种颜色综合反映出来。

彩色图像又分为真彩色合成和假彩色合成。真彩色合成是把 R、G、B 三个波段分别置于 R、G、B 三个通道中,其合成色彩与实际地物一致;而假彩色合成是将其他波段并非对应式的置于 R、G、B 三个通道中,从而形成的图像颜色与原始地物的颜色不一致。

选择彩色合成波段的总体原则是合成后的图像包含的信息量最大、地物界线明确、层次纹理清晰,具体从以下几个方面来考虑:

(1) 各波段的方差要尽可能的大,ETM+数据各波段的标准偏差显示了各自所包含信息的离散程度,即信息量的丰富程度,标准偏差越大的波段信息量越丰富。

(2) 各波段的相关系数要尽可能的小,这样各波段的信息就不会出现大量的重复和冗余;否则,严重的会影响合成后图像色彩的饱和度。

(3) 各波段的均值相差不要太悬殊,如果均值相差太大,会导致合成后的图像严重偏色。

(4) 选用含有目标物特征谱带的波段。

一般地,按照 TM/ETM+图像各波段的波谱特征和波段间的相关程度所反映的信息特征,可以将 ETM 的 7 个波段划分为四组:可见光(TM/ETM+1、2、3 波段)、近红外、短波红外(TM/ETM+5、7 波段)和热红外(TM/ETM+6 波段)。同组之间的相关性较大,不同组之间的相关性则较小。研究最终选择 TM/ETM+5(R)4(G)3(B)波段组合作为遥感地质解译的最优彩色合成波段。其包含的光谱信息丰富(包括可见光、近红外、短波红外),合成后的图像纹理清晰、颜色协调、对比度好,能够满足地质目视解译的要求。

3) 投影变换

从马里兰大学下载的遥感影像,其坐标系是 WGS84,投影为 UTM 投影;需要在遥感图像处理软件平台 ENVI 上将其转换为 1954 年北京坐标系,Albers 投影。

4) 影像镶嵌

图像镶嵌是指把多个单幅图像根据相同地物标志拼接成一幅大图像的处理过程。由于工作区跨 4 景 ETM+数据,所以要将这 4 景影像拼合成一幅覆盖全区的图像。图像镶嵌有两种方式:一种是基于像元,一种是基于地理坐标。基于像元的图像拼接法是人工控制两幅图像的接边处,按像元排列完成拼接。这种方法比较简单,但是拼接的效果不太理想,一般适于没有地理坐标的图像的拼接。研究中采用第二种基于地理坐标的图像拼接。

镶嵌以列为单位进行拼接,然后将各列拼接起来。即,136/40 以 135/40 为基准,分别将 137/40 和 138/40 与 135/40 的重叠区进行直方图匹配和色彩调整,镶嵌为 135 列的拼接影像。其他景图像亦然,依此分别生成 136、137、138 四列拼接影像。然后以 135 列拼接后的影像为基准最终镶嵌成工作区 4 景遥感影像的镶嵌图像。

镶嵌后的工作区遥感影像,色调协调,对比度良好,可作为解译的基础图像,如图 11.3 所示。

11.1.5 遥感影像的泥石流判译

泥石流灾害的解译与滑坡崩塌的解译有很多不同之处,其危害产生于泥石流发生时,当泥石流发生后形成的堆积物往往堆积于大江大河的岸边,对线性工程建设及人民生命财产危害较大。因此在对泥石流解译时,首先应对泥石流沟进行判别,并分析研究其发生泥石流的可能性。

1. 泥石流形态特征

泥石流形态在 RapidEye 图像上极易辨认,典型的泥石流流域可清楚地看到泥石流形成区、流通区和堆积区的基本特征。泥石流形成区一般呈瓢形,山坡陡峻,岩石风

图 11.3 研究区 ETM 基础影像镶嵌图和 RapidEye 基础影像镶嵌图

化严重,沟道及其两岸松散固体物质丰富,常有活动性滑坡、崩塌分布;流通区沟床较直,纵坡较形成地段缓,但较堆积地段陡,沟谷一般较窄,两侧山坡表面岩土体较稳定;堆积区位于沟谷出口处,纵坡平缓,常形成堆积扇或泥石流冲出锥,堆积扇轮廓明显,呈浅色调,扇面无固定沟槽,多呈漫流状态。但在实际中,泥石流流域的形成区、流通区和堆积区特征并不完全都是明晰可辨的,由于受地形地貌的控制以及与河流的关系影响,三区的划分也不是绝对的和完整的。但尽管如此,只要熟悉和掌握泥石流流域和地形地貌的特征后,泥石流在高分辨率影像上也不难辨别。

还有一种类型泥石流叫冰川泥石流,这种泥石流的流域特征和通常的降雨泥石流有所不同,主要是形成区有大量冰雪覆盖,即形成区位于雪线以上,冰川融化的水成为泥石流的主要动力。

由于沉积物大小混杂,故沉积区表面呈凹凸不平状,有的通过区就是沉积区。总的说来冰川泥石流的判断主要是根据其形成区是否位于雪线上,这往往有赖于当地气象统计资料的分析。

2. 泥石流沟的判别方法

泥石流沟的判别有两种基本方法,定性判别和统计分析判别。

(1)定性判别

由于遥感图像记录了地表瞬时的真实情况,尤其是曾经暴发过泥石流的沟谷,都能逼真地显示在图像上。一般只要发现沟口有明显的泥石流堆积扇,则可明确判别其为泥石流沟。但有些泥石流沟流入大河(如金沙江),其堆积物在冲出后大部分被河水带走,未保留扇形地貌,这并不说明该沟不是泥石流沟;此时,应对流域内与泥石流有关的因素进行详细的判释,如山坡坡度、沟谷纵坡、岩性、断层、不良地质、松散固体物质、植被、人类活动造成的环境破坏情况等进行判释,经综合分析后,确定是否为泥石流沟,同时还应做必要的实地调查走访。

(2)统计分析判别

有时泥石流沟由于沟口泥石流堆积物被河流冲走,未保留泥石流堆积扇,且流域内也未见滑坡、崩塌等不良地质现象,特别是泥石流暴发时间已较久远,显示泥石流的主要特征难以直观判别。此时,很难用定性方法确定是否有泥石流沟存在,且每个判释者的经验不一样,漏判、误判的可能性加大,何况还存在一定的主观性。在这种情况下,可以采用定量分析的方法予以确定,但定量数据的指标各地区不一样,应结合各地区泥石流的特点予以规定。

采用遥感图像定性判释和定量统计分析判别相结合,确定泥石流沟存在与否,无疑将更加可靠。

3. 泥石流流域遥感影像的解译

泥石流流域遥感影像主要解译下列内容:

(1) 首先解译泥石流沟的堆积扇体大小、形状及整个流通路径长度。

(2) 确定泥石流沟,并圈划流域边界,确定并划分泥石流沟的三个分区。

(3) 解译泥石流沟的背景条件,如松散堆积物厚度、植被种类及覆盖率、山坡坡度和岩石及基岩破碎情况、人类工程活动的痕迹等。

(4) 所有流域内的滑坡、崩塌、沟道堆积物、寒冻风化残坡积层、堆积阶地等的松散堆积物不一定均能成为泥石流松散固体物质的来源,应分析其所在流域内的部位、是否受河流冲刷、松散固体物质能否进入河床等。

(5) 圈划流域范围内的不良地质灾害现象,如补给泥石流的崩塌、滑坡等物源。

(6) 统计形成区的流域面积大小,统计植被及耕地分布。

(7) 解译沟内水系及坡面破坏状况。

(8) 确定泥石流发生的方式、活动类型、规模大小、危害程度等。

野外实地调查前,先在遥感图上进行初步的判译,再到野外调查核实,最后根据野外用 GPS 得到的地理坐标,在 MapGIS 中转成直角平面坐标,叠在 RapidEye 遥感影像上,找出所在的泥石流沟的位置。由于 RapidEye 遥感影像的精度较高,所以可以在影像上直接圈绘出泥石流的流域范围,从而基本上获得二维空间泥石流的概念;再者泥石流流域内的冲沟发育程度也能在遥感影像上很好地反映出来。在 ArcGIS 操作平台上可以获得如图 11.4 所示的解译结果。解译结果能突出表现地物的空间特征,全方位观察泥石流沟谷以及相关的地形地貌,所以对于冲沟的走向、分水岭的界限都容易获取,更方便地圈绘流域界线,解译更准确。加查—林芝段泥石流分布遥感解译见附图。

图 11.4　遥感泥石流流域解译

根据对研究区域的影像解译和实地调查,拉林铁路加查—林芝段共有泥石流沟 242 条,其中暴雨型泥石流沟 189 条,冰川型泥石流沟共 53 条,冰川型泥石流沟约占泥石流沟总数的22%。沿江左岸发育的泥石流沟有123条,其中冰川型泥石流沟有24条,约占左岸泥石流沟总数的19.5%;右岸发育的泥石流沟与左岸的数量基本持平,冰川型泥石流沟29余条,约占右岸泥石流沟总数的24.4%,右岸冰川型泥石流沟稍多于左岸。

4. 泥石流物源遥感解译

泥石流的物源是泥石流发生的基本条件之一,也是估计一沟域泥石流发展趋势的主要依据之一,因此对物源的调查就显得非常的重要。常规的物源调查是在野外进行地质填图;但是很多泥石流流域范围很大,地形陡峭,调查人员无法调查流域内的每一个地方;因此,利用遥感影像调查泥石流的物源就显得非常的重要。泥石流的物源来源主要有滑坡、崩塌、剥落、松散堆积物、土壤侵蚀等。此外,由于研究区冰川活动强烈,冰水堆积物也是该区泥石流的重要物源。

研究区沿线泥石流源地物源特征的遥感调查与分析,主要利用RapidEye真彩色遥感影像数据。对于泥石流源地的滑坡、崩坡积物、沟道堆积物及森林线以上的寒冻风化残坡积物特征在遥感图像上显示的形态、色调、影像结构等均与周围背景存在一定的差异;因此,对泥石流松散物源体的形态、规模及类型均可从遥感图像直接判读圈定。通过这些泥石流形成松散物源类型、规模的遥感评估,可以作为泥石流沟潜在危险性判别的重要指标。

为了认识研究区沿线泥石流源地的物源规模特征,通过遥感解译将泥石流源地信息按所处泥石流流域的位置分为四类:

第一类是沟道堆积物,根据野外调查,这类物源广泛发育于中下游沟道内及沟床,多为第四系松散及古冰川堆积物,厚度从5~100 m不等。

第二类是滑坡、崩坡积物体,厚度一般以小于10 m的中小型为主,通过RapidEye影像解译和分析泥石流源地的滑坡、崩坡积活动规模和类型,通过野外实地剖面测量,可以估算暴雨及冰川融水诱发泥石流源地滑坡、崩坡积的厚度,进而提供泥石流活动的松散物质规模。

第三类是森林线与冰蚀线之间的残坡积物,经过实地验证,该类物源厚度多小于1 m,大部分为寒冻弱风化物质。

第四类是冰蚀线以上残坡积物,厚度大部分小于0.5 m,多为寒冻强风化物质。

此外,从RapidEye图像还可以清晰的识别泥石流流通区沟道地形变化特征以及泥石流扇形地形态、面积等特征。通过上述解译调查分析,建立研究区沿线泥石流流域特征的数据库,包括沿线泥石流沟道堆积物、滑坡、崩坡积物、森林线以上的寒冻风化物的分布与面积。

5. 滑坡的判译特征

滑坡的判释是斜坡变形现象判释中最复杂的一种,自然界中的斜坡变形千姿百态,特别是经历长期变形的斜坡,往往是多种变形现象的综合体,这给滑坡的判释带来了困难,尤其是巨型的古滑坡,其特有的形态特征破坏殆尽,更增加了判释的难度。因此,在判释滑坡之前,首先应对滑坡的形成规律进行研究,以避免判释时的盲目性,使判释工作更容易开展,但对大部分滑坡来说,根据其独特的滑坡地貌,是比较容易辨认的。滑坡判释主要是通过影像中形态、色调、阴影、纹理进行。判释时除直接对滑坡体本身作辨认外,还应对附近斜坡地形、地层岩性、地质构造、地下水露头、植被、水系等进行判释。自然界滑坡形态千变万化,不同地区,不同的岩性、构造,不同的斜坡结构,不同的滑坡发育阶段都有不同的形态,掌握滑坡的基本要素在遥感图像上的反映是至关重要的。

就遥感图像解译而言,由于不能直接看到滑坡的地下部分,只有滑坡体和滑坡前后壁两项要素可以在遥感影像上看到。典型的滑坡在 RapidEye 影像上的一般判释特征包括簸箕形(舌形、不规则形等)的平面形态,特征明显的可以见到封闭洼地、滑坡前后壁、滑坡台阶、滑坡舌缘、滑坡面积和周长等。除上述特征之外,滑坡表面的泉水和湿地等,也是判释滑坡的良好标志。研究区沿线部分区域内滑坡发育十分丰富,实地调查与遥感影像结合可以分析出滑坡处坡面大多凹进,常常呈圈椅状洼地形状,纵坡较缓、个别纵坡较陡,坡面起伏不平,坡面岩土体和基岩裸露地表,有零星灌木植被覆盖。

(1)新滑坡判释

新滑坡判释的特点是滑坡各部分要素诸如滑坡周界、裂缝、台阶等影像清晰可见。新滑坡的判释特征归纳如下:

①滑坡体地形破碎,起伏不平,斜坡表面有不均匀陷落的局部平台。

②斜坡较陡且长,虽有滑坡平台,但面积不大,有向下缓倾的现象。

③有时可见到滑坡体上的裂缝,特别是黄土和黄土滑坡,地表裂缝明显,裂口大。

④滑坡地表湿地、泉水发育。

⑤滑坡体上的植被与其周围的植被有较大区别,一些高级阶地在河流急剧下切、侧蚀和地下水活动的情况下,坡脚如无低级阶地稳定层保护者,则在高级阶地地层中容易发生大规模滑坡。尤其在支沟与主沟衔接地段,由于两个侵蚀基准面的高差变化,最易产生滑坡,高差越大形成滑坡的可能性也越大。

典型新滑坡遥感解译与野外验证如图 11.5 所示。

(2)古滑坡的判释

古滑坡往往由于后期的剥蚀夷平以及一系列的改造过程,使得原有滑坡要素短缺或模糊不清。尽管如此,古滑坡的大致轮廓一般还是有所反映,能事先从外貌上正确识别古滑坡,对工程建设来说是十分重要的,可防患于未然。古滑坡的判释特征归纳如下:

①滑坡后壁一般较高,坡体纵坡较缓,植被较发育。

（a）典型新滑坡遥感解译　　　　　　　　（b）野外验证照片

图 11.5　典型新滑坡遥感解译与野外验证

②滑坡体规模一般较大，外表平整，土体密实，无明显的沉陷不均现象，无明显裂缝，滑坡台阶宽大且已夷平。

③滑坡体上冲沟发育，这些冲沟是沿古滑坡的裂缝或洼地发育起来的。

④滑坡两侧的自然沟割切很深，有时出现双沟同源。

⑤滑坡舌已远离河道，有些舌部外已有不大的漫滩阶地。

⑥泉水在滑体边缘呈点状或串珠状分布，水体较清晰，在经处理后的 SPOT 遥感图像上呈蓝色。

⑦滑坡体上开辟为耕田，甚至有居民点。

典型古滑坡遥感解译与野外验证如图 11.6 所示。

（a）典型古滑坡遥感解译　　　　　　　　（b）野外验证照片

图 11.6　典型古滑坡遥感解译与野外验证

6. 崩坡积物的解译

陡坡上一部分岩（土）体突然而急剧的向下崩落的动力地质现象，其规模较大的叫崩塌，而个别岩块的崩落称为落石。崩塌一般发生在节理裂隙发育的坚硬岩石组成的陡峻山坡与峡谷陡岸上。崩塌对公路及施工场地的威胁很大，在施工中由于崩塌的发生,可能造成严重的事故,拖延工期;在运营时产生崩塌将会影响运营管理人员的安全生产、生活及运营的正常进行。研究区为深切河谷,崩塌体发育较多,其主要判释标志如下:

(1)位于陡峻的山坡地段,一般在55°~75°的陡坡易发生,上陡下缓,崩塌体堆积在谷底或斜坡平缓地段,表面坎坷不平,具粗糙感,有时可出现巨大块石影像。

(2)崩塌轮廓线明显,崩塌壁颜色与岩性有关,但多呈浅色调或接近灰白色调,植被稀少。

(3)崩塌体上部外围有时可见到张节理形成的裂缝影像。

(4)发展中的崩塌,在岩块脱落山体的槽状凹陷部分色调较浅,且无植被生长,其上部较陡峻,有时呈突出的参差状;有时崩塌壁呈深色调,是崩塌壁岩石色调本身较深所致;趋向于稳定的崩塌,其崩塌壁色调呈深色调。

典型崩积物遥感解译和野外验证如图11.7所示。

(a)典型崩积物遥感解译　　　　　　(b)野外验证照片

图11.7　典型崩积物遥感解译和野外验证照片

7. 沟道松散堆积物的解译

沟床松散物质在径流作用下起动形成泥石流,主要是由于土体含水率和孔隙水压力快速升高,再加上水流作用,导致起动形成泥石流。泥石流沟沟道松散堆积物的主要来源有两方面:一方面是山坡靠上部的风化产物,在重力和片流的联合作用下发生移动,在沟道内形成堆积物;另一方面是以前泥石流在沟道内的部分堆积物。共同特点都是结构松散,在遥感图像上很容易识别出来。区内深厚的第四系松散堆积物是大规模滑坡、泥石流形成土石坝、堵塞江河的物质基础。

由于区内受到多次冰期、间冰期作用,现代海洋性冰川发育,使区内第四系松散堆积物深厚。这类物源广泛发育于中下游沟道内及沟床,多为第四系松散及古冰川堆积物,厚度5~100 m不等。通常,在森林线以上残坡积物发育;沟谷中具有化学风化和生物风化作用的坡积物深厚,并隐伏着厚层的古冰川堆积物,干流及支流两岸主要分布冰水和河流沉积物。沟道物源在分辨率 5 m 的 RapidEye 图像上,颜色呈深绿、暗绿色,如刀切纹理形状、堆积台阶明显,植被较好。典型沟道内松散堆积物遥感解译和野外验证如图 11.8 所示。

(a) 典型沟道内松散堆积物遥感解译　　　　　　(b) 野外验证照片

图 11.8　典型沟道内松散堆积物遥感解译和野外验证照片

8. 泥石流堆积扇的解译

泥石流一出山口,进入比较平缓和两侧失去山体束狭的主河冲积平原(包括阶地和滩地),流体展宽,流速锐减,泥沙石块大量淤落或堆积,形成扇状堆积体,即堆积扇,如图 11.9 所示。堆积扇和邻近地区往往有居民点、工厂、交通线或良田,故泥石流特别是大规模的泥石流堆积时,经常淤埋各种建筑物和良田。如凉山黑沙河堆积扇宽达 3 km,淤埋了 5 个村寨,200 ha 良田;东川大桥河泥石流堆积扇,宽约 0.6 km,长 5 km,先后淤埋 5 个村寨,330 ha 耕田。在一些比较开阔平坦的老泥石流沟复活、冲毁建筑物,造成惨重损失,因此对泥石流堆积扇的形成调查很重要。

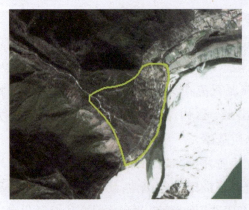 

(a) 泥石流堆积扇遥感解译　　　　　　(b) 野外验证照片

图 11.9　泥石流堆积扇遥感解译和野外验证照片

11.2 冰川、冰湖的空间分布和地貌特征的遥感调查、分析

研究区地处青藏高原喜马拉雅山脉与冈底斯—念青唐古拉山脉东段,属高山深谷地貌区。研究区内高山(5 000 m 以上)地带长年积雪,气候寒冷;峡谷中植被茂密,两侧地形险峻;交通不便,许多地区人迹罕至;实地地质灾害及冰川、冰湖、水源特征调查工作的难度较大。因而,在研究区整个地质调查工作过程中,十分重视遥感地质工作,充分利用遥感信息系统技术所提供的各类信息,使其发挥出应有的作用。研究区由北向南,念青唐古拉山、尼洋河、冈底斯山、雅鲁藏布江、喜马拉雅山等高山与河谷相间并列,隶属较为典型的高山深谷地区,雪域、流水、裸岩、谷地等地形地貌特征丰富多样。

11.2.1 源地信息提取方法

总结李邦良、王建、李震、鲁安新、张世强、晋锐及刘时银等前人对高原地区冰川信息提取的经验成果,冰川信息的提取方法主要有光谱波段比值法、主成分分析法、光谱角制图法、非监督分类与监督分类法等。这些方法大都是根据地物的光谱特征差异,利用冰雪在可见光波段的高反射率,通过图像增强,扩大冰雪与其他地物的光谱信息差异来提取冰川信息。由于林芝地区以海洋性冰川为特征,冰舌长且多伸入到雪线以下很深的距离,冰川表碛发育,光谱值范围较宽。对各种冰川信息提取方法,通过逐一多次试验并进行对比分析;最后利用提取冰川信息的方法来提取源地信息。

1. 波段比值法

波段比值处理是将一个光谱波段中的灰度值与另一个波段图像中对应像元灰度值相除,比值的结果反映了地物波谱曲线变化的斜率,从而增强了地物波谱特征的微小差异。

张世强等(2001年)利用高光谱图像基于冰川在2波段的强反射和5波段的强吸收特性,提取了青藏高原喀喇昆仑山区现代冰川边界。其运算公式为:NDSI=(CH(2)−CH(5))/(CH(2)+CH(5))。研究区用此方法提取冰川信息快速、简单,但是在比值图像中反照率变化变得模糊,冰碛物与裸地的光谱相似,与阴影混淆严重,冰川错分较多,且目视效果不强,如图11.10所示。张世强等在利用此方法时,利用的是无云地区的冰川图像,但是在研究区获取的遥感影像有云的干扰,所以此方法不适合林芝地区冰川信息提取。

2. 主成分分析法

主成分分析也称为 K-L(Karhunen Loeve)变换,它是在对多波段图像进行特征统计基础上的多维正交线性变换,是遥感图像处理中最常用也是最有用的一种变换算法。通过变换将相关性很高的多波段图像中的有用信息集中到少数的几个互不相关

的主成分图像中,从而大大减少总的数据量并使图像信息得到增强。

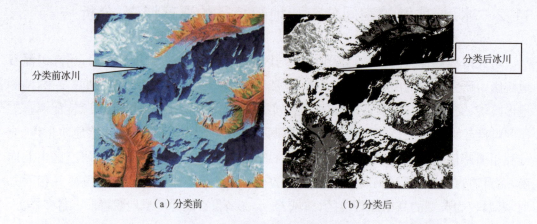

（a）分类前　　　　　　　　　　（b）分类后

图 11.10　波段比值法局部效果图

张明华(2005年)在对西藏南迦巴瓦峰地区海洋性冰川信息提取研究中,基于相关图像 ETM+5、7 中的冰川信息的差异,用图像变换、信息分离方法对冰川信息的提取效果较好。研究区以此方法分别对 ETM+5、7 波段组合及 ETM+1、4、5、7 波段组合进行了分析。分类结果显示:提取的冰川信息图像平滑、边缘清晰。但是由于研究区处在高海拔地区受环境因素影响比较大,前者 PC1 图像冰川信息与植被、阴影等混淆严重,冰川面积扩大;后者 PC2 图像冰川信息漏提太多,冰川信息与云混淆严重;ETM+1、4、5、7 组合的彩色 PC 图像冰川信息漏提太多。总之,该方法提取的冰川信息模糊,各类地物的可分性不明显且漏提太多,无法满足对提取对象解译的需要,如图 11.11 所示。

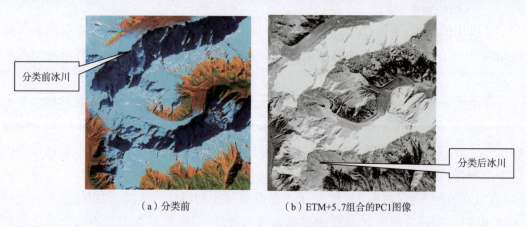

（a）分类前　　　　　　（b）ETM+5、7组合的PC1图像

图 11.11　主成分分析法局部效果图

3. 光谱角制图法

光谱角制图法(又称为光谱角分类法),是将光谱数据视为多维空间的矢量,利用解析方法计算像元光谱与光谱数据库中参考光谱之间矢量的夹角,根据夹角的大小来确定光谱间的相似程度,以达到识别地物的目的。

研究区经波谱角填图分类提取的结果显示,冰川信息显示效果尚可,但总的分类效果差,其中部分不明显的冰雪和冰舌混淆;另外,提取出的冰川信息中存在较多的零星图斑,部分雪域中的阴影被划分为冰舌,如图 11.12 所示。主要原因在于获取的影像图空间像元不纯及其在 N-D 散点图分析时光谱曲线方向变化大,冰川的分类精度相对较低。

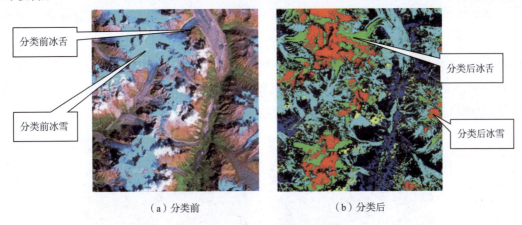

(a) 分类前　　　　　　　　(b) 分类后

图 11.12　光谱角分类局部效果图

4. 非监督分类法

所谓"非监督",是仅凭遥感图像地物的光谱特征的分布规律,随其自然地进行分类。遥感图像上的同类地物在相同的条件下,一般具有相同或相近的光谱特征,从而表现出某种内在的相似性,归属于同一个光谱空间区域。而不同的地物,光谱特征不同,归属于不同的光谱空间区域,这是非监督分类的理论依据。非监督分类中,主要算法有 Isodata 法及 K-Means 法等。

研究区以此方法选取 4 组不同的像元阈值及 4 组不同的聚类数进行分类,分类过程操作简单,受人为客观因素影响少。分类后结果显示混合像元等现象的存在和受云的干扰使冰川面积扩大,冰舌部分和其他地物混淆严重,如图 11.13 所示。

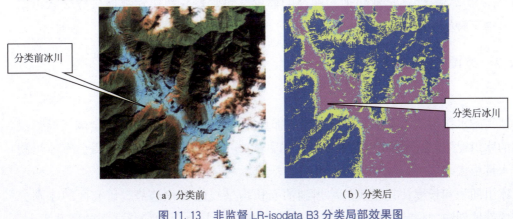

(a) 分类前　　　　　　　　(b) 分类后

图 11.13　非监督 LR-isodata B3 分类局部效果图

5. 监督分类法

监督分类又称训练区分类,最基本特点是在分类之前通过实地的抽样调查配合人工目视判读,对遥感图像上某些抽样区中影像地物的类别属性已有了先验的知识,计算机便按照这些已知类别的特征去"训练"判决函数,以此完成对整个图像的分类。经典的监督分类法有最大似然法、平行六面体法、Mahaanobis 距离法等。

研究区以此方法将预处理的基础影像图分为冰雪、冰舌、云、裸地和植被等五种类型。首先建立感兴趣区进行监督分类;再进行主层次分析、类别集群、类别筛选分类后处理,把一些容易与冰川混淆的地形阴影及周围裸地去除和将不连续、分散的同类别监督分区合并,提取的冰川信息显示效果比较好。图像清晰、层次分明、分类边界清楚,满足冰川地貌解译的要求,如图 11.14 所示。

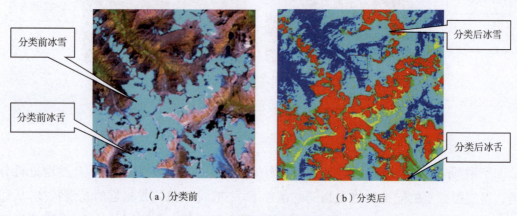

(a) 分类前　　　　　　　　(b) 分类后

图 11.14　监督分类局部效果图

以上结果表明,在研究区采用波段比值法提取的冰川信息阴影混淆严重,冰川错分较多;主成分分析法提取的冰川信息模糊,各类地物的可分性不明显且漏提太多;光谱角制图法提取的冰川信息中存在较多的零星图斑;非监督分类法提取的冰川信息面积被扩大,冰舌部分和其他地物混淆严重;监督分类法提取的冰川信息图像清晰、层次分明、分类边界清楚,满足冰川地貌解译的要求。即监督分类法在提取研究区冰川信息时获得了较好的应用效果。

11.2.2　冰湖、冰川的水文特征分析

1. 冰川与冰湖之间的关系

冰川融水作为淡水资源对于许多地方都是非常稳定的水资源,由于全球气候变暖引起的冰川退缩,更多的冰川融水也会在冰舌末端产生冰川湖泊或者使得已有冰川湖泊蓄水量更大。

冰川面积和长度及其相应的冰川湖泊面积均呈线性变化趋势。研究区的冰湖分为侵蚀谷地湖泊、终碛阻塞湖等。其中,侵蚀谷地湖泊与冰川的变化之间的联系不大,

主要是受大气降雨及蒸发量的影响;而终碛阻塞湖与冰川的变化有着密切的联系,大部分的终碛阻塞湖和冰川相连,冰川的融水进入湖内导致湖面扩大、水位上升;同时,由于湖水和冰川的温度差异,使得靠近湖水部分的冰舌或者富含冰量的冰碛快速融化,加速冰川退缩。在全球气候变化的背景下,冰川和冰湖之间相互影响,导致了冰川的快速消融和冰川湖泊的快速增大。

2. 冰川、冰湖与气候的关系

随着气候的变暖,研究区的冰湖数量和面积都有增大的趋势。研究区的帕隆藏布流域,由于独特的自然环境,地形崎岖,以及南亚气流影响,在湿润的气候环境中发育了规模较大、为数较多的季风海洋性冰川。冰川的发育、变化又诱发了冰川泥石流及冰湖溃决泥石流等冰川灾害,拉林铁路加查—林芝段横贯西藏东南部,频频发生的冰川及冰湖灾害给铁路建设和正常运营带来严重灾害。

气温升高、冰川融水增加、降水量增加、高温、强降雨等极端天气条件增多,必将造成冰湖面积及数量的增加。

随着研究区尤其是全球暖季气温的升高,导致冰川表面的消融加快,冷季的明显增温又延长了冰川表面的消融期,从而加快了冰川的减薄和退缩,增加了冰川融水对湖泊的补给水量。但是当冰川面积、总量减少到一定量后,即使气温升高,冰川融水量也将减少。

此外,气温升高虽然使蒸发量有一定的增加,但是气温升高引起的冰川融水和大气降水均对湖泊有一定程度的补给作用。

在温度逐渐上升的背景下,冰川的温度也慢慢升高,冰川内部冷储随之减小,这就使得冰川内部冻结能力减小,冰川含水量增大,运动速度加快。特别是冰川的前端和冰舌部分,由于海拔较低,温度较冰川上部更高,运动速度更快。

总之,冰湖面积的增加主要是因为受季风气候影响,研究区夏季气温升高,降雨增多。夏季气温的升高,导致高山冰雪融水的增多,大量的冰雪融水进入冰湖后必然引起冰湖水位的升高,甚至漫溢。降雨量大,也是夏季冰湖水位升高的重要原因。

3. 冰川、冰湖与地形地貌的关系

坡度是影响冰川变化最重要的地形因子之一。冰川存在的平均坡度主要集中在$7°\sim25°$,平均坡度在$7°$以下和$25°$以上的面积只占很少量的一部分。根据文献资料,变化面积比例最大的冰川,其平均坡度为$25°$以上,而且其面积较小。这说明坡度陡、面积小的冰川,其消融比例大于坡度缓且面积较大的冰川。

造成研究区各县的冰湖变化差异大的原因,一方面由于冰川退缩面积与冰川规模有密切关系,大冰川退缩量大,但退缩量所占比例较小,小冰川则相反;在林芝中北部地区冰川面积大且集中,退缩量所占比例较小。另一方面,由于某些地区的冰川位于阴坡,冰川的消融较慢,有利于冰川的发育;而其他地区则正好相反,位于阳坡,冰川的消融较快,不利于冰川发育。这方面的冰川消逝作用也增加了对湖泊的补给水量。

4. 冰川、冰湖变化对地质灾害的影响

研究区河谷深切、山高坡陡、岭谷高差大,形成了高陡的临空面和纵比降大的沟谷,有利于滑坡、泥石流的发育;新构造运动活跃,地震频繁;第四系冰碛等松散堆积物深厚;海洋性冰川发育,冰湖广布。以上这些因素为滑坡、泥石流等山地灾害的发生提供了基础。除泥石流、滑坡之外,所有的山地灾害都有分布,且规模大,危害历史长,对生态环境和社会经济危害严重。

受新构造运动强烈抬升与河流强烈下切的影响,西藏东部、南部地区河谷深切,山高坡陡,岭谷之间高差悬殊大,为泥石流的形成提供有利的地形条件。深厚的第四系堆积物为大规模泥石流的发生和江河堵溃坝的形成,提供了充足的物源基础。

冰川是气候变化的函数,无论是年内还是年际间,随着气候的波动变化,冰川也有前进和后退、积累和消融。特别是海洋性冰川,冰温高,接近0 ℃,运动速度快,每年数十米至数百米以上;积累和消融快,每年1 000 mm以上,甚至高达数千毫米。这些为泥石流灾害的形成提供丰富的水源条件,从而导致冰崩、冰湖溃决洪水、冰川泥石流和冰湖溃决泥石流等暴发。特别是冰湖溃决泥石流由于其规模大,常造成主河堵溃灾害。

综上所述,研究区的地形地貌条件、固体物质和水源条件,都有利于地质灾害的发生和活动。但地质灾害发生与否及其规模大小,主要取决于降雨强度和地震烈度以及人类工程活动的强度等。

11.2.3 冰川型泥石流形成机理

1. 冰川泥石流形成机理

冰湖溃决洪水的流量是决定冰川泥石流形成的关键因素,冰湖溃决洪水的流量变化与一般瞬间溃坝洪水的流量有所不同(溃口是逐渐打开,因此流量是逐渐增加的过程)。冰川泥石流的固体物质总量和来源是决定冰湖溃决洪水能否形成泥石流的主要原因,研究能参与泥石流的总量和粗大固体物质的直径,是泥石流的固体物源研究的重点。在冰湖溃决洪水的流量和固体物源的研究基础上,研究冰川泥石流的形成条件。

2. 冰湖泥石流形成机理

冰湖溃决是在某一特殊气候条件下发生的。

(1) 由于研究区在近期出现过四个丰水年,比丰枯正常频率高出11%,导致冷储大大增加,冰川前缘持续前进。

(2) 气温在冬春两季偏低,在雨季增高。水热的年内变化异常,冰舌因升温膨胀而向冰湖推进,由此冰舌承受很大的浮力和渗透压力,底床摩擦阻力减小,冰舌平衡遭到破坏,冰舌前缘碎裂成块,并陆续倾入冰湖内,导致湖水水位不断上升。冰碛堤内的埋藏冰因气温和水温均升高而加剧冰川融化,融水大量下渗,物质较疏松的决口处遭潜蚀而迅速发展成管涌,以至破坏。

(3)降雨量的增加和冰川融水的增多,导致湖水水位进一步的升高。

目前基本明确了冰滑坡和冰崩造成的水位上涨和涌浪是冰湖溃决的诱导因素,也是导致冰湖溃决最主要的原因。虽然对滑坡引起涌浪的研究较为成熟,但对冰滑坡引起的冰湖涌浪研究尚少,这主要是因为冰滑坡和滑坡与水的比重差别及坡体在入水后运动方式存在本质的不同(滑坡向下运动,冰滑坡先向下后向上运动)。

11.2.4　冰川型和暴雨型泥石流的活动历史调查

通过调查走访、形态鉴定与泥痕勘察,确定泥石流活动历史。对于年代久远的泥石流活动事件,查阅当地地方志等文献,加以核实。尽可能全地调查迄今为止所有有记录的泥石流活动序列,详细调查、核实记述历次泥石流发生的日期、规模、危害以及当时的降雨、地震等情况。

对于人迹罕至地段,主要通过对堆积扇的形态调查,来反演泥石流的活动历史。调查内容主要包括堆积扇厚度、扇缘坡角、形状、幅角、面积、长宽高以及扇面高程等。

11.2.5　冰川型和暴雨型泥石流的形成环境调查

泥石流形成环境条件调查是泥石流调查的首要任务。其内容包括:沟谷地貌条件、地质背景条件、侵蚀现代状况、水文气象条件、植被覆盖条件和人类活动等六个方面。

1. 沟谷地貌条件调查

调查内容包括:沟谷位置、集水区面积、固体物质主要补给区面积、集水区长度、沟床长度、沟床平均比降、沟谷相对高差、谷坡平均坡度。

沟谷地貌条件的调查方法主要是在地形图上量测和实际调查、量测,调查测量结果应详细记录和填图。

2. 地质背景条件调查

泥石流沟谷地质背景条件调查与泥石流松散固体物质补给方式、数量及其组成、结构有密切关系,在一定程度上影响到泥石流的规模和性质。

通过查阅有关地质图件、资料和野外实际勘测,确定调查的主要内容有:泥石流沟所处的大地构造位置、沟内出露的地层与岩性、断层裂隙发育程度、新构造运动强度、地下水活动特征、岩体破碎程度、与地震带的相对位置以及受地震影响程度等。

3. 侵蚀现代状况调查

侵蚀调查包括侵蚀特征调查和松散固体物质储量确定。

侵蚀特征调查主要调查滑坡、崩塌等侵蚀在沟谷中出现的位置、规模、类型、活动性、形成特点及其与泥石流的关系,对每一侵蚀现象勘测、判定和描述,填绘到工作原图上。

松散固体物质储量确定,查明其所处位置、稳定性和补给泥石流的可能性大小,再结合遥感解译,然后量测计算不稳定堆积物的存储量。

4. 水文气象条件调查

主要调查与泥石流形成相关的降水、冰川和其他水体补给条件。

对于降雨型泥石流沟,调查时搜集泥石流发生时的前期降雨、过程雨量和各特征雨量。若野外设测点或观测点,可以直接观测。对于一般沟谷,可以通过当地气象站或水文站的雨量观测点获取过程的降雨特征,根据调查沟谷与雨量测点的相对位置,按区域降雨空间分布规律推求。对于冰川型泥石流沟,调查时应收集当地冰雪消融的时间,常年雪线高程,以及冰雪消融时沟道洪峰水流量等。

查明形成泥石流的主要水体补给方式,进一步确定暴雨产流与径流条件、融水量及其汇流条件。对于降雨泥石流,着重调查沟道汇流条件、沟网密度、主要支沟、沟道与沟床在平面和剖面上的显著变化、径流的年分配、最高水位和最低水位及其变化率。

5. 植被覆盖条件调查

植被调查采用野外观察、样方调查、记录、照相、填图等方法。按高度划出植被带,对每一个植被带调查其覆盖程度、林型结构、生长状况、无林地面积和坡面破坏程度等;土壤调查采用借用天然坡面观察鉴定,必要时采样分析的方法,确定不同高度带的土壤类型、发育程度、土层厚度等。

6. 人类活动调查

主要调查那些与泥石流活动有关的人为作用的方式、性质、强度和效果。具体包括:森林植被的破坏程度、陡坡耕种、边坡开挖、工矿建设和防灾减灾活动。

12 泥石流活动特征与分布规律

12.1 沿线冰川型和暴雨型泥石流活动特征

由于复杂的地质构造、悬殊的地形高差和独特的气候条件,拉林铁路加查—林芝段沿线泥石流类型齐全,包含了除火山泥石流以外的各种类型泥石流,线路遭受不同类型泥石流的危害。沿线泥石流活动具有如下特点:

1. 泥石流沿线路发育具有地段性(地域性)

由于岩性、地形、水文、气象条件的不同,不同区段发育的泥石流,其规模、性质、重现率都不同,破坏能力也不同。

2. 泥石流活动具有(准)周期性

形成泥石流的物质条件(松散固体物质和水源供给)以及激发因素(地震等)都表现出不确定的周期性;因而,泥石流发生也具有不确定的周期性,认识这一点有助于对灾害的预测和预防。

3. 泥石流具有直进性

泥石流的密度越高,其直进性越强,在设计跨沟工程时应当考虑到这一点。

4. 泥石流具有巨大的冲击力

颗粒越粗,流速越大,冲击力越大。

5. 泥石流具有大冲大淤的特点

一次泥石流的冲淤变幅可达十几米甚至几十米,这不论是对于道路已有建筑物,还是新建道路桥梁的设计,都是非常重要且必须考虑的因素。

6. 泥石流具有强大的输沙能力

泥石流能输送大量泥沙,淤积甚至堵塞河道,产生水毁灾害。

根据研究区域内泥石流流域沟谷形态、堆积扇特征及堆积区植被发育状况,将所统计的 242 条泥石流分为四个发育阶段:即形成期、发展期、活跃期、衰退期。242 条沟中,有 35 条属于形成期,有 40 条属于发展期,有 75 条属于活跃期,有 92 条属于衰退期。

1. 季节性特征

帕隆藏布流域泥石流普遍暴发的时间是 5~9 月,集中暴发的时间是 6~8 月。降雨型泥石流活动主要集中在雨季(6~9 月)。冰川型泥石流主要集中在 5~8 月。其中,冰雪消融型泥石流多发生在 5~6 月,冰川消融型泥石流多发生在7~8 月,冰湖溃决型泥石流多发生在夏秋季节(6~9 月)。

2. 日内活动特征

下午和夜晚是泥石流发生最多的时间。根据研究区附近的波密地区 1976—1977 年加马其美沟泥石流和 1954—1964 年卡贡弄巴的观测资料以及吕儒仁等的研究,帕隆藏布流域内降雨型泥石流主要在夜间和次日清早(5:00~11:00 时)暴发,冰川型泥石流主要发生在午后(14:00~16:00)和夜间(20:00 以后),冰湖溃决型泥石流多发生在下午至下半夜之间。

12.1.1 沿线冰川型泥石流活动特征

冰川泥石流在活动力方面具有以下几点特征:

1. 冰川泥石流基本上是冰川强烈退缩的产物

由于冰川退缩,大量碎屑从冰体内解露出来,从而为冰川泥石流的暴发提供了丰富的固体物质。同时,由于冰川退缩,又使大面积的基岩裸露,为以寒冻风化为主的冰缘作用提供了更加广阔的区域,加速了土、砂、石块的积累和转运过程,加大了冰川泥石流的规模。

2. 初生冰川泥石流在类型上大多为黏性泥石流

由于大多数冰川泥石流是冰碛物滑塌体在受到冰雪融水冲蚀作用后失去稳定性,沿着陡峻的沟床整体向下流动而形成,基本上属重力成因类型,所以在其形成和运动初期(此时可称为初生冰川泥石流)属黏性泥石流。

3. 冰川泥石流在其发展过程中,多呈活跃期与平稳期相同的波浪式演进

由于冰川泥石流在其发展过程中并非所有条件永远同时具备,而当其一条件减弱甚至消失时,暴发次数将减少,规模将减小,甚至完全停息;但经过一段时间条件成熟后,冰川泥石流又趋活跃。因此,冰川泥石流在其发展过程中,常出现活跃期与平静期相间的周期性变化,表现出波浪式演进特性。

12.1.2 沿线暴雨型泥石流活动特征

一般来讲,全流域泥石流暴发规模以中小型和坡面泥石流为主。大型和特大型泥石流活动主要是由于沟谷两侧大规模滑坡、崩塌或坡积物阻塞沟谷形成溃决型泥石流或者冰川活动导致下游冰湖溃决形成冰湖溃决型泥石流。

12.2 泥石流分布规律

12.2.1 沿线泥石流分布基本特征

研究区域属于藏东南高山峡谷区,这里山脉、河谷走向由近南北向渐变为近东西

向展布,山高谷深、山势陡峻。线路两侧海拔 4 800 m 以上为冰峰雪山所环绕,现代冰川、雪崩、泥石流很发育。

1. 泥石流沟纵比降统计特征

根据对研究区域的影像解译和实地调查,选取 224 条泥石流沟为加查—林芝段泥石流分布规律研究的基础数据;其中,暴雨型泥石流沟 171 条,冰川型泥石流沟共 53 条,冰川型泥石流沟约占泥石流沟总数的 23.7%。沿江左岸发育的泥石流沟有 113 条,其中冰川型泥石流沟有 24 条,约占左岸泥石流沟的 21.2%;右岸发育的泥石流沟为 111 条,与左岸的数量基本持平,冰川型泥石流沟有 29 条,约占右岸泥石流沟总数的 26.1%,右岸冰川型泥石流沟稍多于左岸。利用 ArcGIS、ArcView 等软件提取各泥石流沟道纵比降表明,纵比降最小为 21.06‰,纵比降最大为 866.7‰,平均纵比降为 361.1‰。研究区域内所有泥石流沟的纵比降如图 12.1 所示。

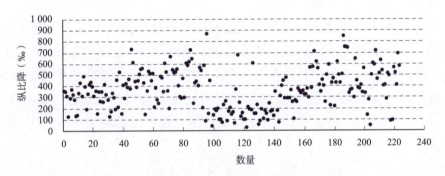

图 12.1 拉林铁路加查—林芝段泥石流纵比降散点图

对区域内泥石流沟纵比降分为三个区,经统计纵比降小于 100‰ 的泥石流沟有 14 条,纵比降 100‰~500‰ 的泥石流沟有 160 条,纵比降大于 500‰ 的泥石流沟有 50 条,泥石流沟纵比降百分比统计如图 12.2 所示。

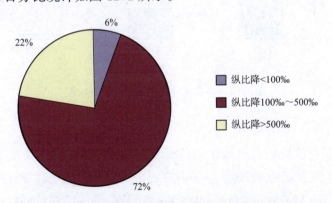

图 12.2 研究区域内泥石流沟纵比降百分比柱状图

2. 泥石流沟流域面积统计特征

研究区有 39 条泥石流沟的流域面积小于 1 km²,约占泥石流沟总数的 17%;共有

142条泥石流沟的面积介于1～10 km²，约占泥石流沟总数的64%；共有39条泥石流沟的面积介于10～100 km²之间，约占泥石流沟总数的17%；面积大于100 km²的泥石流沟共有4条，约占泥石流沟总数的2%，泥石流流域面积统计特征如图12.3所示。

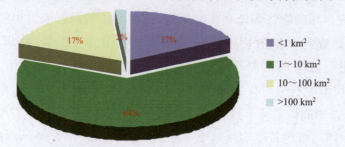

图12.3　拉林铁路加查—林芝段泥石流沟流域面积分区百分比饼状图

3. 泥石流性质统计特征

从性质上区分，黏性泥石流和稀性泥石流均有分布，在研究区域选取的224条泥石流沟中，黏性泥石流沟有42条，约占泥石流沟总数的19%；过渡型泥石流有7条，约占泥石流沟总数的3%，其余为稀性泥石流沟有175条，泥石流性质统计特征如图12.4所示。根据对各沟位置的分析，发现黏性泥石流主要分布在加查县—朗县段的个别村落，而米林主要以稀性泥石流沟为主。研究区的泥石流暴发频率较低，基本属于低频泥石流沟。

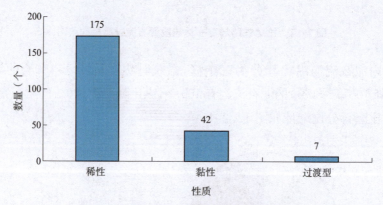

图12.4　研究区域内泥石流性质柱状图

4. 泥石流沟高差统计特征

研究区内，泥石流流域高差最大的位于朗县仲达镇仲温村，高差最小的泥石流沟位于朗县右岸。泥石流流域高差小于500 m的泥石流沟为12条；高差介于500～1 000 m的有30条；高差介于1 000～2 000 m的最多，为147条；高差2 000 m以上的为35条，区域内泥石流沟高差统计特征如图12.5和图12.6所示。

通过图12.1～图12.6的分析，研究区选取的224条泥石流沟内，主要发育高差1 000～2 000 m、纵比降100‰～500‰、面积1～10 km²的暴雨型稀性泥石流。

12 泥石流活动特征与分布规律

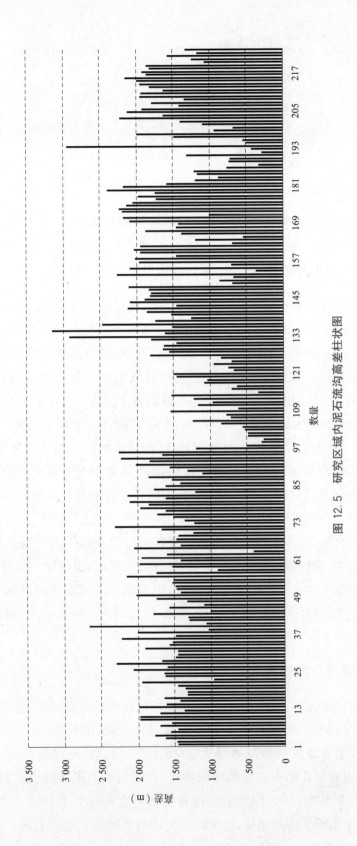

图 12.5 研究区域内泥石流沟高差柱状图

— 161 —

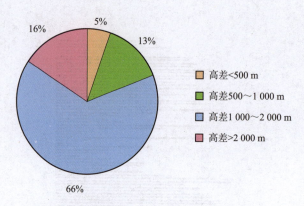

图 12.6　研究区域内泥石流沟高差统计百分比

12.2.2　沿线冰川型泥石流分布规律

研究区域与滇西北横断山脉高山峡谷区相邻,地形落差较大,地形坡度较陡,线路两侧海拔 4 800 m 以上为冰峰雪山所环绕,现代冰川、雪崩、泥石流很发育。研究区域从东向西包括三个县:米林、朗县、加查。冰川型泥石流的分布受气候、地形地貌、地层岩性等因素的控制,由于相互组合关系的差异,导致区内其分布特征的不同。经过统计,该地区一共有 53 条冰川型泥石流沟;其中,冰雪融水型为 47 条,冰湖溃决型为 6 条。

冰湖溃决型泥石流区域分布上具有由南东向北西逐步递减的趋势。冰湖分布最多的是林芝地区、依次是山南地区、日喀则地区、阿里地区。冰湖空间分布与第四纪冰川作用及现代冰川分布密切联系。研究区内冰湖溃决型泥石流沟发育于米林的有 5 条,另外 1 条在加查县。冰雪融水型泥石流沟同样主要发育于米林,共有 28 条;其次是朗县有 13 条。

研究区冰川型泥石流,主要发育于海拔 4 500 m 以上的高山~极高山地貌地区。由于林芝地区地形切割强烈,多处于峡谷区,冰湖的数量多,但规模一般都较小。

气温因素对冰川型泥石流影响较大,在冰川型泥石流分布最多的米林,气候属高原温带半湿润季风气候区,年平均气温 8.2 ℃。气候特点为降水集中,雨热同季,蒸发量大。

12.2.3　地层岩性与泥石流的分布关系

地层岩性间接地影响了参加泥石流起动的松散物质的来源,这主要是由于地层岩性决定了岩石的抗侵蚀、抗风化的能力。根据研究发现,千枚岩、板岩的抗风化能力差,整体性很弱,很容易形成较厚的风化层;吸水性比较强,可塑性较大,抗风化能力差,很容易风化形成富含黏土矿物的松散物质,为泥石流的形成提供大量松散固体物质。在众多岩石类型中,中~粗颗粒的或者是高强度的石英砂岩则对地震相当的敏感,因此拥有这类岩石类型的地层,在地震之后相对更容易发生泥石流。如变质岩(片岩、混合花岗岩、片麻岩、板岩、千枚岩等)、软弱岩(泥岩、泥灰岩、页岩等)以及第四系堆积物等这些岩性的抗侵蚀和抗风化能力比较差,容易遭受到破坏,可以提供的松散物质也多,这就为分布在这些区域的泥石流提供了较丰富的松散物质来源。相比较而言,在一些岩性较坚硬的地层的沟道,通过岩性提供的松散物质较少,不容易发生泥石流;而在上述的软岩层、岩性不均一的地层和胶结成岩作用差的地层的区域,则比较容易发生泥石流。

根据野外调查并结合研究区内的相关地质资料,得到地层岩性与泥石流分布关系如图12.7所示。从图上可以看出研究区内的岩性主要有朗县混杂岩、闪长岩、花岗岩、第四系、砾岩、千枚岩、千枚岩与石英砂岩、板岩与石英砂岩、片岩、片麻岩等。研究区内的绝大多数泥石流沟主要分布在千枚岩~片麻岩中,约占泥石流沟总数的50%。这主要是由于研究区内地层分布中绝大部分为千枚岩~片麻岩;其次,这也与千枚岩~片麻岩的抗风化能力和抗侵蚀能力有关;在千枚岩~片麻岩的地层中,分布有98条泥石流沟。研究区内也有闪长岩分布,但是大部分闪长岩分布的地层是在泥石流沟道的上游位置,也有一部分泥石流沟完全分布在闪长岩地区,在研究区内完全分布在闪长岩地层的沟道有33条。在砾岩地区分布有19条泥石流沟道。在具有花岗岩分布的地层有15条泥石流沟分布。片岩地区仅分布有3条泥石流沟。而在研究区内的板岩、石英砂岩等区域则无泥石流沟道分布。

这些可以从发育密度上得到体现,千枚岩~片麻岩在该区域发育密度最高,闪长岩其次,砾岩、花岗岩和片岩最小,地层岩性对泥石流的空间分布起控制性作用。

根据图12.7,结合ArcView GIS软件对研究区内的泥石流流域面积在不同岩性所占的比例进行统计,得出表12.1和图12.8。

表12.1 不同岩性条件下泥石流流域面积分布统计表

岩 性	研究区		泥石流		
	面积(km²)	占总面积百分比	流域面积(km²)	泥石流流域面积比	泥石流流域面发育密度
第四系	706.67	9.30%	104.23	6.45%	14.75%
闪长岩	1 890.48	24.89%	359.08	22.22%	18.99%
朗县混杂岩	13.42	0.18%	2.84	0.18%	21.12%
片麻岩	1 958.12	25.78%	488.06	30.20%	24.92%
花岗岩	842.70	11.09%	142.21	8.80%	16.88%
片岩	127.51	1.68%	33.00	2.04%	25.88%
砾岩	117.40	1.55%	34.53	2.14%	29.41%
千枚岩	1 031.6	13.58%	263.47	16.30%	25.54%
千枚岩与石英砂岩	857.24	11.29%	188.71	11.68%	22.01%
板岩与石英砂岩	21.34	0.28%	0	0	0
砂岩	29.68	0.39%	0	0	0

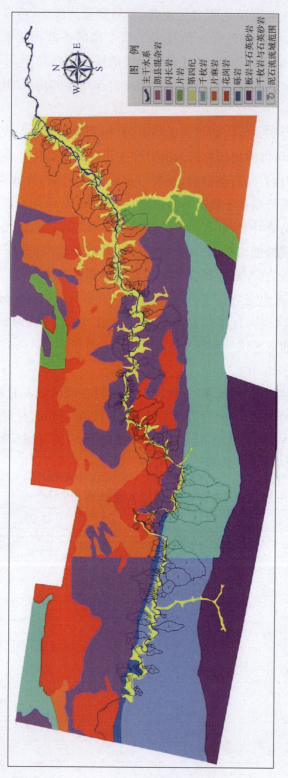

图 12.7 研究区内地层岩性与泥石流分布关系图

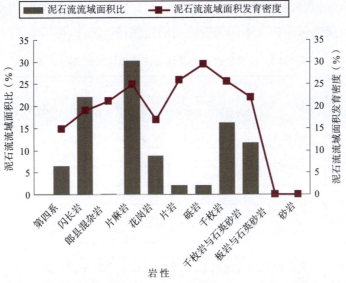

图 12.8 在不同岩性中泥石流流域面积比及泥石流发育密度图

由图 12.8 研究区内泥石流沟在不同岩性内的流域面积比(该岩性内泥石流流域面积占各岩性泥石流总流域面积百分比),可以明显看出在片麻岩区域最大,其次是闪长岩,千枚岩居于第三位,千枚岩与石英砂岩居于第四位,其余依次为花岗岩、第四系、砾岩、片岩、朗县混杂岩,在板岩与石英砂岩、砂岩区域没有泥石流分布。研究区内不同岩性泥石流流域面积发育密度(该岩性泥石流流域面积占该岩性面积百分比)是随着泥石流流域面积比的增加而变大的,但是砾岩区和片岩区除外;研究区不同岩性内泥石流流域面积发育密度的最高点在砾岩区和片岩区,这主要是由于这两种岩性在研究区内的分布面积比较小,而研究区内的泥石流沟在这两种岩性中发育的面积相对来说不是很小,这也就造就这种特殊情况的产生。由此可见,岩性因素对研究区内泥石流的分布起到了一定的控制作用。

12.2.4 地形地貌与泥石流的分布关系

一定的地形地貌条件在坡地或沟槽的演变阶段内,可以提供、汇集足够的水流和松散固体物的有利场所。地形地貌主要通过地形高差和坡度来达到对泥石流分布的影响。

1. 坡度

坡度是地表单元陡缓的程度,一般指坡面的垂直高度和水平宽度比值的反正切值。一般在斜坡坡度为 15°～50° 的地带,滑坡类地质灾害比较容易多发,尤其是在 25°～30° 有软弱岩层形成的斜坡地带,既有利于堆积松散固体物质,又容易滑动剪切面,因此在这个坡度比较容易形成滑坡;在斜坡坡度小于 15° 的地带,斜坡地层则相对比较稳定,地质灾害发育的可能性比较小。在斜坡坡度大于 40° 的地带,一般崩塌类地质灾害比较发育。由此可以看出,地形坡度对泥石流沟内松散物质的来源有很大程度的影响,这也就说明间接地影响了泥石流的分布。

根据野外现场调查，结合室内使用 ArcView GIS 软件对研究区的遥感影像进行解译，对区域内的泥石流流域面积在不同坡度所占的比例进行统计，得出表 12.2 和图 12.9。

表 12.2 不同坡度条件下泥石流流域面积分布统计表

坡 度	研究区		泥石流		
	面 积（km²）	占总面积百分比	流域面积（km²）	泥石流流域面积比	泥石流流域面积发育密度
0°~10°	2 016.15	26.54%	409.35	25.33%	20.30%
10°~20°	2 241.17	29.50%	312.34	19.33%	13.94%
20°~30°	1 555.07	20.47%	351.52	21.76%	22.60%
30°~40°	955.59	12.58%	405.19	25.08%	42.40%
40°~50°	521.24	6.86%	114.89	7.11%	22.04%
50°~60°	306.83	4.04%	22.50	1.39%	7.33%

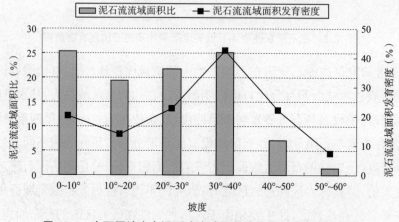

图 12.9 在不同坡度中泥石流流域面积比及泥石流发育密度图

由表 12.2 和图 12.9 可以很明显地看出，研究区内泥石流沟在不同坡度条件下的流域面积比（该坡度泥石流流域面积占各坡度泥石流总流域面积百分比），坡度在 0°~10° 和 30°~40° 范围内泥石流流域面积比是最大的，然而坡度越大，分布的泥石流流域面积比则越少。研究区内泥石流流域面积发育密度（该坡度泥石流流域面积占该坡度面积百分比）也是主要集中在 30°~40° 和 0°~10° 范围内；其中，在坡度为 0°~10° 之间分布面积多的原因主要是研究区内的泥石流沟沟道比较宽阔，十分平缓，有的沟道宽度甚至达到了 100 多米。泥石流在不同坡度范围内的发育密度基本上是随着面积比的变大而变大的，其中在研究区内泥石流在坡度 30°~40° 内的发育密度最高，但在坡度 0°~10° 的发育密度则没有坡度 30°~40° 的多。

根据实地调查，在朗县大拐弯—米林段泥石流沟两侧山坡坡度均介于 30°~55°，最易形成崩塌、滑坡等地质灾害，从而为泥石流的发生提供足够的物源。在加查—朗县大拐弯段泥石流两侧山坡坡度均介于 20°~40°（图 12.10），跟朗县大拐弯—米林段相比，该段发生滑坡、崩塌的可能性相对小些，该段发育的泥石流沟道的数量也相对

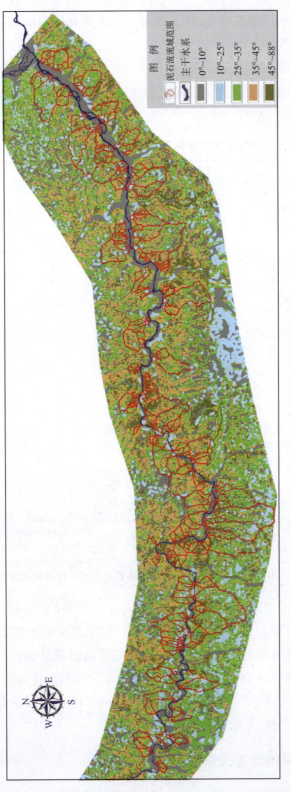

图 12.10 研究区泥石流沟道坡度图

朗县—米林段少些。

从两个角度分析的结果基本吻合;从上述可以看出研究区内的坡度对泥石流的分布也起到了一定的控制作用。

2. 海拔

根据 ArcView GIS 软件对研究区的遥感影像进行解译,对泥石流流域面积在不同海拔的占比进行统计,得出表 12.3 和图 12.11。

表 12.3 不同海拔高度条件下泥石流流域面积分布统计表

海拔(m)	研究区		泥石流		
	面积(km²)	占总面积百分比	流域面积(km²)	泥石流流域面积比	泥石流流域面积发育密度
2 800~3 500	1 381.30	18.19%	222.84	13.82%	16.13%
3 500~4 200	2 395.22	31.53%	641.33	39.77%	26.78%
4 200~4 800	2 366.17	31.15%	528.11	32.75%	22.32%
4 800~5 500	1 365.74	17.98%	210.77	13.07%	15.43%
5 500~6 200	87.09	1.15%	9.64	0.60%	11.06%

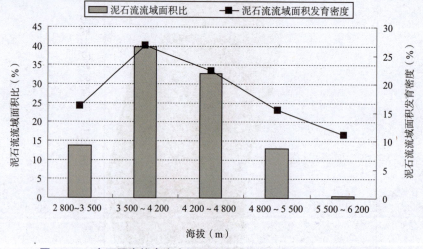

图 12.11 在不同海拔高度中泥石流流域面积比及泥石流发育密度图

由表 12.3 和图 12.11 可以看出,研究区内不同海拔条件下的泥石流流域面积发育密度(该海拔泥石流流域面积占该海拔面积百分比)是随着不同海拔条件下泥石流流域面积比(该海拔泥石流流域面积占各海拔泥石流总流域面积百分比)变化而变化的,二者基本属于同步的关系。研究区内的泥石流流域面积发育密度在海拔 3 500~4 200 m 最大,同样泥石流分布的面积比在这个海拔也是最大的。由上可以看出海拔对泥石流的分布也起到一定的控制作用,如图 12.12 所示。

12.2.5 降雨与泥石流的分布关系

根据研究区内的降雨资料,区内近 50 年一遇年极端最大降水量 2 262.5 mm(1989 年),

12 泥石流活动特征与分布规律

图 12.12 研究区海拔与泥石流关系图

极端最小降水量 398.4 mm(1981 年);日最大降水量 46.4 mm(1979 年 6 月 22 日),最大 6 h 降雨量 36.9 mm,发生时间为 1979 年 7 月 19 日。降雨在时间、区域上分布不均匀。据前人在研究区内对山区泥石流降雨特征值的研究:连续降雨,当日降雨量达 20 mm 以上;集中降雨,小时雨强达到 10 mm 以上;将会诱发泥石流形成。

研究区降雨等值线图与泥石流分布关系如图 12.13 所示,研究区基本全部分布在降雨等值线 400~800 mm 的区域内;在降雨等值线小于 400 mm 的区域内,则没有泥石流沟分布。可以看出,在年降雨量达到 400 mm 的区域内可以激发泥石流,年降雨量在 600 mm 以上的更容易激发泥石流,降雨因素是雅鲁藏布江加查—米林沿线泥石流形成的激发因素;同时,降雨量对泥石流沟的分布也具有一定的控制作用。

在研究区内 96.4% 的泥石流沟分布在降雨等值线 500 mm 以上的区域,而分布在降雨等值线 400~500 mm 区域内的泥石流沟占研究区总沟道数的 3.6%;这表明降雨对泥石流沟的分布起到了一定的控制作用,但在该区域的控制作用不是很明显,因为整个研究区基本上全部分布在降雨等值线大于 500 mm 的区域。此外,研究区内的泥石流与降雨时间也存在一定的规律性,由于研究区内的降雨多集中在 6~9 月,此阶段已是泥石流地质灾害频繁发生时段,意味着泥石流在时间上也主要分布 6~9 月。综上所述,在研究区内降雨对泥石流分布的控制作用不是很明显。

12.2.6 地质构造与泥石流的分布关系

研究内该区域地质构造与泥石流分布的关系不是很明显,如图 12.14 所示。这主要是由于研究区域是沿河谷分布,但是有一部分泥石流沟道仍处在复杂的地质构造区域;在该区域褶皱断裂变动强烈,岩体破碎,为泥石流的形成提供了丰富的松散固体物质。活动性强的大地构造及不同构造单元的交接带,研究区内的泥石流沟与该区域内的地震烈度的图叠加,发现该区域内的泥石流沟均处在地震等级为Ⅷ的区域。这种区域容易在地震之后形成大量的崩塌、滑坡灾害,并会产生大量松散固体物质堆积在沟道内;这些松散物质并没有马上参与到泥石流的活动中去,也不会马上在大范围内发生泥石流灾害;但加上充足水源的激发,就很容易在这些区域形成泥石流。这主要是由于一方面地震松动了沟道内的堆积体,使沟道内的松散物质更容易参与到泥石流活动中去;另一方面,地震形成的滑坡、崩塌等也相应地增加了泥石流的松散物源储量,这有助于形成规模较大的泥石流。

由此可知地质构造对研究区内的泥石流分布也起到了一定的影响作用:
(1)在研究区的断层上均有泥石流沟分布。
(2)在有多个断层分布区域的泥石流沟,流域面积普遍比较大。

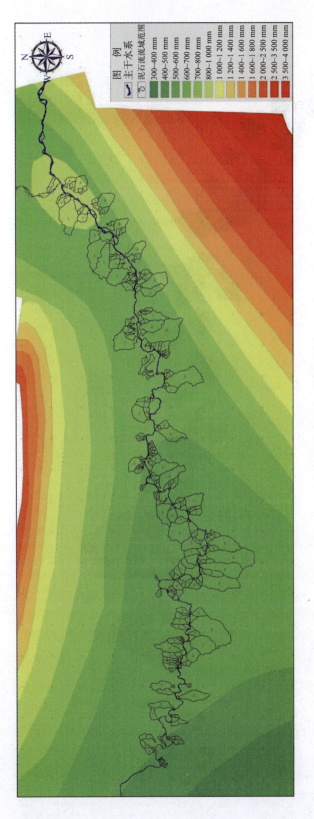

图 12.13 研究区降雨等值线与泥石流分布关系图

图 12.14 研究区地质构造与泥石流分布关系图

(3)研究区内的断层分布,线路右侧断层的要多于左侧,右侧的泥石流沟道相较于左侧也多些。

12.3 泥石流沟源地冰川信息及冰湖提取结果

泥石流沟源地信息提取是在遥感图像处理软件 ENVI 平台上,采用平行六面体监督分类方法。

首先根据地物的光谱特征,将研究区分为冰川、裸地、植被和耕地四种类型进行分类。其中,在 ETM+多光谱遥感图像上冰川呈现白色色调且较白亮;植被呈现绿色、亮绿色、暗绿色色调;裸地多呈现亮红色色调。在冰湖分布广的地方,裸地在影像上显示较明显;耕地多呈现暗红色色调,周围有零星灌木覆盖。

进行分类后处理,结合 Landast-7 ETM+多光谱预处理影像,对研究区冰湖信息进行人工解译矢量化,冰湖在 ETM+多光谱遥感影像上多呈现规则的椭圆形、圆形,个别呈不规则的长方形;色调多呈蓝色、深蓝色、暗蓝色、部分为暗灰色,解译标志如图 12.15 所示。源地冰川及冰湖信息提取结果如图 12.16 和图 12.17 所示。

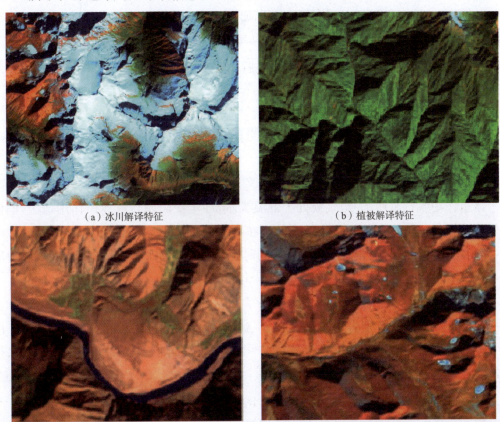

(a)冰川解译特征　　　　　　　　(b)植被解译特征

(c)耕地解译特征　　　　　　　　(d)裸地解译特征

 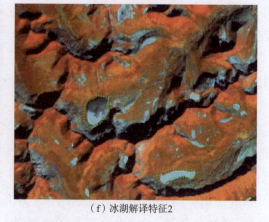

（e）冰湖解译特征1　　　　　　　　　　（f）冰湖解译特征2

图 12.15　监督分类遥感解译标志

从图 12.16 冰川信息提取结果图可以得到，所选提取冰川研究区总面积为 2 937.51 km²。其中，提取的植被面积为 1 386.37 km²，约占总面的 47.2%；裸地面积为 685.95 km²，约占总面积的 23.3%；耕地面积为 748.35 km²，约占总面积的 25.5%；冰川面积为 116.85 km²，约占面积的 4.0%。

从图 12.17 冰湖信息提取结果图得到，研究区冰湖个数约 535 个，冰湖主要分布在研究区北部，南部一小部分。加查县及朗县冰湖面积分布较多，但是单个冰湖面积较小，而林芝市巴宜区（原林芝县）、米林冰湖面积较加查县、朗县少，但是单个冰湖面积较大。

12.4　泥石流沟源地冰川与泥石流的关系

1. 古今冰川发育为泥石流活动提供一定的消融水源

冰川作用盛行时期，一般气候处于低温少水，即干冷阶段。就冰川作用地区，即使是处在冰期时，气候还是冷暖干湿波动。在有利冰川积雪消融的相对暖干和暖湿时期，冰川作用地区则有充足的消融水源，同时还有液态降水的混合作用。从水源角度看，古今冰川作用地区对泥石流活动来说是十分有利的。

2. 古今冰川作用为泥石流的活动提供了众多的溃决水体——冰湖

海洋性冰川地区特别容易形成冰面湖、冰下湖、冰川堵塞湖和冰蚀—冰碛湖。由于气候波动影响和大自然中偶然因素的作用，这些液态水体常有溃决，其溃决洪水往往造成泥石流。

3. 古今冰川作用造就了大量的松散固体物质

泥石流活动在没有其他各种自然地质作用提供的现存大量松散固体时是不会发生的。裸露的基岩最多只能产生洪水而不会出现泥石流。从提供松散固体物质角度，

12 泥石流活动特征与分布规律

图 12.16 研究区沿线泥石流源地冰川信息提取结果图

图 12.17 研究区沿线冰湖信息提取结果图（黄色代表冰湖）

古今冰川作用与泥石流活动有着十分密切的联系。

由于研究区山高坡陡,岭谷高差大,形成了高陡的临空面和纵比降大的沟谷,为泥石流的形成提供有利的地形条件。新构造运动活跃,地层岩性风化严重,区内受到多次冰期、间冰期作用,现代海洋性冰川发育,使区内第四系松散堆积物深厚,这些为泥石流的形成提供了充足的物源基础。气候以亚热带半湿润季风气候为主,又受海洋性季风气候的影响,降雨较多且冰川、冰湖发育,这些为泥石流灾害的形成提供丰富的水源条件,从而导致冰川泥石流暴发。由于研究区不像林芝地区西北部的海洋性冰川那么发育(而研究区的冰川发育主要以冰雪覆盖为主,且冰川发育地区植被覆盖率较好,冰川前缘没有明显的冰舌、冰碛物等冰川泥石流具有的特征,物源主要以寒冻风化物为主,如图 12.15 所示)、冰湖广布且面积较大(而研究区冰湖面积较小,遥感影像上提取的最大冰湖面积约 0.78 km^2,另外冰湖面较低、蓄水量较少,如图 12.15 所示)、山高坡陡,所以研究区发生冰湖溃决型泥石流的频率较小。

但是研究区独有的自然、地形地貌及地质条件这些因素为滑坡、泥石流等山地灾害的发生提供了基础。除泥石流、滑坡之外,所有的山地灾害都有分布,且规模较大,危害历史较长,对生态环境和社会经济危害较严重。

12.5 泥石流源地信息分布特征

12.5.1 泥石流源地物源分布特征

从研究区沿线泥石流沟及源地物源分布图 12.18 和图 12.19 上可以看出,研究区东部即林芝市区西南局部地区、米林、朗县东部,沿线泥石流源地物源多以沟道松散堆积物和寒冻弱风化残坡积物为主。研究区西部即朗县西部、加查县,沿线泥石流源地物源多以小型滑坡、崩坡积及寒冻强风化残坡积物为主。造成这种源地物源分布的不均匀性主要与该区的气候条件及植被覆盖率有很大的关系。

在研究区东部气候以亚热带半湿润季风气候为主,降水集中,雨热同季,蒸发量大,植被覆盖较好,森林线以上冰川发育,受到多次冰期、间冰期作用,使沟道内第四系松散堆积物深厚,森林线以上寒冻弱风化残坡积物发育。研究区西部气候以温带半湿润气候为主,日照充足,辐射强烈,热量低,昼夜温差大,气候变化异常,植被覆盖较差,多以裸地为主,地质风化作用强烈,岩石破碎、风化严重,加之两岸坡度较陡,破碎的岩体形成崩滑堆积体,泥石流源地上游冰蚀线以上多以寒冻强风化残坡积物为主,这些物源在上游洪水或泥石流的冲刷作用下,进入沟道,参与泥石流过程。

12.5.2 泥石流源地冰川、冰湖分布特征

从研究区沿线泥石流源地冰川信息提取结果图 12.16 上可以看出,研究区中东部

图 12.18 研究区高程与源地信息分布的关系图

图 12.19 研究区坡度与源地信息分布的关系图

即林芝市区东南部、米林大部、朗县东部主要以高大乔木、灌木林地为主,冰川覆盖面积大。而研究区中西部即加查县大部、朗县西部主要以裸地、草木丛地为主,冰川覆盖面积小。

从冰湖信息提取结果图12.17上可以看出,冰湖主要均匀分布在研究区的北部,其中以米林冰湖居多;少量分布于南部且在米林界内。这些源地冰川、冰湖信息分布不平衡性主要与生态环境因子、降水、气候、温度的影响及地形地貌等因素的控制作用有关。

从研究区东部到西部人类工程活动逐渐强烈,植被破坏严重。一方面坡度是影响冰川变化最重要的地形因子之一,坡度陡的冰川其消融比例大于坡度缓的冰川,经过对研究区DEM数据在ArcGIS里面生成坡度效果图上分析,研究区从东部到西部泥石流沟道上缘坡度逐渐变大,导致中西部冰川比中东部冰川消融快,冰川覆盖面积小。另一方面由于研究区中东部地区的冰川大部分位于阴坡,冰川的消融较慢,有利于冰川的发育,而其中西部地区则正好相反,位于阳坡,冰川的消融较快,不利于冰川发育。

12.5.3 泥石流源地冰川分布对源地物源的影响

冰雪融水所产生的洪水具有突然性、暴发性和强劲性。由于冰雪所在的位置海拔都很高,形成的洪水皆具有很大的动能。首先是森林线以上的寒冻风化残坡积物随涌浪进入洪流,其后洪流在向下游运移中,不断冲刷沟道内松散固体物质,侧蚀沟谷两侧岸坡,将沟谷坡脚风化比较深的、松散的古冰碛、残积物和坡积物卷入洪流之中,伴随着土、石含量的增多,逐渐形成了稀性泥石流或者黏性泥石流。

冰雪融水可能导致部分中小型滑坡局部复活,并诱发大量新滑坡;这些滑坡集中分布于泥石流上游源地沟道两侧,以中小规模的沟岸滑塌形式为主;同时滑坡残体表层松散物被地表径流强烈冲刷、侵蚀向沟道输移,直接为泥石流形成提供了丰富的松散固体物质。

12.5.4 地形地貌与泥石流源地分布

地形地貌对泥石流源地信息分布的影响,主要表现在地形坡度和高程两个方面。在坡度为15°～40°的斜坡地带,多发育滑坡类地质灾害,特别是在软弱岩层形成的20°～30°斜坡,既有利于松散物质的形成堆积,又易于形成剪切滑动面,是滑坡的主要发生区。在坡度小于15°的地区,由于地层相对稳定,地质灾害发育极弱。而在大于40°的地区,一般发生崩塌类地质灾害。地形坡度决定了沟内物质来源的多少,间接控制了泥石流的分布。坡度是影响冰川变化最重要的地形因子之一。冰川存在的平均坡度主要集中在7°～25°,平均坡度在7°以下和25°以上的面积只占很少量的一部分。根据文献资料,变化面积比例最大的冰川,其平均坡度为25°以上,而且其面积较小。这说明坡度陡、面积小的冰川,其消融比例大于坡度缓且面积较大的冰川。

不同高程范围存在易于物源产生的临空面以及不同高程范围内的人类活动强度差异等,更重要的原因在于高程与地区的降雨之间具有很好的相关性。在区内不同的高程地区,其斜坡相对高度差异较大,高程与斜坡变形破坏具有一定的相关关系,在物理意义上,单一的高程因子与滑坡的变形失稳之间无直接的关系。然而,由于水系的发育程度、土壤类型、人类活动等与高程分带密切相关,同一地区内,高程降低,地表物质受扰动的可能性增大。

1. 高程

高程的获取是通过数字高程模型获得的,数字高程模型(DEM)是对地球表面地形地貌的一种离散的数字表达,它是数字地面模型(DTM)中最基本的部分。建立DEM的数据主要有航片、数字地形图、地面测量三种,但由于数字地形图便宜,是获得DEM的主要数据来源。关于利用地形图插值建立DEM的方法常用的是多要素构TIN法,研究中也采用此方法,具体操作为在ArcGIS下用3D Analyst中的Create/Modify TIN建立TIN模型,然后再转换成格栅。

研究区高程与源地信息分布的关系图如图12.18所示,从整体上看研究区沟道物源主要分布在2 800~3 600 m高程范围;崩坡积物源主要分布在3 500~4 500 m高程范围内;寒冻弱风化物源主要分布在4 800~5 500 m高程范围内;寒冻强风化物源主要分布在5 500~6 100 m高程范围内;冰川、冰湖主要分布在4 700 m以上。从局部分析,研究区东、西部寒冻强风化物源及沟道物源分布高程基本一致,而研究区西部寒冻弱风化物源比东部高程分布高,西部高程在5 200 m以上,东部主要在5 100 m以下。研究区崩坡积物源高程分布从东部到西部逐渐变大。冰川、冰湖在研究区的东部主要分布在高程为4 500~6 000 m的范围内,而在研究区的西部主要分布在高程为5 000~6 200 m的范围内。

2. 坡度

通常随着坡度的增加,包括重力在内的剪切力增大,相应的滑坡发生概率也会增大,但也并不是坡度越大越有利于滑坡的发生,实际上滑坡的发生是有一定的坡度范围内的。

坡度指水平面与局部地表之间的夹角,表示了地表面在该点的倾斜程度。坡度是最重要的地形因子之一,是反映地形的重要物理指标,直接影响着地表的物质流和能量的再分配,是水文分析中的重要因素。在输出的坡度数据中,坡度有两种表示方法,即度(水平面与地形面之间夹角的度数)和百分比(水平面与地形面之间夹角正切值×100)。研究中采取前者进行坡度的计算。

图 12.20 坡度计算适宜性

坡度的计算通常在 3×3 的 DEM 栅格窗口中进行，对 3×3 栅格的高程值采用一个几何平面来拟合，中心栅格的坡度值采用平均最大值方法来计算。如图 12.20 所示的 3×3 栅格分析窗口中，$a \sim i$ 代表所在栅格的高程值，则中间栅格的坡度值为：

$$\text{Slope} = \text{ATAN}\left(\sqrt{\left(\frac{\mathrm{d}z}{\mathrm{d}x}\right)^2 + \left(\frac{\mathrm{d}z}{\mathrm{d}y}\right)^2}\right)\frac{180}{\pi}$$

$$\frac{\mathrm{d}z}{\mathrm{d}x} = \frac{(a+2d+g)-(c+2f+i)}{8 \times x\text{ 方向栅格分辨率}}$$

$$\frac{\mathrm{d}z}{\mathrm{d}y} = \frac{(a+2b+c)-(g+2h+i)}{8 \times y\text{ 方向栅格分辨率}}$$

窗口在 DEM 数据矩阵中连续移动后完成整个区域的计算工作。在 3×3 的 DEM 栅格窗口中，如果中心栅格是 No Data 数据，则此栅格的坡度值也是 No Data 数据；如果相邻的任何栅格是 No Data 数据，它们被赋予中心栅格的值再计算坡度值，坡度值的范围是 0~88°。具体操作为在 ArcGIS 下用 3D Analyst 中的 Surface Analysis 中的 Slope 提取研究区的坡度。

研究区的坡度与源地信息分布的关系图如图 12.19 所示，研究区坡度范围为 0~88°，其中坡度范围小于 10°的面积占研究区面积的 32.3%，坡度范围在 10°~24°的面积占研究区面积的 13.3%，坡度范围在 24°~32°的面积占研究区面积的 27.5%，坡度范围在 32°~42°的面积占研究区面积的 22.2%，坡度范围大于 42°的面积占研究区面积的 4.7%。研究区从整体上看寒冻强风化物源主要分布在 8°~24°坡度范围，和冰川、冰湖的分布坡度范围基本一致。寒冻弱风化物源主要分布在 18°~35°坡度范围，平均在 27°左右。崩坡积物源主要分布在 24°~45°的坡度范围内，平均在 35°左右。沟道物源主要分布在小于 10°的坡度范围内。

从局部来看，在研究区东部的崩坡积物源所处的坡度比西部的小，东部平均在 25°左右，而西部平均在 35°左右；而研究区的崩坡积物源主要发生在坡度 27°左右，在这个坡度附近越容易发生崩坡积地质灾害，这也说明了并不是坡度越大越有利于滑坡的发生。

寒冻弱风化物源在研究区东部分布的坡度比西部较大，而研究区的寒冻弱风化物源主要发生坡度大的区域范围内；而寒冻强风化物源及沟道物源的坡度东、西部基本一致。

在研究区东西部冰川在坡度上分布差异明显，而冰湖在研究区的北、南部（即雅鲁藏布江的左右岸为界）反而在坡度上有明显的分布规律。东部冰川主要分布在坡度为 15°~25°范围内，而在西部的冰川主要分布在 6°~12°。冰湖在研究区的南部主要分布的平均坡度为 20°，冰湖在研究区的北部主要分布的平均坡度为 10°。

12.6 泥石流堆积扇演化特征与规律

泥石流携带的大量固体物质,在冲出沟谷以后失去地形的约束,在地形平缓开阔的沟口处堆积下来,形成各种扇状堆积体。由于扇体前缘受江河等切割的影响而呈现出不同的形态特征,研究表明,发育期的泥石流沟,频发性高,沟谷狭窄,流通区与扇体直接相连,扇体堆积速度大于江水切割的速度,因此在平面上呈现为外凸形的扇形体,并且扇形地表面变化大,边界形态不固定。成熟期的泥石流沟,频发性一般,堆积速度小于江水切割速度,但其规模一般较大,总体上呈现为半冲半堆的特征,因此其平面形态呈现为上游侧切割为凹形,下游侧堆积为凸形,呈反"S"形边缘。衰老期的泥石流,由于长时间处于间歇状态,堆积较少,扇体前缘主要处于侵蚀切割,因此在平面上常呈现为直线形或内凹形的特征,表现为随着泥石流沟的改道及扇形地面积的不断扩大,扇形地表面基本稳定,并有少量泥石流物质溢出沟道,形成漫流沉积,扇形地表面重新开始生长植被。

泥石流的动力堆积过程常形成类型众多的堆积地貌,其中扇形地是最常见、面积最大的堆积形态类型。但泥石流的堆积扇往往不是一次泥石流形成的,而是多次泥石流堆积的结果。一般情况下,稀性泥石流流出山口后,流体便以一定角度成辐射状散开,形成散流,流面增宽,流体变薄,阻力增大,进而发生扇状淤积,长此以往,扇体不断增大、增厚,形成堆积扇。而黏性泥石流堆积扇的形成,主要是因为黏性泥石流流体容重较大,流体在流出山口后因整体受阻发生垄岗状淤积,随着时间的推移,扇状堆积不断发展壮大,最后形成完整的堆积扇。

堆积扇的特征与流域的气候和构造背景等条件密切相关。影响堆积扇形成的环境背景因素有很多,主要影响因素如地貌特征、气象水文条件和地质过程(构造过程)等;具体的影响因素如流域面积和主沟纵比降。另外,泥石流的暴发频率以及主河特征(主河河谷宽度和主河能量)也在很大程度上影响着泥石流堆积扇的形成。其中,主河和泥石流沟内洪水的冲刷伴随着堆积扇形成、发展和消亡的整个过程,是影响堆积扇特征的主要因素。一般来说,位于主河宽谷段的泥石流沟堆积扇都相对较为发育;而位于主河峡谷段的泥石流沟,由于受主河切割较为严重,其堆积扇的发育程度往往会不完整或者缺失。此外,堆积扇又是山区人类生产活动的主要场所,因而人类活动的各种改造作用,也在一定程度上影响着堆积扇的形态或结构特征。

12.6.1 堆积扇平面形态

泥石流堆积扇的平面形态主要取决于泥石流流体的结构及组成、泥石流沟道的纵比降、堆积区的原始地形和主河的冲刷作用。研究区的泥石流沟主要沿雅鲁藏布江宽谷地带分布,其堆积区多位于河流阶地或河漫滩上,大多数泥石流沟都具有较为明显的堆积扇。不过由于受到汛期主河水流冲刷及弯道侧蚀影响,许多泥石流沟的堆积扇扇体未能保持其原始的堆积形态。并且由于受到高寒气候影响以及雅鲁藏布江缝合带的构造作用,研究区泥石流沟流域范围内的松散物源粒径大小不一,泥石流流体结构组分较为复杂,也影响着泥石流的堆积形态。因此,研究区泥石流堆积扇的平面形态也表现出各种各样的形式,较典型的堆积扇平面形态有如下几种:

1. 扇形堆积扇

当泥石流沟的沟口具备较为宽缓的地形条件时,泥石流出山口后,左右摆动淤积,横向和纵向都得以充分的扩展,最终形成的堆积扇呈完整的扇形,研究区流域面积较小的泥石流沟的堆积扇多为此类型。罗布沟扇形堆积扇如图 12.20 所示。

2. 银杏叶形堆积扇

当泥石流出山口,进入堆积区平坦地段后,在粗大颗粒淤落的同时流体逐渐分叉,向主流线两侧低洼地段流动,并且沿着汊道发生淤积,这样便形成近似于银杏叶形堆积扇。这种堆积扇往往由一次或很少几次泥石流形成。留各浦沟银杏叶形堆积扇如图 12.21 所示。

图 12.20　罗布沟扇形堆积扇

图 12.21　留各浦沟银杏叶形堆积扇

3. 上叠形堆积扇

这类堆积扇的形成多发生在泥石流连续发生,并且泥石流流量又逐渐减小的流域内。首次泥石流在沟口形成较大堆积扇后,在沟床还未明显下切时又发生新的规模稍小的泥石流,新形成的堆积扇覆盖在之前较老的堆积扇上,便形成这种上叠形堆积扇。色贡沟上叠形堆积扇如图 12.22 所示。

4. 透镜形堆积扇

那些泥石流经常发生,并且主河的主流线逐渐向对岸移动的沟道易形成透镜形堆积扇。在主河较为狭窄的地段,当发生规模较大泥石流时,形成面积较大堆积扇,并把主河的主流线向对岸推移;下次泥石流发生时,新的堆积物覆盖在老的堆积扇上,并把主河的主流线进一步推向对岸,这样多次进行,形成透镜形堆积扇。洞阿普沟透镜形堆积扇如图 12.23 所示。

图 12.22 色贡沟上叠形堆积扇

图 12.23 洞阿普沟透镜形堆积扇

此外,对于一些流域面积较大的泥石流沟,受流域地形地貌与主河形态因素影响,其扇形地在横向上也表现出一定的组合类型:

(1)扇顶结合型

泥石流沟沟口距离很近,并且堆积扇都比较发育,使两个扇的顶部堆积物连接成更大的扇裙,如图 12.24(a)所示。

(a)扇顶结合型

(b)扇弧与扇翼结合型

图 12.24 泥石流扇横向组合类型

(2)扇弧与扇翼结合型

两条泥石流沟堆积扇的规模大小不同或推进速度不同,或沟口位置差异形成一堆积扇的前弧缘与另一堆积扇的侧翼相接合的类型,如图12.25(b)所示。

对于单独的一条泥石流沟来说,受新构造运动引起的扇体抬升或后期沟道下切影响,会导致其堆积扇形态的变形。研究区调查发现的堆积扇变形方式有以下几种:

(1) 镶嵌式

随着山体上升幅度、规模加大,新堆积扇顶端切入老堆积扇之中,形成新堆积扇与老堆积扇的镶嵌特征,如图12.25(a)所示。

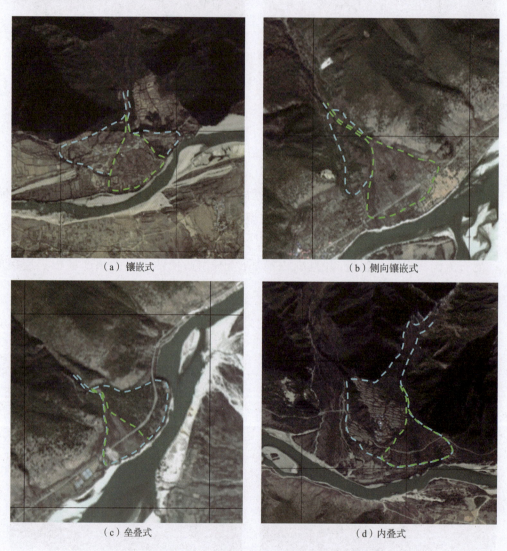

(a) 镶嵌式　　　　　　　　　　　(b) 侧向镶嵌式

(c) 垒叠式　　　　　　　　　　　(d) 内叠式

图 12.25　泥石流堆积扇演变类型

(2) 侧向镶嵌式

新构造运动在山前不等量升降或老堆积扇沟道向侧翼摆动,新堆积扇轴部向一翼移动,并嵌入老扇之中,形成不对称纵向接触形态,如图12.25(b)所示。

(3) 垒叠式

山体快速抬升,沟谷溯源侵蚀加强,带到扇上的堆积物增多,在已经形成的堆积扇上,又有新堆积扇形成,且部分地超覆在老堆积扇上,如图12.25(c)所示。

(4) 内叠式

之前暴发过大规模的泥石流在沟口形成较大的堆积扇,以后洪水冲刷堆积扇,一方面逐渐下切到原来沟底位置;另一方面冲刷两岸,并且越向下游冲刷的宽度越大,呈喇叭状,以后又发生较小规模的泥石流,在喇叭口内形成较小的堆积扇,如图12.25(d)所示。

12.6.2 堆积扇范围规模

研究区泥石流堆积扇的规模大小不等,最大可超过 3.0 km^2,最小的不足 0.05 km^2。其规模大小主要取决于泥石流流量、总输移量、山口以外主河宽度及坡度、主河水流的冲刷作用等因素。一般在无主河冲刷时,泥石流的流量越大,总输移量越多,山口以外主河越开阔平坦,形成的堆积扇的规模就越大。

虽然有些沟道的泥石流流量和输移总量都比较大,但是由于没有足够的堆积空间,泥石流流体出山口后便直接进入主河,这样其堆积扇便难以得到发展,有时即使形成了堆积扇,但遭主河一次或几次洪水稀释、冲刷后,堆积扇也会逐渐消失。

12.6.3 堆积扇纵比降

泥石流堆积扇的坡度大小直接关系到泥石流运动最后减速过程的快慢,也反映了泥石流最终堆积长度和堆积面积的大小。一般来说,堆积扇的纵比降越大,泥石流的堆积范围就越大,其危害程度也就越大。泥石流堆积扇的纵比降一般自扇顶向扇缘处逐渐减小,通常扇体中上部纵轴纵比降10%～15%,下部和侧缘比降非常小,一般只有2%～4%。

研究区泥石流堆积扇除了堆积于较为平缓的阶地或河漫滩之外,还有许多泥石流的堆积扇是堆积于早期冰碛扇之上,或是沟道沿老冰水台地下切在其前缘堆积而成,因此堆积扇纵比降较大,多数为8%～15%。

12.6.4 堆积扇面积与流域地形参数的相关性分析

1. 泥石流流域地形特征对堆积扇的影响

泥石流流域的地形特征是影响泥石流潜在堆积范围的重要因素。对于沟谷型泥石流来说,流域面积的大小甚至会影响其冲出距离和规模。一般情况下,流域面积较大的沟道其泥石流流量也较大,能够在堆积扇上产生较远的运动。此外,流域面积较大的沟道由于其潜在松散物源面积较大,在暴雨情况下发生泥石流的可能性要比流域面积小的泥石流沟道大。

除了流域面积之外，对泥石流堆积范围影响较大的还有泥石流主沟长度和流域相对高差。主沟长度决定着泥石流的流程和沿途接纳松散固体物质的多少，泥石流流程越长远，其能量和破坏力越大，就越可能在堆积区造成较大影响。流域相对高差则反映流域的势能和泥石流携带固体物质的能力；通常流域相对高差越大，山坡稳定性越差，崩塌滑坡等不良地质现象越发育，汇流速度越快，发生泥石流的动力条件也越充分。

2. 堆积区地形特征对堆积扇的影响

泥石流堆积扇的形成除了受上述流域腹地特征影响外，还受到堆积区地形特征的影响。堆积区作为容纳泥石流沉积物的场所，其特征主要是指其接纳输入沉积物的体制。堆积区体制一般取决于泥石流沟出口位置以及出口处泥石流沟谷宽度、主河河谷宽度与形状以及主河能量条件等几个主要的相互关系。

首先，堆积区的形状和大小是决定堆积扇形状和大小的首要条件。泥石流堆积扇的形成必须要有较开阔的地形存在。泥石流的堆积是伴随着流通坡度减小、流速减弱以及流深降低，使流体的整体搬运能力下降而实现。在堆积扇地区，坡度降低，沟道消失，泥石流减速并向两侧展宽，其固体物质也随之停积下来。可提供这种堆积的环境有江河床面、河漫滩、阶地、山麓平原带和湖泊盆地等。

一般来说，山区泥石流堆积扇展布于主河床面，因此，主河河谷的宽度以及主河的能量大小对泥石流堆积扇的形成影响极大，是堆积区中两个最重要的因素。若泥石流沟口距主河较近，而泥石流强度与主河相比太小，则很可能无法形成泥石流堆积扇，或者至少堆积扇形态不会很完整。

3. 相关性分析

为了分析流域面积、主沟长度、流域相对高差与泥石流堆积扇面积之间的相关性，首先需要保证所选数据的完整性，在进行样本参数的选取时就要选择泥石流堆积扇完整的沟道，因此主要选择堆积于雅鲁藏布江阶地、前缘未受主河冲刷影响，且扇体受人为影响较小的堆积扇来进行分析。根据研究区的遥感影像资料，结合野外实地的调查结果，选择如图 12.26 所示研究区发育的泥石流沟共有 101 条。其中，具有完整堆积扇的沟道有 34 条，其他沟道的堆积扇要么缺失要么不完整，因而主要选用这 34 条泥石流沟样本进行统计分析。选择的 34 条泥石流沟的位置及编号如图 12.27 所示。

数据获取的具体方法是以 2009 年 9 月获取的 5 m 分辨率的 RapidEye 真彩色遥感影像数据为基础，并结合 1∶50 000 的地形图。采用 ArcGIS 根据泥石流与主河交汇处的影像，解译并勾绘出泥石流堆积扇范围，进而得到泥石流堆积扇的面积。再根据地形图得出对应的流域面积、主沟长度和流域相对高差。选择的 34 条泥石流沟样本的详细数据见表 12.4。

12 泥石流活动特征与分布规律

图 12.26　研究区泥石流分布及堆积扇特征

图 12.27 样本泥石流沟分布位置

表 12.4　34 条样本泥石流沟基础资料统计表

沟道编号	流域面积 F (km^2)	沟道长度 L (km)	流域高差 H_Δ (km)	堆积扇面积 s_d (km^2)	物源量 W_u ($\times 10^4$ m^3)	堆积长度 l_d (m)
L01	3.17	4.15	1.44	0.15	6.73	518
L02	1.06	2.10	0.84	0.09	2.00	338
L03	0.99	3.33	1.46	0.06	7.78	280
L04	5.71	3.97	1.64	0.43	56.24	711
L05	1.58	3.00	1.38	0.08	8.47	323
L06	4.76	5.59	1.80	0.74	50.38	1 027
L07	7.63	5.65	1.82	0.81	39.01	1 148
L08	0.71	1.99	1.13	0.05	4.60	249
L09	2.06	3.09	1.65	0.09	25.60	362
R01	3.11	2.74	1.18	0.22	10.26	487
R02	3.26	3.15	1.25	0.22	5.59	633
R03	3.96	3.71	1.53	0.50	18.09	701
R04	4.08	3.64	1.34	0.42	12.73	604
R05	5.43	4.50	1.53	0.70	23.39	800
R06	3.16	3.10	1.28	0.36	10.19	559
R07	1.69	2.28	1.14	0.18	8.34	486
R08	0.57	1.66	0.93	0.04	1.42	232
R09	2.91	3.55	1.45	0.10	2.65	390
R10	7.80	4.69	1.54	0.33	19.78	635
R11	2.04	3.04	1.31	0.19	2.76	556
R12	1.49	2.86	1.37	0.20	3.52	554
R13	1.74	2.85	1.31	0.13	3.53	468
R14	1.79	2.55	1.26	0.12	6.64	374
R15	3.75	3.32	1.43	0.26	7.10	503
R16	7.49	4.33	1.65	0.59	17.80	816
R17	6.40	4.30	1.65	0.33	16.08	598
R18	1.00	1.42	1.28	0.06	1.30	243
R19	1.57	2.00	1.25	0.18	2.84	500
R20	1.82	2.34	1.27	0.27	3.47	607
R21	2.60	2.82	1.66	0.27	2.22	568
R22	1.31	2.38	1.35	0.20	3.25	488
R23	7.70	4.62	1.78	0.68	22.13	849
R24	3.61	4.03	1.77	0.12	18.12	417
R25	6.49	4.67	1.77	0.35	6.81	654

注：表中沟道编号仅统计本章样本泥石流沟用。

1) 堆积扇面积与流域面积的相关性

大量的实践和研究结果表明，流域面积越大的泥石流沟道，其流域内产生的松散物质就可能越多,并且极端天气条件下集水能力越强,暴发泥石流后就可能产生更大的流量,从而携带更多的固体物质冲出沟口,因此其在堆积区形成的堆积扇的面积就会相应扩大。

从表12.4的数据可以看出,虽然泥石流堆积扇面积的大小表现出较大的差异;但总体上来看,面积小的堆积扇基本上是与面积小的流域对应,而面积大的堆积扇基本上是与面积大的流域相对应,说明两者之间存在密切的联系。

刘希林曾根据西北地区部分代表性泥石流的有关数据对流域面积(F)和堆积扇面积(s_d)进行一元幂函数回归分析,发现两者之间存在 $s_d=0.060\,6F^{0.832\,7}$(相关系数 $R=0.873\,5$)这样一种指数关系;其他研究者在研究过程中也发现堆积扇面积(s_d)与流域面积(F)之间确实存在着 $s_d=\alpha F^\beta$(α、β 为常数)的关系,只不过不同的地区 α、β 的值会不一样。

因此,研究区泥石流堆积扇面积与流域面积之间应该也存在着近似的相关关系,这里的流域面积指从堆积扇扇顶至泥石流沟顶部分水岭处的面积。

利用Matlab软件对表12.4中34条泥石流沟的堆积扇面积与流域面积的统计数据进行回归分析后,得到关系式(12.1),回归关系曲线图如图12.29所示。

$$s_d=0.10F^{0.89} \tag{12.1}$$

式中　s_d——堆积扇面积,km^2;

　　　F——流域面积,km^2。

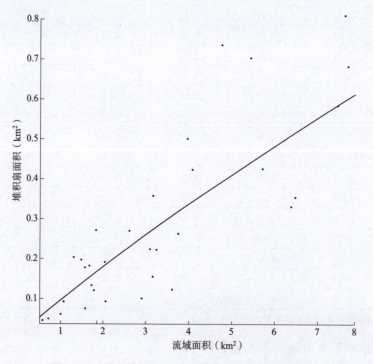

图12.29　堆积扇面积与流域面积之间的关系曲线图

式(12.1)的复相关系数 $R=0.80$，表明研究区泥石流堆积扇面积 s_d 与流域面积 F 之间的相关性非常明显；这说明与其他一些地区一样，研究区泥石流流域面积首先是通过积水区域和流域内包含的松散固体物质量决定泥石流规模和频率，从而影响泥石流堆积扇的规模。面积大的流域容易形成规模和频率可观的泥石流，其堆积扇的增长速度和最终面积也就比流域面积小的流域对应的堆积扇大。

2)堆积扇面积与主沟长度的相关性

野外调查情况表明，研究区泥石流堆积扇面积与泥石流沟的主沟长度也存在着密切联系，这里的主沟长度是指流域山脊分水岭至堆积扇扇顶之间的沟道长度。泥石流沟沟域内的松散物源一般要经过长时间的运移才能够冲出沟口形成堆积扇，在运移的过程中，有些沿沟道停积下来，而有些将沟道堆积物一起携裹带走，为泥石流补给更多的松散物源，形成更大的流量和规模。因此主沟长度对堆积区形成的堆积扇面积也有着直接的影响。

利用 Matlab 软件对 34 条泥石流沟的堆积扇面积与主沟长度这两个因子进行统计回归分析，得到关系式(12.2)，回归关系曲线图如图 12.30 所示。

$$s_d = 0.02 L^{2.09} \tag{12.2}$$

式中　L——主沟长度，km。

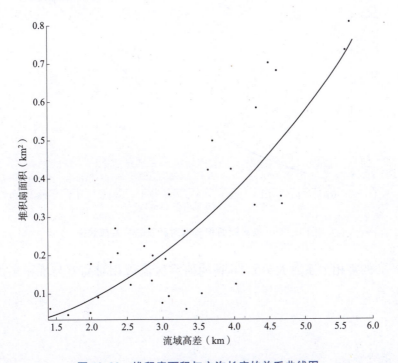

图 12.30　堆积扇面积与主沟长度的关系曲线图

回归分析结果表明，研究区泥石流堆积扇面积与沟道长度之间存在着指数关系，并且式(12.2)的复相关系数 $R=0.81$，说明研究区泥石流堆积扇面积与主沟长度之间的相关性非常明显。

3）堆积扇面积与流域相对高差的相关性

流域相对高差指的是从泥石流堆积扇扇顶到流域分水岭最高点的垂向高度。泥石流流域相对高差反映了流域的势能和泥石流携带固体物质的能力；一般情况下，流域高差越大，泥石流流体潜在势能就越大，泥石流冲出距离就越长，相应的在堆积区的淹没范围就越大，最终形成的堆积扇面积就越大。

利用 Matlab 软件对筛选出来的 34 条泥石流沟的堆积扇面积与相对高差这两个因子进行统计回归分析，得到关系式(12.3)，回归关系曲线图如图 12.31 所示。

$$s_d = 0.08 H_\Delta^{3.26} \tag{12.3}$$

式中 H_Δ——流域相对高差，km。

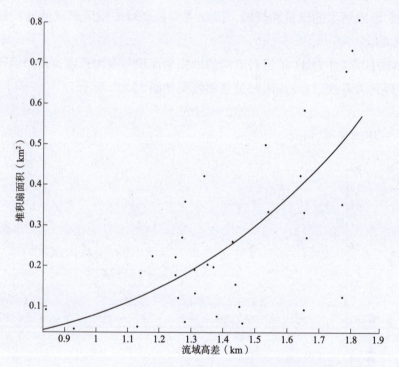

图 12.31 堆积扇面积与相对高差的关系曲线图

式(12.3)的复相关系数 $R=0.94$，说明研究区流域相对高差与堆积扇面积之间的相关性非常高。

13 泥石流活动程度分析与危险性评价

评价泥石流活动程度的方法有许多种,主要通过对泥石流沟的易发程度来评价沿线泥石流沟的活动程度。

泥石流危险性评价是目前国内外灾害科学研究的热点之一,也是灾害预测预报和防灾减灾的重要内容,其研究方法较多,研究中采用泥石流危险度进行判断。泥石流危险度是指在泥石流流域范围内所有的人或物可能遭受泥石流损害可能性的大小,主要用于灾前评估。对于山区的开发建设、工农业生产、铁路公路选线、桥梁涵洞选址、水利电力设施的前期勘测和城镇村寨的设计布局以及泥石流防治和预警预报系统等都具有重要的理论意义和科学价值,并对减轻泥石流灾害的直接损失、制定避难和救援的紧急措施,变消极被动救灾为积极主动防灾等,都具有重要的现实意义。

13.1 泥石流活动程度分析

泥石流形成的基本条件是有利的地形、丰富的松散固体物质和充足的水源。地质现象各要素及其组合在泥石流形成过程中起着提供位势能量、固体物质和发生场所三大主要作用。水不仅是泥石流的物质组成部分,而且是泥石流的激发因素。因此,围绕地形、松散堆积物质、水源三个主要方面,根据流域内泥石流活动条件的诸因素,选择有代表性的15项因素进行数量化处理,以此来界定泥石流沟和对泥石流沟易发程度进行评价(表6.1)。15项得分在44分以上的均可视为泥石流沟,在44分以下的则不作为泥石流沟来评价。

根据前述模型,选取18条典型泥石流沟的易发性评价结果见表13.1。

表 13.1 典型泥石流沟易发性评价结果

沟名	崩塌、滑坡及水土流失的严重程度	泥沙沿程补给长度比	沟口泥石流堆积活动程度	河沟纵坡	区域构造影响程度	流域植被覆盖率	河沟近期一次变幅	岩性影响	沿沟松散物储量	沟岸山坡坡度	产沙区沟槽横断面	产沙区松散物平均厚度	流域面积	流域相对高差	河沟堵塞程度	综合得分	泥石流易发程度
扎西绕登乡空普沟	12	8	7	9	5	5	4	4	4	6	1	3	5	4	3	80	轻度易发
加查县热当R96号沟	16	8	14	9	9	9	6	4	6	6	5	5	3	4	3	107	易发
朗县R68号沟	21	12	11	9	9	1	6	4	4	6	5	3	3	4	4	104	易发
米林R54号沟	12	8	11	12	9	1	1	1	5	4	5	3	4	4	3	84	轻度易发
普丁当嘎沟泥石流	12	8	1	9	5	5	1	4	5	4	5	3	4	4	3	73	轻度易发
茂公村二号沟(L37)	12	8	1	12	5	5	1	4	5	4	5	3	5	4	3	77	轻度易发
阿嘎布沟(L46)	16	16	1	12	9	5	4	5	5	6	5	3	3	4	3	97	易发
才尔木3号沟(R2)	12	12	11	12	7	1	4	3	4	6	4	3	3	4	3	90	易发
工巴沟(L10)	16	1	12	9	1	1	5	4	4	5	5	3	3	4	2	74	轻度易发
加日村沟(L40)	16	12	1	12	9	1	4	4	5	6	5	3	3	4	3	88	易发
龙阿沟(L25)	16	12	1	12	9	3	4	4	5	6	5	3	5	4	3	91	易发
朗县托麦1号沟(L92)	15	9	1	11	10	3	2	6	6	6	4	4	7	5	4	92	易发
朗县旺热沟(L61)	15	9	1	10	10	3	2	6	4	6	5	4	7	6	4	92	易发
加查县温刚沟(L113)	12	9	1	11	9	7	2	6	5	6	5	3	7	5	3	86	轻度易发
玉松村3号沟(R20)	12	8	11	9	7	5	4	4	4	6	4	3	3	4	3	83	轻度易发
朗县L86号沟	12	1	11	9	5	9	4	4	6	6	1	3	4	4	3	92	易发
朗县R76号沟	12	8	7	12	5	7	4	4	5	6	5	3	5	4	3	91	易发
朗县R84号沟	16	12	14	9	9	7	6	4	4	6	5	3	3	4	3	107	易发

13.2 冰川型泥石流危险度研究

13.2.1 研究思路与技术路线

根据研究的总体目标和研究内容,拟采用的研究方法和技术路线是在对冰川泥石流形成环境工程地质原型调查、观测、遥感分析的基础上,对泥石流分布规律、发育特征和形成条件,总结泥石流危险性和发展趋势,划分泥石流的危险性程度并评价。主要技术路线如图 13.1 所示。

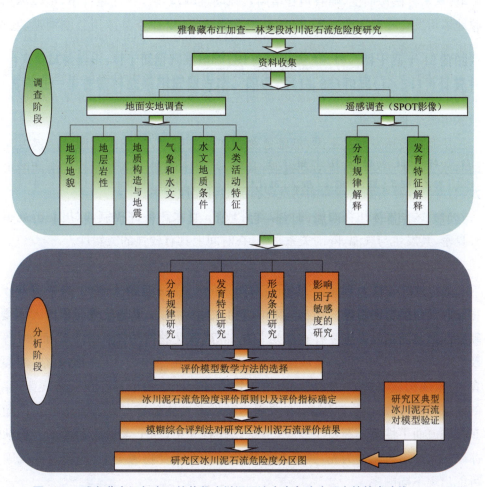

图 13.1 雅鲁藏布江加查—林芝段冰川泥石流灾害危险度研究的技术路线

13.2.2 冰川泥石流发育特征

1. 地形特征

通过实地调查及遥感解译,雅鲁藏布江干流加查—米林段沿线 53 条冰川泥石流主要分布于极高山亚区,平均高差 2 500 m,平均纵比降 361.1‰。具体表现为冰川泥石流沟流域面积(汇水面积)越小,平均纵比降越大;形成区纵比降普遍较大,流通区及堆积区纵比降随流域面积增大而减小,从而出现部分流域面积较大的沟谷内泥石流未冲出沟口即开始堆积的现象。

总体而言,研究区地势陡峻是该区泥石流发育的重要特点之一,其地理位势非常有利于泥石流的形成。

2. 气候特征

研究区冰川泥石流水源条件主要受到沿雅鲁藏布江河谷而上的印度洋暖湿气流影响,从米林溯源而上,随着地势增高其强度逐渐减弱。在此条件下,沿线冰川泥石流源地冰川发育程度逐渐减弱,以朗县工字弄为界,至加查县冰川急剧消退,甚至消亡。冰川于雅鲁藏布江右岸分布密度大于左岸,但是冰川消退速度为右岸大于左岸。

泥石流沟源地普遍发育冰湖,冰湖数量和规模与冰川活动密切相关,沿雅鲁藏布江而上冰湖数量及规模逐渐减少,冰湖左岸分布密度大于右岸,可见左岸泥石流沟源地冰川曾经非常活跃。

从泥石流诱发方式来讲,沿雅鲁藏布江顺流而下,逐渐由冰湖溃决诱发泥石流活动向冰雪融水诱发泥石流活动过渡;其中,左岸冰湖溃决诱发泥石流活动的可能性较大,右岸则以冰雪融水或冰崩诱发泥石流的可能性较大。

研究区诱发冰川泥石流的水源条件较好,受水热条件控制,冰川泥石流多发生于春夏季,其发生与气温、降雨关系密切,在时间上具有较强的突然性。

3. 物源特征

通过遥感解译及现场调查,研究区 53 条冰川泥石流流域内物源类型可分为冰碛物、冻融风化物、崩滑堆积物及沟床堆积物,沿线物源总量随流域面积增大而增加。冰碛物源量与冰川发育程度存在密切关系,冻融风化物源量随海拔升高而增加;冰碛物及冻融风化物所占比例随流域面积减小而减少。由于沿线地质构造复杂,断裂极为发育,将沿线构造图叠加后发现崩滑堆积物源量与断裂的位置存在一定规律;穿越断裂的流域,沟谷内此类物源较多,主要因为断裂带岩体破碎所致。沟床堆积物随雅鲁藏布江顺流而下性质逐渐发生变化,上游以碎石为主,黏土含量逐渐增加。起动顺序以冰碛物及冻融风化物为先,其余各类物源起动性能受物源类型、地形及径流因素影响可能出现不同顺序。

4. 地貌特征

研究区雅鲁藏布江沿线河谷地貌变化较大,由加查顺江而下,雅鲁藏布江逐渐由高山峡谷变为宽谷,谷宽由数百米变为数千米,存在堵江可能性的冰川泥石流多集中于加查段及朗县段上游峡谷区域。通过遥感解译及现场调查,该段共有 7 条泥石流堆积扇对雅鲁藏布江河道形成一定程度压迫,在冰川泥石流暴发时存在一定的堵江可能性,堵江程度取决于泥石流规模。其余沟谷堆积区多数位于雅鲁藏布江下切形成的阶地以上,距离江岸少则数百米,多则数千米,地势平坦,堵塞河道的可能性较小。

13.2.3 冰川型泥石流形成机制和影响因素敏感分析

1. 冰川型泥石流形成机制

冰雪融水型泥石流从积雪和冰川的崩落或滑动开始,在高速向下的运动过程,冰体碎裂,瞬间降低高度在 1 000 m 以上,最大达 4 000 m 以上,在这一过程有地表径流和雨水加入。势能—动能—热能转化的冰雪融水和应变能融水析出;冰内含水,崩散冰体位置降低,气温升高,融水析出;以及沿程两岸滑土石体和沟床下切揭底土体中含水等的参与,如图 13.2 所示。这些水源的迅速汇集弥补了因水不足或因大晴天无降水时的水源欠缺。因而冰雪崩滑碎裂体在运动中转化成流体,或冰雪崩滑体因下滑过程中受阻改变方向,损失动能,在运动相当长一段路径停息下来。

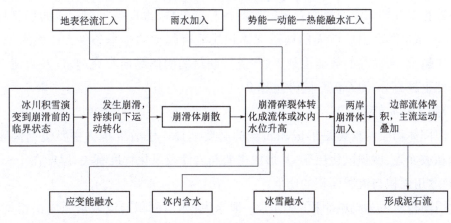

图 13.2　冰川泥石流形成机制模式图

2. 影响因素选取

研究选取影响因子的原则是先将所有影响泥石流危险度的因子都考虑进去;然后,根据实际情况将作用不大的影响因子删去;剩余的影响因子当中,再将难以获取准确量值的影响因子删去。

研究中选取流域面积、沟床纵比降、岩性系数、月平均气温、冰川坡度、流域相对高差、固体物质储量、冰川面积与流域面积的比值 8 个因子作为冰川泥石流影响因素。

(1) 流域面积

流域面积反映流域的产沙和汇流状况。一般来说,流域面积与流域产沙量成正相关,产沙量的多少影响到流域内松散固体物质的储量,松散固体物质储量又影响到一次泥石流最大冲出量;因此,流域面积与泥石流危险性关系密切。

(2) 沟床纵比降

沟床纵比降是泥石流爆发的决定性因素,不仅影响泥石流的流速、流态,还控制泥石流的规模以及灾害程度,是泥石流爆发过程中的不可逆的起动力。

(3) 岩性系数

岩性系数为岩样实测渗透率与理论渗透率之比。这一指标与泥石流沟分布密度关系密切,岩性系数越高,松散固体物质越丰富,暴发泥石流的规模也越大,危险性越高;反之越低。

(4) 月平均气温

月平均气温反映流域内冰川消融对泥石流水源补给情况。月平均温度越高,冰川消融速度越快,瞬间提供水源越大,使得土体径流系数大,汇流时间短,形成泥石流的水动力条件充足,因此与泥石流危险性关系十分密切。

(5) 冰川坡度

冰川坡度反映冰川汇水能力的大小,同时也反映冰川发生崩塌的概率大小。

(6) 流域相对高差

流域相对高差为泥石流发育提供的潜在势能条件,也反映了泥石流的切割程度和速度,是流域上游和山坡坡面的松散固体物质能否起动的根本条件。一般来说,流域相对高差越大,所储存的势能也越大,沟道可获得的固体物质补充越多,发生泥石流的动力条件也越充分,泥石流危险性也越高。

(7) 固体物质储量

松散固体物质的聚集是形成泥石流的必要前提。松散堆积物主要包括沟床松散堆积物和坡面残、坡积风化层等,其形成主要与岩性及风化程度有关,厚度在 1~5 m。

(8) 冰川面积与流域面积的比值

冰川面积所占总流域面积的比例,一般来说,冰川面积与流域水源成正相关,水源的多少影响流域内松散固体物质的动量,松散固体物质动量又影响到泥石流势量;因此,冰川面积与流域面积的比值与泥石流危险性关系密切。

3. 关联度的计算步骤

泥石流的发生是一个动态变化的过程,灾变时间及活动强度具有明显的非线性特征,灰色系统理论的多因素关联度分析方法可以找出因素与泥石流的密切关系程度,根据各因素对泥石流作用的大小,做出综合分析与评判。根据灰色系统理论中的关联度的定义,可得出以上各因素对冰川泥石流关联度的计算步骤如下。

(1) 根据评价目的确定评价指标体系,收集评价数据设 m 个数据序列形成如下矩阵。

$$(\boldsymbol{X}_0, \boldsymbol{X}_1 \cdots, \boldsymbol{X}_m) = \begin{pmatrix} x_0(1) & x_1(1) & \cdots & x_m(1) \\ x_0(2) & x_1(2) & \cdots & x_m(2) \\ \vdots & \vdots & & \vdots \\ x_0(n) & x_1(n) & \cdots & x_m(n) \end{pmatrix} \quad (13.1)$$

其中 n 为指标的个数。

$$X_i = (x_i(1), x_i(2), \cdots, x_i(n))^T \quad i=1,2,\cdots,m \tag{13.2}$$

(2)确定参考数据列 X_0。

参考数据列应该是一个理想的比较标准,可以以各指标的最优值(或最劣值)构成参考数据列,也可根据评价目的选择其他参照值。记作

$$X_0 = (x_0(1), x_0(2), \cdots, x_0(m)) \tag{13.3}$$

(3)对指标数据序列用关联算子进行无量纲化(也可以不进行无量纲化),无量纲化后的数据序列形成如下矩阵:

$$(X'_0, X'_1, \cdots, X'_m) = \begin{bmatrix} x'_0(1) & x'_1(1) & \cdots & x'_m(1) \\ x'_0(2) & x'_1(2) & \cdots & x'_m(2) \\ \vdots & \vdots & & \vdots \\ x'_0(n) & x'_1(n) & \cdots & x'_m(n) \end{bmatrix} \tag{13.4}$$

常用的无量纲化方法有均值化像法、初值化像法等。

$$x'_i(k) = \frac{x_i(k)}{\frac{1}{n}\sum_{k=1}^{n} x_i(k)} \quad \text{或} \quad x'_i(k) = \frac{x_i(k)}{x_i(1)} \quad i=0,1,\cdots,m; k=1,2,\cdots,n$$

$$\tag{13.5}$$

(4)逐个计算每个被评价对象指标序列与参考序列对应元素的绝对差值,即

$$\Delta_i(k) = |x'_0(k) - x'_i(k)| \quad i=1,2,\cdots,m; k=1,2,\cdots,n \tag{13.6}$$

(5)确定最小和最大绝对差。

$$\begin{cases} m = \min_{i=1}^{n} \min_{k=1}^{m} |x'_0(k) - x'_i(k)| \\ M = \max_{i=1}^{n} \max_{k=1}^{m} |x'_0(k) - x'_i(k)| \end{cases} \tag{13.7}$$

(6)计算关联系数。

分别计算每个比较序列与参考序列对应元素的关联系数。

$$r(x'_0(k), x'_i(k)) = \frac{m + \zeta \cdot M}{\Delta_i(k) + \zeta \cdot M} \quad k=1,2,\cdots,n \tag{13.8}$$

式中 ζ——分辨系数,在$(0,1)$内取值,ζ 越小,关联系数间的差异越大,区分能力越强,通常取 $\zeta=0.5$。

(7)计算关联度 $r = \frac{1}{n}\sum_{k=1}^{n} r_{0i}(k)$。 (13.9)

(8)依据各观察对象的关联度,得出综合评价结果。

4. 对 8 个影响因素综合评价

利用上述灰色关联分析的方法对 8 个冰川泥石流影响因素进行综合评价:

(1)评价指标包括:流域面积、沟床纵比降、岩性系数、月平均气温、冰川坡度、流域相对高差、固体物质储量、冰川面积与流域面积的比值。

(2)对原始数据经处理后得到冰川泥石流沟基础数据,见表13.2。

表 13.2 研究区冰川泥石流基础数据统计

序号	流域面积 (km²)	沟床纵比降 (‰)	岩性系数	月平均气温 (℃)	冰川坡度 (°)	流域相对高差 (m)	固体物质储量 ($\times 10^4$ m³)	冰川面积与流域面积的比值
X_1	43.47	126.2	7.8	8.2	19	1 770	503.02	0.255 4
X_2	8.66	324.4	7.8	8.2	25	1 690	67.93	0.019 6
X_3	12.87	279.2	7.8	8.2	15	1 530	138.22	0.149 2
X_4	42.06	129.9	7.8	8.2	35	1 970	224.54	0.057 1
X_5	36.87	135.2	7.8	8.2	19	1 970	254.76	0.231 1
X_6	15.22	310.3	7.8	8.2	38	1 980	19.9	0.151 7
X_7	21.80	189.6	7.8	8.2	28	1 640	8.3	0.221 6
X_8	3.12	433.7	7.8	8.2	26	1 340	4.56	0.091 0
X_9	11.41	307.9	7.8	8.2	13	1 940	83.00	0.173 5
X_{10}	14.72	261.5	7.8	9.4	32	2 050	138.13	0.093 8
X_{11}	4.06	348.7	7.8	11.2	21	1 590	13.80	0.004 1
X_{12}	17.00	257.0	7.8	11.2	26	2 280	131.46	0.358 9
X_{13}	4.30	416.0	7.8	11.2	36	1 660	18.09	0.084 6
X_{14}	3.57	319.6	7.8	8.2	36	1 470	12.73	0.004 5
X_{15}	5.39	277.8	7.8	8.2	40	1 450	23.39	0.057 6
X_{16}	31.87	123.9	7.8	9.4	27	1 450	184.58	0.034 5
X_{17}	17.05	173.7	7.8	9.4	24	1 890	70.77	0.156 0
X_{18}	3.19	337.7	7.8	9.4	36	1 560	16.35	0.006 3
X_{19}	16.36	188.9	7.8	9.4	24	2 220	59.61	0.000 2
X_{20}	24.22	211.9	7.8	11.2	22	1 990	126.87	0.097 0
X_{21}	62.73	148.0	7.8	11.2	36	2 650	285.65	0.145 2
X_{22}	7.75	389.5	7.8	11.2	31	2 010	19.78	0.058 1
X_{23}	48.24	143.6	7.8	11.2	29	2 140	80.87	0.204 4
X_{24}	34.65	211.8	7.8	11.2	25	1 940	275.81	0.027 4
X_{25}	26.85	200.0	8.0	11.2	26	2 300	140.56	0.253 3
X_{26}	7.98	401.9	8.0	11.2	18	1 949	22.13	0.087 7
X_{27}	12.20	244.0	8.0	11.2	34	1 830	76.63	0.049 2
X_{28}	165.12	83.6	9.0	11.2	21	2 248	1.17	0.141 1
X_{29}	47.90	192.5	6.0	11.2	32	2 904	133.1	0.187 9
X_{30}	46.25	175.4	6.0	8.2	18	3 143	167.2	0.272 4
X_{31}	35.67	89.1	6.0	8.2	18	2 454	272.2	0.153 6
X_{32}	105.60	133.6	9.0	8.2	31	1 853	484.5	0.027 4

续上表

序号	流域面积 (km²)	沟床纵比降 (‰)	岩性系数	月平均气温 (℃)	冰川坡度 (°)	流域相对高差 (m)	固体物质储量 (×10⁴ m³)	冰川面积与流域面积的比值
X_{33}	30.45	75.2	9.0	8.2	32	2 082	46.6	0.047 3
X_{34}	5.75	400.7	6.0	8.2	29	1 803	27.7	0.125 2
X_{35}	6.95	444.4	6.0	8.2	30	1 800	18.5	0.093 4
X_{36}	1.50	288.0	6.0	8.2	34	1 820	3.6	0.008 7
X_{37}	13.73	104.2	6.0	8.2	21	360	89.6	0.096 1
X_{38}	20.36	372.8	6.0	8.2	27	677	72.2	0.021 6
X_{39}	39.17	298.9	6.0	8.2	32	1 184	84.5	0.000 3
X_{40}	18.25	296.0	7.8	8.2	19	2 938	234.16	0.196 7
X_{41}	10.43	377.3	6.0	8.2	21	1 984	75.91	0.013 4
X_{42}	2.42	556.8	6.0	8.2	46	1 079	57.53	0.004 1
X_{43}	74.76	137.5	6.0	8.2	17	2 216	1 406.86	0.056 2
X_{44}	8.38	408.0	9.5	8.2	32	1 977	115.29	0.074 0
X_{45}	17.24	281.3	9.5	9.4	20	2 142	1 735.43	0.121 8
X_{46}	3.43	516.3	9.5	11.2	26	1 857	218.52	0.055 4
X_{47}	4.71	494.7	9.5	11.2	29	1 902	162.09	0.036 1
X_{48}	130.25	84.3	7.5	11.2	32	1 803	577.93	0.077 5
X_{49}	160.24	91.5	7.5	8.2	18	1 849	293.59	0.005 7
X_{50}	0.53	566.8	7.5	8.2	52	1 060	6.56	0.001 9
X_{51}	1.20	517.2	7.5	9.4	43	1 231	10.15	0.000 8
X_{52}	0.75	688.6	8.0	9.4	38	1 150	4.60	0.084 3
X_{53}	1.93	576.4	8.0	9.4	23	1 320	14.58	0.259 1

(3)确定参考数据列。

$X_0 = \{10.43, 75.2, 6.0, 8.2, 13, 1\ 600, 1.17, 0.002\ 0\}$

(4)计算绝对差值 $\Delta_i(k) = |x'_0(k) - x'_i(k)|$,结果见表13.3。

表 13.3 冰川泥石流影响因素指标数据序列与参考序列对应元素的绝对差

编 号	流域面积 $\Delta_i(1)$	沟床纵比降 $\Delta_i(2)$	岩性系数 $\Delta_i(3)$	月平均气温 $\Delta_i(4)$	冰川坡度 $\Delta_i(5)$	流域相对高差 $\Delta_i(6)$	固体物质储量 $\Delta_i(7)$	冰川面积与流域面积的比值 $\Delta_i(8)$
$|X_1 - X_0|$	33.04	51.0	1.8	0	6	170	501.85	0.253 4
$|X_2 - X_0|$	1.77	249.2	1.8	0	12	90	66.76	0.017 6
$|X_3 - X_0|$	2.44	204.0	1.8	0	2	70	137.05	0.147 2
$|X_4 - X_0|$	31.63	54.7	1.8	0	22	370	223.37	0.055 1
$|X_5 - X_0|$	26.44	60.0	1.8	0	6	370	253.59	0.229 1
$|X_6 - X_0|$	4.79	235.1	1.8	0	25	380	18.73	0.149 7
$|X_7 - X_0|$	11.37	114.4	1.8	0	15	40	7.13	0.219 6

续上表

编 号	流域面积 $\Delta_i(1)$	沟床纵比降 $\Delta_i(2)$	岩性系数 $\Delta_i(3)$	月平均气温 $\Delta_i(4)$	冰川坡度 $\Delta_i(5)$	流域相对高差 $\Delta_i(6)$	固体物质储量 $\Delta_i(7)$	冰川面积与流域面积的比值 $\Delta_i(8)$
$\|X_8-X_0\|$	7.31	358.5	1.8	0	13	260	3.39	0.089 0
$\|X_9-X_0\|$	0.98	232.7	1.8	0	0	340	81.83	0.171 5
$\|X_{10}-X_0\|$	4.29	186.3	1.8	1.2	19	450	136.96	0.091 8
$\|X_{11}-X_0\|$	6.37	273.5	1.8	3.0	8	10	12.63	0.002 1
$\|X_{12}-X_0\|$	6.57	181.8	1.8	3.0	13	680	130.29	0.356 9
$\|X_{13}-X_0\|$	6.13	340.8	1.8	3.0	23	60	16.92	0.082 6
$\|X_{14}-X_0\|$	6.86	244.4	1.8	0	23	130	11.56	0.002 5
$\|X_{15}-X_0\|$	5.04	202.6	1.8	0	27	150	22.22	0.055 6
$\|X_{16}-X_0\|$	21.44	48.7	1.8	1.2	14	150	183.41	0.032 5
$\|X_{17}-X_0\|$	6.62	98.5	1.8	1.2	11	290	69.6	0.154 0
$\|X_{18}-X_0\|$	7.24	262.5	1.8	1.2	23	40	15.18	0.004 3
$\|X_{19}-X_0\|$	5.93	113.7	1.8	1.2	11	620	58.44	0.001 8
$\|X_{20}-X_0\|$	13.79	136.7	1.8	3.0	9	390	125.7	0.095 0
$\|X_{21}-X_0\|$	52.30	72.8	1.8	3.0	23	1 050	284.48	0.143 2
$\|X_{22}-X_0\|$	2.68	314.3	1.8	3.0	18	410	18.61	0.056 1
$\|X_{23}-X_0\|$	37.81	68.4	1.8	3.0	16	540	79.7	0.202 4
$\|X_{24}-X_0\|$	24.22	136.6	1.8	3.0	12	340	274.64	0.025 4
$\|X_{25}-X_0\|$	16.42	124.8	2.0	3.0	13	700	139.39	0.251 3
$\|X_{26}-X_0\|$	2.45	326.7	2.0	3.0	5	349	20.96	0.085 7
$\|X_{27}-X_0\|$	1.77	168.8	2.0	3.0	21	230	75.46	0.047 2
$\|X_{28}-X_0\|$	154.69	8.4	3.0	3.0	8	648	0	0.139 1
$\|X_{29}-X_0\|$	37.47	117.3	0	3.0	19	1 304	131.93	0.185 9
$\|X_{30}-X_0\|$	35.82	100.2	0	0	5	1 543	166.03	0.270 4
$\|X_{31}-X_0\|$	25.24	13.9	0	0	5	854	271.03	0.151 6
$\|X_{32}-X_0\|$	95.17	58.4	3.0	0	18	253	483.33	0.025 4
$\|X_{33}-X_0\|$	20.02	0	3.0	0	19	482	45.43	0.045 3
$\|X_{34}-X_0\|$	4.68	325.5	0	0	16	203	26.53	0.123 2
$\|X_{35}-X_0\|$	3.48	369.2	0	0	17	200	17.33	0.091 4
$\|X_{36}-X_0\|$	8.93	212.8	0	0	21	220	2.43	0.006 7
$\|X_{37}-X_0\|$	3.30	29.0	0	0	8	1 240	88.43	0.094 1
$\|X_{38}-X_0\|$	9.93	297.6	0	0	14	923	71.03	0.019 6
$\|X_{39}-X_0\|$	28.74	223.7	0	0	19	416	83.33	0.001 7
$\|X_{40}-X_0\|$	7.82	220.8	1.8	0	6	1 338	232.99	0.194 7
$\|X_{41}-X_0\|$	0	302.1	0	0	8	384	74.74	0.011 4
$\|X_{42}-X_0\|$	8.01	481.6	0	0	33	521	56.36	0.002 1

续上表

编　号	流域面积 $\Delta_i(1)$	沟床纵比降 $\Delta_i(2)$	岩性系数 $\Delta_i(3)$	月平均气温 $\Delta_i(4)$	冰川坡度 $\Delta_i(5)$	流域相对高差 $\Delta_i(6)$	固体物质储量 $\Delta_i(7)$	冰川面积与流域面积的比值 $\Delta_i(8)$
$\lvert X_{43}-X_0 \rvert$	64.33	62.3	0	0	4	616	1 405.69	0.054 2
$\lvert X_{44}-X_0 \rvert$	2.05	332.8	3.5	0	19	377	114.12	0.072 0
$\lvert X_{45}-X_0 \rvert$	6.81	206.1	3.5	1.2	7	542	1 734.26	0.119 8
$\lvert X_{46}-X_0 \rvert$	7.00	441.1	3.5	3.0	13	257	217.35	0.053 4
$\lvert X_{47}-X_0 \rvert$	5.72	419.5	3.5	3.0	16	302	160.92	0.034 1
$\lvert X_{48}-X_0 \rvert$	119.82	9.1	1.5	3.0	19	203	576.76	0.075 5
$\lvert X_{49}-X_0 \rvert$	149.81	16.3	1.5	0	5	249	292.42	0.003 7
$\lvert X_{50}-X_0 \rvert$	9.90	491.6	1.5	0	39	540	5.39	0.000 1
$\lvert X_{51}-X_0 \rvert$	9.23	442.0	1.5	1.2	30	369	8.98	0.001 2
$\lvert X_{52}-X_0 \rvert$	9.68	613.4	2.0	1.2	25	450	3.43	0.082 3
$\lvert X_{53}-X_0 \rvert$	8.50	501.2	2.0	1.2	10	280	13.41	0.257 1

(5)确定最小和最大绝对差。

$\min\limits_{i=1}^{n}\min\limits_{k=1}^{m}\lvert x_0(k)-x_i(k)\rvert = \min(0,0,0,0,0,0,0,0,0.091\,8, 0.002\,1, 0.356\,9,$
$0.082\,6, 0, 0, 0.032\,5, 0.154, 0.004\,3, 0.001\,8, 0.095, 0.143\,2, 0.056\,1, 0.202\,4,$
$0.025\,4, 0.251\,3, 0.085\,7, 0.047\,2, 0.139\,1, 0, 0, 0, 0, 0, 0, 0, 0, 0, 0, 0, 0, 0,$
$0.119\,8, 0.053\,4, 0.034\,1, 0.075\,5, 0, 0, 0.001\,2, 0.082\,3, 0.257\,1) = 0$

$\max\limits_{i=1}^{n}\max\limits_{k=1}^{m}\lvert x_0(k)-x_i(k)\rvert = \max(501.85, 249.2, 204, 370, 370, 380, 114.4, 358.5,$
$340, 450, 273.5, 680, 340.8, 244.4, 202.6, 183.41, 290, 262.5, 620, 390, 1\,050, 410, 540,$
$340, 700, 349, 230, 648, 1\,304, 1\,543, 854, 483.33, 482, 325.5, 369.2, 220, 1\,240, 923,$
$416, 1\,338, 384, 521, 1\,405.69, 377, 1\,734.26, 441.1, 419.5, 576.76, 292.42, 540, 442,$
$613.4) = 1\,734.26$

(6)依据式(13.8),取 $\zeta=0.5$ 计算关联系数,得

$r_{0i}(1) = \dfrac{0+0.5\times 1\,734.26}{33.04+0.5\times 1\,734.26} = 0.963\,3 \qquad r_{0i}(2) = \dfrac{0+0.5\times 1\,734.26}{51+0.5\times 1\,734.26} = 0.944\,5$

$r_{0i}(3) = \dfrac{0+0.5\times 1\,734.26}{1.8+0.5\times 1\,734.26} = 0.997\,9 \qquad r_{0i}(4) = \dfrac{0+0.5\times 1\,734.26}{0+0.5\times 1\,734.26} = 1.000\,0$

$r_{0i}(5) = \dfrac{0+0.5\times 1\,734.26}{6+0.5\times 1\,734.26} = 0.993\,1 \qquad r_{0i}(6) = \dfrac{0+0.5\times 1\,734.26}{170+0.5\times 1\,734.26} = 0.836\,1$

$r_{0i}(7) = \dfrac{0+0.5\times 1\,734.26}{501.85+0.5\times 1\,734.26} = 0.633\,4 \qquad r_{0i}(8) = \dfrac{0+0.5\times 1\,734.26}{0.253\,4+0.5\times 1\,734.26} = 0.999\,7$

同理得出其他各值,见表 13.4。

表13.4 研究区53条冰川泥石流沟量化值

编号	$r_{0i}(1)$	$r_{0i}(2)$	$r_{0i}(3)$	$r_{0i}(4)$	$r_{0i}(5)$	$r_{0i}(6)$	$r_{0i}(7)$	$r_{0i}(8)$
X_1	0.9633	0.9445	0.9979	1.0000	0.9931	0.8361	0.6334	0.9997
X_2	0.9980	0.7768	0.9979	1.0000	0.9864	0.9060	0.9285	1.0000
X_3	0.9972	0.8095	0.9979	1.0000	0.9977	0.9253	0.8635	0.9998
X_4	0.9648	0.9407	0.9979	1.0000	0.9753	0.7009	0.7952	0.9999
X_5	0.9704	0.9353	0.9979	1.0000	0.9931	0.7009	0.7737	0.9997
X_6	0.9945	0.7867	0.9979	1.0000	0.9720	0.6953	0.9789	0.9998
X_7	0.9871	0.8834	0.9979	1.0000	0.9830	0.9559	0.9918	0.9997
X_8	0.9916	0.7075	0.9979	1.0000	0.9852	0.7693	0.9961	0.9999
X_9	0.9989	0.7884	0.9979	1.0000	1.0000	0.7183	0.9138	0.9998
X_{10}	0.9951	0.8231	0.9979	0.9986	0.9786	0.6583	0.8636	0.9999
X_{11}	0.9927	0.7602	0.9979	0.9966	0.9909	0.9886	0.9856	1.0000
X_{12}	0.9925	0.8267	0.9979	0.9966	0.9852	0.5605	0.8694	0.9996
X_{13}	0.9930	0.7179	0.9979	0.9966	0.9742	0.9353	0.9809	0.9999
X_{14}	0.9922	0.7801	0.9979	1.0000	0.9742	0.8696	0.9868	1.0000
X_{15}	0.9942	0.8106	0.9979	1.0000	0.9698	0.8525	0.9750	0.9999
X_{16}	0.9759	0.9468	0.9979	0.9986	0.9841	0.8525	0.8254	1.0000
X_{17}	0.9924	0.8980	0.9979	0.9986	0.9875	0.7494	0.9257	0.9998
X_{18}	0.9917	0.7676	0.9979	0.9986	0.9742	0.9559	0.9828	1.0000
X_{19}	0.9932	0.8841	0.9979	0.9986	0.9875	0.5831	0.9369	1.0000
X_{20}	0.9843	0.8638	0.9979	0.9966	0.9897	0.6898	0.8734	0.9999
X_{21}	0.9431	0.9225	0.9979	0.9966	0.9742	0.4523	0.7530	0.9998
X_{22}	0.9969	0.7340	0.9979	0.9966	0.9797	0.6790	0.9790	0.9999
X_{23}	0.9582	0.9269	0.9979	0.9966	0.9819	0.6162	0.9158	0.9998
X_{24}	0.9728	0.8639	0.9979	0.9966	0.9864	0.7183	0.7595	1.0000
X_{25}	0.9814	0.8742	0.9977	0.9966	0.9852	0.5533	0.8615	0.9997
X_{26}	0.9972	0.7263	0.9977	0.9966	0.9943	0.7130	0.9764	0.9999
X_{27}	0.9980	0.8371	0.9977	0.9966	0.9764	0.7904	0.9199	0.9999
X_{28}	0.8486	0.9904	0.9966	0.9966	0.9909	0.5723	1.0000	0.9999
X_{29}	0.9586	0.8808	1.0000	0.9966	0.9786	0.3994	0.8679	0.9998
X_{30}	0.9603	0.8964	1.0000	1.0000	0.9943	0.3598	0.8393	0.9997
X_{31}	0.9717	0.9842	1.0000	1.0000	0.9943	0.5038	0.7619	0.9998
X_{32}	0.9011	0.9369	0.9966	1.0000	0.9797	0.7741	0.6421	1.0000
X_{33}	0.9774	1.0000	0.9966	1.0000	0.9786	0.6427	0.9502	0.9999
X_{34}	0.9946	0.7271	1.0000	1.0000	0.9819	0.8103	0.9703	0.9999
X_{35}	0.9960	0.7014	1.0000	1.0000	0.9808	0.8126	0.9804	0.9999
X_{36}	0.9898	0.8030	1.0000	1.0000	0.9764	0.7976	0.9972	1.0000
X_{37}	0.9962	0.9676	1.0000	1.0000	0.9909	0.4115	0.9075	0.9999
X_{38}	0.9887	0.7445	1.0000	1.0000	0.9841	0.4844	0.9243	1.0000
X_{39}	0.9679	0.7949	1.0000	1.0000	0.9786	0.6758	0.9123	1.0000

续上表

编号	$r_{0i}(1)$	$r_{0i}(2)$	$r_{0i}(3)$	$r_{0i}(4)$	$r_{0i}(5)$	$r_{0i}(6)$	$r_{0i}(7)$	$r_{0i}(8)$
X_{40}	0.9911	0.7970	0.9979	1.0000	0.9931	0.3932	0.7882	0.9998
X_{41}	1.0000	0.7416	1.0000	1.0000	0.9909	0.6931	0.9206	1.0000
X_{42}	0.9908	0.6429	1.0000	1.0000	0.9633	0.6247	0.9390	1.0000
X_{43}	0.9309	0.9330	1.0000	1.0000	0.9954	0.5847	0.3815	0.9999
X_{44}	0.9976	0.7227	0.9960	1.0000	0.9786	0.6970	0.8837	0.9999
X_{45}	0.9922	0.8080	0.9960	0.9986	0.9920	0.6154	0.3333	0.9999
X_{46}	0.9920	0.6628	0.9960	0.9966	0.9852	0.7714	0.7996	0.9999
X_{47}	0.9934	0.6740	0.9960	0.9966	0.9819	0.7417	0.8435	1.0000
X_{48}	0.8786	0.9896	0.9983	0.9966	0.9786	0.8103	0.6006	0.9999
X_{49}	0.8527	0.9815	0.9983	1.0000	0.9943	0.7769	0.7478	1.0000
X_{50}	0.9887	0.6382	0.9983	1.0000	0.9570	0.6160	0.9938	1.0000
X_{51}	0.9895	0.6624	0.9983	0.9986	0.9660	0.7015	0.9898	1.0000
X_{52}	0.9890	0.5857	0.9977	0.9986	0.9720	0.6583	0.9961	0.9999
X_{53}	0.9903	0.6337	0.9977	0.9986	0.9886	0.7559	0.9848	0.9997

（7）分别计算每条沟各指标关联系数的关联度：

$r_{01}(1) = (0.9633+0.9980+0.9972+0.9648+0.9704+0.9945+0.9871+0.9916+0.9989+0.9951+0.9927+0.9925+0.9930+0.9922+0.9942+0.9759+0.9924+0.9932+0.9917+0.9843+0.9431+0.9969+0.9582+0.9728+0.9814+0.9972+0.9980+0.8486+0.9586+0.9603+0.9717+0.9011+0.9774+0.9946+0.9960+0.9898+0.9962+0.9886+0.9679+0.9911+1.0000+0.9908+0.9309+0.9976+0.9922+0.9920+0.9934+0.8786+0.8527+0.9887+0.9895+0.9890+0.9903)/53 = 0.9762$

同理各因素关联度详见表13.5。

表13.5 各因素关联度值

$r_{01}=0.9762$	$r_{02}=0.8196$	$r_{03}=0.9982$	$r_{04}=0.9987$
$r_{05}=0.9831$	$r_{06}=0.7002$	$r_{07}=0.8717$	$r_{08}=0.9999$

（8）8个被评价对象由好到劣，最好为r_{08}（$r_{08}=0.9999$），其次（$r_{04}=0.9987$），最差的沟为r_{06}（$r_{06}=0.7002$），即$r_{08}>r_{04}>r_{03}>r_{05}>r_{01}>r_{07}>r_{02}>r_{06}$。

13.2.4 危险度评价数学方法的选择

泥石流危险度的评价经历了从定性评价到定性分析与定量评价相结合的发展过程，国内外的泥石流专家学者也提出了相关的泥石流危险度评价模型。为了最大程度上克服主观因素对于评价结果的影响，研究采取了"灰色关联度"法确定及筛选评价指标，并采用"模糊综合评价法"进行冰川泥石流危险性评价。

13.2.5 冰川泥石流危险度评价指标体系建立

1. 冰川泥石流危险度区划评价原则

在泥石流的危险度区划中,指标体系的建立非常重要。唐川(1994年)认为,就全国泥石流的工作来看,虽然各部门研究的对象和目的不同,在灾害强度指标与分级方面的侧重点有所差异,但基本都遵循以下三条原则:

(1)科学性原则

进行灾害强度划分的目的在于使泥石流灾害研究体系条例化、系统化。这就要求强度分级体系能够揭示泥石流灾害自身的本质和自然属性,把具有相同本质和属性的灾害体划分入同一类型,把具有不同本质和属性的泥石流灾害体划入不同类型,分门别类加以研究以便制定防灾、救灾和减灾的对策。

(2)实用性原则

泥石流灾害强度分类分级的实用性原则包括两方面:一是分级体系不但能清楚地揭示泥石流本身的特性,而且能有效地对泥石流的危害程度进行归并和分区;另一方面是为泥石流预测预报、灾情评估和治理工程提供信息。

(3)简明易行的原则

大范围的、区域性泥石流的预测预报和工程防治工作不可能全由国家承担,只有动员山区群众按自然规律办事,认识灾害特征,防灾避灾;在国家资助下,有计划、有组织、有步骤去治理才能奏效。这就要求泥石流灾害强度分类要有简明可操作性,便于为广大山区群众接受和掌握。

2. 评价指标选取及筛选

通过实地野外调查以及室内遥感解译,并分析对研究区冰川泥石流形成有潜在影响的因素,基于上述的考虑以及前人的研究,研究选取的因素主要有:流域面积、沟床纵比降、岩性系数、月平均气温、冰川坡度、流域相对高差、固体物质储量、冰川面积与流域面积的比值。对研究区内53条冰川泥石流沟运用灰色关联度分析方法分析出影响研究区冰川泥石流发生的主导因素,经计算得出各因素的关联度值(表13.5)依次为:

(1)流域面积 $r_{01} = 0.9762$

(2)沟床纵比降 $r_{02} = 0.8196$

(3)岩性系数 $r_{03} = 0.9982$

(4)月平均气温 $r_{04} = 0.9987$

(5)冰川坡度 $r_{05} = 0.9831$

(6)流域相对高差 $r_{06} = 0.7002$

(7)固体物质储量 $r_{07} = 0.8717$

(8)冰川面积与流域面积的比值 $r_{08} = 0.9999$

参照关联度的置信标准(表13.6),研究中选择关联度"好"以上的因素作为研究区冰川泥石流沟危险度评价指标,即:冰川面积与流域面积的比值、月平均气温、岩性系数、冰川坡度、流域面积、固体物质储量、沟床纵比降、流域相对高差。

表 13.6 关联度的置信标准

关联度值	$r<0.5$	$0.5 \leqslant r<0.6$	$0.6 \leqslant r<0.7$	$0.7 \leqslant r<0.8$	$r \geqslant 0.8$
关联度置信标准	不能用	勉强可用	可用	好	很好

3. 评价指标权重确定及权重计算

在模糊综合评判中,由于各评判因子对于冰川泥石流沟危险度的影响程度各不相同,评判中权重的选取至关重要,会影响评判结果,而确定权重有许多方法。研究中利用效果测度分析法确定权重。把泥石流灾害看成是一个由许多不同性质因子相互制约的子系统构成的灰色系统,根据主导因子与其他因子的关联度大小来确定权重的大小,效果测度分析法具体原理如下:

(1)无量纲化方法

无量纲化方法的作用是消除各数据序列的量纲,使被研究系统各数据序列具有可比性。效果测度无量纲化是根据参考序列的效用关系进行。

对于比较序列取值越大,参考序列取值越大的效用关系,按式(13.10)进行无量纲化。

$$x'_i(k)=\frac{x_i(k)}{\max x_i(k)} \tag{13.10}$$

对于比较序列取值越小,参考序列取值越大的效用关系,按式(13.11)进行无量纲化。

$$x'_i(k)=\frac{\min x_i(k)}{x_i(k)} \tag{13.11}$$

式中　$x'_i(k)$——第 i 个比较序列第 k 个样本的无量纲化值;

$x_i(k)$——第 i 个比较序列第 k 个样本值;

$\max x_i(k)$——第 i 个比较序列中的最大值;

$\min x_i(k)$——第 i 个比较序列中的最小值。

(2)关联系数的计算方法

以无量纲化后的参考序列作为测度标准,用无量纲化后的比较序列与参考序列的效果测度值,作为关联系数。

当 $x'_i(k)<x'_0(k)$ 时

$$y_i(k)=\frac{x'_i(k)}{x'_0(k)} \tag{13.12}$$

当 $x'_i(k)>x'_0(k)$ 时

$$y_i(k)=\frac{x'_0(k)}{x'_i(k)} \tag{13.13}$$

式中 $y_i(k)$——第i个比较序列第k个样本同参考序列的接近程度,即关联系数。

(3)关联度与效果度的计算方法

将各因素比较序列关联系数的平均值称为关联度r_i。

$$r_i = \frac{1}{n}\sum_{k=1}^{n} y_i(k) \tag{13.14}$$

关联度反映了各比较序列与参考序列的整体接近程度,即评价因子对评判值的影响程度。

将各样本序列关联系数的平均值r_k称为效果度,亦可称为亲近度。

$$r_k = \frac{1}{m}\sum_{i=1}^{m} y_i(k) \tag{13.15}$$

效果度r_k是定性分类的量化值。

(4)权重的计算方法

关联度归一化后为各因素的权重,即

$$w_i = (w_1, w_2, w_3, \cdots, w_8) \tag{13.16}$$

评价因子权重计算:

具体计算过程及结果见表13.7。

表13.7 第一次效果测度值(无量纲化)

编号	x_1	x_2	x_3	x_4	x_5	x_6	x_7	x_8
X_1	0.2633	0.1833	0.8211	0.7321	0.3654	0.5632	0.2899	0.7116
X_2	0.0524	0.4711	0.8211	0.7321	0.4808	0.5377	0.0391	0.0546
X_3	0.0779	0.4055	0.8211	0.7321	0.2885	0.4868	0.0796	0.4157
X_4	0.2547	0.1886	0.8211	0.7321	0.6731	0.6268	0.1294	0.1591
X_5	0.2233	0.1963	0.8211	0.7321	0.3654	0.6268	0.1468	0.6439
X_6	0.0922	0.4506	0.8211	0.7321	0.7308	0.6300	0.0115	0.4227
X_7	0.1320	0.2753	0.8211	0.7321	0.5385	0.5218	0.0048	0.6174
X_8	0.0189	0.6298	0.8211	0.7321	0.5000	0.4263	0.0026	0.2536
X_9	0.0691	0.4471	0.8211	0.7321	0.2500	0.6172	0.0478	0.4834
X_{10}	0.0891	0.3798	0.8211	0.8393	0.6154	0.6522	0.0796	0.2614
X_{11}	0.0246	0.5064	0.8211	1.0000	0.4038	0.5059	0.0080	0.0114
X_{12}	0.1030	0.3732	0.8211	1.0000	0.5000	0.7254	0.0758	1.0000
X_{13}	0.0260	0.6041	0.8211	1.0000	0.6923	0.5282	0.0104	0.2357
X_{14}	0.0216	0.4641	0.8211	0.7321	0.6923	0.4677	0.0073	0.0125
X_{15}	0.0326	0.4034	0.8211	0.7321	0.7692	0.4613	0.0135	0.1605
X_{16}	0.1930	0.1799	0.8211	0.8393	0.5192	0.4613	0.1064	0.0961
X_{17}	0.1033	0.2523	0.8211	0.8393	0.4615	0.6013	0.0408	0.4347
X_{18}	0.0193	0.4904	0.8211	0.8393	0.6923	0.4966	0.0094	0.0176
X_{19}	0.0991	0.2743	0.8211	0.8393	0.4615	0.7063	0.0343	0.0006
X_{20}	0.1467	0.3077	0.8211	1.0000	0.4231	0.6332	0.0731	0.2703

续上表

编号	x_1	x_2	x_3	x_4	x_5	x_6	x_7	x_8
X_{21}	0.379 9	0.214 9	0.821 1	1.000 0	0.692 3	0.843 1	0.164 6	0.404 6
X_{22}	0.046 9	0.565 6	0.821 1	1.000 0	0.596 2	0.639 5	0.011 4	0.161 9
X_{23}	0.292 2	0.208 5	0.821 1	1.000 0	0.557 7	0.680 9	0.046 6	0.569 5
X_{24}	0.209 8	0.307 6	0.821 1	1.000 0	0.480 8	0.617 2	0.158 9	0.076 3
X_{25}	0.162 6	0.290 4	0.842 1	1.000 0	0.500 0	0.731 8	0.081 0	0.705 8
X_{26}	0.048 3	0.583 6	0.842 1	1.000 0	0.346 2	0.620 1	0.012 8	0.244 4
X_{27}	0.073 9	0.354 3	0.842 1	1.000 0	0.653 8	0.582 2	0.044 2	0.137 1
X_{28}	1.000 0	0.121 4	0.947 4	1.000 0	0.403 8	0.715 2	0.000 7	0.393 1
X_{29}	0.290 1	0.279 6	0.631 6	1.000 0	0.615 4	0.924 0	0.076 7	0.523 5
X_{30}	0.280 1	0.254 7	0.631 6	0.732 1	0.346 2	1.000 0	0.096 3	0.759 0
X_{31}	0.216 0	0.129 4	0.631 6	0.732 1	0.346 2	0.780 8	0.156 9	0.428 0
X_{32}	0.639 5	0.194 0	0.947 4	0.732 1	0.596 2	0.589 6	0.279 2	0.076 3
X_{33}	0.184 4	0.109 2	0.947 4	0.732 1	0.615 4	0.662 4	0.026 9	0.131 8
X_{34}	0.034 8	0.581 9	0.631 6	0.732 1	0.557 7	0.573 7	0.016 0	0.348 8
X_{35}	0.042 1	0.645 4	0.631 6	0.732 1	0.576 9	0.572 7	0.010 7	0.260 2
X_{36}	0.009 1	0.418 2	0.631 6	0.732 1	0.653 8	0.579 1	0.002 1	0.024 2
X_{37}	0.083 2	0.151 3	0.631 6	0.732 1	0.403 8	0.114 5	0.051 6	0.267 8
X_{38}	0.123 3	0.541 4	0.631 6	0.732 1	0.519 2	0.215 4	0.041 6	0.060 2
X_{39}	0.237 2	0.434 1	0.631 6	0.732 1	0.615 4	0.376 7	0.048 7	0.000 8
X_{40}	0.110 5	0.429 9	0.821 1	0.732 1	0.365 4	0.934 8	0.134 9	0.548 1
X_{41}	0.063 2	0.547 9	0.631 6	0.732 1	0.403 8	0.631 2	0.043 7	0.037 3
X_{42}	0.014 7	0.808 6	0.631 6	0.732 1	0.884 6	0.343 3	0.033 2	0.011 4
X_{43}	0.452 8	0.199 7	0.631 6	0.732 1	0.326 9	0.705 1	0.810 7	0.156 6
X_{44}	0.050 8	0.592 5	1.000 0	0.732 1	0.615 4	0.629 0	0.066 4	0.206 2
X_{45}	0.104 4	0.408 5	1.000 0	0.839 3	0.384 6	0.681 5	1.000 0	0.339 4
X_{46}	0.020 8	0.749 8	1.000 0	1.000 0	0.500 0	0.590 8	0.125 9	0.154 4
X_{47}	0.028 5	0.718 4	1.000 0	1.000 0	0.557 7	0.605 2	0.093 4	0.100 6
X_{48}	0.788 8	0.122 4	0.789 5	1.000 0	0.615 4	0.573 7	0.333 0	0.215 9
X_{49}	0.970 4	0.132 9	0.789 5	0.732 1	0.346 2	0.588 3	0.169 2	0.015 9
X_{50}	0.003 2	0.823 1	0.789 5	0.732 1	1.000 0	0.337 3	0.003 8	0.005 3
X_{51}	0.007 3	0.751 1	0.789 5	0.839 3	0.826 9	0.391 7	0.005 8	0.002 2
X_{52}	0.004 5	1.000 0	0.842 1	0.839 3	0.730 8	0.365 9	0.002 7	0.234 9
X_{53}	0.011 7	0.837 1	0.842 1	0.839 3	0.442 3	0.420 0	0.008 4	0.721 9

把关联度 r_i 归一化得权重，取研究区 53 条冰川泥石流沟作为样本进行计算，最后得出具体的各危险因子的权重值按顺序分别为

$$w_i = (w_1, w_2, w_3, \cdots, w_8)$$
$$= (0.132\,9, 0.111\,5, 0.135\,9, 0.135\,9, 0.133\,8, 0.095\,5, 0.118\,6, 0.136\,1)$$

13.2.6 模糊综合评判对研究区冰川泥石流危险度评价

模糊数学着重研究"认识不确定"问题,其研究对象具有"内涵明确,外延不明确"的特点。模糊综合判别法是一种以模糊推理为主的定性与定量相结合、精确与非精确相统一的分析评判方法,它对受多种因素影响的现象或事物进行总的评价,即根据所给的条件,对评判对象的全体、每个因素都赋予一个评判指标,然后择优选择,最后运用模糊变换原理的最大隶属原则确定灾害的危险度等级,从而能够得到更切合实际的结果,在泥石流危险度评价领域中得到广泛的应用。

1. 模糊综合评判的理论基础

已知因子集 $U = \{u_1, u_2, u_3, \cdots, u_n\}$ 与评价集 $V = \{v_1, v_2, v_3, \cdots, v_m\}$,设各个因子的权重分配为 U 上的模糊子集 A,记 $A = \{a_1, a_2, a_3, \cdots, a_n\}$,其中,$a_i$ 为第 i 个因子 u_i 所对应的权重,且一般规定 $\sum_{i=1}^{n} a_i = 1$。对第 i 个因子的单因子评判矩阵 $\boldsymbol{R} = (r_{ij})_{n \times m}$,则对该评判对象的模糊综合评判的结果是 V 上的模糊集。

(1) 确定因子集 U

因子集 $U = \{u_1, u_2, u_3, \cdots, u_n\} = \{$流域面积,沟床纵比降,岩性系数,月平均气温,冰川坡度,流域相对高差,固体物质储量,冰川面积与流域面积的比值$\}$,研究以上述 8 个因子作为因子集。

(2) 确定权重集 A

因子权重集 $A_i = \{A_1, A_2, A_3, \cdots, A_8\}$,其中

$$A_i = \{A_1, A_2, A_3, \cdots, A_8\}$$
$$= \{0.132\,9, 0.111\,5, 0.135\,9, 0.135\,9, 0.133\,8, 0.095\,5, 0.118\,6, 0.136\,1\}$$

(3) 确定评价集 V

参照《泥石流灾害防治工程设计规范》(DZ/T 0239—2004),将泥石流危险度划分为一般危险、轻度危险、中度危险、高度危险四个等级。评价集 $V = \{v_1, v_2, v_3, v_4\} = \{$一般危险,轻度危险,中度危险,高度危险$\} = \{Ⅰ, Ⅱ, Ⅲ, Ⅳ\}$。

将冰川泥石流的危险度划分为一般危险(Ⅰ),轻度危险(Ⅱ),中度危险(Ⅲ),高度危险(Ⅳ)四个等级。划分各危险度的区间值时,先统计出研究区冰川泥石流沟各因素的最小值 x_1,平均值 x_2,并使平均值 x_2 位于中度危险中间,在此基础上,在 x_1 与 x_2 之间分出 2.5 个区间。定义下列界限值:

$$a = x_1, b = x_1 + \frac{x_2 - x_1}{2.5}, c = x_1 + \frac{2(x_2 - x_1)}{2.5}, d = x_2 + \frac{x_2 - x_1}{4}$$,各危险度等级的界限值见表 13.8。

表 13.8 冰川泥石流沟单因素形态对应的危险度等级

因素	一般危险($a\sim b$)	轻度危险($b\sim c$)	中度危险($c\sim d$)	高度危险($>d$)
u_1	0.53~11.56	11.56~22.61	22.61~35.05	>35.05
u_2	75.20~159.41	159.41~243.61	243.61~338.35	>338.35
u_3	6.00~6.63	6.63~7.30	7.30~7.98	>7.98
u_4	8.2~8.64	8.64~9.08	9.08~9.58	>9.58
u_5	13~18.98	18.98~24.97	24.97~31.7	>24.97
u_6	360~948.79	948.79~1 537.58	1 537.58~2 199.97	>2 199.97
u_7	1.17~71.01	71.01~140.84	140.84~219.41	>219.41
u_8	0.000 2~0.039 6	0.039 6~0.079 1	0.079 1~0.123 4	>0.123 4

(4)隶属函数的确定

隶属函数的确定虽然带有主观色彩,但还是具有一定客观规律性与科学性的。对于应用问题,首先需要建立模糊集的隶属函数。在客观事物中,最常见的是以实数 R 作论域的情形,并把实数 R 上模糊集的隶属函数称为模糊分布。根据问题的性质,选择符合实际情况的分布,则隶属函数的确定显得十分简便。计算各因素对评价等级的模糊隶属度时,采用类似于升岭形隶属函数分布,其曲线如图 13.3 所示,并依据当 x 位于两界限值的中间时隶属度为 1 的原则,当 x 离开中间值增大或减少时,该变量对该等级的隶属度从 1 开始减少,当取边界值(a,b,c,d)时,隶属度为 1/2。其隶属函数详见表 13.9。最后确定的隶属函数为式(13.17)。

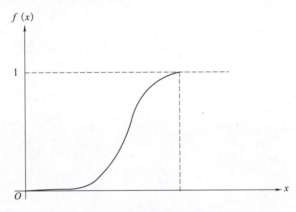

图 13.3 升岭形分布图

$$f(x)=\begin{cases}\dfrac{1}{2}+\dfrac{1}{2}\sin\dfrac{\pi}{b-a}\left(x-\dfrac{b+a}{2}\right) & \text{当 } a\leqslant x\leqslant\dfrac{a+b}{2}\\ \dfrac{1}{2}-\dfrac{1}{2}\sin\dfrac{\pi}{b-a}\left(x-\dfrac{b+a}{2}\right) & \text{当 } \dfrac{a+b}{2}<x\leqslant b\\ \dfrac{1}{2}\sin\dfrac{\pi d}{2x} & \text{当 } \dfrac{c+d}{2}<x\leqslant d\\ 1-\dfrac{1}{2}\sin\dfrac{\pi d}{2x} & \text{当 } x>d\end{cases} \quad (13.17)$$

表 13.9 各区间值对应的隶属函数

区间	I	II	III	IV
$a \leqslant x \leqslant \dfrac{a+b}{2}$	$\dfrac{1}{2}-\dfrac{1}{2}\sin\dfrac{\pi}{b-a}\left(x-\dfrac{a+b}{2}\right)$	$\dfrac{1}{2}+\dfrac{1}{2}\sin\dfrac{\pi}{b-a}\left(x-\dfrac{a+b}{2}\right)$	0	0
$\dfrac{a+b}{2}<x\leqslant b$	$\dfrac{1}{2}+\dfrac{1}{2}\sin\dfrac{\pi}{b-a}\left(\dfrac{a+b}{2}-x\right)$	$\dfrac{1}{2}-\dfrac{1}{2}\sin\dfrac{\pi}{b-a}\left(\dfrac{b+a}{2}-x\right)$	0	0
$b<x\leqslant\dfrac{b+c}{2}$	0	$\dfrac{1}{2}-\dfrac{1}{2}\sin\dfrac{\pi}{c-b}\left(x-\dfrac{b+c}{2}\right)$	$\dfrac{1}{2}+\dfrac{1}{2}\sin\dfrac{\pi}{c-b}\left(x-\dfrac{b+c}{2}\right)$	0
$\dfrac{b+c}{2}<x\leqslant c$	0	$\dfrac{1}{2}+\dfrac{1}{2}\sin\dfrac{\pi}{c-b}\left(x-\dfrac{b+c}{2}\right)$	$\dfrac{1}{2}-\dfrac{1}{2}\sin\dfrac{\pi}{c-b}\left(\dfrac{c+b}{2}-x\right)$	0
$c<x\leqslant\dfrac{c+d}{2}$	0	0	$\dfrac{1}{2}-\dfrac{1}{2}\sin\dfrac{\pi}{d-c}\left(x-\dfrac{c+d}{2}\right)$	$\dfrac{1}{2}+\dfrac{1}{2}\sin\dfrac{\pi}{d-c}\left(x-\dfrac{d+c}{2}\right)$
$\dfrac{c+d}{2}<x\leqslant d$	0	0	$\dfrac{1}{2}+\dfrac{1}{2}\sin\dfrac{\pi}{d-c}\left(\dfrac{d+c}{2}-x\right)$	$\dfrac{1}{2}-\dfrac{1}{2}\sin\dfrac{\pi}{d-c}\left(\dfrac{d+c}{2}-x\right)$
$x\geqslant d$	0	0	$1-\dfrac{1}{2}\sin\dfrac{d\pi}{2x}$	

2. 建立模糊相关矩阵 R

泥石流危险度评价集 V 和泥石流危险度评判因子集 U 之间存在一种模糊关系，这种模糊关系可用 8×4 维模糊矩阵：

$$R = \begin{bmatrix} r_{11} & r_{12} & \cdots & r_{14} \\ r_{21} & r_{22} & \cdots & r_{24} \\ \vdots & \vdots & & \vdots \\ r_{81} & r_{82} & \cdots & r_{84} \end{bmatrix}$$ 来表示。

其中 r_{ij} 表示 (u_i, v_j) 具有关系 R 的程度（隶属度），也可以理解为从因子 U_i 着眼，该样本等级评为 V_i 的程度。以 X_3 为例，其流域面积 12.87 km², 面积介于 $b = 11.56$ km² 和 $(b+c)/2 = 17.085$ km²，则对四个评价等级的模糊隶属度分别为

$$L_{\text{I}} = 0$$

$$L_{\text{II}} = \frac{1}{2} - \frac{1}{2}\sin\frac{\pi}{c-b}\left(x - \frac{b+c}{2}\right)$$

$$= \frac{1}{2} - \frac{1}{2}\sin\frac{\pi}{22.61-11.56}\left(x - \frac{11.56+22.61}{2}\right) = 0.9657$$

$$L_{\text{III}} = \frac{1}{2} + \frac{1}{2}\sin\frac{\pi}{c-b}\left(x - \frac{b+c}{2}\right)$$

$$= \frac{1}{2} + \frac{1}{2}\sin\frac{\pi}{22.61-11.57}\left(x - \frac{11.57+22.61}{2}\right) = 0.0343$$

$$L_{\text{IV}} = 0$$

可将各样本的 8 种因子特征值代入其相应的隶属函数求得 r_{ij}。同理沟 G3、G8、G13、G19、G27、G30、G42、G48 单因素模糊评判矩阵结果如下（其他单沟矩阵略）：

$$R_3 = \begin{bmatrix} 0 & 0.9657 & 0.0343 & 0 \\ 0 & 0 & 0.6904 & 0.3096 \\ 0 & 0 & 0.1632 & 0.8368 \\ 0.1709 & 0.8291 & 0 & 0 \\ 0.2515 & 0.7485 & 0 & 0 \\ 0 & 0 & 1 & 0 \\ 0 & 0 & 0.9973 & 0.0027 \\ 0 & 0 & 0.4818 & 0.5182 \end{bmatrix}$$

$$R_8 = \begin{bmatrix} 0.8700 & 0.1300 & 0 & 0 \\ 0 & 0 & 0.4705 & 0.5295 \\ 0 & 0 & 0.1632 & 0.8368 \\ 0.1709 & 0.8291 & 0 & 0 \\ 0 & 0 & 0.9433 & 0.0567 \\ 0 & 0.2324 & 0.7676 & 0 \\ 0.0058 & 0.9942 & 0 & 0 \\ 0 & 0 & 0.8323 & 0.1677 \end{bmatrix}$$

$$R_{13}=\begin{bmatrix} 0.7384 & 0.2616 & 0 & 0 \\ 0 & 0 & 0.4787 & 0.5213 \\ 0 & 0 & 0.1632 & 0.8368 \\ 0 & 0 & 0.4871 & 0.5129 \\ 0 & 0 & 0.4912 & 0.5088 \\ 0 & 0 & 0.9181 & 0.0819 \\ 0.1380 & 0.8620 & 0 & 0 \\ 0 & 0 & 0.9624 & 0.0376 \end{bmatrix}$$

$$R_{19}=\begin{bmatrix} 0 & 0.6017 & 0.3983 & 0 \\ 0 & 0.7267 & 0.2733 & 0 \\ 0 & 0 & 0.1632 & 0.8368 \\ 0 & 0 & 0.2871 & 0.7129 \\ 0 & 0.0633 & 0.9367 & 0 \\ 0 & 0 & 0.4999 & 0.5001 \\ 0.0634 & 0.9357 & 0 & 0 \\ 0 & 1 & 0 & 0 \end{bmatrix}$$

$$R_{27}=\begin{bmatrix} 0 & 0.9917 & 0.0083 & 0 \\ 0 & 0 & 1 & 0 \\ 0 & 0 & 0.4999 & 0.5001 \\ 0 & 0 & 0.4871 & 0.5129 \\ 0 & 0 & 0.4972 & 0.5028 \\ 0 & 0 & 0.5914 & 0.4086 \\ 0 & 0.9841 & 0.0159 & 0 \\ 0 & 0.8612 & 0.1388 & 0 \end{bmatrix}$$

$$R_{30}=\begin{bmatrix} 0 & 0 & 0.4643 & 0.5357 \\ 0 & 0.9136 & 0.0864 & 0 \\ 0.9845 & 0.0155 & 0 & 0 \\ 0.1709 & 0.8291 & 0 & 0 \\ 0.0648 & 0.9352 & 0 & 0 \\ 0 & 0 & 0.4455 & 0.5545 \\ 0 & 0 & 0.7471 & 0.2529 \\ 0 & 0 & 0.3267 & 0.6733 \end{bmatrix}$$

$$R_{42} = \begin{pmatrix} 0.9293 & 0.0707 & 0 & 0 \\ 0 & 0 & 0.4080 & 0.5920 \\ 0.9845 & 0.0155 & 0 & 0 \\ 0.1709 & 0.8291 & 0 & 0 \\ 0 & 0 & 0.4416 & 0.5584 \\ 0 & 0.8683 & 0.1317 & 0 \\ 0.0891 & 0.9109 & 0 & 0 \\ 0.0240 & 0.9760 & 0 & 0 \end{pmatrix}$$

$$R_{48} = \begin{pmatrix} 0 & 0 & 0.2051 & 0.7949 \\ 0.9715 & 0.0285 & 0 & 0 \\ 0 & 0 & 0.8013 & 0.1987 \\ 0 & 0 & 0.4871 & 0.5129 \\ 0 & 0 & 0.4999 & 0.5001 \\ 0 & 0 & 0.6535 & 0.3465 \\ 0 & 0 & 0.2808 & 0.7192 \\ 0 & 0.0040 & 0.9960 & 0 \end{pmatrix}$$

3. 模糊综合评判

通过各评判因子的权重矩阵 A 与单因子评判矩阵 R 的复合运算得模糊综合评判结果矩阵，即 $B = A \circ R$，式中"$\circ$"为某种合成运算，然后按最大隶属度原则判断所评判对象的危险度等级。为了避免单一的运算产生过大误差，研究中采用了以下四种复合运算方法。

(1)"$\vee, \cdot$"算子

$b_j = \vee (a_i \cdot r_{ij})$ 称为主要因素突出型，与模糊综合评判算子"$\vee, \wedge$"接近，但精细些，它多少反映了非主要指标，由于"$\vee, \wedge$"的结果只是由指标中最大的来确定，其余指标在一定范围内变化都不影响其结果，这种模型比较适用于单项最优情况，该种运算简单明了，但丢失信息太多。"$\vee, \cdot$"模型可用于"$\vee, \wedge$"型失效，不可区别，需要"加细"的情况。

(2)"$+, \cdot$"算子

$b_j = \sum (a_i \cdot r_{ij})$

(3)"$\vee, \cdot$"与"$+, \cdot$"两种结果加权平均，既考虑全面，又兼顾重点，适用于多因素整体指标。

具体计算见表 13.10～表 13.12。

表 13.10 用"∨,·"算子计算得模糊评判结果 B 矩阵及评价等级

序号	b_1	b_2	b_3	b_4	评价结果	危险度等级
1	0.066 42	0.118 03	0.133 79	0.105 64	Ⅲ	中度危险
2	0.033 65	0.128 34	0.095 50	0.113 73	Ⅱ	轻度危险
3	0.030 52	0.113 73	0.059 26	0.112 67	Ⅱ	轻度危险
4	0.021 24	0.112 67	0.066 25	0.113 73	Ⅳ	高度危险
5	0.023 23	0.098 77	0.064 64	0.113 73	Ⅳ	高度危险
6	0.003 02	0.115 58	0.131 19	0.113 73	Ⅲ	中度危险
7	0.115 63	0.117 91	0.126 21	0.113 73	Ⅲ	中度危险
8	0.023 23	0.132 84	0.247 46	0.113 73	Ⅲ	中度危险
9	0.095 50	0.107 80	0.118 16	0.083 92	Ⅲ	中度危险
10	0.009 32	0.132 84	0.094 03	0.113 73	Ⅱ	轻度危险
11	0.095 50	0.067 96	0.113 40	0.113 73	Ⅳ	高度危险
12	0.098 13	0.102 24	0.130 99	0.113 73	Ⅲ	中度危险
13	0.109 51	0.132 14	0.093 19	0.101 07	Ⅱ	轻度危险
14	0.078 78	0.112 67	0.091 37	0.113 73	Ⅳ	高度危险
15	0.042 18	0.130 55	0.091 37	0.112 63	Ⅱ	轻度危险
16	0.095 50	0.118 60	0.125 33	0.113 73	Ⅲ	中度危险
17	0.114 72	0.128 21	0.095 23	0.111 49	Ⅱ	轻度危险
18	0.066 42	0.118 03	0.133 79	0.105 64	Ⅲ	中度危险
19	0.007 63	0.136 10	0.125 33	0.113 73	Ⅱ	轻度危险
20	0.095 50	0.066 02	0.127 42	0.113 73	Ⅲ	中度危险
21	0.004 98	0.106 52	0.065 73	0.113 73	Ⅳ	高度危险
22	0.035 35	0.099 01	0.047 22	0.130 26	Ⅳ	高度危险
23	0.009 43	0.112 86	0.047 70	0.113 73	Ⅳ	高度危险
24	0.029 74	0.106 36	0.046 70	0.132 56	Ⅳ	高度危险
25	0.095 50	0.058 89	0.126 21	0.088 93	Ⅲ	中度危险
26	0.031 57	0.125 13	0.123 83	0.012 27	Ⅱ	轻度危险
27	0.095 50	0.131 80	0.056 48	0.069 70	Ⅱ	轻度危险
28	0.108 79	0.118 60	0.047 72	0.111 15	Ⅱ	轻度危险
29	0.133 80	0.074 14	0.115 04	0.077 68	Ⅰ	一般危险
30	0.088 60	0.125 13	0.133 80	0.091 63	Ⅲ	中度危险
31	0.133 80	0.125 13	0.066 43	0.071 25	Ⅰ	一般危险
32	0.029 74	0.112 67	0.051 32	0.130 26	Ⅳ	高度危险
33	0.032 30	0.123 73	0.066 89	0.088 22	Ⅱ	轻度危险
34	0.072 03	0.112 67	0.062 41	0.087 34	Ⅱ	轻度危险
35	0.133 80	0.101 48	0.104 01	0.113 82	Ⅰ	一般危险
36	0.133 80	0.118 25	0.058 70	0.067 28	Ⅰ	一般危险

续上表

序 号	b_1	b_2	b_3	b_4	评价结果	危险度等级
37	0.133 80	0.095 33	0.012 27	0.043 75	Ⅰ	一般危险
38	0.133 80	0.118 52	0.119 85	0.056 34	Ⅰ	一般危险
39	0.133 80	0.108 01	0.065 55	0.070 22	Ⅰ	一般危险
40	0.023 23	0.133 80	0.059 01	0.113 73	Ⅱ	轻度危险
41	0.133 80	0.117 16	0.055 02	0.072 57	Ⅰ	一般危险
42	0.133 80	0.132 84	0.059 08	0.066 01	Ⅰ	一般危险
43	0.133 80	0.093 88	0.047 75	0.104 22	Ⅰ	一般危险
44	0.025 37	0.112 67	0.130 58	0.071 20	Ⅲ	中度危险
45	0.095 50	0.124 45	0.073 34	0.135 66	Ⅳ	高度危险
46	0.111 49	0.089 08	0.126 21	0.118 56	Ⅲ	中度危险
47	0.091 11	0.133 47	0.098 45	0.087 34	Ⅱ	轻度危险
48	0.108 32	0.003 18	0.135 55	0.105 64	Ⅲ	中度危险
49	0.101 51	0.129 66	0.052 22	0.110 52	Ⅱ	轻度危险
50	0.132 90	0.135 48	0.108 90	0.066 55	Ⅱ	轻度危险
51	0.131 69	0.136 02	0.108 90	0.096 88	Ⅱ	轻度危险
52	0.132 77	0.117 90	0.131 53	0.096 88	Ⅰ	一般危险
53	0.127 69	0.108 13	0.101 16	0.096 88	Ⅰ	一般危险

表 13.11　用"+,·"算子计算得模糊评判结果 B 矩阵及评价等级

序 号	b_1	b_2	b_3	b_4	评价结果	危险度等级
1	0.060 82	0.320 37	0.239 27	0.379 73	Ⅳ	高度危险
2	0.111 55	0.411 95	0.245 38	0.231 32	Ⅱ	轻度危险
3	0.056 88	0.341 16	0.383 06	0.219 10	Ⅲ	中度危险
4	0.053 74	0.273 82	0.293 42	0.379 22	Ⅳ	高度危险
5	0.044 47	0.336 73	0.222 67	0.396 34	Ⅳ	高度危险
6	0.043 06	0.311 45	0.231 02	0.414 67	Ⅳ	高度危险
7	0.026 25	0.309 68	0.404 69	0.259 58	Ⅲ	中度危险
8	0.139 54	0.270 06	0.387 42	0.203 18	Ⅲ	中度危险
9	0.032 30	0.480 48	0.149 80	0.337 62	Ⅱ	轻度危险
10	0	0.108 24	0.487 25	0.404 71	Ⅲ	中度危险
11	0.114 63	0.372 61	0.272 26	0.240 70	Ⅱ	轻度危险
12	0	0.073 16	0.581 72	0.345 32	Ⅲ	中度危险
13	0.114 50	0.137 00	0.426 14	0.322 56	Ⅲ	中度危险
14	0.144 53	0.381 28	0.191 52	0.282 87	Ⅱ	轻度危险
15	0.129 24	0.339 79	0.314 87	0.216 30	Ⅱ	轻度危险
16	0.047 73	0.204 00	0.327 56	0.420 90	Ⅳ	高度危险
17	0	0.297 85	0.367 53	0.334 82	Ⅲ	中度危险

续上表

序 号	b_1	b_2	b_3	b_4	评价结果	危险度等级
18	0.135 91	0.251 69	0.222 16	0.390 44	IV	高度危险
19	0.007 63	0.416 54	0.317 67	0.258 36	II	轻度危险
20	0	0.112 03	0.577 71	0.310 46	III	中度危险
21	0.004 98	0.106 52	0.372 87	0.515 83	IV	高度危险
22	0.054 94	0.271 36	0.255 00	0.418 89	IV	高度危险
23	0.009 43	0.214 94	0.304 00	0.471 84	IV	高度危险
24	0.029 74	0.106 36	0.360 34	0.503 76	IV	高度危险
25	0	0.058 89	0.624 59	0.316 72	III	中度危险
26	0.064 71	0.320 59	0.358 79	0.256 11	III	中度危险
27	0	0.365 73	0.390 52	0.243 95	III	中度危险
28	0.108 79	0.220 95	0.303 33	0.367 13	IV	高度危险
29	0.133 80	0.079 80	0.448 89	0.337 71	III	中度危险
30	0.165 70	0.246 94	0.341 77	0.245 79	III	中度危险
31	0.269 87	0.247 23	0.234 97	0.248 13	I	一般危险
32	0.076 88	0.306 62	0.193 42	0.423 28	IV	高度危险
33	0.167 02	0.322 71	0.193 25	0.317 22	IV	高度危险
34	0.132 70	0.254 70	0.297 74	0.315 06	IV	高度危险
35	0.223 38	0.299 92	0.238 92	0.237 98	II	轻度危险
36	0.302 80	0.356 60	0.186 47	0.154 33	II	轻度危险
37	0.239 14	0.558 97	0.158 35	0.043 75	II	轻度危险
38	0.260 25	0.374 72	0.281 04	0.084 19	II	轻度危险
39	0.157 03	0.419 27	0.219 42	0.204 49	II	轻度危险
40	0.023 23	0.246 47	0.273 26	0.457 24	IV	高度危险
41	0.194 75	0.562 86	0.113 55	0.129 05	II	轻度危险
42	0.294 36	0.447 96	0.117 15	0.140 72	II	轻度危险
43	0.207 69	0.394 33	0.157 94	0.240 24	II	轻度危险
44	0.048 59	0.260 78	0.412 25	0.278 58	III	中度危险
45	0	0.187 88	0.316 67	0.495 65	IV	高度危险
46	0.111 49	0.110 49	0.403 31	0.374 91	III	中度危险
47	0.093 75	0.175 25	0.366 04	0.365 16	III	中度危险
48	0.108 32	0.003 73	0.500 51	0.387 64	III	中度危险
49	0.248 75	0.404 45	0.129 30	0.217 70	II	轻度危险
50	0.158 48	0.451 03	0.218 04	0.172 64	II	轻度危险
51	0.136 54	0.299 62	0.303 86	0.260 18	III	中度危险
52	0.133 47	0.186 51	0.369 03	0.311 19	III	中度危险
53	0.138 15	0.172 63	0.367 72	0.321 69	III	中度危险

表 13.12　用"∨,·"与"+,·"算子加权平均得模糊评判结果 B 矩阵及评价等级

序　号	b_1	b_2	b_3	b_4	评价结果	危险度等级
1	0.063 6	0.219 2	0.186 5	0.242 7	Ⅳ	高度危险
2	0.072 6	0.270 1	0.170 4	0.172 5	Ⅱ	轻度危险
3	0.043 7	0.227 4	0.221 2	0.165 9	Ⅱ	轻度危险
4	0.037 5	0.193 2	0.179 8	0.246 5	Ⅳ	高度危险
5	0.033 9	0.217 8	0.143 7	0.255 0	Ⅳ	高度危险
6	0.023 0	0.213 5	0.181 1	0.264 2	Ⅳ	高度危险
7	0.070 9	0.213 8	0.265 5	0.186 7	Ⅲ	中度危险
8	0.081 4	0.201 5	0.317 4	0.158 5	Ⅲ	中度危险
9	0.063 9	0.294 1	0.134 0	0.210 8	Ⅱ	轻度危险
10	0.004 7	0.120 5	0.290 6	0.259 2	Ⅲ	中度危险
11	0.105 1	0.220 3	0.192 8	0.177 2	Ⅱ	轻度危险
12	0.049 1	0.087 7	0.356 4	0.229 5	Ⅲ	中度危险
13	0.112 0	0.134 6	0.259 7	0.211 8	Ⅲ	中度危险
14	0.111 7	0.247 0	0.141 4	0.198 3	Ⅱ	轻度危险
15	0.085 7	0.235 2	0.203 1	0.164 5	Ⅱ	轻度危险
16	0.071 6	0.161 3	0.226 4	0.267 3	Ⅳ	高度危险
17	0.057 4	0.213 0	0.231 4	0.223 2	Ⅲ	中度危险
18	0.101 2	0.184 9	0.178 0	0.248 0	Ⅳ	高度危险
19	0.007 6	0.276 3	0.221 5	0.186 0	Ⅱ	轻度危险
20	0.047 8	0.089 0	0.352 6	0.212 1	Ⅲ	中度危险
21	0.005 0	0.106 5	0.219 3	0.314 8	Ⅳ	高度危险
22	0.045 1	0.185 2	0.151 1	0.274 6	Ⅳ	高度危险
23	0.009 4	0.163 9	0.175 9	0.292 8	Ⅳ	高度危险
24	0.029 7	0.106 4	0.203 5	0.318 2	Ⅳ	高度危险
25	0.047 8	0.058 9	0.375 4	0.202 8	Ⅲ	中度危险
26	0.048 1	0.222 9	0.241 3	0.134 2	Ⅲ	中度危险
27	0.047 8	0.248 8	0.223 5	0.156 8	Ⅱ	轻度危险
28	0.108 8	0.169 8	0.175 5	0.239 1	Ⅳ	高度危险
29	0.133 8	0.077 0	0.282 0	0.207 7	Ⅲ	中度危险
30	0.127 2	0.186 0	0.237 8	0.168 7	Ⅲ	中度危险
31	0.201 8	0.186 2	0.150 7	0.159 7	Ⅰ	一般危险
32	0.053 3	0.209 6	0.122 4	0.276 8	Ⅳ	高度危险
33	0.099 7	0.223 2	0.130 1	0.202 7	Ⅱ	轻度危险
34	0.102 4	0.183 7	0.180 1	0.201 2	Ⅳ	高度危险
35	0.178 6	0.200 7	0.171 5	0.175 9	Ⅰ	一般危险
36	0.218 3	0.237 4	0.122 6	0.110 8	Ⅱ	轻度危险
37	0.186 5	0.327 2	0.085 3	0.043 8	Ⅱ	轻度危险
38	0.197 0	0.246 6	0.200 4	0.070 3	Ⅱ	轻度危险
39	0.145 4	0.263 6	0.142 5	0.137 4	Ⅱ	轻度危险
40	0.023 2	0.190 1	0.166 1	0.285 5	Ⅳ	高度危险

续上表

序号	b_1	b_2	b_3	b_4	评价结果	危险度等级
41	0.1643	0.3400	0.0843	0.1008	Ⅱ	轻度危险
42	0.2141	0.2904	0.0881	0.1034	Ⅱ	轻度危险
43	0.1707	0.2441	0.1028	0.1722	Ⅱ	轻度危险
44	0.0370	0.1867	0.2714	0.1749	Ⅲ	中度危险
45	0.0478	0.1562	0.1950	0.3157	Ⅳ	高度危险
46	0.1115	0.0998	0.2648	0.2467	Ⅲ	中度危险
47	0.0924	0.1544	0.2322	0.2263	Ⅲ	中度危险
48	0.1083	0.0035	0.3180	0.2466	Ⅲ	中度危险
49	0.1751	0.2671	0.0908	0.1641	Ⅱ	轻度危险
50	0.1457	0.2933	0.1635	0.1196	Ⅱ	轻度危险
51	0.1341	0.2178	0.2064	0.1785	Ⅱ	轻度危险
52	0.1331	0.1522	0.2503	0.2040	Ⅲ	中度危险
53	0.1329	0.1404	0.2344	0.2093	Ⅲ	中度危险

利用各种算子所得泥石流沟危险度评价等级综合表,见表13.13。

表13.13 各种算子所得泥石流沟危险度评价等级综合表

序号	算法			综合评价结果	综合危险度等级
	"∨,·"算子评价结果	"+,·"算子评价结果	"∨,·"与"+,·"加权平均平均算子结果		
1	Ⅲ	Ⅳ	Ⅳ	Ⅳ	高度危险
2	Ⅱ	Ⅱ	Ⅱ	Ⅱ	轻度危险
3	Ⅱ	Ⅲ	Ⅱ	Ⅱ	轻度危险
4	Ⅳ	Ⅳ	Ⅳ	Ⅳ	高度危险
5	Ⅳ	Ⅳ	Ⅳ	Ⅳ	高度危险
6	Ⅲ	Ⅳ	Ⅳ	Ⅳ	高度危险
7	Ⅲ	Ⅲ	Ⅲ	Ⅲ	中度危险
8	Ⅲ	Ⅲ	Ⅲ	Ⅲ	中度危险
9	Ⅲ	Ⅱ	Ⅱ	Ⅱ	轻度危险
10	Ⅱ	Ⅲ	Ⅲ	Ⅲ	中度危险
11	Ⅳ	Ⅱ	Ⅱ	Ⅱ	轻度危险
12	Ⅲ	Ⅲ	Ⅲ	Ⅲ	中度危险
13	Ⅱ	Ⅲ	Ⅲ	Ⅲ	中度危险
14	Ⅳ	Ⅱ	Ⅱ	Ⅱ	轻度危险
15	Ⅱ	Ⅱ	Ⅱ	Ⅱ	轻度危险
16	Ⅲ	Ⅳ	Ⅳ	Ⅳ	高度危险
17	Ⅱ	Ⅲ	Ⅲ	Ⅲ	中度危险
18	Ⅲ	Ⅳ	Ⅳ	Ⅳ	高度危险
19	Ⅱ	Ⅱ	Ⅱ	Ⅱ	轻度危险
20	Ⅲ	Ⅲ	Ⅲ	Ⅲ	中度危险

续上表

序号	算法			综合评价结果	综合危险度等级
	"∨,·"算子评价结果	"+,·"算子评价结果	"∨,·"与"+,·"加权平均平均算子结果		
21	Ⅳ	Ⅳ	Ⅳ	Ⅳ	高度危险
22	Ⅳ	Ⅳ	Ⅳ	Ⅳ	高度危险
23	Ⅳ	Ⅳ	Ⅳ	Ⅳ	高度危险
24	Ⅳ	Ⅳ	Ⅳ	Ⅳ	高度危险
25	Ⅲ	Ⅲ	Ⅲ	Ⅲ	中度危险
26	Ⅱ	Ⅲ	Ⅲ	Ⅲ	中度危险
27	Ⅱ	Ⅲ	Ⅱ	Ⅱ	轻度危险
28	Ⅱ	Ⅳ	Ⅳ	Ⅳ	高度危险
29	Ⅰ	Ⅲ	Ⅲ	Ⅲ	中度危险
30	Ⅲ	Ⅲ	Ⅲ	Ⅲ	中度危险
31	Ⅰ	Ⅰ	Ⅰ	Ⅰ	一般危险
32	Ⅳ	Ⅳ	Ⅳ	Ⅳ	高度危险
33	Ⅱ	Ⅳ	Ⅱ	Ⅱ	轻度危险
34	Ⅱ	Ⅳ	Ⅳ	Ⅳ	高度危险
35	Ⅰ	Ⅱ	Ⅰ	Ⅰ	一般危险
36	Ⅰ	Ⅱ	Ⅱ	Ⅱ	轻度危险
37	Ⅰ	Ⅱ	Ⅱ	Ⅱ	轻度危险
38	Ⅰ	Ⅱ	Ⅱ	Ⅱ	轻度危险
39	Ⅰ	Ⅱ	Ⅱ	Ⅱ	轻度危险
40	Ⅱ	Ⅳ	Ⅳ	Ⅳ	高度危险
41	Ⅰ	Ⅱ	Ⅱ	Ⅱ	轻度危险
42	Ⅰ	Ⅱ	Ⅱ	Ⅱ	轻度危险
43	Ⅰ	Ⅱ	Ⅱ	Ⅱ	轻度危险
44	Ⅲ	Ⅲ	Ⅲ	Ⅲ	中度危险
45	Ⅳ	Ⅳ	Ⅳ	Ⅳ	高度危险
46	Ⅲ	Ⅲ	Ⅲ	Ⅲ	中度危险
47	Ⅱ	Ⅲ	Ⅲ	Ⅲ	中度危险
48	Ⅲ	Ⅲ	Ⅲ	Ⅲ	中度危险
49	Ⅱ	Ⅱ	Ⅱ	Ⅱ	轻度危险
50	Ⅱ	Ⅱ	Ⅱ	Ⅱ	轻度危险
51	Ⅱ	Ⅲ	Ⅱ	Ⅱ	轻度危险
52	Ⅰ	Ⅲ	Ⅲ	Ⅲ	中度危险
53	Ⅰ	Ⅲ	Ⅲ	Ⅲ	中度危险

从表13.13的模糊综合评价结果可知,15条沟的危险度属于高度危险,17条沟的危险度属于中度危险,19条沟的危险度属于轻度危险,2条沟的危险度属于一般危险;研究区冰川泥石流危险度等级分布如图13.4所示。危险度以高度~中度危险居多,这

雅鲁藏布江缝合带地区泥石流发育特征研究

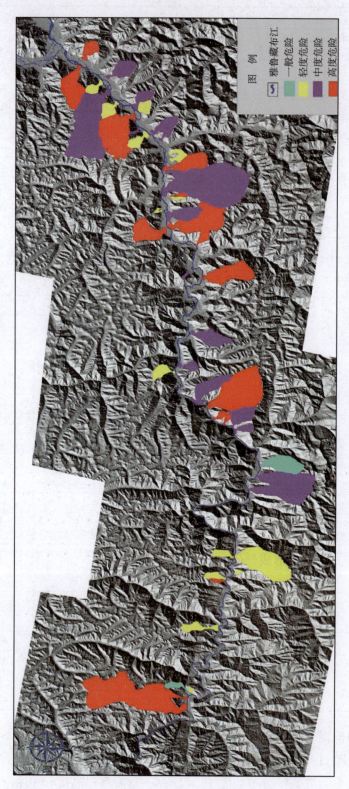

图 13.4　雅鲁藏布江加查—林芝段冰川泥石流危险度等级分布图

与选取的53条沟处于发展～壮年期这一发育阶段的结论是比较吻合的。通过对研究区冰川泥石流沟发育特征的分析,部分冰川泥石流沟(R68)堆积区和走访当地居民,可见近期泥石流作用及其历史暴发泥石流现象不多,对其单沟危险度等级的判断为中度危险,这些结论均与该泥石流危险性评价为中度危险的结果较为吻合。

13.3 暴雨型泥石流危险度研究

13.3.1 危险度研究技术路线

通过对米林、朗县、加查三地的实地调查,在剔除了存在冰湖、形成区有冰雪覆盖等的冰川型泥石流后,选取该区域典型的147条暴雨泥石流沟。通过对该区地质环境背景以及分布规律,获取了暴雨型泥石流危险度评价的两级指标,其中一级指标包含4个因子,分别为地形地貌、物源条件、致灾因素和泥石流冲出量;4个一级指标又下分为10个二级指标,分别为一次泥石流(可能)最大冲出量、流域面积、主沟长度、流域相对高差、主沟平均纵比降、流域切割密度、主沟弯曲系数、松散固体物质储量、泥沙补给长度比、最大24 h降雨量。

通过采用层次分析法得到单沟泥石流危险度评价因子的权重,得到多因子评价模型,最终计算147条单沟泥石流的危险度并作出分区,为该地区的工程设施建设等提供一些参考依据。暴雨型泥石流危险度评价技术路线如图13.5所示。

13.3.2 危险度评价方法选择

暴雨型泥石流危险度评价的方法主要有模糊综合评判法、人工神经网络法、灰色关联分析法、数值模拟方法、层次分析法(AHP)。

层次分析法从本质上讲是一种思维方法,把复杂问题分解成各个组成元素,又将这些因素按照支配关系分组形成递阶层次结构。通过两两比较的方式确定层次中诸因素的相对重要性。然后综合决策者的判断,确定决策方案相对重要性的总的排序。整个过程体现了人的决策思维的基本特征,即分解、判断和综合。层次分析法又是一种定量与定性相结合,将人的主观判断用数量形式表达和处理的方法。层次分析法的优点在于整个过程体现了人的决策思维的基本特征,即分解和综合判断;同时,又是一种定量与定性相结合的方法。不管问题多么复杂,评价因子多么的丰富,都可以运用此方法进行两两对比,再通过Matlab软件实现运算,整个过程简单、快捷,并且结果相对准确。因此,研究中采用层次分析法对研究区暴雨泥石流沟进行危险度评价。

13.3.3 评价方法介绍

层次分析法是美国著名的运筹学家萨蒂(T. L. Saaty)于1973年提出的,本身是一

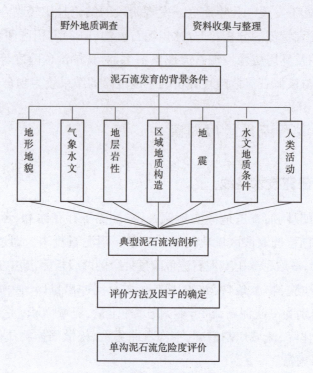

图 13.5 暴雨型泥石流危险度评价技术路线

种有效的定量与定性相结合的多目标决策分析方法,也是一种优化技术,经过多年发展已成为一种较为成熟的方法,近年来在许多领域发展迅速。层次分析法是把复杂问题中的各因素划分成相关联的有序层次,使之条理化的多目标、多准则的决策方法,是一种定量分析与定性分析相结合的有效方法。

层次分析法的基本思想是首先要把问题层次化,根据问题的性质和要达到的总目标,将一个复杂的问题分解为各个组成因素,并将这些因素按支配关系分组,从而形成一个有序的递阶层次结构,并最终把系统分析归结为最低层(如决策方案)相对于最高层总目标的相对重要性权值的确定或相对优劣次序的排序问题,从而为决策方案的选择提供依据。通过两两比较的方式确定层次中诸因素的相对重要性,然后综合人的判断以确定决策因素相对重要性的总排序。层次分析法的出现给决策者解决那些难以定量描述的问题带来了极大方便,这种方法将分析人员的经验判断给予量化,对目标因素结构复杂且缺乏必要数据的情况更为实用,是目前系统工程处理定性与定量相结合问题的比较简单易行且又行之有效的一种系统分析方法,从而使层次分析法的应用涉及广泛的科学和实际领域。一般来说,大部分问题都需要建立多层次模型来解决。

单层次模型由一个目标 C 及隶属于它的 n 个评价因素 $A_1, A_2, \cdots, A_n$ 和决策者决定,如图 13.6 所示。由决策者在这个目标意义下对这 n 个目标进行评价,对他们进行优劣排序并作出相对总体性的权衡;但由于决策者能力的限制很难一下子作出这种判断,而仅仅对两个元素进行优劣程度比较则是完全可能的而多层次模型按照人们的思维过程在深入分析实际问题的基础上,分析问题所包含的因素及其相互关系,将有关的各个因素进行分类,按照不

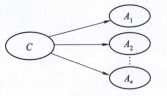

图 13.6　单层次模型结构

同的属性自上而下地分解成单一因素,并按单一因素的属性分成若干组,形成不同层次。同一层次的因素对下层元素一个或多个有支配作用,又同时受上层因素的支配。层次之间要素的支配关系不一定是完全的,即可以存在这样的要素,它并不支配下一层的所有要素。多层次模型结构如图 13.7 所示。

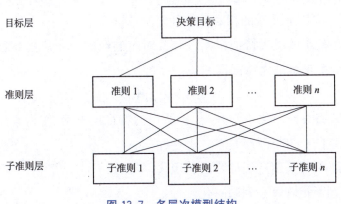

图 13.7　多层次模型结构

1. 评价思路

层次分析法的基本思路就是将决策者对这个元素优劣的整体判断转变为对这个元素的两两比较,然后再转为对这个元素的整体优劣排序判断即确定各元素的权重。

(1) 构造两两比较判断矩阵

在单层次结构模型中,假定目标元素为 C_k,同与之相连的有关元素 $A_1, A_2, \cdots, A_n$ 有支配关系。假定以上一层次某目标元素 C_k 作为准则,通过向决策者询问在原则 C_k 下元素的优劣比较,构造一判断矩阵,其形式为

$$C_k = \begin{bmatrix} a_{11} & a_{12} & \cdots & a_{1n} \\ a_{21} & a_{22} & \cdots & a_{2n} \\ \vdots & \vdots & & \vdots \\ a_{n1} & a_{n2} & \cdots & a_{nn} \end{bmatrix}$$

其中 a_{ij} 表示对于目标 C_k 来说, A_i 对 A_j 相对重要性的数值体现,通常 a_{ij} 可取 $1, 2, \cdots, 9$ 以及它们的倒数作为标度,含义见表 13.14。

表 13.14 判断矩阵标度(重要性指标)及其含义

标度值	含 义
1	表示两个元素相比,具有同样重要性
3	表示两个元素相比,一个元素比另一个元素稍微的重要
5	表示两个元素相比,一个元素比另一个元素比较的重要
7	表示两个元素相比,一个元素比另一个元素强烈的重要
9	表示两个元素相比,一个元素比另一个元素极端的重要
2,4,6,8	2,4,6,8 分别表示上述相邻判断 1~3,3~5,5~7,7~9 的中值

注:表示元素 i 与 j 比较的判断值 a_{ij},则元素 j 与 i 比较得判断值为 $a_{ji}=1/a_{ij}$。

判断矩阵中的元素具有下述性质:① $a_{ij}>0$;② $a_{ji}=1/a_{ij}$;③ $a_{ii}=1$。

(2)计算单一准则下元素的相对重要性层次单排序

计算判断矩阵 A 的最大特征根 λ_{max} 和其对应的经归一化后的特征向量 W。即首先对与判断矩阵 A 求解最大特征根问题:

$$AW=\lambda_{max}W \tag{13.18}$$

得特征向量 W 并将其归一化,将归一化后所得的特征向量 W 作为本层次 $A_1,A_2,\cdots,A_n$ 对于目标元素的 C_k 排序权值。

计算 λ_{max} 和 W 可采用近似计算的和积法,步骤如下:

第一步:将判断矩阵每一列归一化:

$$\overline{U}_{ij}=\frac{U_{ij}}{\sum_{k=1}^{n}u_{kj}} \quad (i=1,2,\cdots,n) \tag{13.19}$$

第二步:每一列经归一化的判断矩阵按行相加:

$$\overline{W}_i=\sum_{j=1}^{n}\overline{u}_{ij} \quad (i,j=1,2,\cdots,n) \tag{13.20}$$

第三步:对向量 $\overline{W}_i$ 作正规化处理:

$$W_i=\frac{\overline{W}_i}{\sum_{j=1}^{n}\overline{W}_j} \quad (j=1,2,\cdots,n) \tag{13.21}$$

则 $W=[W_1,W_2,\cdots,W_n]^T$ 即为所求特征向量。

第四步:计算判断矩阵的最大特征根 λ_{max}。

$$\lambda_{max}=\sum_{i=1}^{n}\frac{(AW)_i}{nW_i} \tag{13.22}$$

式中 $(AW)_i$——向量 AW 的第 i 个元素。

(3)单层次判断矩阵 A 的一次性检验

由于客观事物的复杂性或对事物认识的片面性,判断矩阵很难有严格的一致性,但应该要求有大致的一致性。因此,在得到 $\lambda_{\max}$ 后,还需要对判断矩阵进行一致性和随机性检验,检验公式为

$$CR = \frac{CI}{RI} \tag{13.23}$$

式中 CR——判断矩阵的随机一致性比率;

CI——判断矩阵一致性指标,由式(13.24)计算。

$$CI = \frac{\lambda_{\max} - m}{m - 1} \tag{13.24}$$

其中 $\lambda_{\max}$——最大特征根;

m——判断矩阵阶数;

RI——判断矩阵的平均随机一致性指标。

RI 由大量试验给出,对于低阶判断矩阵,RI 取值见表 13.15。对于高于 12 阶的判断矩阵,需要进一步查资料或采用近似方法。即由式(13.23)和式(13.24)可计算得到 CR。

表 13.15 AHP 平均随机一致性指标值

m	1	2	3	4	5	6	7	8	9	10	11	12	13	14	15
RI	0	0	0.58	0.90	1.12	1.24	1.32	1.41	1.45	1.49	1.52	1.54	1.56	1.58	1.59

当 CR<0.1 时,即认为判断矩阵具有满意的一致性,说明权数分配是合理的;否则,就需要调整判断矩阵,直到取得满意的一致性为止。

2. 原理

将判断矩阵 C_k 的最大特征根 $\lambda_{\max}$ 的特征向量经归一化后得 $W = [W_1, W_2, \cdots, W_n]^T$,将 W 作为本层次元素 $A_1, A_2, \cdots, A_n$。对于目标元素 C_k 的排序权值的原理如下

假定 n 个物体归一化后的向量分别为 $W_1, W_2, \cdots, W_n$,它们之间的两两比较的相对向量可用矩阵表示为

$$C_k = \begin{pmatrix} w_1/w_1 & w_1/w_2 & \cdots & w_1/w_n \\ w_2/w_1 & w_2/w_2 & \cdots & w_2/w_n \\ \vdots & \vdots & & \vdots \\ w_n/w_1 & w_n/w_2 & \cdots & w_n/w_n \end{pmatrix} \tag{13.25}$$

若用向量 $W = [W_1, W_2, \cdots, W_n]^T$ 右乘 A,得

$$AW = \begin{pmatrix} w_1/w_1 & w_1/w_2 & \cdots & w_1/w_n \\ w_2/w_1 & w_2/w_2 & \cdots & w_2/w_n \\ \vdots & \vdots & & \vdots \\ w_n/w_1 & w_n/w_2 & \cdots & w_n/w_n \end{pmatrix} \begin{pmatrix} w_1 \\ w_2 \\ \vdots \\ w_n \end{pmatrix} = n \begin{pmatrix} w_1 \\ w_2 \\ \vdots \\ w_n \end{pmatrix} = nW \tag{13.26}$$

即得 $AW = nW$。

矩阵 C_k 具有以下特点：
$$a_{ij}=1 \quad (i=1,2,\cdots,n)$$
$$a_{ij}=1/a_{ji} \quad (i,j=1,2,\cdots,n)$$
$$a_{ij}=a_{ik}/a_{jk} \quad (i,j=1,2,\cdots,n)$$

根据矩阵理论可以证明，该矩阵一定存在唯一的不为零的最大特征根 $\lambda_{\max}$，且 $\lambda_{\max}=n$。

若 W 为未知，在给定矩阵 A 的情况下，可以通过求其特征值 $\lambda_{\max}$ 及相应特征值向量求出正规化的特征向量 W 作为 n 个对象的权重。同样，对于复杂的社会、经济、管理等问题，也可以通过建立层次分析结构模型，构造出相应的判断矩阵 A，应用上述原理确定各种方案、措施、成果等相对于总目标的优劣性或重要性的权重，以供决策、评价等。

13.3.4 评价模型的确定

1. 评价因素的选取

泥石流危险度就是由泥石流危险因子综合评判的，参考朱静等选取的泥石流危险度评价因子，同时结合研究区实际情况，综合考虑流域的地形地貌、水文气象、植被土壤和人类活动这四大方面的多项因子，进行泥石流沟判定及危险度评价的相关因子的优选。

泥石流危险度的评价因子，既要考虑科学性和正确性，又要考虑全面性和代表性，同时还有简便性和实用性。综合以上因素，结合野外实际调查以及国内外专家学者常考虑的影响因子，研究选取了地形地貌、物源条件、致灾因素和泥石流冲出量 4 个一级指标，又下分 10 个因子组成层次分析的基本模型。这 10 个指标分别是：一次泥石流（可能）最大冲出量、流域面积、主沟长度、流域相对高差、主沟平均纵比降、流域切割密度、主沟弯曲系数、松散固体物质储量、泥沙补给长度比、最大 24 h 降雨量。

(1) 一次泥石流（可能）最大冲出量（F_1）

泥石流堆积量是泥石流沟严重程度的综合指标之一。P. A. Johnson 等也将泥石流一次冲出量和整个雨季的泥石流冲出量作为泥石流流域规划的两个重要参数。冲出量越大，泥石流的能量越大，因此造成的损害越大。

(2) 流域面积（F_2）

一定程度上，流域面积反映了流域的产沙和汇流能力。一般来说，流域面积越大，流域产沙量越大，流域内松散固体物质的储量越大，进而一次泥石流（可能）冲出量就越大，因为流域面积与泥石流的关系密切，对泥石流危险度的判定有较大影响。

(3) 主沟长度（F_3）

主沟长度决定着泥石流的流程和沿途接纳松散固体物质的多少，流程越长，泥石流的能量和破坏力就越大。

(4) 流域相对高差(F_4)

流域相对高差反映了流域内泥石流的势能和冲击能力。一般来说,山坡稳定性与流域相对高差的大小成正比;流域相对高差越大,崩塌和滑坡等地质灾害越多,汇流的速度也越快,发生泥石流的动力条件就越充分。

(5) 主沟平均纵比降(F_5)

沟床的纵比降反映出沟内流体动能的情况。纵比降越大,汇流时间越小,对泥石流危险度的影响较大。

(6) 流域切割密度(F_6)

流域切割密度综合反映流域地质构造、岩性、岩石风化程度以及产沙和汇流状况。一般来说,流域切割密度越大,支沟侵蚀越发育,固体和液体径流越大,泥石流潜在破坏力越大。

(7) 主沟弯曲系数(F_7)

主沟床实际长度与其直线长度的比值;反映了沟道泄流的难易状况,会影响沟道堵塞系数,间接影响泥石流的流量和规模。

(8) 松散固体物质储量(F_8)

泥石流发生的基本条件之一是松散固体物质,同时也是影响泥石流规模的重要因素。

(9) 泥沙补给长度比(F_9)

泥沙补给长度比指泥沙沿途补给累计长度与主沟长度之比。泥沙补给长度比综合反映了泥石流潜在的物源量;值越大,说明区域内的潜在物源越多,一旦发生泥石流冲出的物质越多。

(10) 最大 24 h 降雨量(F_{10})

在暴雨型泥石流中,降雨是触发因素,潜在的反映了泥石流的动能,属于主要因子。

2. 层次分析法确定权重

根据层次分析法的基本原理,首先确定 4 个一级指标的判断矩阵,将他们相对应的重要程度表现出来;其次,进行 10 个二级指标的重要性判定。多层次分析模型如图 13.8 所示。

(1) 一级指标权重的确定

设方案层次中的元素 A_1,A_2,A_3,A_4 与上一层次目标层 D 中的元素 D_k 有关,则可通过判断矩阵表现出来,见 D_1。

$$D_1 = [A_1 \quad A_2 \quad A_3 \quad A_4] = \begin{bmatrix} 1 & 1/2 & 1/2 & 1/2 \\ 2 & 1 & 2 & 1/2 \\ 2 & 1/2 & 1 & 1/2 \\ 2 & 2 & 2 & 1 \end{bmatrix}$$

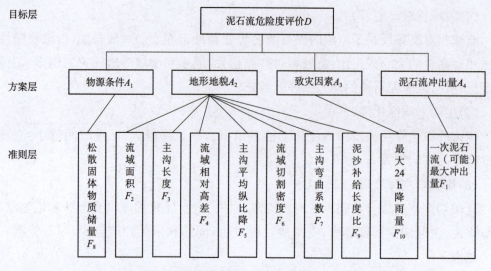

图13.8 泥石流沟危险度评价的多层次分析模型

对于判断矩阵,求得:$\lambda_{max}=4.1213$,$CI=0.0404$;得$RI=0.90$;则检验指标$CR=CI/RI=0.045<0.1$,判断矩阵具有较好的一致性。对应的矩阵特征向量为$W=[0.26,0.52,0.36,0.73]$。因此,泥石流危险度评价一级指标中权重0.26,0.52,0.36,0.73,排序顺序为:泥石流冲出量>地形地貌>致灾因素>物源条件。

(2)二级指标权重的确定

根据一级指标的计算方法,二级指标的权重也可以用同样的方法确定。本次一共发送11份打分问卷,最终收集整理得到判断矩阵,见D_2。

$$D_2=[F_1,F_2,\cdots,F_n]=\begin{bmatrix} 1 & 3 & 2 & 3 & 3 & 3 & 3 & 2 & 2 & 2 \\ 1/3 & 1 & 1 & 3 & 2 & 3 & 2 & 1 & 2 & 1 \\ 1/2 & 1 & 1 & 1 & 1/3 & 1/3 & 1/3 & 1/4 & 1/3 & 1/3 \\ 1/3 & 1/3 & 1 & 1 & 1/2 & 1/2 & 1/2 & 1/3 & 1/2 & 1 \\ 1/3 & 1/2 & 3 & 2 & 1 & 1 & 2 & 3 & 2 & 1 \\ 1/3 & 1/3 & 3 & 2 & 1 & 1 & 1 & 1/2 & 1 & 1/3 \\ 1/3 & 1/2 & 3 & 2 & 1/2 & 1 & 1 & 1/3 & 1 & 1/3 \\ 1/2 & 1 & 4 & 3 & 3 & 2 & 3 & 1 & 3 & 1 \\ 1/2 & 1/2 & 3 & 2 & 1/2 & 1 & 1 & 1/2 & 1 & 1/3 \\ 1/2 & 1 & 3 & 1 & 1 & 3 & 3 & 1 & 3 & 1 \end{bmatrix}$$

对于该判断矩阵,求得:$\lambda_{max}=10.7645$,$CI=0.0849$;得$RI=1.52$;则检验指标$CR=CI/RI=0.0558<0.1$,判断矩阵具有较好的一致性。对应的矩阵特征向量为$W=[0.58,0.35,0.13,0.14,0.26,0.20,0.19,0.42,0.21,0.36]$。因此,泥石流危险度评价二级指标权重0.58,0.35,0.13,0.14,0.26,0.20,0.19,0.42,0.21,0.36,排序顺序为:一次泥石流可能最大冲出量>松散固体物质储量>最大24 h降雨量>流域面积>

主沟平均纵比降＞泥沙补给长度比＞流域切割密度＞主沟弯曲系数＞流域相对高差＞主沟长度。因此可以看出，最大冲出量和物源储量所占的权重较大，是该模型的主要评价指标。项目各评价指标见表13.16。

表 13.16　项目评价指标权重表

指标	F_1	F_8	F_{10}	F_2	F_5	F_9	F_6	F_7	F_4	F_3
权重	0.58	0.42	0.36	0.35	0.26	0.21	0.20	0.19	0.14	0.13

3. 权重讨论

在危险度模型的构建中，各指标的权重确定占有很重要的地位。通过专家打分法和层次分析法得到最终的权重值。在权重值的计算中，发现最大冲出量和物源储量的权重值最大，为主要评价指标。为了力求使各评价指标的权重值更为精确，最终的权重值中将反映一级指标和二级指标的共同影响；因此，最终的权重值是两层指标，见表13.17。

表 13.17　基于层次分析法的泥石流危险度评价指标总权重表

一级指标		一级指标对应权重值	二级指标	二级指标对应权重值	总权重值
评价指标	物源条件 A_1	0.26	松散固体物质储量 F_8	0.42	0.109
	地形地貌 A_2	0.52	流域面积 F_2	0.35	0.182
			主沟长度 F_3	0.13	0.068
			流域相对高差 F_4	0.14	0.073
			主沟平均比降 F_5	0.26	0.135
			流域切割密度 F_6	0.20	0.104
			主沟弯曲系数 F_7	0.19	0.099
			泥沙补给长度比 F_9	0.21	0.108
	致灾因素 A_3	0.36	最大 24 h 降雨量 F_{10}	0.36	0.130
	泥石流冲出量 A_4	0.73	一次泥石流(可能)最大冲出量 F_1	0.58	0.423

因此，最终得到了各评价指标的权重，由大到小见表13.18。

表 13.18　项目评价指标总权重表

指标	F_1	F_2	F_5	F_{10}	F_8	F_9	F_6	F_7	F_4	F_3
总权重	0.423	0.182	0.135	0.130	0.109	0.108	0.104	0.099	0.073	0.068

从表13.21中可以看到，最大总权重值为一次泥石流(可能)最大冲出量，最小总权重值的指标为主沟长度和流域相对高差。跟两个最小总权重值相关的指标主沟平均纵比降，其权重值是该两个值的二倍，因此可以将主沟长度和流域高差两个指标忽略不计；研究中仍然保留这两个指标继续讨论。

4. 泥石流危险度评价模型的确定

泥石流危险度评价的实现是反应在通过 10 个二级指标的权重和打分。在评价过程中,以一定的标准为基础,将各个指标进行打分,再将各个指标的赋值和相应的权重相乘就可求出泥石流危险度值(R)。泥石流危险度评价的模型为:

$$R = \sum_{i=1}^{n}(B_i W_{ci})$$

式中　R——泥石流危险度值;
　　　B_i——各评价因子的定量打分;
　　　W_{ci}——各评价因子的权重。

对各因子定量打分的标准为:首先对将 10 个评价因子的权重进行排序。从权重因子最小的指标开始赋予 1 分,权重倒数第 2 小的因子给予 2 分,依次从 1 到 10 分别加一分,直到权重最大的因子为 10 分。根据各个因子的分级标准,若因子测量值属于最低级,则统一打 1 分;如果属于上一级,则根据它在 10 个因子中的排序位置加相应的分值(如 F4 的权重在 10 个因子中排在第 9 位,其评价值就打为 9 分,若其测量值属于上一个级别,则在原基础上加 9 分),之后向上按等差级数递增。泥石流危险度评价项目及定量评分表见表 13.19。

表 13.19　泥石流危险度评价项目及定量评分表

项　目		分级及定向打分 n			
一次泥石流(可能)最大冲出量 F_1	分级(10^4 m³)	≤1	1~2	2~5	≥5
	定量评分	1	10	20	30
流域面积 F_2	分级(km²)	≤1	1~5	5~10	≥10
	定量评分	1	9	18	27
主沟长度 F_3	分级(km)	≤1	1~5	5~10	≥10
	定量评分	1	2	3	4
流域相对高差 F_4	分级(km)	≤0.5	0.5~1	1~2	≥2
	定量评分	1	2	4	6
主沟平均纵比降 F_5	分级	≤0.1	0.1~0.2	0.2~0.5	≥0.5
	定量评分	1	8	16	24
流域切割密度 F_6	分级	≤1	1~5	5~10	≥10
	定量评分	1	4	8	12
主沟弯曲系数 F_7	分级	≤1.1	1.1~1.25	1.25~1.40	≥1.40
	定量评分	1	3	6	9
松散固体物质储量 F_8	分级(×10^4 m²)	≤1	1~10	10~100	≥100
	定量评分	1	6	12	18
泥沙补给长度比 F_9	分级	≤0.1	0.1~0.3	0.3~0.6	≥0.6
	定量评分	1	5	10	15
最大 24 h 降雨量 F_{10}	分级	≤25	25~50	50~100	≥100
	定量评分	1	7	14	21

单沟泥石流危险度的划分标准根据 R 的综合值来确定。为了能在定量打分的基础上客观地反映各因子对泥石流影响的重要程度,分别将同一类别(n_i)中各因子的定量打分分别与其权重相乘后求和(分类从第二类开始),得出不同级别的分类值,其计算公式为

$$R' = \sum_{m=1}^{10} \sum_{n=2}^{4} (W_{ci}, n_i) \tag{13.27}$$

式中　R'——不同级别危险度阈值;

　　　W_{ci}——各评价因子的权重;

　　　n_i——分类评分。

根据公式(13.28),得出泥石流危险度的 4 个评价等级:

　　　　　　$R' \leqslant 10$　　　　低度危险

　　　　　　$10 < R' \leqslant 20$　　中度危险

　　　　　　$20 < R' \leqslant 30$　　高度危险

　　　　　　$R' \geqslant 30$　　　　极高危险

13.3.5　基于层次分析的单沟泥石流危险度评价

1. 单沟泥石流基础数据

研究区域的各项基本资料主要依托野外实际数据得来,在野外调查的同时,还使用 ArcGIS 软件,对一些基本信息进行解译。最终得到各项评价指标的数值。研究区域内,选取 147 条暴雨泥石流沟,其中坡面泥石流为 19 条,沟谷泥石流 128 条;黏性泥石流共 8 条,过渡型泥石流为 4 条,稀性泥石流 135 条。各条沟评价因子基础数据见表 13.20。

2. 评判结果统计

将以上各沟基础数据代入泥石流危险度评价模型,即得到各沟泥石流危险度结果,见表 13.21。

3. 评判结果分析

根据对研究区内选取的 147 条泥石流沟危险度的统计,发现共有低度危险的泥石流沟 45 条,中度危险的泥石流沟为 77 条,高度危险的泥石流沟为 25 条。研究区内选取的 147 条暴雨型泥石流沟危险度分级图如图 13.9 所示。

通过分析发现,米林暴雨型泥石流沟中,一共有高度危险的泥石流沟 13 条,占研究区域高度危险泥石流沟的 75%,这个结果与调查人员在现场得到的数据基本一致。米林降水丰富,同时又属雅鲁藏布江缝合带,喜马拉雅山陆块东部南迦巴瓦构造结的两侧,构造强烈,断裂发育,物源较为丰富,相比朗县和加查县,米林的暴雨型泥石流沟多为中高危险度。

表 13.20 研究区各暴雨泥石流沟危险度评价因子基础数据

序号	地理位置	室内编号	泥石流性质	一次泥石流(可能)最大冲出量 F_1 ($\times 10^4$ m^3)	流域面积 F_2 (km^2)	主沟长度 F_3 (km)	流域相对高差 F_4 (km)	流域平均比降 F_5	流域切割密度 F_6	主沟弯曲系数 F_7	物源储量 F_8 ($\times 10^4$ m^3)	泥砂补给长度比 F_9	最大 24 h 降雨量 F_{10}
1	林芝布久乡	L1	稀性	0.52	0.93	4.07	1.44	355.04	4.39	2.31	1.17	0.06	58.41
2	林芝布久乡	L2	稀性	1.56	2.66	4.19	1.46	348.45	1.58	1.09	13.65	0.42	58.41
3	林芝布久乡仲萨村	L3	稀性	4.27	5.63	5.19	1.62	312.14	1.08	1.22	30.13	0.57	58.41
4	林芝布久乡	L4 支沟	稀性	4.37	5.89	5.70	1.55	271.93	1.02	1.01	83.09	0.45	58.41
5	林芝布久乡	L5	稀性	1.96	3.28	3.96	1.45	366.16	1.21	1.09	10.20	0.23	58.41
6	米林扎西绕登乡	L12	稀性	0.88	1.50	3.70	1.45	391.89	2.46	1.06	12.47	0.32	58.41
7	米林扎西绕登乡	L14	稀性	1.58	2.50	2.67	0.95	355.81	1.08	1.03	8.36	0.30	58.41
8	米林扎西绕登乡	L15	稀性	21.18	30.62	10.61	1.62	152.69	0.66	1.06	157.83	1.11	58.41
9	米林扎西绕登乡	L16	稀性	1.83	3.16	4.69	1.63	347.55	1.87	1.11	6.73	0.18	58.41
10	米林扎西绕登乡	L17	稀性	1.51	2.63	4.46	1.28	287.00	1.69	1.18	13.66	0.24	58.41
11	米林扎西绕登乡	L18	稀性	0.65	1.09	3.07	1.3	423.45	2.83	1.63	2.00	0.09	58.41
12	米林扎西绕登乡	L19	稀性	4.73	6.01	4.57	1.78	389.50	1.17	1.05	30.35	0.63	58.41
13	米林扎西绕登乡	L21	稀性	2.36	3.94	4.18	1.56	373.21	1.25	1.06	12.90	0.30	58.41
14	米林扎西绕登乡	L25	稀性	4.83	4.79	4.93	1.789	363.00	1.09	1.08	56.24	0.60	58.41
15	米林扎西绕登乡	L26	稀性	1.01	1.59	2.74	1.4	510.95	1.72	1.04	8.47	0.22	58.41
16	米林扎西绕登乡	L27	稀性	1.46	2.43	3.83	1.56	407.31	1.58	1.25	7.56	0.23	58.41
17	米林扎西绕登乡	L29	过渡性	2.80	4.21	4.19	1.59	379.47	1.15	1.20	22.89	0.34	58.41
18	米林扎西绕登乡	L31	稀性	6.04	8.63	8.60	1.97	229.00	0.98	1.07	50.40	0.42	58.41
19	米林扎西绕登乡	L32	稀性	0.97	1.56	2.89	1.4	484.43	2.52	1.38	11.40	0.45	58.41
20	米林扎西绕登乡	L33	稀性	1.20	1.99	3.65	1.72	471.23	1.93	1.03	19.58	0.42	58.41
21	米林扎西绕登乡	L34	稀性	0.69	1.22	4.22	1.46	345.97	3.46	1.57	11.46	0.34	58.41

续上表

序号	地理位置	室内编号	泥石流性质	一次泥石流(可能)最大冲出量 F_1($\times 10^4$ m³)	流域面积 F_2(km²)	主沟长度 F_3(km)	流域相对高差 F_4(km)	流域平均比降 F_5	流域切割密度 F_6	主沟弯曲系数 F_7	物源储量 F_8($\times 10^4$ m³)	泥沙补给长度比 F_9	最大24 h 降雨量 F_{10}
22	米林扎西绕登乡	L35	稀性	1.38	2.09	2.35	1.43	608.51	1.50	1.37	22.85	0.37	58.41
23	米林羌纳乡	L37	稀性	2.73	4.89	6.12	1.817	297.00	1.26	1.07	31.4	0.45	58.41
24	米林羌纳乡	L38	稀性	5.50	7.60	7.16	2.09	291.90	1.28	1.21	39.01	0.31	58.41
25	米林羌纳乡	L39	稀性	2.14	3.42	3.42	1.6	467.84	1.53	1.03	18.67	0.09	58.41
26	米林羌纳乡	L40	稀性	15.18	20.00	7.85	2.082	265.00	1.18	1.08	115.59	0.61	58.41
27	米林羌纳乡	L41	稀性	1.46	2.14	1.99	1.2	603.02	1.09	1.00	30.17	0.45	58.41
28	米林卧龙镇	L42	稀性	1.31	2.07	3.00	1.76	586.67	1.45	1.01	34.09	0.37	58.41
29	米林卧龙镇	L43	稀性	0.77	1.20	2.59	1.6	617.76	2.60	1.41	10.97	0.49	58.41
30	米林卧龙镇	L44	稀性	0.94	1.38	1.94	1.4	721.65	1.74	1.30	32.66	0.56	58.41
31	米林卧龙镇	L45	稀性	0.46	0.72	2.36	1.52	644.07	3.28	1.36	4.60	0.25	58.41
32	米林卧龙镇	L47	稀性	0.71	1.15	2.58	1.1	426.36	2.34	2.77	6.35	1.04	58.41
33	米林卧龙镇	L48	稀性	0.72	1.18	2.93	1.3	443.69	2.48	1.32	18.12	0.25	58.41
34	米林卧龙镇	L49	稀性	1.98	3.27	3.88	1.55	399.48	1.80	1.52	28.77	0.61	58.41
35	米林卧龙镇	L50	稀性	1.18	1.93	3.55	2.01	566.20	2.49	1.12	25.60	0.43	58.41
36	朗县洞嘎镇热村	L56	稀性	6.06	9.07	4.08	1.738	426.29	0.80	1.09	0.70	0.84	47.00
37	朗县洞嘎镇热村	L57	稀性	1.76	4.23	8.80	1.969	223.72	0.32	1.02	0.50	0.80	47.00
38	朗县洞嘎镇热村	L58	黏性	2.90	3.39	2.91	1.724	592.85	1.95	1.26	0.80	0.69	47.00
39	朗县洞嘎镇滚麦村	L59	稀性	4.16	6.58	5.10	2.037	399.41	0.77	1.21	1.00	0.35	47.00
40	朗县洞嘎镇滚麦村	L60	稀性	2.89	5.18	8.36	2.125	254.31	3.19	1.02	0.40	0.82	47.00
41	朗县洞嘎镇旺热村	L61	黏性	2.21	9.12	5.45	2.180	400.00	1.86	1.04	30.7	0.76	47.00
42	朗县洞嘎镇旺热村	L62	稀性	5.18	8.00	4.82	2.18	452.19	1.01	1.05	0.90	0.73	47.00

续上表

序号	地理位置	室内编号	泥石流性质	一次泥石流(可能)最大冲出量 F_1 ($\times 10^4$ m^3)	流域面积 F_2 (km^2)	主沟长度 F_3 (km)	流域相对高差 F_4 (km)	流域平均比降 F_5	流域切割密度 F_6	主沟弯曲系数 F_7	物源储量 F_8 ($\times 10^4$ m^3)	泥砂补给长度比 F_9	最大24h降雨量 F_{10}
43	朗县洞嘎镇诺村	L63	黏性	3.28	4.22	4.01	0.998	248.88	1.03	1.01	0.40	0.50	47.00
44	朗县达木村	L65	稀性	4.28	6.30	3.73	2.079	558.12	0.59	1.02	1.10	0.73	47.00
45	朗县达木村	L66	稀性	0.19	0.39	2.29	1.417	617.97	7.40	1.28	0.50	0.40	47.00
46	朗县达木村	L67	稀性	0.45	0.84	2.05	1.451	707.46	4.64	1.40	0.60	0.22	47.00
47	朗县申木村	L68	稀性	4.39	6.50	3.56	1.534	431.38	1.02	1.22	0.40	0.82	47.00
48	朗县申木村	L69	稀性	1.99	3.82	3.25	1.865	573.85	1.80	1.04	0.40	0.61	47.00
49	朗县申木镇	L70	稀性	0.61	1.21	2.99	1.809	605.02	3.25	1.13	1.1	0.35	47.00
50	朗县路研	L73	稀性	3.69	5.96	4.53	0.939	207.47	1.21	1.01	41.4	0.23	47.00
51	朗县则弄乡陆村	L74	黏性	2.87	3.84	5.03	1.374	273.16	1.85	1.07	1.10	0.27	47.00
52	朗县则弄乡陆村	L75	黏性	0.34	0.38	1.22	0.529	433.61	5.29	1.05	0.90	0.16	47.00
53	朗县则弄乡堆巴村	L78	稀性	1.06	2.47	7.02	1.941	276.50	2.84	1.09	0.80	0.21	47.00
54	朗县仲达镇白革村	L80	稀性	0.62	1.24	2.48	0.665	268.15	2.20	1.13	1.2	0.48	47.00
55	朗县仲达镇白革村	L81	稀性	1.05	2.11	3.03	0.927	305.94	1.93	1.12	0.7	0.23	47.00
56	朗县仲达镇扎西村	L83	稀性	0.10	0.21	0.32	0.605	334.25	3.90	2.48	0.9	0.50	47.00
57	朗县仲达镇扎西村	L84	稀性	0.13	0.21	0.74	0.542	732.43	3.48	1.06	1.4	1.89	47.00
58	加查县仲达镇仲温村	L89	稀性	4.78	8.59	6.44	1.949	302.64	0.96	1.01	0.80	0.34	47.00
59	加查县仲达镇仲温村	L90	稀性	1.67	4.24	6.06	0.698	115.18	1.43	1.03	1.50	0.17	47.00
60	加查县仲达镇托麦村	L92	黏性	1.78	3.46	5.65	2.006	355.00	1.56	1.03	20.2	0.20	47.00
61	加查县仲达镇仲温村	L93	稀性	3.12	5.45	5.28	1.949	369.13	1.12	1.06	0.80	0.24	47.00
62	加查县陇兰乡阿康村	L96	稀性	0.50	13.70	9.10	2.083	228.90	0.84	1.04	0.50	0.97	47.00
63	加查县陇兰乡龙村	L99	稀性	6.94	13.18	9.20	2.253	244.89	1.00	1.16	0.80	0.37	47.00

续上表

序号	地理位置	室内编号	泥石流性质	一次泥石流（可能）最大冲出量 F_1（×10⁴ m³）	流域面积 F_2（km²）	主沟长度 F_3（km）	流域相对高差 F_4（km）	流域平均比降 F_5	流域切割密度 F_6	主沟弯曲系数 F_7	物源储量 F_8（×10⁴ m³）	泥沙补给长度比 F_9	最大24h降雨量 F_{10}
64	加查县	L105	稀性	0.75	1.73	3.63	0.837	230.58	3.40	1.18	7.9	0.16	47.00
65	加查县	L107	稀性	0.19	0.38	1.30	0.514	395.38	7.63	1.09	0.8	0.13	47.00
66	加查县	L108	稀性	0.09	0.19	1.25	0.484	387.20	6.58	1.10	1.2	0.12	47.00
67	加查县	L109	稀性	0.11	0.24	1.70	0.483	284.12	7.71	1.10	1.0	0.09	47.00
68	加查县	L110	稀性	0.56	1.34	2.96	0.256	86.49	4.31	1.09	19.9	0.12	47.00
69	加查县安绕镇者姆村	L113	黏性	1.14	3.12	4.05	1.80	444.00	1.59	1.07	2.50	0.36	47.00
70	加查县藏木乡	L119	稀性	0.99	1.95	1.9	1.84	968.00	2.25	1.06	3.94	0.23	47.00
71	加查县藏木乡	L120	稀性	0.96	2.06	1.80	1.68	933.00	2.62	1.05	5.96	0.65	47.00
72	加查县藏木乡	L121	稀性	3.90	6.34	3.31	2.08	628.00	1.27	1.11	17.35	0.37	47.00
73	加查县藏木乡	L122	稀性	1.29	2.73	3.43	2.079	606.12	2.64	1.09	5.00	0.35	47.00
74	米林羌纳乡	R1	稀性	5.21	6.85	7.02	1.69	240.74	1.86	1.51	34.84	0.28	58.00
75	米林羌纳乡	R2	稀性	2.04	3.06	3.18	1.36	427.67	2.01	1.06	10.26	0.25	58.00
76	米林羌纳乡	R4	稀性	1.86	2.73	2.96	1.61	543.92	2.45	1.03	15.46	0.40	58.00
77	米林羌纳乡	R5	稀性	2.13	3.27	3.58	1.42	396.65	1.10	1.05	5.59	0.45	58.00
78	米林羌纳乡卓嘎村	R7	稀性	2.92	4.55	4.00	1.32	330.00	1.03	1.08	42.72	0.41	58.00
79	米林羌纳乡	R8	稀性	1.77	2.68	3.16	1.32	417.72	1.81	1.11	7.08	0.24	58.00
80	米林里龙乡仲莎村	R21	过渡性	2.69	3.44	3.25	1.48	455.38	1.15	1.07	10.19	0.23	58.00
81	米林里龙乡仲莎村	R23	稀性	0.60	0.87	1.94	1.02	525.77	2.23	1.07	1.43	0.12	58.00
82	米林里龙乡	R25	稀性	2.10	3.05	2.56	1.05	410.16	0.84	1.10	8.34	0.18	58.00
83	米林里龙乡	R26	黏性	0.68	0.60	1.47	1.08	734.69	2.44	1.23	1.42	0.12	58.00
84	米林里龙乡	R27	稀性	1.57	2.18	2.13	1.31	615.02	1.53	1.04	3.96	0.23	58.00

续上表

序号	地理位置	室内编号	泥石流性质	一次泥石流(可能)最大冲出量 F_1 ($\times 10^4$ m³)	流域面积 F_2 (km²)	主沟长度 F_3 (km)	流域相对高差 F_4 (km)	流域平均比降 F_5	流域切割密度 F_6	主沟弯曲系数 F_7	物源储量 F_8 ($\times 10^4$ m³)	泥沙补给长度比 F_9	最大24h降雨量 F_{10}
85	米林里龙乡	R28	稀性	1.91	2.97	3.95	1.74	440.51	1.39	1.13	2.65	0.15	58.00
86	米林里龙乡	R30	稀性	1.37	2.08	3.13	1.41	450.48	1.71	1.04	2.76	0.15	58.00
87	米林里龙乡	R31	稀性	1.06	1.59	2.88	1.46	506.94	2.52	1.05	3.52	0.17	58.00
88	米林里龙乡	R32	稀性	1.19	1.76	2.69	1.48	550.19	1.53	1.08	3.53	0.18	58.00
89	米林里龙乡	R33	稀性	1.21	1.78	2.73	1.52	556.78	2.31	1.11	6.64	0.37	58.00
90	米林里龙乡	R34	稀性	2.48	3.76	3.53	1.51	427.76	1.49	1.07	7.10	0.23	58.00
91	米林里龙乡	R36	稀性	6.89	8.26	4.90	1.74	355.10	1.36	1.53	17.80	0.25	58.00
92	米林里龙乡	R37	稀性	0.77	1.09	1.83	0.89	486.34	1.68	1.10	2.96	0.30	58.00
93	米林里龙镇麦村	R38	稀性	0.58	0.87	2.33	1.229	527.47	2.69	1.17	3.23	0.19	58.00
94	米林卧龙镇	R39	稀性	5.35	6.45	4.73	1.67	353.07	1.00	1.63	16.08	0.26	58.00
95	米林卧龙镇	R41	稀性	0.72	1.01	1.83	1.21	661.20	3.13	1.05	1.30	0.21	58.00
96	米林卧龙镇	R42	稀性	1.13	1.64	2.44	1.34	549.18	1.96	1.11	2.84	0.20	58.00
97	米林卧龙镇	R43	稀性	1.30	1.94	2.91	1.51	518.90	1.95	1.25	3.47	0.17	58.00
98	米林卧龙镇	R44	稀性	1.66	2.49	3.26	1.72	527.61	1.89	1.16	2.22	0.14	58.00
99	米林卧龙镇	R45	稀性	0.89	1.35	2.90	1.61	555.17	2.15	1.04	3.25	0.20	58.00
100	米林卧龙镇	R47	稀性	2.14	3.09	2.82	1.65	585.11	1.71	1.71	9.56	0.62	58.00
101	米林卧龙镇	R50	稀性	2.66	3.94	3.37	1.82	540.06	1.87	1.50	13.73	0.68	58.00
102	米林	R51	稀性	1.11	1.70	3.35	1.886	562.99	1.97	1.04	4.8	0.26	58.00
103	米林	R53	稀性	5.55	8.56	13.98	1.443	103.20	1.89	3.09	26.0	0.28	58.00
104	米林	R54	稀性	4.46	5.64	6.00	2.106	351.00	1.79	1.03	23.4	0.46	58.00
105	米林	R56	稀性	2.05	3.20	3.90	1.525	391.03	1.91	1.70	36.8	0.64	58.00

续上表

序号	地理位置	室内编号	泥石流性质	一次泥石流(可能)最大冲出量 F_1 ($\times 10^4$ m³)	流域面积 F_2 (km²)	主沟长度 F_3 (km)	流域相对高差 F_4 (km)	流域平均比降 F_5	流域切割密度 F_6	主沟弯曲系数 F_7	物源储量 F_8 ($\times 10^4$ m³)	泥沙补给长度比 F_9	最大24h降雨量 F_{10}
106	朗县洞嘎镇十八道班	R61	稀性	4.28	6.70	4.8	1.938	403.75	0.97	1.03	2.88	0.28	47.00
107	朗县洞嘎镇十八道班	R62	稀性	1.36	2.69	3.39	1.814	535.10	1.26	1.17	133.12	0.49	47.00
108	朗县洞嘎镇十八道班	R63	稀性	0.34	0.67	2.58	1.626	630.23	3.86	1.79	0.33	0.35	47.00
109	朗县	R64	稀性	0.72	1.45	2.97	1.245	419.19	5.00	1.01	7.8	0.12	47.00
110	朗县扎西塘村	R65	稀性	1.10	2.05	2.47	1.731	700.81	1.92	1.07	7.9	0.55	47.00
111	朗县	R67	稀性	3.21	5.05	4.36	1.502	344.50	1.06	1.17	33.4	0.38	47.00
112	朗县洞嘎镇卓村	R69	稀性	3.72	6.18	5.81	1.611	277.28	0.94	1.04	77.2	0.22	47.00
113	朗县洞嘎镇沼气村	R71	稀性	7.34	12.96	8.96	1.8	200.89	0.69	1.11	29.2	0.14	47.00
114	朗县洞嘎镇	R73	稀性	1.33	2.60	3.14	1.622	516.56	1.62	1.11	5.7	0.26	47.00
115	朗县洞嘎镇	R74	稀性	4.79	7.43	4.51	1.628	360.98	1.17	1.41	55.1	0.74	47.00
116	朗县洞嘎镇	R75	稀性	2.13	4.28	3.87	1.553	401.29	0.90	1.06	1.1	0.32	47.00
117	朗县洞嘎镇江堆塘村	R76	稀性	3.02	4.37	4.46	1.923	431.00	0.86	1.09	137.25	0.62	47.00
118	朗县洞嘎镇江堆塘村	R77	稀性	4.70	7.13	4.25	1.943	457.18	0.60	1.10	211.17	0.35	47.00
119	朗县洞嘎镇江堆塘村	R78	稀性	0.58	1.05	1.86	1.334	717.20	1.77	1.15	36.83	0.50	47.00
120	朗县朗镇嘎母丁村	R79	稀性	0.72	1.43	3.02	1.783	590.40	2.12	1.17	57.47	0.34	47.00
121	朗县朗镇嘎母丁村	R80	稀性	0.71	1.43	3.12	1.405	450.32	2.19	1.04	84.88	0.57	47.00
122	朗县朗镇朗村	R81	稀性	2.30	4.54	3.81	1.911	501.57	2.12	1.10	164.43	0.46	47.00
123	朗县朗镇朗村	R82	稀性	0.36	0.67	1.6	0.61	383.75	2.37	1.03	37.75	0.63	47.00
124	朗县朗镇下白热村	R83	稀性	8.74	13.98	5.81	1.623	279.35	0.77	1.05	160.22	0.32	47.00
125	朗县朗镇堆巴塘新村	R85	稀性	3.39	5.29	4.17	1.394	334.29	1.13	1.04	212.92	0.46	47.00
126	朗县	R89	稀性	9.36	13.79	3.97	1.491	375.57	0.86	1.02	11.7	0.52	47.00

续上表

序号	地理位置	室内编号	泥石流性质	一次泥石流(可能)最大冲出量 F_1 (10^4 m^3)	流域面积 F_2 (km^2)	主沟长度 F_3 (km)	流域相对高差 F_4 (km)	流域平均比降 F_5	流域切割密度 F_6	主沟弯曲系数 F_7	物源储量 F_8 (10^3 m^2)	泥砂补给长度比 F_9	最大24h降雨量 F_{10}
127	朗县	R90	稀性	1.59	3.25	3.91	1.445	369.57	1.68	1.17	1.4	0.17	47.00
128	朗县	R91	稀性	1.58	2.93	2.30	1.021	443.91	0.78	1.05	1.6	0.27	47.00
129	朗县	R92	稀性	0.46	0.80	1.36	1.07	786.76	1.89	1.09	0.3	0.44	47.00
130	加查县	R94	稀性	2.05	4.60	3.67	0.696	189.65	0.80	1.02	1.2	0.25	47.00
131	加查县	R95	稀性	0.63	1.29	1.56	0.332	212.82	1.85	1.01	0.8	0.46	47.00
132	加查县	R96	稀性	11.61	22.93	9.10	1.551	170.00	0.85	1.04	325.2	0.13	47.00
133	加查县	R97	稀性	1.73	3.69	3.20	1.212	378.75	0.87	1.32	3.1	0.32	47.00
134	加查县	R99	稀性	0.98	2.13	3.15	1.164	369.52	1.48	1.13	1.8	0.24	47.00
135	加查县	R101	稀性	0.86	1.66	1.94	1.529	788.14	1.84	1.18	0.5	0.33	47.00
136	加查县	R102	稀性	0.30	0.57	1.25	0.763	610.40	2.96	1.12	0.8	0.34	47.00
137	加查县林达镇	R103	稀性	1.47	3.14	2.74	0.707	258.03	1.26	1.05	2.0	0.09	47.00
138	加查县林达镇	R104	过渡性	1.63	3.87	5.16	1.232	238.76	2.37	1.14	3.5	0.16	47.00
139	加查县安绕镇(仲萨村)	R105	稀性	2.18	4.35	3.9	1.296	332.31	1.61	1.06	243.83	0.63	47.00
140	加查县安绕镇(仲萨村)	R109	稀性	0.23	0.43	1.02	0.745	730.39	2.38	1.01	15.59	0.25	47.00
141	加查县唐麦村	R110	黏性	0.65	0.77	1.89	0.865	457.67	3.29	1.22	38.63	0.48	47.00
142	加查县唐麦村	R111	稀性	0.89	1.90	2.84	1.154	406.34	1.49	1.03	94.58	0.43	47.00
143	加查县唐麦村	R112	稀性	0.77	1.59	2.37	1.194	503.80	1.50	1.27	64.89	0.55	47.00
144	加查县藏木乡	R113	稀性	0.76	1.46	1.35	1.2	889.00	2.99	1.05	3.45	0.43	47.00
145	加查县藏木乡	R114	稀性	1.54	3.21	2.35	1.6	681.00	1.98	1.05	12.69	0.51	47.00
146	加查县藏木乡	R115	稀性	1.91	4.07	2.60	1.84	708.00	1.00	1.08	13.21	0.42	47.00
147	加查县藏木乡	R116	稀性	0.49	1.04	2.67	1.69	632.96	2.57	1.04	1.85	0.15	47.00

表 13.21 研究区暴雨泥石流沟危险度评价结果

序号	对应分值 一次泥石流(可能)最大冲出量 F_1	流域面积 F_2	主沟长度 F_3	流域相对高差 F_4	流域平均比降 F_5	流域切割密度 F_6	主沟弯曲系数 F_7	物源储量 F_8	泥沙补给长度比 F_9	最大24h降雨量 F_{10}	总分	危险等级
1	1	1	2	4	16	4	9	6	1	14	7.08	低度危险
2	10	9	2	4	16	4	1	12	10	14	13.18	中度危险
3	20	18	3	4	16	4	3	12	10	21	20.22	高度危险
4	20	18	3	4	16	4	1	12	10	21	20.03	高度危险
5	10	9	2	4	16	4	1	12	5	14	12.64	中度危险
6	1	9	2	2	16	4	1	12	5	14	8.83	低度危险
7	10	9	2	4	16	1	1	6	15	14	11.84	中度危险
8	30	27	4	4	8	4	1	18	5	14	24.85	高度危险
9	10	9	2	4	16	4	3	6	5	14	12.18	中度危险
10	10	9	2	4	16	4	3	12	1	14	12.84	中度危险
11	1	9	2	4	16	4	9	6	15	14	8.54	低度危险
12	20	18	2	4	16	4	1	12	5	21	20.50	高度危险
13	20	9	2	4	16	4	1	12	15	14	16.87	中度危险
14	20	18	2	4	24	4	1	12	5	21	20.50	高度危险
15	10	9	2	4	16	4	1	12	5	14	13.72	中度危险
16	10	9	2	4	16	4	1	12	10	14	12.64	中度危险
17	20	9	2	4	16	4	1	12	10	14	17.41	高度危险
18	30	18	3	6	16	1	1	18	10	21	24.74	高度危险
19	1	9	2	4	16	4	1	12	10	14	9.37	低度危险
20	10	9	2	4	16	4	1	12	10	14	13.18	中度危险
21	1	9	2	4	16	4	9	12	10	14	10.16	中度危险

续上表

序号	对应分值 一次泥石流(可能)最大冲出量 F_1	流域面积 F_2	主沟长度 F_3	流域相对高差 F_4	流域平均比降 F_5	流域切割密度 F_6	主沟弯曲系数 F_7	物源储量 F_8	泥沙补给长度比 F_9	最大24h降雨量 F_{10}	总分	危险等级
22	10	9	2	4	24	4	1	12	10	14	14.26	中度危险
23	20	9	3	4	16	4	1	12	10	14	17.48	中度危险
24	30	18	3	6	16	4	3	12	10	21	24.60	高度危险
25	20	9	2	4	16	4	1	12	1	14	16.44	中度危险
26	30	27	3	6	16	4	1	18	10	14	25.78	高度危险
27	10	9	2	4	24	4	1	12	10	14	14.26	中度危险
28	10	9	2	4	24	4	1	12	10	14	14.26	中度危险
29	1	9	2	4	24	4	1	12	10	14	10.45	中度危险
30	1	9	2	4	24	4	6	12	10	14	10.45	中度危险
31	1	1	2	4	16	4	9	6	5	14	8.30	低度危险
32	1	9	2	4	16	4	1	6	15	14	10.05	中度危险
33	1	9	2	4	16	4	9	12	5	14	8.83	低度危险
34	10	9	2	4	24	4	3	12	15	21	15.42	中度危险
35	10	9	2	6	16	4	1	12	10	14	14.60	中度危险
36	30	18	2	4	16	1	1	12	15	21	24.42	高度危险
37	10	9	3	4	24	4	1	1	15	7	21.17	高度危险
38	20	9	2	4	16	1	3	1	10	7	16.92	中度危险
39	20	18	3	6	16	4	1	1	15	7	17.04	中度危险
40	20	18	3	6	16	4	1	1	15	7	17.69	中度危险
41	20	9	3	6	16	4	1	1	15	7	16.05	中度危险
42	30	18	2	6	16	4	1	1	15	7	21.85	高度危险

续上表

序号	一次泥石流(可能)最大冲出量 F_1	流域面积 F_2	主沟长度 F_3	流域相对高差 F_4	流域平均比降 F_5	流域切割密度 F_6	主沟弯曲系数 F_7	物源储量 F_8	泥沙补给长度比 F_9	最大24h降雨量 F_{10}	总分	危险等级
43	20	9	2	2	16	4	1	1	10	7	15.15	中度危险
44	20	18	2	6	24	1	1	1	15	7	18.39	中度危险
45	1	1	2	4	24	8	1	1	10	7	7.30	低度危险
46	1	1	2	4	24	4	1	1	5	7	6.35	低度危险
47	20	18	2	4	16	4	1	1	15	7	17.48	中度危险
48	10	9	2	4	24	4	1	1	10	7	12.15	中度危险
49	1	9	2	4	24	4	3	1	10	7	8.54	低度危险
50	20	18	2	2	16	4	1	12	5	7	17.45	中度危险
51	20	9	3	4	16	4	1	1	5	7	14.83	中度危险
52	1	1	2	2	16	8	1	1	5	7	5.54	低度危险
53	10	9	3	4	16	4	1	1	5	7	10.60	中度危险
54	1	9	2	2	16	4	3	1	10	7	7.32	低度危险
55	10	9	2	2	16	4	3	1	5	7	10.58	中度危险
56	1	1	1	2	16	4	3	1	10	7	5.79	低度危险
57	1	1	1	2	24	4	1	1	15	7	7.21	低度危险
58	20	18	3	4	16	1	1	1	10	7	16.69	中度危险
59	10	9	3	2	8	4	1	6	5	7	9.92	低度危险
60	10	9	3	6	16	4	1	6	5	7	11.29	中度危险
61	20	18	3	4	16	4	1	1	5	7	16.47	中度危险
62	1	27	3	6	16	1	1	1	15	14	11.89	中度危险
63	30	27	3	6	16	1	3	1	10	14	23.82	高度危险

续上表

序号	对应分值 一次泥石流(可能)最大冲出量 F_1	流域面积 F_2	主沟长度 F_3	流域相对高差 F_4	流域平均比降 F_5	流域切割密度 F_6	主沟弯曲系数 F_7	物源储量 F_8	泥沙补给长度比 F_9	最大24h降雨量 F_{10}	总分	危险等级
64	1	9	2	2	16	4	3	6	5	7	7.32	低度危险
65	1	1	2	2	16	8	1	1	5	7	5.54	低度危险
66	1	1	2	2	16	8	1	6	5	7	6.08	低度危险
67	1	1	2	2	16	8	1	1	5	7	5.54	低度危险
68	1	9	2	2	1	4	1	12	10	7	5.75	低度危险
69	10	9	2	2	1	4	1	6	5	7	9.44	低度危险
70	1	9	2	4	24	4	1	6	15	7	8.35	低度危险
71	1	9	2	4	24	4	1	6	10	7	9.43	低度危险
72	20	18	2	6	24	4	3	12	10	7	19.56	中度危险
73	10	9	2	6	24	4	1	6	5	7	12.84	中度危险
74	30	18	3	4	16	4	9	12	10	21	24.51	高度危险
75	10	9	2	4	24	4	1	12	5	14	12.64	中度危险
76	10	9	2	4	16	4	1	12	10	14	14.26	中度危险
77	20	9	2	4	16	4	1	6	10	14	16.76	中度危险
78	20	9	2	4	16	4	1	12	10	14	17.41	中度危险
79	10	9	2	4	16	4	3	6	5	14	12.18	中度危险
80	20	9	2	4	16	1	1	6	5	14	16.22	中度危险
81	1	1	2	4	24	4	1	6	5	14	7.80	低度危险
82	20	9	2	4	16	4	1	6	5	14	15.90	中度危险
83	1	1	2	4	24	4	1	6	5	14	7.80	低度危险
84	10	9	2	4	24	4	1	6	5	14	13.07	中度危险

续上表

序号	一次泥石流(可能)最大冲出量 F_1	流域面积 F_2	主沟长度 F_3	流域相对高差 F_4	流域平均比降 F_5	流域切割密度 F_6	主沟弯曲系数 F_7	物源储量 F_8	泥砂补给长度比 F_9	最大24h降雨量 F_{10}	总分	危险等级
85	10	9	2	4	16	4	3	6	5	14	12.18	中度危险
86	10	9	2	4	16	4	1	6	5	14	11.99	中度危险
87	10	9	2	4	24	4	1	6	5	14	13.07	中度危险
88	10	9	2	4	24	4	1	6	5	14	13.07	中度危险
89	10	9	2	4	24	4	3	6	10	14	13.80	中度危险
90	20	9	2	4	16	4	1	12	5	14	16.22	中度危险
91	30	18	2	2	16	4	9	6	5	21	24.44	高度危险
92	1	9	2	4	16	4	1	6	5	14	8.03	低度危险
93	1	1	2	4	24	4	3	6	5	14	8.00	低度危险
94	30	18	2	4	16	4	9	12	5	21	24.44	高度危险
95	1	9	2	4	24	4	1	6	5	14	9.26	低度危险
96	10	9	2	4	24	4	3	6	5	14	13.26	中度危险
97	10	9	2	4	24	4	3	6	5	14	13.26	中度危险
98	10	9	2	4	24	4	3	6	5	14	13.07	中度危险
99	10	9	2	4	24	4	1	6	5	14	13.07	中度危险
100	20	9	2	4	24	4	9	6	15	21	20.08	高度危险
101	20	9	2	4	24	4	9	12	15	21	20.73	高度危险
102	10	9	2	4	1	4	1	6	5	14	13.07	中度危险
103	30	18	4	4	16	4	9	12	5	14	21.64	高度危险
104	20	18	3	6	16	4	1	12	10	14	20.13	高度危险
105	10	9	2	4	16	4	9	12	15	21	15.42	中度危险

续上表

序号	一次泥石流(可能)最大冲出量 F_1	流域面积 F_2	主沟长度 F_3	流域相对高差 F_4	流域平均比降 F_5	流域切割密度 F_6	主沟弯曲系数 F_7	物源储量 F_8	泥沙补给长度比 F_9	最大24h降雨量 F_{10}	总分	危险等级
106	20	18	2	4	16	1	1	6	5	7	16.63	中度危险
107	10	9	2	4	24	4	3	18	10	7	14.20	中度危险
108	1	1	2	4	24	4	9	1	10	7	7.68	低度危险
109	1	9	2	4	24	8	1	6	1	7	8.33	低度危险
110	10	9	2	4	24	4	1	6	10	7	12.70	中度危险
111	20	18	2	4	16	4	3	12	10	7	18.34	中度危险
112	20	18	3	4	16	1	1	12	5	7	17.35	中度危险
113	30	27	3	4	16	1	3	12	1	7	22.99	高度危险
114	10	9	2	4	24	4	3	6	5	7	12.35	中度危险
115	20	18	2	4	16	4	3	12	15	21	20.70	高度危险
116	20	9	2	4	16	1	1	1	5	7	14.45	中度危险
117	20	9	2	4	24	1	1	18	15	21	20.28	高度危险
118	20	18	2	4	16	4	1	18	10	21	20.30	高度危险
119	1	9	2	4	24	4	3	12	10	7	9.74	低度危险
120	1	9	2	4	24	4	3	12	10	7	9.74	低度危险
121	1	9	2	4	16	4	1	12	10	7	8.46	低度危险
122	20	9	2	4	16	1	1	18	15	7	17.15	中度危险
123	1	1	2	2	16	4	1	12	10	7	7.40	低度危险
124	30	27	3	4	16	1	1	18	10	7	24.42	高度危险
125	20	18	2	4	16	4	1	18	10	7	18.79	中度危险
126	30	27	2	4	16	1	1	12	10	7	23.69	高度危险

续上表

序号	一次泥石流(可能)最大冲出量 F_1	流域面积 F_2	主沟长度 F_3	流域相对高差 F_4	流域平均比降 F_5	流域切割密度 F_6	主沟弯曲系数 F_7	物源储量 F_8	泥沙补给长度比 F_9	最大24h降雨量 F_{10}	总分	危险等级
127	10	9	2	4	16	4	3	6	5	7	11.27	中度危险
128	10	9	2	4	16	1	1	6	5	7	10.76	中度危险
129	1	1	2	4	24	4	1	1	10	7	6.89	低度危险
130	10	9	2	2	8	4	1	6	5	7	9.54	低度危险
131	1	9	2	4	16	4	1	1	10	7	7.12	低度危险
132	30	27	4	4	8	1	1	18	1	7	22.43	高度危险
133	10	9	2	4	16	4	6	6	5	7	11.26	中度危险
134	1	9	2	4	16	4	3	6	5	7	7.47	低度危险
135	1	9	2	4	16	4	3	1	5	7	6.92	低度危险
136	1	1	2	2	24	4	1	1	5	7	6.40	低度危险
137	10	9	2	4	16	4	3	6	5	7	10.93	中度危险
138	10	9	3	4	16	4	1	6	5	7	11.34	中度危险
139	20	9	2	2	24	4	1	18	15	7	17.69	中度危险
140	1	1	2	2	16	4	3	12	5	7	7.40	低度危险
141	1	1	2	4	16	4	1	12	10	7	7.06	低度危险
142	1	9	2	4	16	4	3	12	10	7	8.46	低度危险
143	1	9	2	4	24	4	1	6	10	7	8.66	低度危险
144	1	9	2	4	24	4	1	12	10	7	8.89	低度危险
145	10	9	2	4	24	4	1	12	10	7	13.35	中度危险
146	10	9	2	4	24	4	1	12	10	7	13.35	中度危险
147	1	9	2	4	24	4	1	6	5	7	8.35	低度危险

图 13.9 加查—米林段沿线暴雨型泥石流危险度划分图

13.3.6 危险度评价结果验证

评价泥石流危险度的方法很多，研究中采取了层次分析法重新构建评价模型。在对选取的147条暴雨型泥石流沟进行危险度评价后，需要用其他的方法来验证评价结果。通过筛选，将使用刘希林、唐川等所著的《泥石流危险性评价》和《泥石流风险评价》的简化方法进行验证，方法见"6.4 单沟泥石流危险性评价"。由于计算的泥石流沟较多，因此将随机抽取其中10条作为样本，来验证本次泥石流危险度模型的正确性。

验证方法中7个评价指标的基础数据，见表13.22。

表13.22 验证方法基础数据表

序号	室内编号	位置	评价指标						
			泥石流规模 ($\times 10^3$ m³)	发生频率 (次/100 a)	流域面积 s_1 (km²)	主沟长度 s_2 (km)	流域相对高差 s_3 (km)	流域切割密度 s_6 (km^{-1})	不稳定沟床比例 s_9
1	L3	林芝布久乡仲萨村	4.27	16	5.63	5.19	1.62	1.08	0.57
2	L17	米林扎西绕登乡	1.51	25	2.63	4.46	1.28	1.69	0.24
3	L31	米林扎西绕登乡	6.04	38	8.63	8.46	2.04	0.98	0.42
4	L37	米林羌纳乡	2.73	15	4.89	6.14	1.84	1.26	0.45
5	L45	米林卧龙镇	0.46	3	0.72	2.36	1.52	3.28	0.25
6	L63	朗县洞嘎镇诺村	3.28	13	4.22	4.01	0.998	1.03	0.50
7	L74	朗县则弄乡陆村	2.87	15	3.84	5.03	1.374	1.85	0.27
8	R76	朗县洞嘎镇江堆塘村	3.02	22	4.37	3.74	1.92	0.86	0.62
9	R77	加查县	4.7	7	7.13	4.25	1.943	0.60	0.35
10	R115	加查县藏木乡	1.91	15	4.07	3.71	1.84	1.00	0.42

根据表6.8将10条沟转化后，由式(6.1)所得的危险度计算结果对照单沟泥石流危险度分级标准(表6.9)，可得到这10条样本泥石流沟危险度评价结果，见表13.23。

表13.23 10条样本泥石流沟危险度评价结果

序号	泥石流规模	发生频率	流域面积	主沟长度	流域相对高差	流域切割密度	不稳定沟床比例	评价结果	评价等级	原评价等级
1	0.15	0.90	0.45	0.70	1.00	0.05	0.95	0.62	高度危险	高度危险
2	−0.30	1.10	0.34	0.65	0.85	0.08	0.40	0.42	中度危险	中度危险
3	0.30	1.28	0.52	0.91	1.00	0.05	0.70	0.60	高度危险	高度危险
4	−0.04	0.88	0.22	0.46	1.00	1.00	0.42	0.30	低度危险	中度危险
5	0	0.18	0.43	0.77	1	0.06	0.75	0.48	中度危险	低度危险
6	0.04	0.81	0.41	0.61	0.67	0.05	0.84	0.42	中度危险	中度危险
7	−0.02	0.88	0.39	0.69	0.92	0.05	0.44	0.44	中度危险	中度危险
8	0	1.04	0.41	0.59	1	0.04	1.03	0.51	中度危险	高度危险
9	−0.38	0.54	0.49	1.00	1.00	0.03	0.58	0.31	低度危险	低度危险
10	−0.20	0.88	0.40	0.59	1.00	0.05	0.71	0.38	低度危险	中度危险

根据对 10 个随机样本的计算和验证，验证的相似率达到 80%，根据分析发现，两种方法在计算结果为中度和低度危险有较好的相似性，而中高度危险的相似性较差。两种方法具有相似的因子，但是层次分析法因子更多。对二者结果的差异，原因很多，一方面是地域的差异，另外一方面权重的取值人文差异较大，并且层次分析法的 10 个指标因子仍有累赘冗余之处。但是整体来说，两种方法计算的结果还是比较一致，研究基于层次分析法的泥石流危险度评价方法具有一定的可行性。

14 各区段典型泥石流沟分析评价

14.1 米林段典型泥石流沟分析评价

14.1.1 扎西绕登乡空普沟

1. 空普沟的流域特征

1) 基本特征

空普沟位于米林扎西绕登乡彩门村雅鲁藏布江的左岸,流域面积约 12.87 km²,主沟长约 6 020 m,沟道主流向为南东,沟谷呈"V"形。流域内最高海拔 4 562 m,堆积扇前缘海拔 2 936 m,相对高差为 1 626 m,沟道两岸山坡平均坡度约 34°,平均纵比降为 271‰。空普沟流域切割较为强烈,流域内共发育有 3 条支沟,两岸山坡坡度较陡,沟道纵比降大,流向多与主沟流向呈锐角斜交。

空普沟的堆积区总体呈扇形,扇形地完整性约为 35%,扇长约 120 m,扇宽约 82 m,扩散角 40°。堆积区主要物质成分为砾石、砂及土,最大砾石为(长×宽×高)0.30 m×0.2 m×0.1 m。植被覆盖率约为 75%。

沟道内零星基岩出露,主要为燕山晚期~喜山期花岗岩(γ_{5-6}^3),岩石类型以花岗岩为主。由于该地区日较差较大,使得表层岩石风化程度较强,基岩节理较为发育。在流域内可见较多由于风化而形成的坡面松散固体物质堆积,以及分布于沟内的崩塌堆积体。沟道两侧山坡坡度较陡,两侧山坡上主要是以乔木和灌木覆盖。在沟道内植被生长茂盛,主要以低矮灌木为主,零星有乔木覆盖。空普沟沟道内常年有流水,春、夏两季流量相对较大,秋、冬两季流量较小。

2) 流域分区特征

空普沟泥石流可以分为三个区域,即形成区、流通区和堆积区。其中,由于流通区和堆积区无明显的分区界线,现将其流域分为形成区、流通堆积区;其分区特征见表 14.1 和图 14.1,主沟沟床纵比降如图 14.2 所示。

表 14.1 空普沟泥石流流域分区特征

分区	面积(km²)	沟长(m)	高程范围(m)	高差(m)	纵比降
形成区	10.94	3 750	3 240~4 562	1 322	353‰
流通堆积区	1.93	2 270	2 936~3 240	304	134‰

图 14.1 空普沟流域遥感图

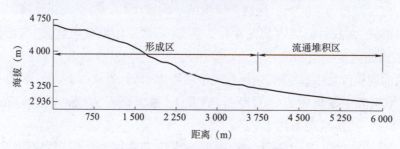

图 14.2 空普沟主沟沟床纵比降

(1) 形成区

空普沟的形成区位于海拔 3 240～4 562 m，形成区面积为 10.94 km²。形成区主沟长约 3 750 m，沟道纵比降 353‰，沟宽 5～15 m 不等，两侧坡度较陡，呈"V"形沟谷。形成区内基岩风化较为强烈，表层岩石较为破碎，节理裂隙发育程度相对较高，沟道内随处可见风化的剥落堆积物(图 14.3)，堆积的石块粒径主要以 5～10 cm 为主。沟道内左右两侧乔木覆盖，覆盖率为 60%(图 14.4)，左侧零星的基岩出露，右侧无基岩出露，沟道内植被长势较好其中以低矮灌木为主，也有乔木覆盖。

(2) 流通堆积区

空普沟的流通堆积区短小，主要位于海拔 2 936～3 240 m，面积约为 1.93 km²，沟长约 2 270 m，沟道纵比降为 134‰，沟道呈"U"形，如图 14.5 所示。区内沟道较平直，沟宽 10～50 m，沟道内常年流水，粒径以 0.3 m 为多，最大块石达 0.8 m×0.7 m×0.3 m(图 14.6)。沟道内植被发育良好，为低矮灌木覆盖，沟道在该区下切不明显，左右两侧坡度较缓,其中在流通堆积区主要物质成分为砾石、砂及土。

图 14.3　空普沟左侧基岩出露图

图 14.4　空普沟形成区植被覆盖图

图 14.5　空普沟流通堆积区特征图

图 14.6　空普沟流通堆积区颗粒物及沟道特征图

2. 空普沟泥石流发育历史及形成条件

1) 泥石流发育历史

通过现场调查发现,空普沟堆积扇较为宽缓,面积也较大,挤压主河道,说明该沟泥石流活动曾经相当活跃。堆积扇靠主河上游侧较另一侧低。

调查走访当地居民得知,空普沟近期内没有发现泥石流活动情况,只是在降雨量比较大的时候有洪水发生。

人类活动对空普沟也存在一定的影响,表现最明显的是对两侧山坡上的乔木进行砍伐现象,砍伐现象比较严重,使得两侧植被对土壤固坡作用减弱。

2) 泥石流形成条件

泥石流形成和发展必须具备三个条件:①丰富的物源。区内气候高寒,寒冻风化十分强烈,岩体在地质构造作用下,较为破碎,裂隙受其影响不断扩大加深,并产生新的风化裂隙,岩体完整性遭受破坏,进而解离成碎片、碎块及砂粒。广泛而持续的风化作用,使得区内松散碎屑物质遍布,构成了泥石流活动的物质基础。②有效的地形条件。空普沟流域最高海拔为 4 562 m,堆积扇前缘海拔为 2 936 m,相对高差 1 626 m,平均纵比降为 271‰,如此大的纵比降为泥石流物质的起动提供了势能转化为动能的条件,也为泥石流的暴发积聚了能量。③充足的水源。该沟赖以形成的主要水源有降雨、冰雪融水、冰川消融与降雨混合型洪水等,它们都能提供足够的构成泥石流的水体成分和动力条件,进而导致泥石流的发生。充足的水源再加上短历时的降雨对泥石流的激发起着决定性的作用,在充足的物源和有效的地形条件都具备的情况下,短历时的强降雨控制着泥石流的发生,起着导火线的作用。

对以上泥石流形成的三个条件分别进行阐述说明:

(1) 物源特征

从物源分布特征上看,物源除了来自形成区松散的坡面物质和少量的滑坡外,还有大部分来自沟道内的松散物,现场调查来看,整个流域并没有大型崩坡积物,粗估计空普沟总物源储量约为 59.9 万 m³。对于一个流域面积仅 12.87 km² 的空普沟而言,这样的松散物质量已经具备形成泥石流的物源条件。根据该处的地质资料知,沟道前缘还有一条大型的断裂通过,这使得每次断裂活动产生的震动就可能会形成新的滑坡,为泥石流的活动提供新的松散物质,保证了松散物源的供给。

(2) 地形特征

发生泥石流必须有激发泥石流发生的势能条件,空普沟的平均纵比降达到了 271‰,并且高差也达到了 1 626 m。这说明该沟势能充足,而且说明该沟正处于活动发展期。因此,虽然该沟流域较小,然而一旦降雨,在有充足雨水的情况下,在石块自身势能的作用下,就能够激发而形成泥石流。地形条件满足。

(3) 水源特征

调查区降雨主要集中在 6~9 月,以米林气象监测站提供的 2004 年 7 月 10 日之前的降水量,年降水量 1998 年达最高值,1999 年为最低值所示。降水在 7~8 月达到较大值,日降水量最高值达到 30.4~43.1 mm,此降水量已经达到降水型泥石流的诱发条件。

3. 空普沟泥石流动力学特征

如前所述,从空普沟主沟形成区所分布的松散物源特征及沟形特征调查表明,空普沟主沟属于稀性泥石流。

对泥石流运动特征和动力特征的定性分析,是认识泥石流和对其防治工程设计的基本依据。由于无泥石流发生时的实际观测数据,对空普沟泥石流的分析,主要依据现场调查资料,类比利用泥石流运动特征及动力特征研究的成果进行分析。

1)峰值流量

根据《四川省水文手册》,不同频率下空普沟设计洪峰流量见表14.2。

表 14.2 不同频率下空普沟设计洪峰流量计算结果

流域面积 F(km^2)	12.87		
沟长 L(km)	6.02		
沟道纵比降	271‰		
流域特征系数 θ	4.911		
汇流参数 m	0.553		
产流参数 μ	2.216		
设计频率 P	2%	1%	0.5%
暴雨参数 n	0.668	0.677	0.681
雨力 S_p(mm/h)	25.25	27.875	30.375
洪峰径流系数 ψ	0.865	0.878	0.891
汇流时间 τ(h)	1.578	1.541	1.509
最大流量 Q_B(m^3/s)	57.620	65.466	73.180

根据公式(5.4),不同频率下空普沟泥石流峰流量计算结果见表14.3。

表 14.3 不同频率下空普沟泥石流洪峰流量计算结果

频 率	D_c	γ_c(kN/m^3)	γ_H(kN/m^3)	$1+\varphi$	Q_B(m^3/s)	Q_c(m^3/s)
2%	1.2	15.0	26.5	1.43	57.620	98.88
1%	1.2	16.0	26.5	1.57	65.466	123.34
0.5%	1.3	16.5	26.5	1.65	73.18	156.97

2)一次泥石流过程总量和冲出固体物质总量

根据公式(5.6)和公式(5.7),不同频率下空普沟一次泥石流过程总量计算结果见表14.4,一次泥石流冲出固体物质总量计算结果见表14.5。

表 14.4 空普沟一次泥石流过程总量计算结果

频 率	K	T(s)	Q_c(m^3/s)	Q(m^3)
2%	0.264	1 200	98.88	31 323.89
1%		1 200	123.34	39 073.46
0.5%		1 200	156.97	49 728.44

表 14.5 空普沟一次泥石流冲出固体物质总量计算结果

频率	γ_c(kN/m³)	γ_H(kN/m³)	γ_w(kN/m³)	Q(m³)	Q_H(m³)
2%	15.0	26.5	10.0	31 323.89	9 492.09
1%	16.0	26.5	10.0	39 073.46	14 208.53
0.5%	16.5	26.5	10.0	49 728.44	19 589.99

3)流速

根据公式(5.2),不同频率下空普沟泥石流流速计算结果见表14.6。

表 14.6 空普沟泥石流流速计算结果

频率	$1/n$	γ_H(kN/m³)	R(m)	I	v_c(m/s)
2%	25	26.5	0.6	271‰	2.62
1%	25	26.5	0.8	271‰	2.79
0.5%	25	26.5	1.0	271‰	3.05

4. 空普沟泥石流危险性评价

1)泥石流活动程度分析

有利的地形、丰富的松散固体物质和充足的水源是泥石流形成的基本条件。地质现象各要素及其组合在泥石流形成过程中起着提供位势能量、固体物质和发生场所三大作用。根据空普沟流域环境特征,结合野外实地调查和评判标准(表6.1和表6.2),对泥石流易发程度进行综合评价。

根据空普沟流域的实际情况对各项指标进行综合打分,评分结果见表14.7。

表 14.7 空普沟泥石流易发程度评判表

序号	指标	指标打分
1	崩塌、滑坡及水土流失(自然和人为的)严重程度	12
2	泥沙沿程补给长度比	8
3	沟口泥石流堆积活动程度	7
4	河沟纵坡	9
5	区域构造影响程度	5
6	流域植被覆盖率	5
7	河沟近期一次变幅	4
8	岩性影响	4
9	沿沟松散物储量	4
10	沟岸山坡坡度	6
11	产沙区沟槽横断面	1
12	产沙区松散物平均厚度	3
13	流域面积	5

续上表

序号	指　　标	指标打分
14	流域相对高差	4
15	河沟堵塞程度	3
	综合得分	80
	泥石流易发程度	轻度易发

根据评价结果显示,空普沟泥石流属于轻度易发,即在较大降雨条件下有发生泥石流的可能性。

2)危险度

泥石流危险度的评价方法很多,这里采用中国科学院、水利部成都山地灾害与环境研究所(以下简称成都山地所)刘希林于1996年提出的单沟泥石流危险度评价方法。根据表6.8计算可得相应的转换值,见表14.8。

表14.8　空普沟危险度评价因子和转换函数及其转换值表

评价因子	初始值	转换值
泥石流规模	14.2	0.384 1
发生频率	3	0.238 6
流域面积	12.87	0.600 3
主沟长度	6.02	0.761 5
流域相对高差	1.626	1.000 0
流域切割密度	0.90	0.045 0
不稳定沟床比例	0.1	0.666 7

注:表中"初始值"列中泥石流规模单位为$\times 10^3$ m^3,发生频率单位为次/100 a,流域面积单位为km^2,主沟长度单位为km,流域相对高差单位为km,流域切割密度为km/km^2,下同。

根据公式(6.1)计算,空普沟泥石流的危险度 H_d 为0.42,按照分级标准(表6.9),可知空普沟的危险度为中度危险。

5. 泥石流发展趋势预测

1)泥石流历史灾害

泥石流沟和非泥石流没有严格的界限。对于山区某一沟谷来说,不能因为它过去没有发生泥石流,现在没有发生泥石流,就断定它将来也不会发生泥石流而定为非泥石流沟。前面介绍近年来没有发生过泥石流,只是在降雨量比较大的时候才会发生洪水,从空普沟的堆积扇推断该沟泥石流发育历史古老,根据冲刷淤埋情况,该沟是一条处于趋势变弱的泥石流沟。

2)泥石流的形成和发展趋势

泥石流作为一种自然现象,泥石流是山区地质、地貌等自然条件演化到一定阶段的产物,即它是山区内外营力综合作用的结果。但是在另一方面,随着人类历史的发展,人类作用对山区的影响日益加深,也直接或间接地影响到泥石流的发展。

空普沟具备泥石流形成和发展必须的三个条件:丰富的物源、有效的地形条件和充足的降雨。更为重要的是,空普沟当前的纵比降还很大,随着溯源侵蚀的进行,泥石流灾害将来可能还会趋于严重。从统计的松散物源来看,空普沟的物源并不算丰富,然而该沟节理风化比较严重,再加上当地居民对沟道内树木的砍伐现象,很容易造成水土流失,这样对泥石流的发生提供了一部分松散物质,但是这部分的量相对较小。

总之,空普沟是变化趋势趋于减弱的泥石流沟,危害程度中等。近年内应该不会发生大的泥石流。

14.1.2 工巴沟(L10)

1. 泥石流流域特征分析

1)工巴沟基本特征

工巴沟位于米林扎西绕登乡萨玉村,距离林芝机场约 5.7 km。地理坐标为 29°16′36.3″N,94°16′02.6″E。工巴沟流域面积约 36.87 km², 主沟长约 14.57 km。流域内最高海拔 4 900 m,沟口堆积扇前缘海拔 2 930 m,相对高差为 1 970 m,平均纵比降为 135.2‰,堆积扇面积约有 1.3 km²。工巴沟与雅鲁藏布江交角约为 70°~80°,流域整体走向为北西。工巴沟流域遥感图如图 14.7 所示。

图 14.7 工巴沟流域遥感图

工巴沟两岸植被较好,覆盖率约有 78%,坡度为 30°。沟道整体较为顺直,沟内有常年性流水河,常见上游漂下来的乱木杂石,石块磨圆度较好,粒径一般为 10~70 cm,最大的石块粒径达到 2.2 m。区域内出露的岩层为元古界林芝岩群八拉岩组(Pt_1b),主要为灰～灰白色、黑云斜长角闪片麻岩、二云斜长片麻岩、变粒岩、斜长角闪岩等,有基岩出露。调查显示工巴沟处于衰退期,沟道流域全貌如图14.8所示。

图14.8 工巴沟全貌图

2)流域分区特征

根据工巴沟的地质环境特征,结合泥石流的激发条件(丰富的松散固体物质和充足的水源条件)以及工巴沟泥石流流域的地形地貌特征,可将工巴沟分为形成区、流通区、堆积区三个功能区,如图14.9所示;各功能区均以典型的地形地貌特征为分界处,其分区特征见表14.9。

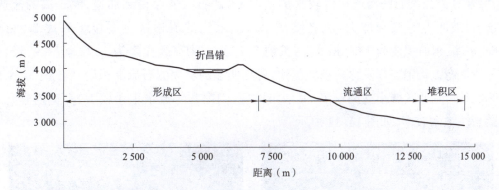

图14.9 工巴沟主沟沟床纵比降图

表14.9 工巴沟泥石流分区特征

分 区	面积(km²)	沟长(m)	高程范围(m)	高差(m)	纵比降
形成区	22.17	6 933	3 960～4 900	940	136‰
流通区	13.4	5 721	3 033～3 960	927	162‰
堆积区	1.3	1 916	2 930～3 033	103	54‰

(1)形成区特征

形成区主要位于海拔3 960～4 900 m的区域,汇水面积约22.17 km²,占整个流域的60%,平均坡降136‰。沟道呈"V"形,两侧植被覆盖率高,形成区内有一条二级支沟,长约1.9 km,与主沟夹角约100°,工巴沟形成区如图14.10所示。

图 14.10 工巴沟形成区

区域共有三处冰湖,面积分别为 0.61 km²、0.1 km²、0.04 km²;其中,最大的冰湖名为折昌错,呈矩形,长约 1.2 km,宽约 400 m。冰湖已被浮冰或水枕冰川、或冰舌覆盖。折昌错前缘河流明显受挤压向北凸起,推测为河流右岸(南岸)—滑坡体造成的堰塞湖。冰湖两侧及上游冰川较发育,山坡陡峭;下游沟床狭窄坡陡,较顺直,流通条件较好。湖水补给类型主要为冰雪水,目前湖水主要通过溢流方式自然排泄。在大中型冰崩、冰滑坡诱发因素作用下发生湖水越坝引发泥石流的可能性较大。

(2)流通区特征

流通区对泥石流的影响主要表现为改变泥石流的动力学参数特征,如加速或减速、堵塞等。当流通区沟道比降较大的情况下,泥石流便会得到加速,泥石流的流速、冲击力、破坏力等便会增大,反之则减小。工巴沟的流通区主要位于海拔 3 033~3 960 m,汇水面积约为 13.4 km²,沟长约 5.72 km,沟道纵比降为 162‰,呈"V"形,只有一道缓弯。沟道左岸发育一条坡面流,可见明显的坡面泥石流堆积扇,扇长 170 m,扇宽 260 m。流通区域小支沟较多,汇水条件好,沟内常年流水水量较大,沟道内有几个段落石块漂木较多,如图 14.11 所示。

图 14.11 工巴沟流通区

(3)堆积区特征

堆积区是泥石流的主要堆积场所,也是泥石流危害最大的区域;一般情况下,堆积区坡度较缓,泥石流到此后所受的阻力便会增大,流速减小,并开始沿途堆积。工巴沟的堆积区位于海拔 2 930~3 033 m,面积约为 1.3 km²。堆积区总体呈扇形,扇形完整性约为40%,扇长约300 m,扇宽约336 m,扩散角为68°,纵比降54‰。堆积区植被很好,石块磨圆度较好,多呈圆形、亚圆形、次棱角状(图14.12)。堆积区内可见大粒径块石堆积,最大的粒径达到2.2 m,一般为10~100 cm。堆积区内有常年流水,水面宽度为2~3 m,流速为5~10 m/s。沟道内有些地段有轻微堵塞,块石漂木较多,如图14.13所示。

图14.12 工巴沟堆积扇

图14.13 工巴沟堆积区特征

堆积区前缘的左岸有一高出地面8 m左右的老堆积物平台,疑为冰川堆积物。长约1.07 km,平均宽度30 m,以砂卵石为主,分布较为均匀。平台表面植物覆盖差,但边缘植被覆盖好,平台有可能为工巴沟和工巴沟旁边的泥石流沟共同作用的结果,如图14.14所示。从图14.14中可以看出,该堆积区有三个区域,a区为老泥石流堆积扇,b区为较早期泥石流堆积扇,c区为目前该泥石流堆积扇,依次向西移动,充分体现了泥石流的摆动性。堆积扇后缘有一条公路经过,由于沟道内水量较大,且没有引流措施,水流漫过公路,对公路上行人安全有一定影响,特别是暴雨过后,还有可能冲毁公路,如图14.15所示。

图14.14 工巴沟堆积扇细部图

图14.15 工巴沟堆积扇水漫公路图

2. 工巴沟泥石流发育历史及形成条件

1)泥石流发育历史

通过现场调查发现,工巴沟堆积扇较为宽缓,顶凸河道,说明工巴沟泥石流活动曾经比较活跃。堆积扇靠主河上游侧较另一侧高,整个山体倾向主河上游侧。

2) 泥石流形成条件

泥石流形成和发展必须具备三个条件:① 丰富的物源。固体物质丰富,为泥石流的暴发提供了物质基础。② 有效的地形条件。工巴沟流域最高海拔为 4 900 m,沟口堆积扇前缘海拔为 2 930 m,相对高差 1 970 m,平均纵比降为 135.2‰,为泥石流物质的起动提供了势能转化为动能的条件,也为泥石流的暴发积聚了能量。③ 充足的降雨。降雨是泥石流暴发的激发因素,特别是短时间的暴雨。短历时的强降雨对泥石流的激发起着决定性的作用,在充足的物源和有效的地形条件都具备的情况下,短历时的强降雨控制着泥石流的发生,起着导火线的作用。

对于冰川型泥石流来说,除了以上三个主要因素,温度条件也是形成泥石流的重要条件之一;当气温升高,冰川融化,冰湖解冻,水位迅速上涨,此时很容易发生冰湖溃决,引发泥石流。

将对泥石流形成的四个条件分别进行阐述说明:

(1) 物源特征

从物源分布特征上看,形成区、流通区分区较为明显。形成区内松散坡面物质和沟道内的堆积物较少,植被覆盖情况很好,但是在形成区和流通区的过渡带上有一个冰湖,冰湖的面积和冰湖的湖水体积(库容)是决定冰湖溃决的物质条件。该冰湖面积约为 0.61 km^2,库容 9 000~20 000 m^3。在流通区沟道内有一些松散坡积物,沟道左岸发育一些不大的崩塌、滑坡等,有的可以看到裸露的基岩。根据调查,这些物质总量约有 255 万 m^3。当有适当的条件激发时,极有可能发生泥石流。

(2) 地形特征

发生泥石流必须有激发泥石流发生的势能条件;工巴沟的高差达到了 1 970 m,由于沟道较长,约有 14.57 km,平均纵比降为 135.2‰。因此,当有适当的条件激发时,极有可能发生泥石流。

(3) 水源特征

由实地调查可知,工巴沟的流域较大,沟道内有常年流水,在丰水期水量较大。同时,该区域冬天时形成冰川,到夏季时冰川融化,补给冰湖。查询资料得知,该区域属高原温带半湿润季风气候区,气候较干燥,年无霜期为 170 d,年平均降水量 600 mm,年平均气温 8.2 ℃。气候特点为降水集中,雨热同季,蒸发量大。

据米林奴下水文观测站监测,1976—1982 年,年降雨量最高可达 891.9 mm,月最大值为 391.6 mm。日最高降雨量可达 53.0 mm,最大 6 h 降雨量 36.9 mm,发生时间为 1979 年 7 月 19 日。降雨多集中在 6~9 月,此阶段也是地质灾害频繁发生时段。

(4) 温度条件

西藏地区发生冰湖溃决的时间都在气温最高的 5~9 月。11 月以后,冰湖结冰,冰川开始大量接受降雪,冰体扩大,冰川向下运动,大部分冰川都已进入冰湖。次年

5月,气温迅速回升,冰川加速融化,冰湖解冻,水位迅速上涨,这时很容易发生冰湖溃决。

3. 工巴沟泥石流动力学特征

如前所述,从工巴沟主沟形成区和流通区所分布的松散物源特征及沟形特征调查表明,工巴沟主沟属于稀性泥石流。

由于无泥石流发生时的实际观测数据,对工巴沟泥石流的分析,主要依据现场调查资料,类比利用泥石流运动特征及动力特征研究的成果进行分析。

1)峰值流量

根据《四川省水文手册》,不同频率下工巴沟设计洪峰流量见表14.10

表14.10 不同频率下工巴沟设计洪峰流量计算结果

流域面积 F(km^2)	36.87		
沟长 L(km)	14.57		
沟道纵比降	135.2‰		
流域特征系数 θ	11.526		
汇流参数 m	0.524		
产流参数 μ	1.814		
设计频率 P	2%	1%	0.5%
暴雨参数 n	0.668	0.677	0.681
雨力 S_p(mm/h)	32.33	35.64	38.96
洪峰径流系数 ψ	0.925	0.933	0.939
汇流时间 τ(h)	4.53	4.46	4.38
最大流量 Q_B(m^3/s)	72.64	82.44	92.33

根据公式(5.4),不同频率下工巴沟泥石流洪峰流量计算结果见表14.11。

表14.11 不同频率下工巴沟泥石流洪峰流量计算结果

频 率	D_c	γ_c(kN/m^3)	γ_H(kN/m^3)	$1+\varphi$	Q_B(m^3/s)	Q_c(m^3/s)
2%	1.10	16.0	26.5	1.57	72.64	125.45
1%	1.20	17.0	26.5	1.73	82.44	171.15
0.5%	1.25	17.5	26.5	1.83	92.33	211.20

2)一次泥石流过程总量和冲出固体物质总量

根据公式(5.6)和公式(5.7),不同频率下工巴沟一次泥石流过程总量计算结果见表14.12,一次泥石流冲出固体物质总量计算结果见表14.13。

表 14.12　工巴沟一次泥石流过程总量计算结果

频率	K	$T(s)$	$Q_c(m^3/s)$	$Q(m^3)$
2%	0.264	1 800	125.45	59 613.50
1%		1 800	171.15	81 328.31
0.5%		1 800	211.20	100 364.56

表 14.13　工巴沟一次泥石流冲出固体物质总量计算结果

频率	$\gamma_c(kN/m^3)$	$\gamma_H(kN/m^3)$	$\gamma_w(kN/m^3)$	$Q(m^3)$	$Q_H(m^3)$
2%	16.0	26.5	10.0	59 613.50	21 677.64
1%	17.0	26.5	10.0	81 328.31	34 502.92
0.5%	17.5	26.5	10.0	100 364.56	45 620.25

3）流速

根据公式（5.2），不同频率下工巴沟泥石流流速计算结果见表14.14。

表 14.14　工巴沟泥石流流速计算结果

频率	$1/n$	$\gamma_H(kN/m^3)$	$R(m)$	I	$v_c(m/s)$
2%	13	26.5	2.5	159‰	2.38
1%	13	26.5	3.0	159‰	2.38
0.5%	13	26.5	4.0	159‰	2.72

4. 工巴沟泥石流危险性评价

1）泥石流活动程度分析

根据工巴沟流域环境特征，结合野外实地调查和评判标准（表6.1和表6.2），对泥石流易发程度进行综合评价。

根据工巴沟流域的实际情况对各项指标进行综合打分，评分结果见表14.15。

表 14.15　工巴沟泥石流易发程度评判表

序号	指　标	指标打分
1	崩塌、滑坡及水土流失（自然和人为的）严重程度	16
2	泥沙沿程补给长度比	1
3	沟口泥石流堆积活动程度	12
4	河沟纵坡	9
5	区域构造影响程度	1
6	流域植被覆盖率	1
7	河沟近期一次变幅	5
8	岩性影响	3
9	沿沟松散物储量	4
10	沟岸山坡坡度	5

续上表

序号	指　　标	指标打分
11	产沙区沟槽横断面	5
12	产沙区松散物平均厚度	3
13	流域面积	3
14	流域相对高差	4
15	河沟堵塞程度	2
	综合得分	74
	泥石流易发程度	轻度易发

根据评价结果显示，工巴沟泥石流属于轻度易发，即发生泥石流的几率较小，但是仍然不能放松警惕。

2）危险度

泥石流危险度的评价采用成都山地所刘希林于1996年提出的单沟泥石流危险度评价方法。根据表6.8计算可得相应的转换值，见表14.16。

表14.16　危险度评价因子和转换函数及其转换值

评价因子	初始值	转换值
泥石流规模	8.5	0.452 3
发生频率	3	0.238 6
流域面积	38.87	0.883 4
主沟长度	14.75	1.224 2
流域相对高差	1.97	1.000 0
流域切割密度	0.37	0.018 7
不稳定沟床比例	0.2	0.333 3

根据公式(6.1)计算，工巴沟泥石流的危险度为 H_d 为0.51，根据分级标准(表6.9)，可知工巴沟危险度为中等危险。

5. 泥石流发展趋势预测

1）泥石流历史灾害

根据工巴沟的堆积扇来分析，工巴沟比较古老，曾经至少发生过三次泥石流；如今工巴沟是一条处于衰退期的泥石流，但是仍然有一定的活动，不能小觑。

2）泥石流的形成和发展趋势

工巴沟具备泥石流形成和发展必须的三个条件：丰富的物源、有效的地形条件、充足的降雨(气温)。更为重要的是，工巴沟形成区内有面积分别为0.61 km²、0.1 km²、0.04 km²的三个冰湖。从统计的松散物源来看，工巴沟的物源并不算丰富，但是物源和冰湖同时作用时，还是要警惕。

14.1.3 龙阿沟（L25）

1. 泥石流流域特征分析

1）流域基本特征

龙阿沟位于雅鲁藏布江左岸，沟口坐标为 93°58′49.0″E，29°12′12.1″N。流域面积约 4.79 km²，主沟长约 4.93 km，沟道整体较顺直，近似南北走向，沟谷呈"V"形。流域内最高海拔 4 756 m，沟口堆积扇前缘海拔 2 967 m，相对高差为 1 789 m，沟道两岸山坡坡度 25°～40°，平均纵比降为 363‰。龙阿沟流域切割较为强烈，流域内支沟、坡面冲沟发育，两岸山坡坡度较陡，沟道纵比降大，流向多与主沟流向呈锐角斜交，如图 14.16 所示。

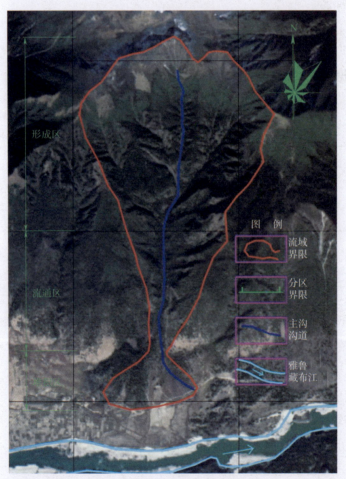

图 14.16　龙阿沟泥石流流域分区

沟道内可见基岩出露，主要为片麻岩。由于该地区气温日较差较大，使得表层岩石风化程度较强，基岩节理较为发育。在流域内局部可见由于风化而形成的坡面松散固体物质堆积，以及分布于沟内的崩塌堆积体。沟道岸坡上部植被多为低矮灌木和草本植物,坡面土壤易在地表径流的作用下流失;中下部植被生长茂盛,多为乔类植物。龙阿沟沟道内常年有流水。流域全貌如图 14.17 所示。

图 14.17 流域全貌图

2)流域分区特征

根据龙阿沟的地质环境特征,结合泥石流的激发条件和龙阿沟泥石流流域的地形地貌特征,可将龙阿沟分为形成区、流通区、堆积区三个功能区,如图 14.18 所示;各功能区均以典型的地形地貌特征为分界处。流域分区特征见表 14.17。

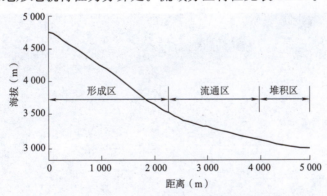

图 14.18 龙阿沟主沟沟床纵比降

表 14.17 龙阿沟流域分区特征

分 区	面积(km²)	沟长(m)	高程范围(m)	高差(m)	纵比降
形成区	3.87	2.28	3 510~4 756	1 246	546‰
流通区	0.71	1.62	3 110~3 510	400	247‰
堆积区	0.21	1.03	2 967~3 110	143	139‰

(1) 形成区特征

龙阿沟的形成区位于海拔3 510～4 756 m,形成区面积约为3.87 km²,形成区主沟长约2.28 km,沟道纵比降546‰,呈"V"形谷。形成区局部岸坡陡峭部位基岩裸露,冻融风化作用强烈,表层岩石较为破碎,节理裂隙发育程度相对较高,易风化剥落或形成崩塌,成为泥石流物源。

(2) 流通区特征

龙阿沟的流通区主要位于海拔3 110～3 510 m,流通区面积约为0.71 km²,沟长约1.62 km,纵比降247‰。由于纵坡较陡,沟道在流通区下切明显,沟道中下部谷坡深切,呈"V"形,宽8～15 m,沟道较顺直。沟道内常年流水,沟底靠近岸坡部位可见块碎石堆积,石块粒径以5～20 cm为主。

区域内植被长势较好,覆盖率较高,岸坡仅有零星基岩出露,坡面松散固体物质在植被根系的固定下较为稳定,对龙阿沟泥石流的物源补给贡献不大,沟道两侧老松散堆积体本身固结较稳固,不易被已形成泥石流起动。

(3) 堆积区特征

龙阿沟泥石流的堆积区位于海拔3 110 m以下。堆积区呈明显的扇状结构,扇体较完整。扇顶角约为60°,堆积区面积为0.21 km²。堆积区内可见大粒径块石堆积,粒径分布范围主要为20～60 cm(图14.19),通过现场调查,堆积扇上最大石块粒径可达2 m。扇体右侧上部由于被右岸坡面冲沟泥石流堆积物覆盖,地势高于左侧。沟内水流从出山口流出后,在扇体上形成扇流,无明显切割沟道,受地势影响,主要流向偏向于扇体左侧。扇体上植被发育,多为低矮灌木。

图14.19 堆积物特征

2. 龙阿沟泥石流发育历史及形成条件

1)泥石流发育历史

龙阿沟附近没有居民居住,所以无法确切获得其详细的发生历史。从堆积区地貌特征和植被状况判断,历史上龙阿沟发生过较大规模的泥石流,近期曾发生过小规模泥石流。

2)泥石流形成条件

泥石流形成和发展必须具备三个条件:①丰富的物源。固体物质相当的丰富,为泥石流的暴发提供了物质基础;②有效的地形条件。龙阿沟流域相对高差1 789 m,平均纵比降为363‰,如此大的纵比降为泥石流物质的起动提供了势能转化为动能的条件,也为泥石流的暴发积聚了能量;③充足的降雨。降雨是泥石流暴发的激发因素,特别是短时间的暴雨。短历时的强降雨对泥石流的激发起着决定性的作用,在充足的物源和有效的地形条件都具备的情况下,短历时的强降雨控制着泥石流的发生,起着导火线的作用。

对以上泥石流形成的三个条件分别进行阐述说明。

(1)物源特征

从物源分布特征上看,物源主要来自形成区松散的坡面物质和沟道内的松散物,根据遥感解译及野外调查情况,龙阿沟流域范围内合计松散物质储量约为56.24万 m^3,能够为泥石流的形成提供充足的物源条件。

(2)地形特征

发生泥石流必须有激发泥石流发生的势能条件。龙阿沟平面形态上近似呈喇叭状,利于雨水的迅速汇集。此外,龙阿沟的平均纵比降达363‰,并且高差也达1 789 m,说明龙阿沟具有充足的势能。一旦流域范围内发生强降雨,沟道内的松散物质在自身势能的作用下,能够在上游雨水的激发作用下,迅速起动而形成泥石流。

(3)水源特征

经实地的调查可知,龙阿沟泥石流的暴发主要依赖于降雨的作用。据米林奴下水文观测站监测,年平均降水量600 mm,降雨多集中在6~9月,日最高降雨量可达53.0 mm,最大6 h降雨量可达36.9 mm,能够为泥石流的起动提供强大的水源条件。

3. 龙阿沟泥石流动力学特征

如前所述,从龙阿沟主沟形成区及流通区所分布的松散物源特征及沟形特征调查表明,龙阿沟主沟属于稀性泥石流。

由于无泥石流发生时的实际观测数据,对龙阿沟泥石流的分析,主要依据现场调查资料,类比利用泥石流运动特征及动力特征研究的成果进行分析。

1)峰值流量

根据《四川省水文手册》,不同频率下龙阿沟设计洪峰流量见表14.18。

表 14.18　不同频率下龙阿沟设计洪峰流量计算结果

流域面积 F(km²)		4.79	
沟长 L(km)		4.93	
沟道纵比降		363‰	
流域特征系数 θ		4.672	
汇流参数 m		0.548	
产流参数 μ		2.673	
设计频率 P	2%	1%	0.5%
暴雨参数 (n)	0.668	0.677	0.681
雨力 S_p(mm/h)	25.25	27.875	30.375
洪峰径流系数 ψ	0.842	0.860	0.873
汇流时间 τ(h)	1.492	1.459	1.429
最大流量 Q_B(m³/s)	21.68	24.72	27.68

根据公式(5.4),不同频率下龙阿沟泥石流洪峰流量计算结果见表14.19。

表 14.19　不同频率下龙阿沟泥石流洪峰流量计算结果

频　率	D_c	γ_c(kN/m³)	γ_H(kN/m³)	$1+\varphi$	Q_B(m³/s)	Q_c(m³/s)
2%	1.4	14.0	26.5	1.32	21.68	40.06
1%	1.4	15.0	26.5	1.43	24.72	49.49
0.5%	1.4	16.0	26.5	1.57	27.68	60.84

2)一次泥石流过程总量和冲出固体物质总量

根据公式(5.6)和公式(5.7),不同频率下龙阿沟一次泥石流过程总量计算结果见表14.20,一次泥石流冲出固体物质总量计算结果见表14.21。

表 14.20　龙阿沟一次泥石流过程总量计算结果

频　率	K	T(s)	Q_c(m³/s)	Q(m³)
2%		1 200	40.06	12 692.48
1%	0.264	1 200	49.49	15 678.25
0.5%		1 200	60.84	19 274.31

表 14.21　龙阿沟一次泥石流冲出固体物质总量计算结果

频　率	γ_c(kN/m³)	γ_H(kN/m³)	γ_w(kN/m³)	Q(m³)	Q_H(m³)
2%	14.0	26.5	10.0	12 692.48	3 076.96
1%	15.0	26.5	10.0	15 678.25	4 750.99
0.5%	16.0	26.5	10.0	19 274.31	7 008.84

3)流速

根据公式(5.2),不同频率下龙阿沟泥石流流速计算结果见表14.22。

表14.22 龙阿沟泥石流流速计算结果

频率	$1/n$	$\gamma_H(kN/m^3)$	$R(m)$	I	$v_c(m/s)$
2‰	20	26.5	0.8	363‰	3.37
1‰	20	26.5	1.0	363‰	3.41
0.5‰	20	26.5	1.2	363‰	3.39

4. 龙阿沟泥石流危险性评价

1)泥石流活动程度分析

根据龙阿沟流域环境特征,结合野外实地调查和相应的评判标准(表6.1和表6.2),对泥石流易发程度进行综合评价。

根据龙阿沟流域的实际情况对各项指标进行综合打分,评分结果见表14.23。

表14.23 龙阿沟泥石流易发程度评判表

序号	指标	指标打分
1	崩塌、滑坡及水土流失(自然和人为的)严重程度	16
2	泥沙沿程补给长度比	12
3	沟口泥石流堆积活动程度	1
4	河沟纵坡	12
5	区域构造影响程度	9
6	流域植被覆盖率	1
7	河沟近期一次变幅	4
8	岩性影响	4
9	沿沟松散物储量	6
10	沟岸山坡坡度	6
11	产沙区沟槽横断面	5
12	产沙区松散物平均厚度	3
13	流域面积	5
14	流域相对高差	4
15	河沟堵塞程度	3
综合得分		91
泥石流易发程度		易发

根据评价结果显示,龙阿沟泥石流属于易发,即在较大降雨条件下发生泥石流的可能性大。

2)危险度

泥石流危险度的评价采用成都山地所刘希林于1996年提出的单沟泥石流危险度

评价方法。根据表 6.8 计算可得相应的转换值,见表 14.24。

表 14.24 危险度评价因子和转换函数及其转换值

评价因子	初始值	转换值
泥石流规模	4.76	0.225 9
发生频率	5	0.349 5
流域面积	4.79	0.425 0
主沟长度	4.93	0.684 0
流域相对高差	1.79	1.000 0
流域切割密度	1.96	0.098 0
不稳定沟床比例	0.5	0.833 3

根据公式(6.1)计算,龙阿沟泥石流的危险度为 H_d 为 0.383 7,按照分级标准表 6.9,可知龙阿沟危险度为低度危险。

5. 泥石流发展趋势预测

(1)泥石流历史灾害

龙阿沟堆积扇附近无居民居住,具体灾情历史无法详细得知。从流通区沟道下切特征和堆积扇扇体形态及堆积物成分来判断,龙阿沟历史上曾暴发过泥石流。由于沟床纵比降大,沟内水流下切作用强烈,目前正处于发展期。

(2)泥石流的形成和发展趋势

龙阿沟具备泥石流形成和发展必须的三个条件:丰富的物源、有效的地形条件和充足的降雨。更为重要的是,龙阿沟形成区后缘当前的纵比降还很大,沟道溯源侵蚀强烈,随着溯源侵蚀的不断进行,泥石流灾害将来可能还会趋于严重。从统计的松散物源来看,龙阿沟的物源极其丰富,强降雨条件下,松散物源极易沿沟道搬运出去,对堆积区造成淤埋影响。

14.1.4 普丁当嘎沟(L31)

1. 泥石流流域特征分析

1)基本特征

普丁当嘎沟位于米林扎西绕登乡章达村,沟口位置坐标为 29°9′10.30″N,93°53′41.82″E。普丁当嘎沟流域面积约 8.63 km²,主沟长约 8.6 km。流域内最高海拔 4 964 m,堆积扇前缘海拔 2 994 m,相对高差为 1 970 m,平均纵比降为 229‰,堆积区总体呈扇形,扇形地完整性约为 35%,扇长约 140 m,扇宽约 260 m,扩散角 136°。普丁当嘎沟流域整体走向为北东。普丁当嘎沟流域特征图如图 14.20 所示。

普丁当嘎沟沟道左右两侧的山坡坡度较缓,右侧坡度比左侧要陡,两侧平均坡度约 40°;两岸植被较好,平均覆盖率达到 50%,坡表有乔木和灌木生长,而右侧植被比左

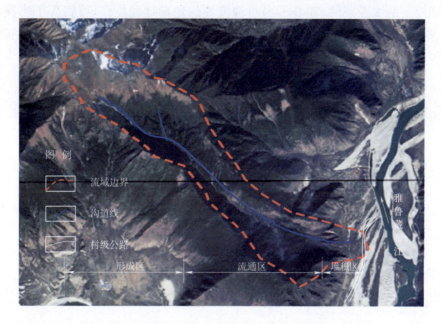

图 14.20　普丁当嘎沟流域特征图

侧植被发育好,在左侧山坡的下部为低矮灌木覆盖,其中在临近沟口的位置左右两侧均为低矮灌木覆盖。这些植被对土体的固坡作用比较大,全沟的松散物质基本来源于沟道物源。

普丁当嘎沟是一条正处于活跃期的泥石流沟,沟道内覆盖层较厚,难以找到基岩出露,沟道左右两侧也未见到基岩出露;根据现场调查堆积扇上物质颗粒组成,以及沟道内的松散物质知,流域的岩性主要以英云闪长石为主,第四系物质分布也较多,以砾石层、砂砾、砂层为主,夹粉砂、黏土层。普丁当嘎沟沟道较顺直,两侧小冲沟发育。普丁当嘎沟全貌如图 14.21 所示;普丁当嘎沟植被覆盖情况如图 14.22 所示。

图 14.21　普丁当嘎沟全貌图

图 14.22　普丁当嘎沟植被覆盖图

2) 流域分区特征

根据普丁当嘎沟泥石流的地质环境特征,结合泥石流的激发条件(丰富的松散固体物质和充足的水源条件)和普丁当嘎沟流域的地形地貌特征,可将普丁当嘎沟分为形成区、流通区、堆积区三个功能区,如图14.23所示;各功能区均以典型的地形地貌特征为分界处,其分区特征见表14.25。

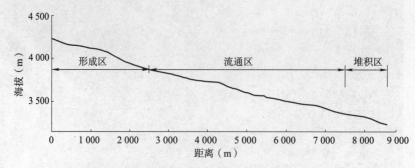

图14.23 普丁当嘎沟主沟沟床纵比降图

表14.25 普丁当嘎沟分区特征

分 区	面积(km²)	沟长(m)	高程范围(m)	高差(m)	纵比降
形成区	3.21	1 500	4 249～4 964	715	477‰
流通区	5.11	6 000	3 217～4 249	1 032	172‰
堆积区	0.31	1 100	2 994～3 217	223	203‰

(1)形成区特征

形成区主要位于海拔4 249 m以上区域,流域面积约3.21 km²;形成区顺沟长约1.5 km,平均纵比降477‰。形成区内沟道下切小,纵比降较大,呈"V"形沟谷。形成区内基岩风化较为强烈,表层岩石较为破碎,节理裂隙发育程度相对较高,沟道内随处可见风化的剥落堆积物,沟道内及两侧山坡植被茂盛;其中,沟道内为低矮灌木覆盖,沟道两侧山坡为乔木覆盖,覆盖率为60%,对山体起到固坡的作用。一旦降雨,雨水将容易携带大量的松散物质冲入沟内,带动沟道内原有的物源,形成泥石流。普丁当嘎沟形成区植被覆盖情况如图14.24所示。

(2)流通区特征

普丁当嘎沟的流通区较长,沟道主要位于海拔3 217～4 249 m,流通区面积约为5.11 km²,沟长约6 000 m,沟道纵比降为172‰,沟道呈"V"形。流通区沟道较平直,沟道两侧无支沟发育,只有小冲沟发育,沟宽4 m左右,沟道内常年流水,有块石堆积于沟道内,如图14.25所示,沟道左侧有砂卵砾石堆积物存在,粒径以0.1 m为多,最大块石达1 m×0.7 m×0.4 m(图14.26和图14.27)。沟道内的腐殖土的厚度约0.3 m。沟道在流通区下切明显,左侧坡体的坡度大于右侧坡体的坡度。流通区的植被覆盖多以低矮灌木为主,覆盖率达到40%。在流通区的下端靠近堆积区的位置,发育有深切的沟道,由于冲切老的、大的堆积体形成,堆积体的物质组成主要是块石夹杂砂土堆积,如图14.28所示,老堆积体的物质特征如图14.29所示。

图 14.24 普丁当嘎沟形成区植被覆盖

图 14.25 普丁当嘎沟流通区沟道特征

图 14.26 普丁当嘎沟流通区沟道块石

图 14.27 普丁当嘎沟左侧堆积特征

图 14.28 普丁当嘎沟流通区深切沟道

图 14.29 普丁当嘎沟老堆积体的物质特征

(3)堆积区特征

普丁当嘎沟的堆积区位于海拔 3 217 m 以下,堆积区总体呈扇形,扇形地完整性约为 35%,扇体面积为 0.31 km^2,扇长约 140 m,扇宽约 260 m,扩散角 136°,如图 14.30 所示。堆积区主要物质成分为砾石、砂及土,最大砾石(长×宽×高)0.50 m×0.40 m×0.30 m。

在堆积扇的下方暗层全部为砂,在扇体的下部水土流失现象严重,大部分土壤已经砂化,如图 14.31 所示。

图 14.30　普丁当嘎沟堆积区特征

图 14.31　普丁当嘎沟水土流失

2. 普丁当嘎沟泥石流发育历史及形成条件

1)泥石流发育历史

通过现场调查发现,普丁当嘎沟堆积扇较为宽缓,面积也较大,挤压主河道,说明该沟泥石流活动曾经相当活跃。堆积扇靠主河上游侧较另一侧低,整个山体倾向主河上游侧。

由于附近无居民居住,所以无从调查其灾害历史;但从其堆积扇的形态特征及植被覆盖情况判断,普丁当嘎沟近期内未发生过泥石流。人类活动对普丁当嘎沟也有一定的影响,表现最明显的是对沟道两侧及堆积扇上乔木及低矮灌木的砍伐,造成普丁当嘎沟很多地方土地裸露。

2)泥石流形成条件

泥石流形成和发展必须具备三个条件:

①丰富的物源:区内气候高寒,寒冻风化十分强烈,岩体在地质构造作用下,较为破碎,裂隙受其影响不断扩大加深,并产生新的风化裂隙,岩体完整性遭受破坏,进而解离成碎片、碎块及砂粒。广泛而持续的风化作用,使得区内松散碎屑物质遍布,构成了泥石流活动的物质基础。

②有效的地形条件:普丁当嘎沟流域最高海拔为 4 964 m,沟口堆积扇前缘海拔为 2 994 m,相对高差 1 970 m,平均纵比降为 229‰,如此大的纵比降为泥石流物质的起动提供了势能转化为动能的条件,也为泥石流的暴发积聚了能量。

③充足的水源:该沟泥石流赖以形成的主要水源有降雨、冰雪融水、冰川消融与降雨混合型洪水等,它们都能提供足够的构成泥石流的水体成分及动力条件,进而导致泥石流的发生。充足的水源再加上短历时的降雨对泥石流的激发起着决定性的作用,在充足的物源和有效的地形条件都具备的情况下,短历时的强降雨控制着泥石流的发生,起着导火线的作用。

对以上泥石流形成的三个条件分别进行阐述说明：
(1)物源特征

从物源分布特征上看,物源除来自形成区松散的坡面物质和少量的滑坡外,大部分来自沟道内的松散物;从现场调查来看,整个流域并没有大型崩坡积物,粗估普丁当嘎沟物源总储量约为 50.4 万 m^3。对于一个流域面积仅 8.63 km^2 的普丁当嘎沟而言,这样的松散物质储量已经具备形成泥石流的物源条件。

(2)地形特征

发生泥石流必须有激发泥石流发生的势能条件,普丁当嘎沟的平均纵比降达到了 229‰,并且高差也达到了 1 970 m。这说明普丁当嘎沟势能充足,而且说明该沟正处于活动发展期。因此,虽然普丁当嘎沟流域较小,然而一旦降雨,在充足的雨水情况下,在石块自身势能的作用下,就能够激发而形成泥石流。地形条件是满足的。

(3)水源特征

调查区降雨主要集中在 6~9 月。据米林气象监测站提供的 2004 年 7 月 10 日之前的降水量数据,年降水量 1998 年达最高值,1999 年为最低值所示;降水在 7~8 月达到较大值,日降水量最高值达到 30.4~43.1 mm,此降水量已经达到降水型泥石流的诱发条件。

3. 普丁当嘎沟泥石流动力学特征

如前所述,从普丁当嘎沟主沟形成区及流通区所分布的松散物源特征及沟形特征调查表明,普丁当嘎沟主沟属于稀性泥石流。

由于无泥石流发生时的实际观测数据,对普丁当嘎沟泥石流的分析,主要依据现场调查资料,类比利用泥石流运动特征及动力特征研究的成果进行分析。

1)峰值流量

根据《四川省水文手册》,不同频率下普丁当嘎沟设计洪峰流量计算结果见表 14.26。

表 14.26 不同频率下普丁当嘎沟设计洪峰流量计算结果

流域面积 F(km^2)	8.63		
沟长 L(km)	8.6		
沟道纵比降	229‰		
流域特征系数 θ	8.20		
汇流参数 m	0.614		
产流参数 μ	2.390		
设计频率 P	2%	1%	0.5%
暴雨参数 n	0.668	0.677	0.681

续上表

雨力 S_p(mm/h)	25.25	27.875	30.375
洪峰径流系数 ψ	0.798	0.819	0.836
汇流时间 τ(h)	2.515	2.466	2.421
最大流量 Q_B(m³/s)	26.11	29.74	33.35

根据公式(5.4),不同频率下普丁当嘎沟泥石流洪峰流量计算结果见表14.27。

表14.27 普丁当嘎沟泥石流不同频率下洪峰流量计算结果

频率	D_c	γ_c(kN/m³)	γ_H(kN/m³)	$1+\varphi$	Q_B(m³/s)	Q_c(m³/s)
2%	1.3	14.5	26.5	1.38	26.11	46.84
1%	1.3	15.5	26.5	1.50	29.74	57.99
0.5%	1.4	16.0	26.5	1.57	33.35	73.30

2) 一次泥石流过程总量和冲出固体物质总量

根据公式(5.6)和公式(5.7),不同频率下普丁当嘎沟一次泥石流过程总量计算结果见表14.28,一次泥石流冲出固体物质总量计算结果见表14.29。

表14.28 普丁当嘎沟一次泥石流过程总量计算结果

频率	K	T(s)	Q_c(m³/s)	Q(m³)
2%		1 200	46.84	14 839.34
1%	0.264	1 200	57.99	18 372.18
0.5%		1 200	73.30	23 222.49

表14.29 普丁当嘎沟一次泥石流冲出固体物质总量计算结果

频率	γ_c(kN/m³)	γ_H(kN/m³)	γ_w(kN/m³)	Q(m³)	Q_H(m³)
2%	14.5	26.5	10.0	14 839.34	4 047.09
1%	15.5	26.5	10.0	18 372.18	6 124.06
0.5%	16.0	26.5	10.0	23 222.49	8 444.54

3) 流速

根据公式(5.2),不同频率下普丁当嘎沟泥石流流速计算结果见表14.30。

表14.30 普丁当嘎沟泥石流流速计算结果

频率	$1/n$	γ_H(kN/m³)	R(m)	I	v_c(m/s)
2%	25	26.5	0.6	229‰	2.57
1%	25	26.5	0.8	229‰	2.73
0.5%	25	26.5	1.0	229‰	2.98

4. 普丁当嘎沟泥石流危险性评价

1)泥石流活动程度分析

根据普丁当嘎沟流域环境特征,结合野外实地调查和相应的评判标准(表6.1和表6.2),对泥石流易发程度进行综合评价。

根据普丁当嘎沟流域的实际情况对各项指标进行综合打分,见表14.31。

表14.31 普丁当嘎沟泥石流易发程度评判表

序号	指标	指标打分
1	崩塌、滑坡及水土流失(自然和人为的)严重程度	12
2	泥沙沿程补给长度比	8
3	沟口泥石流堆积活动程度	1
4	河沟纵坡	9
5	区域构造影响程度	5
6	流域植被覆盖率	5
7	河沟近期一次变幅	1
8	岩性影响	4
9	沿沟松散物储量	5
10	沟岸山坡坡度	4
11	产沙区沟槽横断面	5
12	产沙区松散物平均厚度	3
13	流域面积	4
14	流域相对高差	4
15	河沟堵塞程度	3
	综合得分	73
	泥石流易发程度	轻度易发

根据评价结果显示,普丁当嘎沟泥石流属于轻度易发,即在较大降雨条件下有发生泥石流的可能性。

2)危险度

泥石流危险度的评价采用成都山地所刘希林于1996年提出的单沟泥石流危险度评价方法。根据表6.8计算可得相应的转换值,见表14.32。

表14.32 普丁当嘎沟危险度评价因子和转换函数及其转换值

评价因子	初始值	转换值
泥石流规模	6.1	0.2618
发生频率	4	0.3010
流域面积	8.63	0.5221
主沟长度	8.6	0.9223

续上表

评价因子	初始值	转换值
流域相对高差	1.97	1.000 0
流域切割密度	1	0.050 0
不稳定沟床比例	0.4	0.666 7

根据公式(6.1)计算,普丁当嘎沟泥石流的危险度为 H_d 为 0.405,按照分级标准表 6.9,可知普丁当嘎沟的危险度为中度危险。

5. 泥石流发展趋势预测

1)泥石流历史灾害

前面介绍到,近年来没有发生过泥石流,只是在降雨量比较大的时候才会发生洪水,从普丁当嘎沟的堆积扇可知该沟泥石流发育历史古老,冲刷淤埋情况,是一条处于变化趋势变弱的泥石流。

2)泥石流的形成和发展趋势

普丁当嘎沟具备泥石流形成和发展必须的三个条件:丰富的物源、有效的地形条件和充足的降雨。更为重要的是,普丁当嘎沟当前的纵坡降还很大,随着溯源侵蚀的进行,泥石流灾害将来可能还会趋于严重。从统计的松散物源来看,普丁当嘎沟的物源并不算丰富,然而节理风化比较严重,再加上当地居民对沟道内树木的砍伐现象,很容易造成水土流失,这对泥石流的发生提供了一部分松散物质,但是这部分的量相对较小。

总之,普丁当嘎沟是变化趋势趋于减弱的泥石流沟,危险度为中度危险。在无特大暴雨的情况下近年内应该不会发生泥石流。

14.1.5 茂公村二号沟(L37)

1. 泥石流流域特征分析

1)茂公村二号沟基本特征

茂公村二号沟位于米林茂公村,沟口位置坐标为 29°9′47.52″N,93°44′54.76″E。茂公村二号沟流域面积约 4.89 km²,主沟长约 6.12 km;流域内最高海拔 4 781 m,沟口堆积扇前缘海拔 2 964 m,相对高差为 1 817 m,平均纵比降为 297‰,堆积区总体呈扇形,扇形地完整性约为 90%,扇长约 500 m,扇宽约 423 m,扩散角 50°。茂公村二号沟流域整体走向为北东。茂公村二号沟流域特征如图 14.32 所示。

茂公村二号沟山坡的坡度右岸较左岸陡,且右岸植被也较好,坡表有乔木和灌木生长,而左岸坡体植被较右岸稀疏,茂公村二号沟全貌如图 14.33 所示。全沟的松散物质基本来源于坡体的松散物质及沟道堆积物。沟道内覆盖层较厚,沟道两侧均有基岩出露,左侧基岩出露的较右侧要多,基岩出露情况如图 14.34 所示。根据现场调查堆积

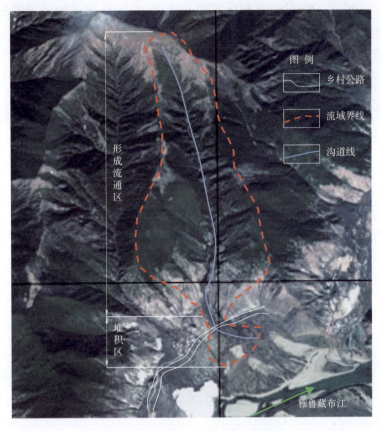

图 14.32 茂公村二号沟流域特征

扇以及沟道内的松散物质知,该处的岩性主要以英云闪长岩为主,偶见砾石层、砂砾、砂层为主,夹粉砂、黏土层。

图 14.33 茂公村二号沟全貌特征

图 14.34 茂公村二号沟基岩出露

2) 流域分区特征

根据茂公村二号沟的地质环境特征,结合泥石流的激发条件(丰富的松散固体物质和充足的水源条件)和茂公村二号沟泥石流流域的地形地貌特征,可将茂公村二号沟泥石流分为形成区、流通区、堆积区三个功能区，由于该沟道的沟道较顺直，流通区与形成区没有明显的分界线，特把流通区与形成区归为形成流通区，如图 14.35 所示。其分区特征见表 14.33。

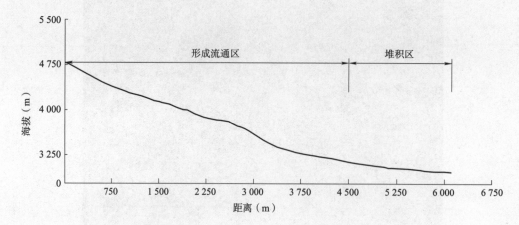

图 14.35　茂公村二号沟主沟沟床纵比降

表 14.33　茂公村二号沟分区特征表

分　　区	面积（km²）	沟长（m）	高程范围（m）	高差（m）	纵比降
形成流通区	4.21	4 800	3 092～4 781	1 689	352‰
堆积区	0.68	1 320	2 964～3 092	128	97‰

（1）形成流通区特征

形成流通区主要位于海拔 3 092 m 以上区域，流域面积约 4.21 km²，形成流通区顺沟长约 4.8 km，平均纵比降 352‰。形成流通区上游内沟道下切小，下游沟道下切较大，在沟口与扇顶的位置深切最大，下切老的堆积体，纵比降较大，呈"V"形沟谷。沟道内常年有流水，形成流通区内基岩风化较为强烈，表层岩石较为破碎，节理裂隙发育程度相对较高，沟道内随处可见风化的剥落堆积物。沟道内及两侧山坡植被茂盛，形成流通区的上游多为乔木覆盖，下游多为低矮灌木覆盖，覆盖率约为 50%，对山体起到一定固坡的作用。一旦降雨，雨水将容易携带的松散物质冲入沟内，带动沟道内原有的物源，形成泥石流。茂公村二号沟形成流通区特征如图 14.36 所示，沟道深切情况如图 14.37 所示。

（2）堆积区特征

茂公村二号沟的堆积区位于海拔 3 092 m 以下，堆积区总体呈扇形，扇形地完整性约为 90%，扇长约 500 m，扇宽约 423 m，扩散角 50°。堆积区主要物质成分为砾石、砂及土。砾石最大粒径达 3.60 m×1.80 m×1.20 m。扇体上冲沟发育（图 14.38），植被覆盖以低矮灌木为主，偶尔掺杂果树，果树有的已经达到几十年之久，扇体上人类活动强烈，有耕地农田，如图 14.39 所示。

图 14.36　茂公村二号沟形成流通区特征

图 14.37　茂公村二号沟深切沟道

图 14.38　茂公村二号沟扇体冲沟

图 14.39　茂公村二号扇体植被覆盖

2. 茂公村二号沟泥石流发育历史及形成条件

1）泥石流发育历史

通过现场调查发现,茂公村二号沟堆积扇较为宽缓,面积也较大,挤压主河道,说明该沟泥石流活动曾经相当活跃。堆积扇靠主河上游侧较另一侧低,整个山体倾向主河上游侧。

根据现场调查和走访当地居民,近几年未有泥石流发生,人类活动对茂公村二号沟有一定的影响,表现最明显的是对沟道两侧及堆积扇上乔木及低矮灌木的砍伐,还有扇体上的耕地和农田,造成茂公村二号沟很多地方土地裸露,这给泥石流的形成提供了一部分松散物源。

2）泥石流形成条件

泥石流形成和发展必须具备三个条件:

① 丰富的物源:区内气候高寒,寒冻风化十分强烈,岩体在地质构造作用下,较为破碎,裂隙受其影响不断扩大加深,并产生新的风化裂隙,岩体完整性遭受破坏,进而解离成碎片、碎块及砂粒。广泛而持续的风化作用,使得区内松散碎屑物质遍布,构成了泥石流活动的物质基础。

②有效的地形条件:茂公村二号沟流域面积约 4.89 km²,主沟长约 6.12 km。流域内最高海拔 4 781 m,沟口堆积扇前缘海拔 2 964 m,相对高差为 1 817 m,平均纵比降为 297‰,如此大的纵比降为泥石流物质的起动提供了势能转化为动能的条件,也为泥石流的暴发积聚了能量。

③充足的水源:该沟形成的主要水源有降雨、冰雪融水、冰川消融与降雨混合型洪水等。它们都能提供足够的构成泥石流的水体及动力条件,进而导致泥石流的发生。充足的水源再加上短历时的降雨对泥石流的激发起着决定性的作用,在充足的物源和有效的地形条件都具备的情况下,短历时的强降雨控制着泥石流的发生,起着导火线的作用。

对以上泥石流形成的三个条件分别进行阐述说明:

(1)物源特征

从物源分布特征上看,物源除了来自形成区松散的坡面物质和少量的滑坡外,还有大部分来自沟道内的松散物,现场调查来看,整个流域并没有大型崩坡积物,粗估计茂公村二号沟物源总储量约为 31.4 万 m³。对于一个流域面积仅 4.89 km² 的茂公村二号沟而言,这样的松散物质量已经具备形成泥石流的物源条件。

(2)地形特征

发生泥石流必须有激发泥石流发生的势能条件,茂公村二号沟的平均纵比降达到了 297‰,并且高差也达到了 1 817 m。这说明茂公村二号沟势能充足,而且说明该沟正处于活动发展期。因此,虽然该沟流域较小,然而一旦降雨,在充足的雨水情况下,在石块自身势能的作用下,就能够激发而形成泥石流。地形条件是满足的。

(3)水源特征

调查区降雨主要集中在 6～9 月,米林气象监测站 2004 年 7 月 10 日之前的降水量,年降水量 1998 年达最高值,1999 年为最低值所示。降水在 7～8 月达到较大值,日降水量最高值达到 30.4～43.1 mm,此降水量已经达到降水型泥石流的诱发条件。

3. 茂公村二号沟泥石流动力学特征

如前所述,从茂公村二号沟主沟形成流通区所分布的松散物源特征及沟形特征调查表明,茂公村二号沟主沟属于稀性泥石流。

由于无泥石流发生时的实际观测数据,对茂公村二号沟泥石流的分析,主要依据现场调查资料,类比利用泥石流运动特征及动力特征研究的成果进行分析。

1)峰值流量

根据《四川省水文手册》,不同频率下茂公村二号沟设计洪峰流量见表 14.34。

表 14.34 不同频率下茂公村二号沟泥石流设计洪峰流量计算结果

流域面积 F(km²)	4.89		
沟长 L(km)	6.12		
沟道纵比降	297‰		
流域特征系数 θ	6.618		
汇流参数 m	0.580		
产流参数 μ	2.663		
设计频率 P	2%	1%	0.5%
暴雨参数 n	0.668	0.677	0.681
雨力 S_p(mm/h)	25.25	27.875	30.375
洪峰径流系数 ψ	0.813	0.832	0.848
汇流时间 τ(h)	1.93	1.89	1.85
最大流量 Q_B(m³/s)	18.00	20.53	23.03

根据公式(5.4),不同频率下茂公村二号沟泥石流洪峰流量计算结果见表14.35。

表 14.35 不同频率下茂公村二号沟泥石流洪峰流量计算结果

频 率	D_c	γ_c(kN/m³)	γ_H(kN/m³)	$1+\varphi$	Q_B(m³/s)	Q_c(m³/s)
2%	1.2	14.5	26.5	1.38	18.00	29.81
1%	1.2	15.0	26.5	1.43	20.53	35.23
0.5%	1.3	16.5	26.5	1.65	23.03	49.40

2)一次泥石流过程总量和冲出固体物质总量

根据公式(5.5)和公式(5.6),不同频率下茂公村二号沟一次泥石流过程总量计算结果见表14.36,一次泥石流冲出固体物质总量计算结果见表14.37。

表 14.36 茂公村二号沟一次泥石流过程总量计算结果

频 率	K	T(s)	Q_c(m³/s)	Q(m³)
2%	0.264	900	29.81	7 082.38
1%		900	35.23	8 370.52
0.5%		900	49.40	11 523.88

表 14.37 茂公村二号沟一次泥石流冲出固体物质总量计算结果

频 率	γ_c(kN/m³)	γ_H(kN/m³)	γ_w(kN/m³)	Q(m³)	Q_H(m³)
2%	14.5	26.5	10.0	7 082.38	1 931.56
1%	15.0	26.5	10.0	8 370.52	2 536.52
0.5%	16.5	26.5	10.0	11 523.88	4 623.78

3)流速

根据公式(5.2),不同频率下茂公村二号沟泥石流流速计算结果见表14.38。

表 14.38　茂公村二号沟泥石流流速计算结果

频　率	$1/n$	$\gamma_H(kN/m^3)$	$R(m)$	I	$v_c(m/s)$
2%	20	26.5	0.6	297‰	2.34
1%	20	26.5	0.9	297‰	2.87
0.5%	20	26.5	1.2	297‰	2.88

4. 茂公村二号沟泥石流危险性评价

1) 泥石流活动程度分析

根据茂公村二号沟流域环境特征，结合野外实地调查和相应的评判标准(表 6.1 和表 6.2)，对泥石流易发程度进行综合评价。

根据茂公村二号沟流域的实际情况对各项指标进行综合打分，评分结果见表 14.39。

表 14.39　茂公村二号沟泥石流易发程度评判表

序号	指　标	指标打分
1	崩塌、滑坡及水土流失(自然和人为的)严重程度	12
2	泥沙沿程补给长度比	8
3	沟口泥石流堆积活动程度	1
4	河沟纵坡	12
5	区域构造影响程度	5
6	流域植被覆盖率	5
7	河沟近期一次变幅	1
8	岩性影响	4
9	沿沟松散物储量	5
10	沟岸山坡坡度	4
11	产沙区沟槽横断面	5
12	产沙区松散物平均厚度	3
13	流域面积	
14	流域相对高差	4
15	河沟堵塞程度	3
	综合得分	77
	泥石流易发程度	轻度易发

根据评价结果显示，茂公村二号沟泥石流属于轻度易发，即在较大降雨条件下有发生泥石流的可能性。

2) 危险度

泥石流危险度的评价方法采用成都山地所刘希林于 1996 年提出的单沟泥石流危

险度评价方法。根据表 6.8 计算可得相应的转换值,见表 14.40。

表 14.40 茂公村二号沟危险度评价因子和转换函数及其转换值

评价因子	初始值	转换值
泥石流规模	3.1	0.164
发生频率	4	0.301
流域面积	4.89	0.428
主沟长度	6.12	0.768
流域相对高差	1.82	1.000
流域切割密度	1.25	0.063
不稳定沟床比例	0.4	0.67

根据公式(6.1)计算,茂公村二号沟泥石流的危险度为 H_d 为 0.35,按照分级标准表 6.9,可知茂公村二号沟的危险度为低度危险。

5. 茂公村二号沟泥石流灾害现状评估

茂公村二号沟老泥石流堆积扇表面植被长势较好,根据当地植被的生长周期可以初步判断,该沟泥石流发生的频率较低,属于低频泥石流。

由于该地区缺乏详细的降水观测资料,因此选用最近的米林气象站的观测资料作为该地区气象参考资料。据米林气象站 1978—2004 年实测资料统计可知,短时强降雨是引发该沟泥石流的主要原因。当降水强度较大时,植被覆盖率差的地表很容易迅速形成地表径流,加上陡峭的地形为地表径流提供的巨大势能,地表径流便对沟道两岸的坡积物进行强烈冲刷,使沟道两岸的坡积物在基脚遭强烈冲刷下转化成滑坡、崩塌进入沟道,成为泥石流的物源。虽然茂公村二号沟的地形较陡,为泥石流的发生提供了足够的动力条件,但由于该沟的植被覆盖相对较好,尤其是沟道内的植被长势相对旺盛,对减少地表径流量的汇集和减缓径流的流速起到一定的作用,并且估算能够参与泥石流活动的松散固体物质可移动储量相对较少,物源不丰富,由此可以分析出该沟发生泥石流的频率低。

根据泥石流沟的基本分区特征,其形成区内有崩塌堆积物,堆积区为扇形,且堆积物磨圆度较好,棱角不明显,根据《滑坡崩塌泥石流灾害调查规范(1∶50 000)》(DZ/T 0261—2014)的判别标准,该沟属于沟谷型泥石流;根据泥石流流域面积和扇体堆积物判断,该沟泥石流规模属于中型,危害程度较轻。

14.1.6 加日村沟(L40)

1. 泥石流流域特征分析

1)流域基本特征

加日村沟位于雅鲁藏布江左岸,沟口位置坐标为 29°09′54.4″N,93°41′03.3″E。流域面积约 20.0 km², 主沟长约 7.85 km, 主沟沟道走向近北东~南西向, 沟谷呈"V"形。流域内最高海拔 5 053 m, 沟口堆积扇前缘海拔 2 971 m, 相对高差为 2 082 m, 沟道两岸山坡坡度为 30°~50°, 平均纵比降为 265‰。加日村沟流域切割较为强烈, 流域内发育 4 条较大支沟, 沟道顺直, 两岸山坡坡度较陡, 沟道纵比降大, 流向多与主沟流向呈锐角斜交且沿主沟沟道近似成对称分布, 水系在平面上呈树枝状, 如图 14.40 所示。

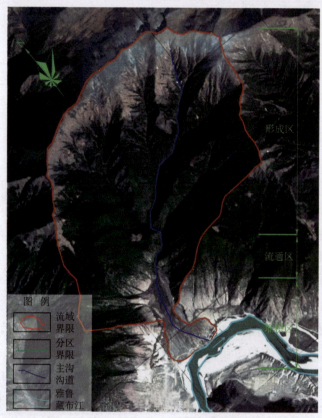

图 14.40 加日沟流域分区图

沟道内多见基岩出露, 主要为早白垩世英云闪长岩。由于该地区气温日较差较大, 表层岩石风化程度较强, 基岩节理较为发育。在流域内可见较多由于风化而形成的坡面松散固体物质堆积, 以及分布于沟内的崩塌堆积体。沟道两岸山坡坡度较陡, 坡面土壤在地表径流的作用下容易流失, 因此在山坡中上部主要生长低矮灌木和草本植物。由于坡面松散固体物质的堆积, 在沟道岸坡下部坡度较缓处及沟道内植被生长相对茂盛, 可见一些乔木生长。加日村沟沟道内常年有流水, 春、夏两季流量相对较大, 秋、冬两季流量较小。

2) 流域分区特征

根据加日村沟的地质环境特征, 结合泥石流的激发条件和加日村沟泥石流流域的地形地貌特征, 可将加日村沟泥石流分为形成区、流通区、堆积区三个功能区, 如

图 14.41 所示;各功能区均以典型的地形地貌特征为分界处。其分区特征见表 14.41。

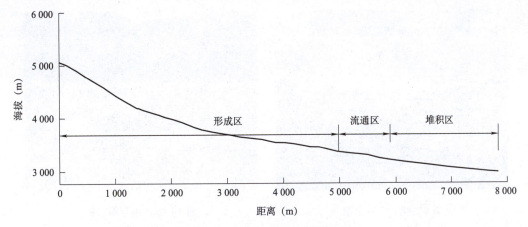

图 14.41 加日沟主沟沟床纵比降

表 14.41 加日沟流域分区特征

分区	面积(km²)	沟长(m)	高程范围(m)	高差(m)	纵比降
形成区	14.82	4 980	3 360～5 053	1 693	340‰
流通区	3.92	900	3 200～3 360	160	178‰
堆积区	1.26	1 970	2 971～3 200	229	116‰

(1)形成区特征

加日村沟泥石流的形成区位于海拔 3 360～5 053 m,形成区面积约为 14.82 km²,形成区主沟长约 4.98 km,沟道纵比降 340‰,呈"V"形沟谷。除主沟外,沿途对称状发育 4 条支沟,支沟一般较顺直,纵比降较大,呈"V"形沟谷。形成区内基岩风化较为强烈,表层岩石较为破碎,节理裂隙发育程度相对较高,谷坡坡脚处可见风化的剥落堆积物。此外,局部岸坡陡峻地段亦多有小规模的崩塌分布,是形成区的松散固体物质补给源之一。形成区内沟道两岸坡面中上部植被长势较差,中下部及沟道内植被长势较好,如图 14.42 所示。

(2)流通区特征

加日村沟泥石流的流通区较短,主要位于海拔 3 200～3 360 m,面积约 3.92 km²,沟长约 0.9 km,纵比降 178‰,沟道呈"V"形。流通区沟道较平直,宽 10～15 m,沟道内常年有流水,石块粒径以 5～20 cm 为主。沟道在流通区下切明显,两侧坡体近于直立。

(3)堆积区特征

加日村沟泥石流的堆积区位于海拔 3 200 m 以下,中后部呈长条状,长约 800 m,宽约 400 m,前部呈扇状;受凹岸河道侧蚀影响,扇体前缘局部缺失,堆积区面积约 1.26 km²。堆积区内可见较大粒径块石堆积,粒径分布范围主要为 20～40 cm(图 14.43);通过现场调查,堆积扇上最大石块粒径可达 4 m。堆积区现有主沟道位于扇体左部,沟宽 2～

3 m,深 1~2 m,沟道内常年有流水。此外扇体上尚有多条水流,无明显切割沟道。堆积区植被较发育,多为低矮灌木类植物。

图 14.42　流域全貌

图 14.43　堆积物特征

2. 加日村沟泥石流发育历史及形成条件

1) 泥石流发育历史

因加日村沟附近没有居民居住,所以无法确切获得其详细的发生历史,只能通过现场调查从堆积区的地貌特征来进行推断。从扇体形状及面积来推断,加日村沟历史上曾经发生过较大规模的泥石流,从扇体堆积物成分及沟道下切状况推断,加日村沟正处于衰退期,近年来未发生过较大规模泥石流。

2) 泥石流形成条件

泥石流形成和发展必须具备三个条件:①丰富的物源。固体物质相当丰富,为泥石流的暴发提供了物质基础。②有效的地形条件。加日村沟流域相对高差 2 082 m,平均纵比降为 265‰,如此大的纵比降为泥石流物质的起动提供了势能转化为动能的条件,也为泥石流的暴发积聚了能量。③充足的降雨。降雨是泥石流暴发的激发因素,特别是短时间的暴雨。短历时的强降雨对泥石流的激发起着决定性的作用,在充足的物源和有效的地形条件都具备的情况下,短历时的强降雨控制着泥石流的发生,起着导火线的作用。

对以上泥石流形成的三个条件分别进行阐述说明。

(1) 物源特征

从物源分布特征上看,物源主要来自形成区松散的坡面物质和沟道内的松散物,根据遥感解译及野外调查情况,加日村沟流域范围内合计松散物质储量约为 115.59 万 m^3,能够为泥石流的形成提供充足的物源条件。

(2) 地形特征

发生泥石流必须有激发泥石流发生的势能条件。加日村沟平面形态上近似呈包袱状,主、支沟沟道顺直、纵比降大,有利于雨水的迅速汇集。此外,加日村沟的平均纵比降达 265‰,并且高差也达 2 082 m,说明该沟具有充足的势能。一旦流域范围内发生强降雨,沟道内的松散物质在自身势能的作用下,能够在上游雨水的激发作用下迅速起动而形成泥石流。

(3)水源特征

实地的调查可知,加日村沟泥石流的暴发主要依赖于降雨的作用。据米林奴下水文观测站监测,年平均降水量 600 mm,降雨多集中在 6～9 月,日最高降雨量可达 53.0 mm,最大 6 h 降雨量可达 36.9 mm,能够为泥石流的起动提供强大的水源条件。

3. 加日村沟泥石流动力学特征

如前所述,从加日村沟主沟形成区及流通区所分布的松散物源特征及沟形特征调查表明,加日村沟主沟属于稀性泥石流。

由于无泥石流发生时的实际观测数据,对加日村沟泥石流的分析,主要依据现场调查资料,类比利用泥石流运动特征及动力特征研究的成果进行分析。

1)峰值流量

根据《四川省水文手册》,不同频率下加日村沟设计洪峰流量见表 14.42。

表 14.42 不同频率下加日村沟设计洪峰流量计算结果

流域面积 F(km^2)	20.00		
沟长 L(km)	7.85		
沟道纵比降	265‰		
流域特征系数 θ	5.779		
汇流参数 m	0.572		
产流参数 μ	2.038		
设计频率 P	2%	1%	0.5%
暴雨参数 n	0.668	0.677	0.681
雨力 S_p(mm/h)	25.25	27.875	30.375
洪峰径流系数 ψ	0.862	0.877	0.889
汇流时间 τ(h)	1.842	1.800	1.762
最大流量 Q_B(m^3/s)	80.50	91.33	102.62

根据公式(5.4),不同频率下加日村沟泥石流洪峰流量计算结果见表 14.43。

表 14.43 不同频率下加日村沟泥石流洪峰流量计算结果

频 率	D_c	γ_c(kN/m^3)	γ_H(kN/m^3)	$1+\varphi$	Q_B(m^3/s)	Q_c(m^3/s)
2%	1.2	14.0	26.5	1.32	80.50	127.51
1%	1.2	15.0	26.5	1.43	91.33	157.72
0.5%	1.2	16.0	26.5	1.57	102.62	193.34

2)一次泥石流过程总量和冲出固体物质总量

根据公式(5.6)和公式(5.7),不同频率下加日村沟一次泥石流过程总量计算结果见表14.44，一次泥石流冲出固体物质总量计算结果见表14.45。

表14.44 加日村沟一次泥石流过程总量计算结果

频率	K	T(s)	Q_c(m³/s)	Q(m³)
2%	0.264	1 800	127.51	60 593.70
1%		1 800	157.72	74 474.43
0.5%		1 800	193.34	91 873.31

表14.45 加日村沟一次泥石流冲出固体物质总量计算结果

频率	γ_c(kN/m³)	γ_H(kN/m³)	γ_w(kN/m³)	Q(m³)	Q_H(m³)
2%	14.0	26.5	10.0	60 593.70	14 689.38
1%	15.0	26.5	10.0	74 474.43	22 568.01
0.5%	16.0	26.5	10.0	91 873.31	33 408.47

3)流速

根据公式(5.2)，不同频率下加日村沟泥石流流速计算结果见表14.46。

表14.46 加日村沟泥石流流速计算结果

频率	1/n	γ_H(kN/m³)	R(m)	I	v_c(m/s)
2%	25	26.5	0.7	265‰	3.30
1%	25	26.5	0.8	265‰	5.38
0.5%	25	26.5	1.0	265‰	3.20

4.加日村沟泥石流危险性评价

1)泥石流活动程度分析

根据加日村沟流域环境特征，结合野外实地调查和相应的评判标准(表6.1和表6.2)，对泥石流易发程度进行综合评价。

根据加日村沟流域的实际情况对各项指标进行综合打分，评分结果见表14.47。

表14.47 加日村沟泥石流易发程度评判表

序号	指标	指标打分
1	崩塌、滑坡及水土流失(自然和人为的)严重程度	16
2	泥沙沿程补给长度比	12
3	沟口泥石流堆积活动程度	1
4	河沟纵坡	12
5	区域构造影响程度	9
6	流域植被覆盖率	1
7	河沟近期一次变幅	4
8	岩性影响	4
9	沿沟松散物储量	5

序号	指标	指标打分
10	沟岸山坡坡度	6
11	产沙区沟槽横断面	5
12	产沙区松散物平均厚度	3
13	流域面积	3
14	流域相对高差	4
15	河沟堵塞程度	3
	综合得分	88
	泥石流易发程度	易发

根据评价结果显示,加日村沟泥石流属于易发,即在较大降雨条件下发生泥石流的可能性大。

2)危险度

泥石流危险度的评价采用成都山地所刘希林于 1996 年提出的单沟泥石流危险度评价方法。根据表 6.8 计算可得相应的转换值,见表 14.48。

表 14.48 危险度评价因子和转换函数及其转换值

评价因子	初始值	转换值
泥石流规模	22.63	0.451 6
发生频率	3	0.238 6
流域面积	20.00	0.700 3
主沟长度	7.85	0.878 2
流域相对高差	2.08	1.000 0
流域切割密度	1.02	0.051 0
不稳定沟床比例	0.3	0.500 0

根据公式(6.1)计算,加日村沟泥石流的危险度为 H_d 为 0.457 8,按照分级标准表 6.9,可知加日村沟危险度为中度危险。

5. 泥石流发展趋势预测

1)泥石流历史灾害

调查走访当地居民得知,加日村沟近期未曾爆发过泥石流。从加日村沟堆积扇的地形地貌特征和堆积物结构可知,该泥石流沟曾爆发过较大规模泥石流,目前正处于衰退期。由于现有堆积区平坦开阔,利于泥石流堆积,如果暴发泥石流,其危害方式主要以淤埋为主。

2)泥石流的形成和发展趋势

前面已经提到,加日村沟具备泥石流形成和发展必须的三个条件:丰富的物源、有效的地形条件和充足的降雨。虽然目前加日村沟正处于衰退期,泥石流活动强度较低,但是由于加日村沟当前主、支沟纵比降还很大,如果流域范围内发生强降雨,强大的水动力作用亦能大规模起动坡面、沟道内的松散物质,形成大规模的泥石流灾害。

14.1.7 阿噶布沟(L46)

1. 泥石流流域特征分析

1)流域基本特征

阿噶布沟位于雅鲁藏布江左岸,沟口位置坐标为29°10′47.8″N,93°32′01.0″E。流域面积约 13.55 km²,主沟长约 7.52 km,沟道走向在高程 4 050 m 处发生明显偏转,主流流向由北西—南东向转为近南北向,沟谷呈"V"形。流域内最高海拔5 016 m,沟口堆积扇前缘海拔2 979 m,相对高差为2 037 m,沟道两岸山坡坡度 25°~40°,平均纵比降为271‰。阿噶布沟流域切割较为强烈,流域内支沟、冲沟发育,两岸山坡坡度较陡,沟道纵比降大,流向多与主沟流向呈大角度锐角斜交或直交,水系在平面上呈树枝状,阿噶布沟流域分区如图 14.44 所示。

图 14.44 阿噶布沟流域分区

沟道内多见基岩出露,主要为早白垩世闪长岩、英云闪长岩。由于该地区气温日较差较大,表层岩石风化程度较强,基岩节理较为发育。在流域内可见较多由于风化而形成的坡面松散固体物质堆积,以及分布于沟内的崩塌堆积体。沟道岸坡高高程处植被不发育,多为裸露基岩,长有少量低矮灌木和草本植物,坡面土壤易在地表径流的作用下流失；中低高程处由于坡面松散固体物质的堆积，植被生长相对茂盛，可见一些乔木及较为高大的灌木。阿噶布沟沟道内常年有流水，春、夏两季流量相对较大，秋、冬两季流量较小。

2）流域分区特征

根据阿噶布沟的地质环境特征，结合泥石流的激发条件和阿噶布沟泥石流流域的地形地貌特征，可将阿噶布沟泥石流分为形成区、流通区、堆积区三个功能区，如图14.45所示；各功能区均以典型的地形地貌特征为分界处，其分区特征见表14.49。

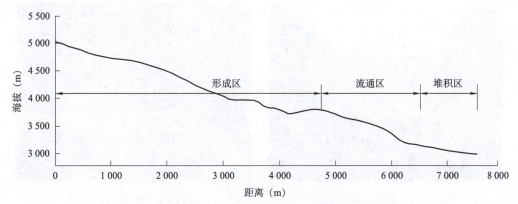

图 14.45 阿噶布沟主沟沟床纵比降

表 14.49 阿噶布沟流域分区特征

分 区	面积(km²)	沟长(km)	高程范围(m)	高差(m)	纵比降
形成区	12.65	4.75	3 780~5 016	1 236	260‰
流通区	0.44	1.77	3 130~3 780	650	365‰
堆积区	0.46	1.00	2 979~3 130	151	151‰

(1)形成区特征

阿噶布沟泥石流的形成区位于海拔3 780~5 016 m，形成区面积约12.65 km²，该段主沟长约4.75 km，沟道纵比降260‰，谷坡宽缓，呈宽"V"形谷。形成区内上游基岩裸露，冻融风化作用强烈，表层岩石较为破碎，节理裂隙发育程度相对较高，易在沟道内堆积风化的剥落物，成为泥石流物源。主沟两侧支沟、冲沟深切，两岸陡峭岸坡受强风化作用易产生崩塌，崩落的松散堆积物堆于坡脚处，亦是泥石流的主要物源。形成区内岸坡中下部及沟道内植被长势相对较好。

(2)流通区特征

阿噶布沟泥石流的流通区主要位于海拔3 130~3 780 m，流通区面积约为0.44 km²，沟长约1.78 km，纵比降365‰。由于纵坡较陡，沟道在流通区下切明显，沟道中下部谷坡深切，呈窄"V"形，宽6~10 m，沟道较顺直(图14.46)。沟道内常年有流水，沟底靠近岸坡部位可见块碎石堆积，石块粒径以5~20 cm为主。

流通区的植被覆盖情况一般,岸坡基岩大面积出露,局部缓坡部位长有乔灌木类植物,沟道内有杂灌木类植物生长。沟道本身固结较稳固,非强降雨条件下,沟底堆积物质不易被已形成泥石流侵蚀揭底,一般主要为泥石流的运移提供有利的势能条件。

(3)堆积区特征

阿噶布沟泥石流的堆积区位于海拔3 130 m以下。老泥石流堆积物已延伸至雅鲁藏布江内,堆积区呈明显的扇状结构,受凹岸河道侧蚀影响,扇体前缘缺失,完整程度约60%。扇顶角约为70°,堆积区面积为0.46 km²。堆积区内可见大粒径块石堆积,粒径分布范围主要为30～60 cm(图14.47);通过现场调查,堆积扇上最大石块粒径可达3 m。

图14.46 流通区沟道特征

图14.47 堆积扇垄岗堆积

扇体右后缘有一冰水堆积台地,疑为老的冰川泥石流堆积物。现有沟道位于扇体左部,堆积区沟道宽2～3 m,深1～1.5 m,沟道内有常年流水。在堆积扇上发现多处明显的垄岗状堆积,且扇体上植被多为低矮灌木,依此可以初步判断该沟曾多次发生泥石流,泥石流发生的频率相对较高。

2. 阿噶布沟泥石流发育历史及形成条件

1)泥石流发育历史

因阿噶布沟附近没有居民居住,所以无法确切获得其详细的发生历史,只能通过现场调查从堆积区的地貌特征来进行推断。阿噶布沟堆积扇较为宽缓,面积也较大,从堆积区多处垄岗状堆积特征及植被生长状况判断,该沟历史上曾多次发生过泥石流。

2)泥石流形成条件

泥石流形成和发展必须具备的三个条件:①丰富的物源。固体物质相当丰富,为泥石流的暴发提供了物质基础。②有效的地形条件。阿噶布沟流域相对高差2 037 m,平均纵比降为271‰,如此大的纵比降为泥石流物质的起动提供了势能转化为动能的条件,也为泥石流的暴发积聚了能量。③充足的降雨。降雨是泥石流暴发的激发因素,特别是短时间的暴雨。短历时的强降雨对泥石流的激发起着决定性的作用,在充足的物源和有效的地形条件都具备的情况下,短历时的强降雨控制着泥石流的发生,起着导火线的作用。

对以上泥石流形成的三个条件分别进行阐述说明：

(1) 物源特征

从物源分布特征上看，物源主要来自形成区松散的坡面物质和沟道内的松散物，根据遥感解译及野外调查情况，阿噶布沟流域范围内合计松散物质储量约为 76.6 万 m^3。能够为泥石流的形成提供充足的物源条件。

(2) 地形特征

发生泥石流必须有激发泥石流发生的势能条件。阿噶布沟平面形态上近似呈漏斗状，利于雨水的迅速汇集。此外，阿噶布沟的平均纵比降达 271‰，并且高差也达 2 037 m，说明该沟具有充足的势能。一旦流域范围内发生强降雨，沟道内的松散物质在自身势能的作用下，能够在上游雨水的激发作用下迅速起动而形成泥石流。

(3) 水源特征

实地调查可知，阿噶布沟泥石流的暴发主要依赖于降雨作用。据米林奴下水文观测站监测，年平均降水量 600 mm，降雨多集中在 6~9 月，日最高降雨量可达 53.0 mm，最大 6 h 降雨量可达 36.9 mm，能够为泥石流的起动提供强大的水源条件。

3. 阿噶布沟泥石流动力学特征

如前所述，从阿噶布沟主沟形成区及流通区所分布的松散物源特征及沟形特征调查表明，阿噶布沟主沟属于稀性泥石流。

由于无泥石流发生时的实际观测数据，对阿噶布沟泥石流的分析，主要依据现场调查资料，类比利用泥石流运动特征及动力特征研究的成果进行分析。

1) 峰值流量

根据《四川省水文手册》，不同频率下阿噶布沟设计洪峰流量见表 14.50。

表 14.50 不同频率下阿噶布沟设计洪峰流量计算结果

流域面积 F (km^2)	13.55		
沟长 L (km)	7.52		
沟道纵比降	271‰		
流域特征系数 θ	6.057		
汇流参数 m	0.578		
产流参数 μ	2.194		
设计频率 P	2%	1%	0.5%
暴雨参数 n	0.668	0.677	0.681
雨力 S_p (mm/h)	25.25	27.875	30.375
洪峰径流系数 ψ	0.847	0.864	0.877
汇流时间 τ (h)	1.916	1.874	1.836
最大流量 Q_B (m^3/s)	52.19	59.28	66.29

根据公式(5.4),不同频率下阿嘎布沟泥石流峰值流量计算结果见表14.51。

表 14.51　不同频率下阿嘎布沟泥石流洪峰流量计算结果

频　率	D_c	$\gamma_c(kN/m^3)$	$\gamma_H(kN/m^3)$	$1+\varphi$	$Q_B(m^3/s)$	$Q_c(m^3/s)$
2%	1.3	14.0	26.5	1.32	52.19	89.56
1%	1.3	15.0	26.5	1.43	59.28	110.20
0.5%	1.3	16.0	26.5	1.57	66.29	135.30

2)一次泥石流过程总量和冲出固体物质总量

根据公式(5.6)和公式(5.7),不同频率下阿嘎布沟一次泥石流过程总量计算结果见表14.52,一次泥石流冲出固体物质总量计算结果见表14.53。

表 14.52　阿嘎布沟一次泥石流过程总量计算结果

频　率	K	$T(s)$	$Q_c(m^3/s)$	$Q(m^3)$
2%	0.264	1 500	89.56	35 464.98
1%	0.264	1 500	110.20	43 639.80
0.5%	0.264	1 500	135.30	53 577.96

表 14.53　阿嘎布沟一次泥石流冲出固体物质总量计算结果

频　率	$\gamma_c(kN/m^3)$	$\gamma_H(kN/m^3)$	$\gamma_w(kN/m^3)$	$Q(m^3)$	$Q_H(m^3)$
2%	14.0	26.5	10.0	35 464.98	8 597.57
1%	15.0	26.5	10.0	43 639.80	13 224.18
0.5%	16.0	26.5	10.0	53 577.96	19 482.90

3)流速

根据公式(5.2),不同频率下阿嘎布沟泥石流流速计算结果见表14.54。

表 14.54　阿嘎布沟泥石流流速计算结果

频　率	$1/n$	$\gamma_H(kN/m^3)$	$R(m)$	I	$v_c(m^3)$
2%	25	26.5	0.6	271‰	3.01
1%	25	26.5	0.8	271‰	3.17
0.5%	25	26.5	1.0	271‰	3.24

4. 阿嘎布沟泥石流危险性评价

1)泥石流活动程度分析

根据阿嘎布沟流域环境特征,结合野外实地调查和相应的评判标准(表6.1和表6.2),对泥石流易发程度进行综合评价。

根据阿嘎布沟流域的实际情况对各项指标进行综合打分,评分结果见表14.55。

表 14.55 阿噶布沟泥石流易发程度评判表

序号	指　　标	指标打分
1	崩塌、滑坡及水土流失(自然和人为的)严重程度	16
2	泥沙沿程补给长度比	16
3	沟口泥石流堆积活动程度	1
4	河沟纵坡	12
5	区域构造影响程度	9
6	流域植被覆盖率	5
7	河沟近期一次变幅	4
8	岩性影响	5
9	沿沟松散物储量	5
10	沟岸山坡坡度	6
11	产沙区沟槽横断面	5
12	产沙区松散物平均厚度	3
13	流域面积	3
14	流域相对高差	4
15	河沟堵塞程度	3
综合得分		97
泥石流易发程度		易发

根据评价结果显示,阿噶布沟泥石流属于易发,即在较大降雨条件下发生泥石流的可能性大。

2)危险度

泥石流危险度的评价采用成都山地所刘希林于1996年提出的单沟泥石流危险度评价方法。根据表6.8计算可得相应的转换值,见表14.56。

表 14.56 危险度评价因子和转换函数及其转换值

评价因子	初始值	转换值
泥石流规模	13.26	0.374 2
发生频率	4	0.301 0
流域面积	13.55	0.611 2
主沟长度	7.52	0.858 1
流域相对高差	2.04	1.000 0
流域切割密度	1.1	0.055 0
不稳定沟床比例	0.6	1.000 0

根据公式(6.1)计算,阿噶布沟泥石流的危险度为 H_d 为 0.454 7,按照分级标准表 6.9,可知阿噶布沟危险度为中度危险。

5. 泥石流发展趋势预测

1)泥石流历史灾害

从阿噶布沟堆积区多处垄岗状堆积特征及植被生长状况判断,该沟历史上曾多次发生过泥石流,并且近期曾发生过泥石流;由于堆积扇上无居民居住,且堆积区无重要交通线路通过,因此尚不明确其具体历史灾害。

2)泥石流的形成和发展趋势

阿噶布沟具备泥石流形成和发展必须的三个条件:丰富的物源、有效的地形条件和充足的降雨。更为重要的是,阿噶布沟当前的纵比降还很大,随着溯源侵蚀的进行,泥石流灾害将来可能还会趋于严重。此外,从统计的松散物源来看,阿噶布沟的物源较为丰富。因此,阿嘎布沟仍具有发生较大规模泥石流的可能性。

14.1.8 才巴村3号沟(R3)

1. 才巴村3号沟泥石流流域特征分析

1)沟谷基本特征

才巴村3号沟为雅鲁藏布江中游右岸的一条支沟,位于西藏自治区林芝市区南约35 km,羌纳乡西南方向约9 km。沟口位置坐标为 29°22′15.4″N,94°27′01.9″E,流域面积约15.22 km²。主沟的走向近西北向,与主河雅鲁藏布江近于正交。

才巴村3号沟地处青藏高原抬升区和雅鲁藏布江构造活动带,新构造运动特别活跃,主要表现为差异性抬升明显和地震多发强烈,地层岩性主要为灰、灰白、灰色黑石榴蓝晶黑云钾长片麻岩,沟道两侧植被覆盖较好,局部可见风化基岩出露。沟道长6.85 km,沟口堆积扇前缘海拔2 920 m,最高峰海拔4 900 m,相对高差达1 980 m,流域平均纵比降289‰。流域形状呈菱形状,流域沟谷形态成"V"—"U"过渡形。才巴村3号沟流域如图14.48所示,才巴村3号沟纵比降图如图14.49所示。

流域两侧山坡陡峻,呈直线形,坡度30°~55°。在海拔4 500 m以上的围谷被现代海洋性冰川和常年积雪所覆盖,山坡、山脊及山峰基岩裸露,岩壁陡峭;4 500 m以下地带植被发育,垂直分带明显。从上到下植被类型依次为冰缘植被、针叶林、阔叶林、灌丛,覆盖率65%~90%。才巴村3号沟流域全貌如图14.50所示。

整个流域上游为峡谷地貌,地势基本较陡;中下游为宽缓地貌,地势平坦,流域相对高差和纵比降均较大。流域支沟发育,沟道两侧不对称分布,沟道两岸坡度较陡,沟道左侧坡度35°~60°,沟道右岸坡度32°~52°。因此,才巴村3号沟泥石流主要的发育形成集中在上游,行进通过中下游段,沟床坡度减缓,泥石流运动受到阻碍,开始逐渐堆积;冲出沟口后,由冲刷转为淤积,并顶托主河道,使河水位向高水位偏移。强降雨

图 14.48　才巴村 3 号沟流域图

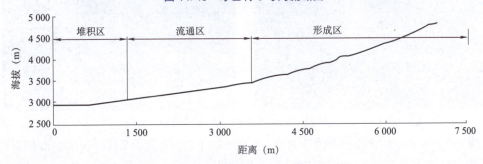

图 14.49　才巴村 3 号沟纵比降

图 14.50　才巴村 3 号沟流域全貌

及冰雪融水条件下,沟道汇集洪流冲刷沟道,将沟道内的松散碎屑及堆积块石物质起动带走,形成泥石流。

2) 流域分区特征

才巴村3号沟泥石流可以分三个区域,即形成区、流通区和堆积区,其分区特征见表14.57。

表 14.57 才巴村3号沟泥石流分区特征

分 区	面积(km²)	沟长(m)	高程范围(m)	高差(m)	纵比降
形成区	10.24	3 650	3 412~4 900	1 488	407‰
流通区	2.93	1 900	3 078~3 412	334	176‰
堆积区	2.05	1 300	2 920~3 078	158	122‰

(1) 泥石流形成区特征

才巴村3号沟从地形特征来说属于高山地貌,形成区沟谷狭窄,沟道两岸陡峻,近分水岭处多为冰蚀地貌且常年冰雪覆盖,植被不发育,如图14.51所示。

图 14.51 才巴村3号沟形成区图

才巴村3号沟形成区主要位于海拔3 412 m以上,范围位于3 412~4 900 m,相对高差约1 488 m,集水面积约10.24 km²;形成区主沟顺沟长约3 650 m,平均纵比降407‰,纵比降较大,沟道边岸较陡,以冲刷下切为主,侧岸掏蚀为辅。才巴村3号沟在上游分为多条支沟,多成"V"形谷,沟道两侧植被发育,局部出露基岩。地层岩性为元古界八拉岩组,(Pt_b)灰~灰白色,黑云斜长片麻岩夹黑云角闪斜长片麻岩、斜长角闪岩。

(2) 泥石流流通区特征

才巴村3号沟的流通区主要位于海拔3 078~3 412 m,相对高差334 m,流通区面积约为2.93 km²,流通区沟长约1 900 m,沟道纵比降为176‰,沟道呈"U"形,宽20~200 m。沟道两侧坡体自然坡度多大于35°,沟道多块石体堆积,黏粒含量较少,块石岩性以片麻岩为主,含石英花岗岩、大理岩;平均粒径为20~150 cm,其中小于20 cm粒径含量约为7%,20~50 cm粒径含量约为35%,50~100 cm粒径含量约为15%,100~150 cm粒径含量约为20%,大于150 cm粒径含量约为12%,最大粒径达4.0 m。沟道两侧大部分多为腐殖层覆盖,上部植被较发育,以灌木、乔木为主,如图14.52所示。这些将成为泥石流暴发的直接物源,一旦泥石流暴发,这些沟道堆积物质直接参与到泥石流中;其次沟道内堆积了大量的松散崩坡积物和老冰川泥石流堆积物,沿沟道及两岸分布。沟道常年有流水,且流速较大。

图 14.52　才巴村 3 号沟流通区情况

地层岩性为八拉岩组($Ptb.$),以斜长角闪片麻岩、黑云斜长片麻岩、斜长片麻岩、辉角闪斜长麻粒岩、变粒岩、二云石英片岩、闪岩、大理岩。这些岩石抗风化能力弱,岩性不均一,节理裂隙发育,表层因风化而剥离母体,遇水易软化、泥化,稳定性差,硬度低,加之两岸坡度较陡,在强降雨或冰雪融水条件下,极易形成泥石流。

(3)泥石流堆积区特征

才巴村 3 号沟泥石流的堆积区位于海拔 3 078 m 以下,老泥石流堆积物已延伸至雅鲁藏布江内,堆积区呈明显的扇状结构,扇顶角约为 138°,堆积区面积为 2.05 km²,其堆积厚度 2～5 m。通过现场调查,堆积扇上最大石块粒径可达 2.2 m。堆积扇挤压河道明显,说明该沟泥石流活动曾经相当活跃。堆积区沟道最大下切深度可达 2.5 m。堆积扇植被覆盖较好,以灌木为主,如图 14.53 所示。地层岩性以砾石层、砂砾、砂层为主,夹粉砂、黏土层,主要为冰川、冰水、冲洪积物。

2.才巴村 3 号沟泥石流发育历史与形成条件

1)泥石流发育历史

通过现场调查发现,才巴村 3 号沟堆积扇较为宽缓,面积也较大,挤压主河道,说明

图 14.53 才巴村 3 号沟堆积区特征

该沟泥石流活动曾经相当活跃。堆积扇靠主河上游侧较另一侧低,整个山体倾向主河上游侧。

现场调查及走访当地居民得知,才巴村 3 号沟近期有泥石流活动情况,诱发因素主要为降雨或冰雪融水。

人类活动对才巴村 3 号沟也存在一定的影响,表现最明显的是对两侧山坡上的乔木进行砍伐现象,砍伐现象比较严重,使得对土壤固坡作用变差。

2) 泥石流形成条件

泥石流形成和发展必须具备三个条件:①丰富的物源。固体物质相当丰富,为泥石流的暴发提供了物质基础;②有效的地形条件。才巴村 3 号沟流域最高海拔为 4 900 m,沟口堆积扇前缘海拔为 2 920 m,相对高差 1 980 m,平均纵比降为 289.1‰,如此大的纵比降为物质起动提供了势能转化为动能的条件,也为泥石流的暴发积聚了能量;③充足的降雨。降雨是泥石流暴发的激发因素,特别是短时间的暴雨。短历时的强降雨对泥石流的激发起着决定性的作用,在充足的物源和有效的地形条件都具备的情况下,短历时的强降雨控制着泥石流的发生,起着导火线的作用。

对以上泥石流形成的三个条件分别进行阐述说明。

(1) 物源特征

区内气候高寒,寒冻风化十分强烈;岩体在地质构造作用下,较为破碎;裂隙受其影响不断扩大加深,并产生新的风化裂隙,岩体完整性遭受破坏,进而解离成碎片、碎块及砂粒。广泛而持续的风化作用,使得区内松散碎屑物质遍布,构成了泥石流活动的物质基础。

才巴村 3 号沟的松散物源主要集中于沟底和沟道两岸,以坡面崩坡积层和老冰川泥石流堆积层为主,结构松散,为不稳定物源,估计坡面崩坡积层物源方量约为 12 万 m^3,沟道物源量约为 68.9 万 m^3,总物源量为 80.9 万 m^3;在暴雨或冰雪融水条件下可能发展成为泥石流的起动物源。中上游沟谷纵比降比较大,主要以下切为主,下游沟谷坡降较小,主要以淤积为主;遇到连降暴雨,靠坡脚部位堆积物起动可能性较大,若流量大,则很有可能引起沟中潜在不稳定物源起动,构成泥石流物源。从分布区域上看,不稳定和潜在不稳定物源分布在才巴村3号沟的沟床及边岸上。从目前现状看,一旦连降暴雨或冰雪融水,就有可能形成较大规模的泥石流,对公路和行人造成威胁,若泥石流规模比较大,有造成泥石流堵江(雅鲁藏布江)的潜在危险性。

(2) 地形特征

地形地貌对泥石流的发生和发展起两个方面的作用:首先是通过沟床的地势条件为泥石流提供位能,赋予泥石流一定的侵蚀、搬运和堆积的能量;同时在坡地或沟槽的一定演变阶段内,提供足够数量的水和土体。沟谷的流域面积、沟槽纵比降、流域内山坡平均坡度以及植被覆盖情况等都对泥石流的形成和发展具有重要作用。

才巴村3号沟沿沟落差大,流域最高海拔为4 900 m,沟口堆积扇前缘海拔为2 920 m,相对高差1 984 m,平均坡降为289‰,为泥石流暴发提供强势能条件。较大的沟床纵比降成为泥石流动力来源,使得停积在该区丰富松散物源有较大的势能储备,在暴雨或冰雪融水作用的激发下,储备的势能得以转化,从而使得泥石流以较大的流速开始运动。

(3) 水源条件

区内泥石流赖以形成的主要水源有降雨、冰雪融水、冰川消融与降雨混合型洪水等,都能提供足够的构成泥石流的水体成分及动力条件,进而导致泥石流的发生。

① 降雨

降雨不仅是泥石流的组成部分,同时也是搬运松散固体物质的载体。调查区内泥石流的水源以大气降水为主,地表水辅之,地下水的浸润,三者联合在突发时段爆发。据米林奴下水文观测站监测,1976—1982年年降雨量最高可达891.9 mm,月最大值为391.6 mm;日最高降雨量可达53.0 mm,最大6 h降雨量36.9 mm,调查区降雨多集中在6~9月,此降水量已经达到降水型泥石流的诱发条件。

② 冰雪融水

冰雪融水是导致冰川型泥石流形成的主要水源。东部分布大量的亚热带季风海洋性冰川,从每年4月开始进入消融期,因其热量较为集中,导致其冰川融水量大,从而易引发冰川泥石流频繁暴发。从积雪融化来看,高山区的多年积雪和季节性积雪也在暖季强烈消融,融雪水流也促成泥石流暴发。冰雪融水的强度除积雪和冰川积雪量规模大影响外,主要受气温的控制和影响,其综合特点决定了该段冰川积雪融水型泥石流的特征及规模。

③ 混合型

混合型水流是指冰雪融水及降雨水流的叠加。即在泥石流的形成过程中,冰雪融水一般是主要的水动力条件,降雨起着促进作用,特别是持续高温后又紧接强度较大的降雨,就将形成规模大和历时长的冰川泥石流。

3. 才巴村3号沟泥石流动力学特征

如前所述,从才巴村3号沟形成区及流通区所分布的松散物源特征及沟形特征调查表明,才巴村3号沟属于稀性泥石流。

由于无泥石流发生时的实际观测数据,对才巴村3号沟泥石流的分析,主要依据现场调查资料,类比利用泥石流运动特征及动力特征研究的成果进行分析。

1) 峰值流量

根据《四川省水文手册》,不同频率下才巴村3号沟设计洪峰流量见表14.58。

表14.58 不同频率下才巴村3号沟设计洪峰流量计算结果

流域面积 $F(km^2)$	15.22		
沟长 $L(km)$	6.85		
沟道纵比降	289‰		
流域特征系数 θ	5.245		
汇流参数 m	0.561		
产流参数 μ	2.146		
设计频率 P	2%	1%	0.5%
暴雨参数 n	0.668	0.667	0.681
雨力 $S_p(mm/h)$	25.25	27.875	30.375
洪峰径流系数 ψ	0.864	0.878	0.890
汇流时间 $\tau(h)$	1.68	1.641	1.606
最大流量 $Q_B(m^3/s)$	65.259	74.105	82.815

根据公式(5.4),不同频率下才巴村3号沟泥石流洪峰流量计算结果见表14.59。

表14.59 不同频率下才巴村3号沟洪峰流量计算结果

频 率	D_c	$\gamma_c(kN/m^3)$	$\gamma_H(kN/m^3)$	$1+\varphi$	$Q_B(m^3/s)$	$Q_c(m^3/s)$
2%	1.3	15.0	26.5	1.43	65.259	121.32
1%	1.3	15.0	26.5	1.43	74.105	137.76
0.5%	1.4	16.0	26.5	1.57	82.815	182.03

2) 一次泥石流过程总量和冲出固体物质总量

根据公式(5.6)和公式(5.7),不同频率下才巴村3号沟一次泥石流过程总量计算结果见表14.60,一次泥石流冲出固体物质总量计算结果见表14.61。

3) 流速

根据公式(5.2),不同频率下才巴村3号沟泥石流流速计算结果见表14.62。

表 14.60　才巴村 3 号沟一次泥石流过程总量计算结果

频　率	K	T(s)	Q_c(m³/s)	Q(m³)
2%	0.264	1 800	121.32	57 649.59
1%		1 800	137.76	65 464.12
0.5%		1 800	182.03	86 499.41

表 14.61　才巴村 3 号沟泥石流一次泥石流冲出固体物质总量计算结果

频　率	γ_c(kN/m³)	γ_H(kN/m³)	γ_w(kN/m³)	Q(m³)	Q_H(m³)
2%	15.0	26.5	10.0	57 649.59	17 469.57
1%	15.0	26.5	10.0	65 464.12	19 837.61
0.5%	16.0	26.5	10.0	86 499.41	31 454.33

表 14.62　才巴村 3 号沟泥石流流速结算结果

频　率	$1/n$	γ_H(kN/m³)	R(m)	I	v_c(m/s)
2%	25	26.5	0.8	289‰	3.27
1%	25	26.5	0.95	289‰	3.67
0.5%	25	26.5	1.2	289‰	3.78

4. 才巴村 3 号沟泥石流危险性评价

1)泥石流活动程度分析

根据才巴村 3 号沟流域环境特征,结合野外实地调查和相应的评判标准(表 6.1 和表 6.2),对泥石流易发程度进行综合评价。

根据才巴村 3 号沟流域的实际情况对各项指标进行综合打分,评分结果见表 14.63。

表 14.63　才巴村 3 号泥石流易发程度评判表

序号	指　标	指标打分
1	崩塌、滑坡及水土流失(自然和人为的)严重程度	12
2	泥沙沿程补给长度比	12
3	沟口泥石流堆积活动程度	11
4	河沟纵坡	12
5	区域构造影响程度	7
6	流域植被覆盖率	1
7	河沟近期一次变幅	4
8	岩性影响	4
9	沿沟松散物储量	4
10	沟岸山坡坡度	6
11	产沙区沟槽横断面	4
12	产沙区松散物平均厚度	3

续上表

序号	指标	指标打分
13	流域面积	3
14	流域相对高差	4
15	河沟堵塞程度	3
	综合得分	90
	泥石流易发程度	易发

根据评价结果显示,才巴村3号沟泥石流属于易发,即在较大降雨条件下发生泥石流的可能性大。

2)危险度

泥石流危险度的评价方法采用成都山地所刘希林于1996年提出的单沟泥石流危险度评价方法。根据表6.8计算可得相应的转换值,见表14.64。

表14.64 才巴村3号沟危险度评价因子和转换函数及其转换值

评价因子	初始值	转换值
泥石流规模	22.256	0.449 1
发生频率	5	0.349 5
流域面积	15.22	0.636 6
主沟长度	6.85	1.000 0
流域相对高差	1.98	1.000 0
流域切割密度	0.91	0.045 3
不稳定沟床比例	0.4	0.750 0

根据公式(6.1)计算,才巴村3号沟泥石流的危险度为H_d为0.495 7,根据分级标准表6.9,可知才巴村3号沟的危险度为中度危险。

5. 泥石流发展趋势预测

1)泥石流历史灾害

前面介绍到,近年该沟有发生过泥石流,从才巴村3号沟的堆积扇可知该沟泥石流发育历史古老,冲刷淤埋情况,是一条处于变化趋势变弱的泥石流。

2)泥石流的形成和发展趋势

才巴村3号沟具备泥石流形成和发展必须的三个条件:丰富的物源、有效的地形条件和充足的降雨。更为重要的是,才巴村3号沟当前的纵比降中等,随着溯源侵蚀的进行,泥石流灾害将来可能还会趋于严重。从统计的松散物源来看,才巴村3号沟的物源并不算丰富,然而该沟节理风化比较严重,再加上当地居民对沟道内树木的砍伐现象,很容易造成水土流失,这样对泥石流的发生提供了一部分松散物质,但是这部分的量相对较小。

14 各区段典型泥石流沟分析评价

总之,才巴村 3 号沟是变化趋势趋于减弱的泥石流沟,危害程度中等。

14.1.9 玉松村 3 号沟(R20)

1. 玉松村 3 号沟泥石流流域基本特征

1)沟谷基本特征

玉松村 3 号沟为雅鲁藏布江中游右岸的一条支沟,位于米林西约 25 km,里龙乡东约 20 km。沟口位置坐标为 29°11′01″N,94°01′45.8″E,流域面积约 16.36 km²。沟的走向北、东北—西北向,与主河雅鲁藏布江斜交,约为 20°。铁路线路方案通过玉松村 3 号沟的位置位于该沟的对岸,即雅鲁藏布江左岸,玉松村 3 号沟流域如图 14.54 所示。

图 14.54 玉松村 3 号沟流域图

玉松村 3 号沟地处青藏高原抬升区和雅鲁藏布江构造活动带,新构造运动特别活跃,主要表现为差异性抬升明显和地震多发强烈,地层岩性主要为片麻岩,次为石英片岩、闪岩、大理岩,沟道两侧出露岩体较为破碎。沟道长约 11.75 km,沟口堆积扇前缘海拔 2 940 m,最高峰海拔 5 160 m,相对高差可达 2 220 m,流域平均纵比降 189‰。流域形状呈扁长菱形，流域沟谷形态成"V"-"U"字过度形。玉松村3号沟纵比降如图14.55所示。

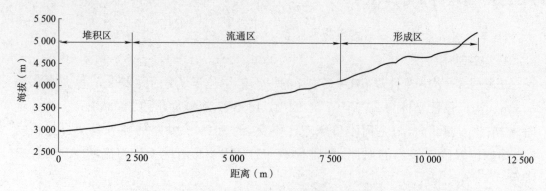

图14.55 玉松村3号沟纵比降

玉松村3号沟区域岩石受构造破坏强烈、整体性差，外加地质风化作用强烈，形成了大面积的风化残坡积层，残坡积物堆积厚度较大，裸露好；此外由于岩层软硬相间，发生差异风化而形成凹腔，在降水或地表水作用下，则可孕育滑坡灾害，这些为泥石流灾害的形成提供了物质基础和孕育环境。

整个流域为峡谷地貌，地势基本较陡，相对高差和纵比降均较大，如图14.56所示。形成区窄缓，流通区段陡立，中下游段较为宽缓。沟道支沟发育，两侧不对称分布，沟道两岸坡度较陡，沟道左侧坡度在38°～72°，沟道右侧坡度在35°～63°。因此，玉松村3号沟泥石流主要的发育形成集中在上游，行进通过中下游段，沟床坡度减缓，泥石流运动受到阻碍，开始逐渐堆积。泥石流冲出山口后，由冲刷转为淤积，并顶托主河道，使河水位向高水位偏移。强降雨及冰雪融水条件下，沟道汇集洪流冲刷沟道，将沟道

图14.56 玉松村3号沟全貌

内的松散碎屑物质起动带走,形成泥石流。

2)流域分区特征

玉松村3号泥石流沟可以分三个区域,即形成区、流通区和堆积区,如图14.54所示,其分区特征见表14.65。

表14.65 玉松村3号沟泥石流分区特征

分 区	面积(km²)	沟长(m)	高程范围(m)	高差(m)	纵比降
形成区	6.29	6 252	4 131～5 160	1 029	165‰
流通区	8.37	3 876	3 228～4 131	903	233‰
堆积区	1.7	1 622	2 940～3 228	288	178‰

(1)泥石流形成区特征

从地形特征上看,形成区属高山地貌,沟谷较窄。沟道内有淤积风化残坡积物及崩滑坡积后停积的固体物质。形成区是泥石流形成的动力源区,其对泥石流形成的影响主要表现为汇流作用。当降水或冰雪融水发生时,形成区将分散地表径流汇集,增大流域的清水流量,并迅速进入主沟,冲刷沟道底床及两岸不稳定边坡的松散物质,从而导致泥石流的发生。在坡降较大的情况下,地表径流在冲到主沟时具有较大的动能,对沟床和沟道两岸的冲刷更为强烈。

形成区主要位于海拔4 131 m以上区域,面积约6.29 km²,约占整个流域的38.4%,形成区顺沟长约6 252 km,平均纵比降165‰,沟宽3～9 m不等,沟谷形态成"V"形。纵比坡降中等,沟道边岸较陡,以冲刷下切为主,侧岸掏蚀为辅。地层岩性为元古界八拉岩组,灰～灰白色,黑云斜长片麻岩夹黑云角闪斜长片麻岩、斜长角闪岩含石英片岩、大理岩。

形成区顶部常年冰雪覆盖,气候变化异常,地质风化作用强烈,岩石破碎、风化严重,加之两岸坡度较陡,破碎的岩体形成崩滑堆积体,在上游洪水或泥石流的冲刷作用下进入沟道,参与泥石流过程。沟道内松散固体物质堆积的地方植被长势相对较好,但多为高大灌木。在强降雨或冰雪融水条件下,沟道汇集洪流冲刷沟道,将残坡积物及沟道内的松散碎屑物质起动带走,形成泥石流。

形成区是泥石流物质补给的主要源区,对泥石流的影响主要表现在为泥石流的发生提供足够的松散固体物源,在水动力的作用下汇入沟道,形成泥石流。

(2)泥石流流通区特征

玉松村3号沟的流通区主要分布在海拔3 228～4 131 m,两岸植被发育较好,多为高大乔木、灌木;面积约8.37 km²,沟道长约3.876 km,平均纵比降233‰,沟谷形态呈"U"形,流通区上游沟谷较陡,下游沟谷较缓,有常年流水,且流速较大。沟道宽5～8 m,沟谷宽25～30 m,沟道堵塞中等;沟道内有块石、树木堆积,沟道内堆积石块粒径以0.3～0.8 m为主,最大可达2.5 m,是泥石流暴发的直接物源;一旦泥石流暴发,这些沟道堆积物质直接参与到泥石流中;其次沟道内堆积了大量的松散崩坡积物和老冰川泥石流堆积物,沿沟道及两岸分布,如图14.57和图14.58所示。

图14.57　玉松村3号沟沟道堆积情况1　　　图14.58　玉松村3号沟沟道堆积情况2

地层岩性为八拉岩组,以斜长角闪片麻岩、黑云斜长片麻岩、斜长片麻岩、辉角闪斜长麻粒岩、变粒岩、二云石英片岩、闪岩、大理岩。这些岩石抗风化能力弱,岩性不均一,节理裂隙发育,表层因风化而剥离母体,遇水易软化、泥化,稳定性差,硬度低,加之两岸坡度较陡,在强降雨或冰雪融水条件下,极易形成泥石流。

(3)泥石流堆积区特征

玉松村3号沟泥石流的堆积区位于海拔3 228 m以下,老泥石流堆积物已延伸至雅鲁藏布江内,堆积区呈明显的扇状结构,扇顶角约为112°,堆积区面积约为1.7 km^2,其堆积厚度5~8 m,从而估算出该堆积扇的体积约为11.9万 m^3。堆积区内可见大粒径块石堆积,粒径分布范围主要为50~150 cm;通过现场调查,堆积扇上最大石块粒径可达2.5 m。

堆积扇挤压河道明显,说明该沟泥石流活动曾经相当活跃。堆积区沟道最大下切深度可达8.5 m,沟道内有常年流水,流量较大,沟宽4~6 m。堆积扇出口处有高大的乔木生长,灌木的长势也相对较好(图14.59),沟床内可见直径30~40 cm的树木被泥石流冲毁,沟道内还可见断后的树桩(图14.60),而直径大于60 cm的树木保存完好,但能清晰可见表面有被石块撞击的痕迹;从植被的长势情况可以初步判断该沟泥石流发生的频率相对较低。地层岩性以砾石层、砂砾、砂层为主,夹粉砂、黏土层,主要为冰川、冰水、冲洪积物。

2. 玉松村3号沟泥石流形成条件

1)泥石流发育历史

通过现场调查发现,玉松村3号沟堆积扇较为宽缓,面积也较大,挤压主河道,说明该沟泥石流活动曾经相当活跃。堆积扇靠主河上游侧较另一侧低,整个山体倾向主河上游侧。

图 14.59　玉松村 3 号沟堆积区植被情况　　图 14.60　玉松村 3 号沟堆积区沟床

现场调查及走访当地居民得知，玉松村 3 号沟近期有泥石流活动情况，诱发因素主要为降雨或冰雪融水。

人类活动对玉松村 3 号沟也存在一定的影响，表现最明显的是对两侧山坡上的乔木进行砍伐现象，砍伐现象比较严重，使得两侧坡体土壤易于流失。

2) 泥石流形成条件

泥石流形成和发展必须具备三个条件：① 丰富的物源。固体物质相当丰富，为泥石流的暴发提供了物质基础。② 有效的地形条件。玉松村 3 号沟流域最高海拔为 5 160 m，沟口堆积扇前缘海拔为 2 940 m，相对高差 2 220 m，平均纵比降为 189‰，如此大的坡降为泥石流物质的起动提供了势能转化为动能的条件，也为泥石流的暴发积聚了能量。③ 充足的降雨。降雨是泥石流暴发的激发因素，特别是短时间的暴雨。短历时的强降雨对泥石流的激发起着决定性的作用，在充足的物源和有效的地形条件都具备的情况下，短历时的强降雨控制着泥石流的发生，起导火线的作用。

对以上泥石流形成的三个条件分别进行阐述说明：

(1) 物源特征

区内气候高寒，寒冻风化十分强烈；岩体在地质构造作用下，较为破碎；裂隙受其影响不断扩大加深，并产生新的风化裂隙，岩体完整性遭受破坏，进而解离成碎片、碎块及砂粒。广泛而持续的风化作用，使得区内松散碎屑物质遍布，构成了泥石流活动的物质基础。

玉松村 3 号沟的松散物源主要集中于沟底和沟道两岸，以坡面崩坡积层和老冰川泥石流堆积层为主，结构松散，为不稳定物源，估计坡面崩坡积层物源方量约为 3.7 万 m^3，沟道物源量约为 56 万 m^3，总物源量为 59.7 万 m^3；在暴雨或冰雪融水条件下可能发展成为玉松村 3 号沟泥石流的起动物源。中上游沟谷纵比降比较大，主要以下切为主，下游沟谷纵比降较小，主要以淤积为主；遇到连降暴雨，靠坡脚部位堆积物起动可能性较大，若流量大，则很有可能引起沟中潜在不稳定物源起动，构成泥石流物源。从分布区域上看，不稳定和潜在不稳定物源分布在玉松村 3 号沟的沟床及边岸上。从现状看,一旦连降暴雨或冰雪融水,就有可能形成较大规模的泥石流,对省道 S306 和行人造成威胁,若泥石流规模比较大,有造成泥石流堵江(雅鲁藏布江)的潜在危险性。

(2)地形特征

地形地貌对泥石流的发生和发展起两个方面的作用。首先是通过沟床的地势条件为泥石流提供位能,赋予泥石流一定的侵蚀、搬运和堆积的能量;同时在坡地或沟槽的一定演变阶段内,提供足够数量的水和土体。沟谷的流域面积、沟槽纵比降、流域内山坡平均坡度以及植被覆盖情况等都对泥石流的形成和发展具有重要作用。玉松村 3 号沟沿沟落差大,相对高差 2 220 m,平均纵比降为 189‰,为泥石流暴发提供势能条件。较大的沟床纵比降成为泥石流动力来源,使得停积在该区丰富的松散物源有较大的势能储备,在暴雨或冰雪融水作用的激发下,储备的势能得以转化,从而使得泥石流以较大的流速开始运动。

(3)水源条件

区内泥石流赖以形成的主要水源有降雨、冰雪融水、冰川消融与降雨混合型洪水等,都能提供足够的构成泥石流的水体成分及动力条件,进而导致泥石流的发生。

①降雨

降雨不仅是泥石流的组成部分,同时也是搬运固体松散物质的工具。泥石流的水源以大气降水为主,地表水辅之,地下水的浸润,三者联合在突发时段暴发。据米林奴下水文观测站监测,1976—1982 年年降雨量最高可达 891.9 mm,月最大值为 391.6 mm;日最高降雨量可达 53.0 mm,最大 6 h 降雨量 36.9 mm。调查区降雨多集中在 6~9 月,此降水量已经达到降水型泥石流的诱发条件。

②冰雪融水

冰雪融水是导致冰川型泥石流形成的主要水源。测区东部分布大量的亚热带季风海洋性冰川,从每年 4 月开始进入消融期,因其热量较为集中,导致其冰川融水量大,从而易引发冰川泥石流频繁暴发。从积雪融化来看,高山区的多年积雪和季节性积雪也在暖季强烈消融,融雪水流也促成泥石流暴发。冰雪融水的强度除积雪和冰川积雪量规模大影响外,主要受气温的控制和影响,其综合特点,决定了该段冰川积雪融水型泥石流的特征及规模。

③混合型

混合型水流是指冰雪融水及降雨水流的叠加。即在泥石流的形成过程中,冰雪融水一般是主要的水动力条件,降雨起着促进作用,特别是持续高温后又紧接强度较大的降雨,就将形成规模大和历时长的冰川泥石流。

3. 玉松村 3 号沟泥石流动力学特征

如前所述,从玉松村 3 号沟形成区及流通区所分布的松散物源特征及沟形特征调查表明，玉松村3号沟属于稀性泥石流。

由于无泥石流发生时的实际观测数据，对玉松村3号沟泥石流的分析，主要依据现场调查资料，类比利用泥石流运动特征及动力特征研究的成果进行分析。

1) 峰值流量

根据《四川省水文手册》，不同频率下玉松村3号沟设计洪峰流量计算结果见表14.66。

表14.66　不同频率下玉松村3号沟设计洪峰流量计算结果

流域面积 F(km^2)	16.36		
沟长 L(km)	11.75		
沟道纵比降	189‰		
流域特征系数 θ	10.182		
汇流参数 m	0.642		
产流参数 μ	2.117		
设计频率 P	2%	1%	0.5%
暴雨参数 n	0.668	0.667	0.681
雨力 S_p(mm/h)	25.25	27.875	30.375
洪峰径流系数 ψ	0.795	0.816	0.833
汇流时间 τ(h)	3.088	3.03	2.975
最大流量 Q_B(m^3/s)	42.96	48.84	54.71

根据公式(5.4)，不同频率下玉松村3号沟泥石流洪峰流量计算结果见表14.67。

表14.67　不同频率下玉松村3号沟泥石流洪峰流量计算结果

频率	D_c	γ_c(kN/m^3)	γ_H(kN/m^3)	$1+\varphi$	Q_B(m^3/s)	Q_c(m^3/s)
2%	1.4	16.0	26.5	1.57	42.96	94.43
1%	1.4	16.0	26.5	1.57	48.84	107.35
0.5%	1.5	16.5	26.5	1.65	54.71	135.41

2) 一次泥石流过程总量和冲出固体物质总量

根据公式(5.6)和公式(5.7)，不同频率下玉松村3号沟一次泥石流过程总量计算结果见表14.68，一次泥石流冲出固体物质总量计算结果见表14.69。

表14.68　玉松村3号沟一次泥石流过程总量计算结果

频率	K	T(s)	Q_c(m^3/s)	Q(m^3)
2%		1 800	94.43	44 871.27
1%	0.264	1 800	107.35	51 012.87
0.5%		1 800	135.41	64 345.53

表 14.69　玉松村 3 号沟一次泥石流冲出固体物质总量计算结果

频　率	γ_c (kN/m³)	γ_H (kN/m³)	γ_w (kN/m³)	Q (m³)	Q_H (m³)
2%	16.0	26.5	10.0	44 871.27	16 316.83
1%	16.0	26.5	10.0	51 012.87	18 550.14
0.5%	16.5	26.5	10.0	64 345.53	25 348.24

3)流速

根据公式(5.2),不同频率下玉松村 3 号沟泥石流流速计算结果见表 14.70。

表 14.70　玉松村 3 号沟泥石流流速计算结果

频　率	$1/n$	γ_H (kN/m³)	R (m)	I	v_c (m/s)
2%	25	26.5	0.7	189‰	2.13
1%	25	26.5	0.8	189‰	2.33
0.5%	25	26.5	1.0	189‰	2.55

4. 玉松村 3 号沟泥石流危险性评价

1)泥石流活动程度分析

根据玉松村 3 号沟流域环境特征,结合野外实地调查和相应的评判标准(表 6.1 和表 6.2),对泥石流易发程度进行综合评价。

根据玉松村 3 号沟流域的实际情况对各项指标进行综合打分,评分结果见表 14.71。

表 14.71　玉松村 3 号泥石流易发程度评判表

序号	指　　标	指标打分
1	崩塌、滑坡及水土流失(自然和人为的)严重程度	12
2	泥沙沿程补给长度比	8
3	沟口泥石流堆积活动程度	11
4	河沟纵坡	9
5	区域构造影响程度	7
6	流域植被覆盖率	1
7	河沟近期一次变幅	4
8	岩性影响	4
9	沿沟松散物储量	4
10	沟岸山坡坡度	6
11	产沙区沟槽横断面	4
12	产沙区松散物平均厚度	3
13	流域面积	3

续上表

序号	指　　标	指标打分
14	流域相对高差	4
15	河沟堵塞程度	3
	综合得分	83
	泥石流易发程度	轻度易发

根据评价结果显示,玉松村3号沟泥石流属于轻度易发,即在较大降雨条件下有发生泥石流的可能性。

2)危险度

泥石流危险度的评价采用成都山地所刘希林于1996年提出的单沟泥石流危险度评价方法。根据表6.8计算可得相应的转换值,见表14.72。

表 14.72　玉松村3号沟危险度评价因子和转换函数及其转换值

评价因子	初始值	转换值
泥石流规模	18.566	0.422 9
发生频率	5	0.349 5
流域面积	16.36	0.652 8
主沟长度	11.75	1.000 0
流域相对高差	2.22	1.000 0
流域切割密度	0.94	0.046 8
不稳定沟床比例	0.45	0.750 0

根据公式(6.1)计算,玉松村3号沟泥石流的危险度为 H_d 为0.493,根据分级标准表6.9,可知玉松村3号沟的危险度为中度危险。

5. 泥石流发展趋势预测

1)泥石流历史灾害

前面介绍到,近年玉松村3号沟有发生过泥石流,从该沟的堆积扇可知该沟泥石流发育历史古老,从冲刷淤埋情况看是一条处于变化趋势变弱的泥石流。

2)泥石流的形成和发展趋势

玉松村3号沟具备泥石流形成和发展必须的三个条件:丰富的物源、有效的地形条件和充足的降雨。更为重要的是,玉松村3号沟当前的纵比降中等,随着溯源侵蚀的进行,泥石流灾害将来可能还会趋于严重。从统计的松散物源来看,玉松村3号沟的物源并不算丰富,然而该沟节理风化比较严重,再加上当地居民对沟道内树木的砍伐现象,很容易造成水土流失,这样对泥石流的发生提供了一部分松散物质,但是这部分的量相对较小。

总之,玉松村 3 号沟是变化趋势趋于减弱的泥石流沟,危害程度中等。

14.1.10 米林 R54 号沟

1. 泥石流流域特征分析

1)米林 R54 号沟基本特征

米林 R54 号沟流域面积约 5.64 km²,主沟长约 6.00 km;流域内最高海拔 5 110 m,沟口堆积扇前缘海拔 3 004 m,相对高差为 2 106 m,平均纵比降为 351‰,堆积扇面积约有 0.57 km²。米林 R54 号沟流域整体走向为北偏西 46°,如图 14.61 所示。

图 14.61 米林 R54 号沟流域遥感图

米林 R54 号沟山坡的坡度两岸较缓,且两岸植被较好,坡表有乔木和灌木生长,对土体的固坡作用较好。R54 号沟是一条处于衰退期的泥石流沟,沟道内覆盖层较厚,难以找到基岩出露。由沟道内的松散物质可知,岩性主要以灰白色花岗岩为主,偶见黑云斜长片麻岩。根据区域地质资料可知,米林 R54 号沟处于元古代八拉岩组。米林

R54 号沟全貌如图 14.62 所示。

图 14.62　米林 R54 号沟全貌图

2)米林 R54 号沟流域分区特征

根据米林 R54 号沟的地质环境特征,结合泥石流的激发条件(丰富的松散固体物质和充足的水源条件)和 R54 号沟泥石流流域的地形地貌特征,可将 R54 号沟泥石流分为形成区、流通区、堆积区三个功能区,如图 14.63 所示;各功能区均以典型的地形地貌特征为分界处,其分区特征见表 14.73。

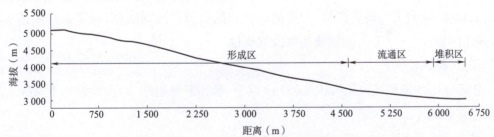

图 14.63　米林 R54 号沟流域主沟沟床纵比降

表 14.73　米林 R54 号沟泥石流分区特征

分　　区	面积(km²)	沟长(m)	高程范围(m)	高差(m)	纵比降
形成区	3.22	4 204	3 396～5 110	1714	408‰
流通区	1.95	1 227	3 099～3 396	297	242‰
堆积区	0.47	569	3 004～3 099	95	167‰

(1)形成区特征

形成区主要位于海拔 3 396 m 以上区域,集水面积约 3.22 km²,几乎为整个流域的

57%,物源区顺沟长约4.204 km,平均纵比降408‰。形成区内沟道下切小,纵比降较大。沟道两岸坡体植被较为发育,植被以乔木和灌木为主(图14.64和图14.65),对山坡的固土作用较强,但在暴雨的情况下,雨水也容易携带大量的松散物质冲入沟内,带动沟道内原有的物源,形成泥石流。

图14.64　R54号沟形成区右岸植被发育情况

图14.65　R54号沟形成区左岸植被发育情况

(2)流通区特征

米林R54号沟的流通区相对短小,主要位于海拔3 099～3 396 m,面积约为1.95 km²,沟长1.27 m,沟道纵比降为242‰,沟道呈"V"形。流通区沟道较平直,沟宽在4 m左右,沟道内无常年流水,粒径以0.3 m为多,最大块石粒径达0.5 m×0.4 m×0.3 m。沟道内的腐耕殖土的厚度约0.5 m。沟道在流通区下切明显,左侧坡体较陡。流通区的植被覆盖率较高,沟道沟底以上基本生长有灌木,对沟道有稳固作用;沟道内没有发现大的树枝,除沟道内的物质外,容易被形成的泥石流侵蚀揭底外,沟道本身固结也稳固,沟道两侧0.1～0.2 m的物质均可能被掏蚀。

(3)堆积区特征

R54号沟的堆积区位于海拔3 099 m以下,堆积区呈扇形,面积约为0.47 km²。堆积扇全貌如图14.66所示。

堆积扇主要由第四纪泥石流堆积层(Q_4^{df})组成,主要为碎石或块石,砂土填充,平均厚度达4 m。根据堆积扇地层资料可知,米林R54号沟的泥石流很久以前时有发生,然而冲出总量并不大,一次不会产生灾难性泥石流。实地调查知,当前R54号沟在堆积区的沟道向左侧冲出,然而该沟为稀性泥石流,当发生泥石流时随时会产生摆动。整个堆积扇处于河流左岸,对河流有顶托作用,使得河流向另一侧偏移。

2. 米林R54号沟泥石流发育历史及形成条件

1)泥石流发育历史

通过现场调查发现,米林R54号沟堆积扇较为宽缓,面积也较大,挤压主河道,说明该沟泥石流活动曾经相当活跃。堆积扇靠主河上游侧较另一侧低,整个山体倾向主

图 14.66　R54 号沟泥石流堆积扇全貌

河上游侧。人类活动对 R54 号沟也存在一定的影响,表现最明显的是沟道左侧山坡,坡顶树木被砍伐,有开垦耕地,使得该侧植被固坡作用变差。

2)泥石流形成条件

泥石流形成和发展必须具备三个条件:①丰富的物源。固体物质相当丰富,为泥石流的暴发提供了物质基础。②有效的地形条件。米林 R54 号沟流域最高海拔为 5 110 m,沟口堆积扇前缘海拔为 3 004 m,相对高差 2 106 m,平均纵比降为 351‰,如此大的纵比降为泥石流物质的起动提供了势能转化为动能的条件,也为泥石流的暴发积聚了能量。③充足的降雨。降雨是泥石流暴发的激发因素,特别是短时间的暴雨。短历时的强降雨对泥石流的激发起着决定性的作用,在充足的物源和有效的地形条件都具备的情况下,短历时的强降雨控制着泥石流的发生,起导火线的作用。

对以上泥石流形成的三个条件分别进行阐述说明:

(1)物源特征

从物源分布特征上看,形成区、流通区分区并不明显,物源除了来自形成区松散的坡面物质和少量的滑坡外,还有部分来自沟道内的松散物。现场调查来看,整个流域并没有大型崩坡积物,只有少数几个小型垮塌体,方量约有 9.5 万 m^3;沟道两侧按 1.5 m 掏蚀计算,粗估方量约有 5.5 万 m^3;沟道内已有碎石及泥土的方量约为 8.4 万 m^3,合计松散物质储量约为 23.4 万 m^3。对于一个流域面积仅 5.64 km^2 的 R54 号沟而言,这样的松散物质量已经具备形成泥石流的物源条件。根据地质资料知,沟道前缘有一条大型的断裂通过,这使得每次断裂活动产生的震动就可能会形成新的滑坡,为泥石流的活动提供新的松散物质,利于松散物源的供给。

(2)地形特征

发生泥石流必须有激发泥石流发生的势能条件,米林 R54 号沟的平均纵比降达到了 351‰,并且高差也达到 2 106 m。这不但说明该沟势能充足,而且说明该沟正处于衰退期。因此,虽然该沟流域较小,然而一旦降雨,在不多的雨水情况下,在石块自身势能的作用下,就能够激发而形成泥石流。地形条件是满足的。

(3) 水源特征

实地的调查可知,米林 R54 号沟的流域较小,沟道内没有常年流水,山坡两侧也没有泉水出露。该处也并非常年积雪,不存在由冰川等作用形成泥石流。因此,米林 R54 号沟泥石流的暴发依赖于降雨的作用。根据米林奴下水文观测站的资料知,米林年均降雨量 600 mm,年平均气温 8.2 ℃。雨水多集中在夏季 6～9 月。从历史看,该区降雨量不大,不容易激发形成泥石流,然而由于纵比降偏大的缘故,该沟的泥石流激发雨量也相应偏小,在不需要太大降雨的情况下,也可能产生泥石流。

3. 米林 R54 号沟泥石流动力学特征

如前所述,从米林 R54 号沟主沟形成区及流通区所分布的松散物源特征及沟形特征调查表明,米林 R54 号沟主沟属于稀性泥石流。

由于无泥石流发生时的实际观测数据,对米林 R54 号沟泥石流的分析,主要依据现场调查资料,类比利用泥石流运动特征及动力特征研究的成果进行分析。

1) 峰值流量

根据《四川省水文手册》,不同频率下米林 R54 号沟设计洪峰流量见表 14.74。

表 14.74 不同频率下米林 R54 号沟设计洪峰流量计算结果

流域面积 F(km^2)	5.64		
沟长 L(km)	6.00		
沟道纵比降	351‰		
流域特征系数 θ	5.519		
汇流参数 m	0.313		
产流参数 μ	2.592		
设计频率 P	2%	1%	0.5%
暴雨参数 n	0.941	0.949	0.956
雨力 S_p(mm/h)	39.800	43.800	47.600
洪峰径流系数 ψ	0.712	0.739	0.759
汇流时间 τ(h)	3.43	3.39	3.35
最大流量 Q_B(m^3/s)	11.82	13.42	14.86

根据公式(5.4),不同频率下米林 R54 号沟泥石流洪峰流量计算结果见表 14.75。

2) 一次泥石流过程总量和冲出固体物质总量

根据公式(5.6)和公式(5.7),不同频率下 R54 号沟一次泥石流过程总量计算结果见表 14.76,一次泥石流冲出固体物质总量计算结果见表 14.77。

14 各区段典型泥石流沟分析评价

表 14.75 不同频率下米林 R54 号沟泥石流洪峰流量计算结果

频 率	D_c	$\gamma_c(kN/m^3)$	$\gamma_H(kN/m^3)$	$1+\varphi$	$Q_B(m^3/s)$	$Q_c(m^3/s)$
2%	1.5	18.0	26.5	1.94	11.82	34.40
1%	2.0	19.0	26.5	2.20	13.42	59.05
0.5%	2.5	20.0	26.5	2.53	14.86	93.99

表 14.76 米林 R54 号沟一次泥石流过程总量计算结果

频 率	K	$T(s)$	$Q_c(m^3/s)$	$Q(m^3)$
2%		1 200	34.40	10 896.72
1%	0.264	1 200	59.05	18 706.41
0.5%		1 200	93.99	29 775.87

表 14.77 米林 R54 号沟一次泥石流冲出固体物质总量计算结果

频 率	$\gamma_c(kN/m^3)$	$\gamma_H(kN/m^3)$	$\gamma_w(kN/m^3)$	$Q(m^3)$	$Q_H(m^3)$
2%	18.0	26.5	10.0	10 896.72	5 283.26
1%	19.0	26.5	10.0	18 706.41	10 203.49
0.5%	20.0	26.5	10.0	29 775.87	18 045.98

3)流速

根据公式(5.2),不同频率下 R54 号沟泥石流流速计算结果见表 14.78。

表 14.78 米林 R54 号沟泥石流流速计算结果

频 率	$1/n$	$\gamma_H(kN/m^3)$	$R(m)$	$I(‰)$	$v_c(m/s)$
2%	15	26.5	0.5	351‰	1.00
1%	15	26.5	0.7	351‰	1.22
0.5%	15	26.5	1.2	351‰	1.55

4. 米林 R54 号沟泥石流危险性评价

1)泥石流活动程度分析

根据米林 R54 号沟流域环境特征,结合野外实地调查和相应的评判标准(表 6.1 和表 6.2),对泥石流易发程度进行综合评价。

根据米林 R54 号沟流域的实际情况对各项指标进行综合打分,评分结果见表 14.79。

表 14.79 米林 R54 号沟泥石流易发程度评判表

序号	指 标	指标打分
1	崩塌、滑坡及水土流失(自然和人为的)严重程度	12
2	泥沙沿程补给长度比	8
3	沟口泥石流堆积活动程度	11
4	河沟纵坡	12

续上表

序号	指标	指标打分
5	区域构造影响程度	9
6	流域植被覆盖率	1
7	河沟近期一次变幅	1
8	岩性影响	1
9	沿沟松散物储量	5
10	沟岸山坡坡度	5
11	产沙区沟槽横断面	5
12	产沙区松散物平均厚度	3
13	流域面积	4
14	流域相对高差	4
15	河沟堵塞程度	3
	综合得分	84
	泥石流易发程度	轻度易发

根据评价结果显示，米林 R54 号沟泥石流属于轻度易发，即在较大降雨条件下有发生泥石流的可能性。

2) 危险度

泥石流危险度的评价采用成都山地所刘希林于 1996 年提出的单沟泥石流危险度评价方法。根据表 6.8 计算可得相应的转换值，见表 14.80。

表 14.80 危险度评价因子和转换函数及其转换值

评价因子	初始值	转换值
泥石流规模	4	0.125
发生频率	3	0.176
流域面积	5.64	0.449
主沟长度	6.0	0.76
流域相对高差	2.106	1
流域切割密度	0.09	0.004 5
不稳定沟床比例	0.03	0.050

根据公式(6.1)计算，米林 R54 号沟泥石流的危险度为 H_d 为 0.325，根据分级标准表 6.9，可知米林 R54 号沟危险度为低度危险。

5. 泥石流发展趋势预测

1) 泥石流历史灾害

从米林 R54 号沟的堆积扇可知该沟泥石流发育历史古老，冲刷淤埋较严重，近期也没有活动，是一条处于衰退期的泥石流。

2)泥石流的形成和发展趋势

米林 R54 号沟具备泥石流形成和发展必须的三个条件:丰富的物源、有效的地形条件和充足的降雨。更为重要的是,米林 R54 号沟当前的纵比降比较大,随着溯源侵蚀的进行,泥石流灾害将来可能还会趋于中等严重。从统计的松散物源来看,R54 号沟的物源丰富,然而该沟所处的地理位置位为地震高发区,每一次地震之后,也可能形成新的物源,这也是应该考虑的因素。

14.2 朗县段典型泥石流沟分析评价

14.2.1 旺热沟(L61)

1. 旺热沟泥石流流域特征分析

1)基本特征

朗县旺热沟位于朗县洞嘎镇雅鲁藏布江对岸的旺热村界内,沟口位置坐标为 29°00′57.5″N,93°13′49.7″E,铁路线路方案从沟口堆积区通过。流域分区及不良地质现象分布如图 14.67 所示。

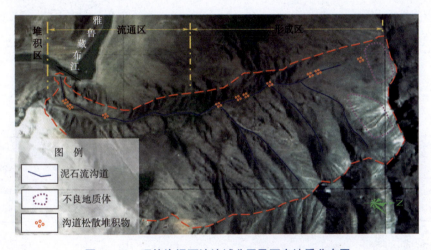

图 14.67 旺热沟泥石流流域分区及不良地质分布图

旺热沟流域面积约 9.12 km², 主沟长约 5.45 km。流域内最高海拔 5 292 m,沟口堆积扇前缘海拔 3 112 m,相对高差为 2 180 m,平均纵比降为 400‰,堆积扇面积约有 0.05 km²。旺热沟流域整体走向为北南。

旺热沟流域形态近似口袋状,两岸坡度相差较大,左岸约 45°,右岸约 75°;沟内植被发育较差,坡表仅有矮灌木生长且呈块状分布于岸坡中部及低洼地带,对土体的固坡作用小,随海拔上升植被逐渐减少,基岩出露增加。沟道内的松散堆积物主要分布于流通区沟床内,来源于流域上游形成区,主要为冻融风化产物,岩性以花岗闪长岩为主。根据区域地质资料可知,旺热沟堆积区及流通区下游地层主要以第三系罗布莎群为主,杂色复成分砾岩、砂砾岩、粉砂岩,富含动植物化石;流通区中上游及形成区以早白垩世花岗闪长岩为主,堆积扇为历次泥石流堆积形成。

2)旺热沟流域分区特征

根据旺热沟泥石流的地质环境特征,结合泥石流的激发条件(松散固体物质和水源条件)和旺热沟流域的地形地貌特征,可将旺热沟分为形成区、流通区、堆积区三个功能区,如图14.68所示;各功能区均以典型的地形地貌特征为分界处,其分区特征见表14.81。

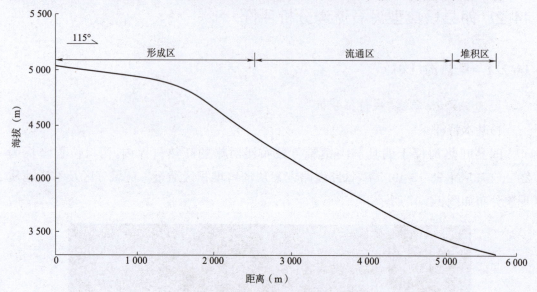

图14.68 旺热沟流域主沟沟床纵比降

表14.81 旺热沟泥石流分区特征

分区	面积(km²)	沟长(m)	高程范围(m)	高差(m)	纵比降
形成区	5.62	2 637	4 430~5 292	862	327‰
流通区	3.45	2 463	3 210~4 430	1 220	495‰
堆积区	0.05	350	3 112~3 210	98	280‰

(1)形成区特征

形成区主要位于海拔4 430 m以上区域,面积约5.60 km²,为整个流域的61.5%。物源区顺沟长约2.637 km,平均纵比降327‰。形成区发育数条支沟,区内沟道下切小,纵比降较小。沟道两岸多为裸露基岩,风化碎块石堆积于坡脚及支沟与主沟交汇处,堵塞较严重。一旦春季遇到气温陡升造成积雪融化或夏季遭遇降雨,将非常容易形成地表径流,流水将很容易携带大量的松散物质冲入沟内,进入形成区后纵坡加大,流速增加,从而带动沟道内原有的物源,形成泥石流。

(2)流通区特征

旺热沟的流通区相对较短,沟道海拔介于3 210~4 430 m,面积约为3.45 km²,沟长约 2.463 km,沟道纵比降为 495‰,沟道呈"V"形。流通区沟道弯道较多,沟宽在 12 m 左右,沟道内有长流水,水流较大,估计流量约 0.6 m³/s;流通区与堆积区交接处发育一弯道,弯道下顺接一卡口,从而造成泥石流堆积物及冲洪积物在此处大量堆积,之后由于沟道下切形成一跌水。沟内碎块石堆积(图 14.69),粒径以 0.3 m 为多,最大块石达 1.1 m×1.3 m×1.5 m。沟道在流通区下切明显,右侧坡体近于直立,如图 14.70 所示。

图 14.69　旺热沟口跌水及沟道内堆积的块石

图 14.70　旺热沟道右岸坡体

流通区的植被覆盖情况较形成区好,沟道沟底及两岸坡地势低处生长有浅灌。沟道内的物质较松散,容易被泥石流侵蚀揭底。

(3)堆积区特征

旺热沟的堆积区位于海拔 3 210 m 以下的雅鲁藏布江Ⅰ级阶地上,地势平坦,沟道深切,弯曲。沟道上方建有一涵洞,涵洞尺寸 3.5 m×6.5 m×5.5 m。通过现场调查发现,旺热沟泥石流现存堆积扇规模较小,部分缺失,为在原雅鲁藏布江Ⅰ级阶地上切割后堆积而成,地势较原阶地低,如图 14.71 所示。现有堆积扇顶托河流现象不明显。

2. 旺热沟泥石流发育历史及形成条件

1)泥石流发育历史

由于当地无居民居住,旺热沟泥石流的活动历史无法通过走访得知。因此其活动历史只能通过堆积区地形地貌进行推断。旺热沟流通区下游靠近沟口位置发育一大角度弯道,泥石流流体经过该处时受阻,流速减慢,并在此处发生部分堆积。冲出沟口后由于动能损失其冲出距离较短,故而在沟口附近大量堆积,形成堆积扇。现场调查发现,旺热沟泥石流老堆积扇位于雅鲁藏布江Ⅰ级阶地以上,堆积扇前缘距江畔较远(图 14.72),与阶地共同形成阶梯状复合地貌,无堵江(河)及顶托河道迹象。堆积扇除被沟内流水深切外,形态相对完整,与之前推断相符。之后泥石流活动频率减弱,沟道流水深切原堆积扇及Ⅰ级阶地,虽然期间必然发生泥石流活动,但是其活动规模及暴发频率都大大减弱,堆积能力小于沟道流水侵蚀能力,从而形成目前的地貌形态。因此推断,旺热沟是一条处于衰退期的泥石流沟,受当地气候影响,其暴发频率为低频。

图14.71 旺热沟堆积扇前缘现状

图14.72 旺热沟老堆积扇前缘与阶地关系

2)泥石流形成条件

泥石流形成和发展必须具备三个条件:①丰富的物源。固体物质较丰富,为泥石流的暴发提供了物质基础。②有利的地形条件。旺热沟流域最高海拔为5 292 m,沟口堆积扇前缘海拔为3 112 m,相对高差2 180 m,平均纵比降为400‰,如此大的纵比降为泥石流物质的起动提供了势能转化为动能的条件,也为泥石流的暴发积聚了能量。③充足的水源。春季冰雪集中融化和降雨为泥石流暴发的激发因素,特别是短时间的气温陡升造成积雪大量融化,短历时的强降雨对泥石流的激发起着决定性的作用,在充足的物源和有效的地形条件都具备的情况下,冰雪融水及强降雨控制着泥石流的发生,起导火线的作用。

对以上泥石流形成的三个条件分别进行阐述说明。

(1)物源特征

从物源分布特征上看,形成区、流通区分区明显,物源除了来自形成区松散的坡面物质外,还来自沟道内的松散物及流通区沟道内发育的不良地质体。现场调查来看,流域上游冻融风化作用强烈,大量松散堆积物堆积于沟道内。通过遥感解译结合现场调查,流域内物源总量约30.7万 m^3,可动物源方量有8.5万 m^3,这样的松散物质量已经具备形成泥石流的物源条件。

(2)地形特征

发生泥石流必须有激发泥石流发生的势能条件,旺热沟的平均纵比降达到400‰,并且高差也达到了2 180 m,说明该沟势能充足。因此,虽然该沟流域较小,然而一旦形成地表径流,在不多的流水情况下,在石块自身势能的作用下,就能够激发而形成泥石流。

(3) 水源特征

实地的调查可知,旺热沟虽流域较小,沟道内却常年流水且水量较大,山坡两侧没有泉水出露。沟源处没有常年积雪,但在春夏季节交替时可能由融雪形成泥石流。因此,旺热沟泥石流的暴发不仅依赖于降雨的作用,在春季气温陡升时也有可能形成泥石流。

3. 旺热沟泥石流动力学特征

如前所述,从旺热沟形成区及流通区所分布的松散物源特征及沟形特征调查表明,旺热沟属于黏性泥石流。

由于无泥石流发生时的实际观测数据,对旺热沟泥石流的分析,主要依据现场调查资料,类比利用泥石流运动特征及动力特征研究的成果进行分析。

1) 峰值流量

根据《四川省水文手册》,不同频率下旺热沟设计洪峰流量见表14.82。

表14.82　不同频率下旺热沟设计洪峰流量计算结果

流域面积 $F(\text{km}^2)$	9.12		
沟长 $L(\text{km})$	5.45		
沟道纵比降	400‰		
流域特征系数 θ	4.235		
汇流参数 m	0.537		
产流参数 μ	2.365		
设计频率 P	2%	1%	0.5%
暴雨参数 n	0.668	0.677	0.681
雨力 $S_p(\text{mm/h})$	25.25	27.88	30.38
洪峰径流系数 ψ	0.959	0.963	0.967
汇流时间 $\tau(\text{h})$	1.3723	1.339	1.310
最大流量 $Q_B(\text{m}^3/\text{s})$	45.04	51.23	57.30

根据公式(5.4),不同频率下旺热沟泥石流洪峰流量计算结果见表14.83。

表14.83　不同频率下旺热沟泥石流洪峰流量计算结果

频率	D_c	$\gamma_c(\text{kN/m}^3)$	$\gamma_H(\text{kN/m}^3)$	$1+\varphi$	$Q_B(\text{m}^3/\text{s})$	$Q_c(\text{m}^3/\text{s})$
2%	1.9	16.0	26.5	1.57	45.04	134.35
1%	1.9	17.0	26.5	1.74	51.23	169.37
0.5%	2.0	17.5	26.5	1.83	57.30	209.72

2) 一次泥石流过程总量和冲出固体物质总量

根据公式(5.6)和公式(5.7),不同频率下旺热沟一次泥石流过程总量计算结果见表14.84,一次泥石流冲出固体物质总量计算结果见表14.85。

表 14.84 旺热沟一次泥石流过程总量计算结果

频率	K	T(s)	Q_c(m³/s)	Q(m³)
2%		900	134.35	31 922.59
1%	0.264	900	169.37	40 241.45
0.5%		900	209.72	49 829.00

表 14.85 旺热沟一次泥石流冲出固体物质总量计算结果

频率	γ_c(kN/m³)	γ_H(kN/m³)	γ_w(kN/m³)	Q(m³)	Q_H(m³)
2%	16.0	26.5	10.0	31 922.59	11 608.21
1%	17.0	26.5	10.0	40 241.45	17 072.13
0.5%	17.5	26.5	10.0	49 829.00	22 649.54

3) 流速

根据公式(5.3),不同频率下旺热沟泥石流流速计算结果见表 14.86。

表 14.86 旺热沟泥石流流速结算结果

频率	$1/n_c$	H_c(m)	I	v_c(m³)
2%	25	1.60	400‰	3.09
1%	25	1.70	400‰	3.22
0.5%	25	1.75	400‰	3.28

4. 旺热沟泥石流危险性评价

1) 泥石流活动程度分析

根据旺热沟流域环境特征,结合野外实地调查和相应的评判标准(表 6.1 和表 6.2),对泥石流易发程度进行综合评价。

根据旺热沟流域的实际情况对各项指标进行综合打分,评分结果见表 14.87。

表 14.87 旺热沟泥石流易发程度评判表

序号	指　标	指标打分
1	崩塌、滑坡及水土流失(自然和人为的)严重程度	15
2	泥沙沿程补给长度比	9
3	沟口泥石流堆积活动程度	1
4	河沟纵坡	10
5	区域构造影响程度	10
6	流域植被覆盖率	3
7	河沟近期一次变幅	2
8	岩性影响	6
9	沿沟松散物储量	5

续上表

序号	指标	指标打分
10	沟岸山坡坡度	6
11	产沙区沟槽横断面	4
12	产沙区松散物平均厚度	4
13	流域面积	7
14	流域相对高差	6
15	河沟堵塞程度	4
综合得分		92
泥石流易发程度		易发

根据评价结果显示,旺热沟泥石流属于易发,即在较大降雨及冰雪融水条件下发生泥石流的可能性大。

2) 危险度

泥石流危险度的评价采用成都山地所刘希林于1996年提出的单沟泥石流危险度评价方法。根据表6.8计算可得相应的转换值,见表14.88。

表14.88 危险度评价因子和转换函数及其转换值

评价因子	初始值	转换值
泥石流规模	40.2	1.13
发生频率	4	0.30
流域面积	9.12	0.53
主沟长度	5.45	0.73
流域相对高差	2.18	1.00
流域切割密度	0.59	0.03
不稳定沟床比例	0.35	0.58

根据公式(6.1)计算,旺热沟泥石流的危险度为 H_d 为 0.63,按照分级标准表 6.9,可知旺热沟危险度为高度危险。

5. 泥石流发展趋势预测

1) 泥石流历史灾害

前面介绍到,旺热沟是一条处于衰退期的泥石流沟,受当地气候影响,其暴发频率为低频。但是旺热沟沟口堆积区为铁路线路方案通过,认清旺热沟泥石流灾害不容忽视。

2) 泥石流的形成和发展趋势

旺热沟具备泥石流形成和发展必须的三个条件:丰富的物源、有效的地形条件和充足的降雨。更为重要的是,旺热沟当前的纵比降还很大,随着溯源侵蚀的进行,泥石流灾害将来可能还会趋于严重。从统计的松散物源来看,旺热沟的物源较丰富,然而该沟所处的地理位置为地震高发区,每一次地震之后,可能形成新的物源,这也是铁路线路方案应该考虑的因素。

总之,旺热沟是一条衰退期的低频泥石流沟,随着时间的推移,泥石流暴发频率逐渐降低,但是其成灾规模却是不容忽视的。

14.2.2 L86号沟

1. L86号沟的流域特征

1)基本特征

L86号沟位于朗县仲达镇冲康村雅鲁藏布江的左岸,流域面积约20.83 km²,主沟长约9 930 m,沟道主流向为南北走向,沟谷呈"V"形。流域内最高海拔5 217 m,沟口堆积扇前缘海拔3 256 m,相对高差为1 961 m,沟道平均纵比降为197‰。沟道两岸坡体下部较陡,坡度约35°,坡体上部较缓,自然坡度约20°。L86号沟流域切割较为强烈,流域内支沟发育,流向多与主沟流向呈锐角斜交。L86号沟的老堆积区总体呈扇形,扇体完整,扇长约1 689 m,宽约2 015 m,后期洪水冲切原有扇体。老堆积扇大致呈对称形态,明显挤压河道,有曾经堵塞雅鲁藏布江的可能。

沟道内沿流水冲沟多有小型垮塌,局部基岩出露,主要为上三叠统修康群,岩石类型以变质砂板岩为主。由于该地区海拔较高,昼夜温差较大,使得表层岩石风化程度较强,基岩节理较为发育。沟道内植被不发育,局部长有乔木,沟口堆积扇有居民居住。L86号沟沟道内常年有流水,春、夏两季流量相对较大,秋、冬两季流量较小。

2)流域分区特征

L86号沟泥石流可以分为三个区域,即形成区、流通区和堆积区;其分区特征见图14.73和表14.89,各区的沟床比降特征如图14.74所示,流域全貌如图14.75所示。

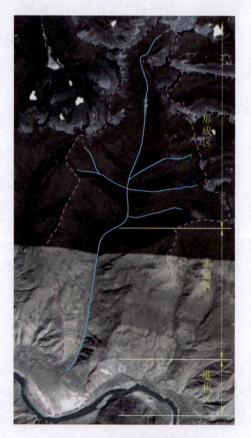

图14.73 L86号沟流域遥感图

表 14.89 L86 号沟泥石流流域分区特征

分　区	面积(km²)	沟长(m)	高程范围(m)	高差(m)	纵比降
形成区	12.18	5 620	3 995～5 217	1 222	217‰
流通区	7.62	3 620	3 349～3 995	646	178‰
堆积区	1.03	690	3 256～3 349	93	135‰

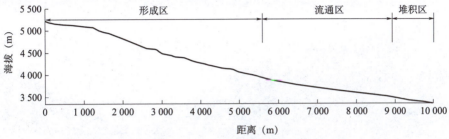

图 14.74 L86 号沟主沟纵比降

图 14.75 L86 号沟流域全貌特征

(1)形成区

L86 号沟的形成区位于海拔 3 995～5 217 m,形成区面积约为 12.18 km²,主沟长约 5 620 m,沟道纵比降 217‰,两侧坡度较陡,呈"V"形沟谷。形成区海拔较高,植被不发育,多处基岩出露。同时由于冻融风化作用强烈,基岩多破碎。顶部无植被发育,冰雪消融后冲沟发育,下游两侧长有少量的草本植被。

(2)流通区

L86号沟的流通区主要位于海拔3 349～3 995 m,流通区面积约为7.62 km²,沟长约3 620 m,沟道纵比降为178‰。流通区沟道宽缓,沟道中部有常年流水,水宽3 m,流速约1.6 m/s,沟道内植被稀少。沟道右侧修有公路通往沟道内村庄。沟道中部多平缓开阔,长有植被,如图14.76和图14.77所示。

图14.76 L86号沟流通区特征

(3)堆积区

L86号沟老堆积扇主要位于海拔3 256～3 349 m,严重挤压河道,有早期堵塞河道的可能。后期冲沟沿原有堆积扇中部冲切,沟道内常年流水,新堆积体不明显。老堆积扇位于阶地上,堆积扇上有植被,且有居民住宅。

2. L86号沟泥石流发育历史及形成条件

1)泥石流发育历史

通过现场调查发现,L86号沟老堆积扇较宽缓,面积大,严重挤压河道,说明历史上该沟泥石流发育,活动强度较强。冲沟冲切老堆积体,无明显新堆积体,同时沟道内有居民居住,说明该沟近期泥石流不活跃,主要以洪水冲刷作用为主。

2)泥石流形成条件

L86号沟具备泥石流形成和发展必须的三个条件:

图 14.77　L86 号沟流通区物源特征

(1)丰富的物源：沟道上游海拔较高，多出现冻融风化作用，岩体多破碎，同时由于冰川作用，后缘多形成松散碎块石体。在早期泥石流活跃期间，沟道内多堆积泥石流物质，物源存量大，后期由于地壳抬升，沟道下切，原有沟道稳定物源成为现有泥石流的可动物源。因此后缘风化物源、沟道内松散物源以及沿沟局部崩塌为泥石流发育提供了丰富的物源。据不完全统计，沟道内可动物源总量约 53.42 万 m^3。

(2)有效的地形条件：L86 号沟流域最高海拔为 5 217 m，沟口堆积扇前缘海拔为 3 256 m，相对高差 1 961 m，平均纵比降为 197‰，形成区纵比降为 214‰，如此大的纵比降为泥石流物质的起动提供了势能转化为动能的条件，也为泥石流的暴发积聚了能量。

(3)充足的水源：L86 号沟主要水源为冰雪融水，此外为部分时段的暴雨。经调查沟道内常年流水，在调查期间(枯水期)流水流速为 1.6 m/s，沟宽约 3 m，流量约 4.5 m^3/s。可见在冰水消融初期，清水流量更大，足以成为泥石流发生的直接因素，起到导火线的作用。

3. L86 号沟泥石流动力学特征

如前所述，从 L86 号沟主沟形成区及流通区所分布的松散物源特征及沟形特征调查表明，L86 号沟主沟属于稀性泥石流。

由于 L86 号沟在冰雪融水时的水量无法量测，采用该地最大降雨量来计算。

1)峰值流量

根据《四川省水文手册》，不同频率下 L86 号沟设计洪峰流量见表 14.90。

表14.90　不同频率下L86号沟设计洪峰流量计算结果

流域面积 F(km²)	20.83		
沟长 L(km)	9.93		
沟道纵比降	197‰		
流域特征系数 θ	7.988		
汇流参数 m	0.611		
产流参数 μ	2.022		
设计频率 P	2%	1%	0.5%
暴雨参数 n	0.668	0.677	0.618
雨力 S_p(mm/h)	25.25	27.875	30.375
洪峰径流系数 ψ	0.832	0.850	0.864
汇流时间 τ(h)	2.483	2.431	2.383
最大流量 Q_B(m³/s)	66.26	75.18	84.89

根据公式(5.4),不同频率下L86号沟泥石流洪峰流量计算结果见表14.91。

表14.91　不同频率下L86号沟泥石流洪峰流量计算结果

频率	D_c	γ_c(kN/m³)	γ_H(kN/m³)	$1+\varphi$	Q_B(m³/s)	Q_c(m³/s)
2%	1.4	18.0	26.5	1.94	66.26	179.96
1%	1.4	18.5	26.5	2.06	75.18	216.82
0.5%	1.4	19.0	26.5	2.20	84.89	261.46

2)一次泥石流过程总量和冲出固体物质总量

根据公式(5.6)和公式(5.7),不同频率下L86号沟一次泥石流过程总量计算结果见表14.92,一次泥石流冲出固体物质总量计算结果见表14.93。

表14.92　L86号沟一次泥石流过程总量计算结果

频率	K	T(s)	Q_c(m³/s)	Q(m³)
2%		1 800	179.96	85 518.02
1%	0.264	1 800	216.82	103 032.45
0.5%		1 800	261.46	124 246.36

表14.93　L86号沟一次泥石流冲出固体物质总量计算结果

频率	γ_c(kN/m³)	γ_H(kN/m³)	γ_w(kN/m³)	Q(m³)	Q_H(m³)
2%	18.0	26.5	10.0	85 518.02	41 463.28
1%	18.5	26.5	10.0	103 032.45	53 077.32
0.5%	19.0	26.5	10.0	124 246.36	67 770.74

3)流速

根据公式(5.2),不同频率下 L86 号沟泥石流流速计算结果见表 14.94。

表 14.94 L86 号沟泥石流流速计算结果

频率	$1/n$	$\gamma_H(kN/m^3)$	$R(m)$	I	$v_c(m/s)$
2%	10	26.5	0.8	197‰	0.75
1%	10	26.5	1.0	197‰	0.82
0.5%	10	26.5	1.2	197‰	0.88

4. L86 号沟泥石流危险性评价

1)泥石流活动程度分析

根据 L86 号沟流域环境特征,结合野外实地调查和相应的评判标准(表 6.1 和表 6.2),对泥石流易发程度进行综合评价。

根据 L86 号沟流域的实际情况对各项指标进行综合打分,评分结果见表 14.95。

表 14.95 L86 号沟泥石流易发程度评判表

序号	指标	指标打分
1	崩塌、滑坡及水土流失(自然和人为的)严重程度	12
2	泥沙沿程补给长度比	1
3	沟口泥石流堆积活动程度	11
4	河沟纵坡	9
5	区域构造影响程度	5
6	流域植被覆盖率	9
7	河沟近期一次变幅	4
8	岩性影响	4
9	沿沟松散物储量	6
10	沟岸山坡坡度	6
11	产沙区沟槽横断面	1
12	产沙区松散物平均厚度	3
13	流域面积	4
14	流域相对高差	4
15	河沟堵塞程度	3
综合得分		92
泥石流易发程度		易发

根据评价结果显示,L86 号沟泥石流属于易发,即在较大降雨条件下发生泥石流的可能性大。

2)危险度

泥石流危险度的评价采用成都山地所刘希林于 1996 年提出的单沟泥石流危险度

评价方法。根据表6.8计算可得相应的转换值,见表14.96。

表14.96　L86号沟危险度评价因子和转换函数及其转换值表

评价因子	初始值	转换值
泥石流规模	53.1	0.5750
发生频率	1	0
流域面积	20.83	0.7103
主沟长度	9.93	0.9963
流域相对高差	1.96	1.3067
流域切割密度	0.86	0.0430
不稳定沟床比例	0.35	0.5833

根据公式(6.1)计算,L86号沟泥石流的危险度为 H_d 为0.457,按照分级标准表6.9,可知L86号沟的危险度为中度危险。

5. 泥石流发展趋势预测

通过现场调查来看,L86号沟历史上为一条较活跃的泥石流沟,老泥石流堆积扇明显。从现有泥石流沟道来看,随地壳抬升,现有沟道冲切原有泥石流堆积体,沟道纵比降加大;同时原来沟道内稳定的泥石流堆积体在新近流水冲刷下,成为可移动物源;加之上游冰川作用强烈,在一定条件下可再次起动沟道内物源,造成新的泥石流灾害。通过前面泥石流形成的三大条件来看,该沟泥石流将进入新的活跃期。

14.2.3　托麦1号沟(L92)

1. 泥石流流域特征分析

1)朗县托麦1号沟基本特征

朗县托麦1号沟位于朗县仲达镇雅鲁藏布江对岸的仲温村界内,沟口位置坐标为29°04′53.44″N,92°51′58.57″E,铁路线路方案从沟口堆积区通过。流域分区及不良地质现象分布如图14.78所示。

托麦1号沟流域面积约3.46 km²,主沟长约5.65 km。流域内最高海拔5143 m,沟口堆积扇前缘海拔3137 m,相对高差为2006 m,平均纵比降为355‰,堆积扇面积约有0.03 km²。托麦1号沟流域整体走向为北南。

托麦1号沟流域形态近似长条状,两岸坡度相差不大,坡度约50°左右;植被发育较差,坡表仅有矮灌木生长,对土体的固坡作用小,随海拔上升植被逐渐减少,基岩出露增加。沟道内的松散堆积物主要分布于流通区沟床内,来源为流域上游形成区,主要为冻融风化产物和流通区右岸坡表发育的两处小型溜滑体,岩性以安山岩及变质砂岩为主。根据区域地质资料知,托麦1号沟堆积区及流通区下游地层主要以第三系罗布莎群为主,杂色复成分砾岩、砂砾岩、粉砂岩,富含动植物化石;流通区中上游及形成区

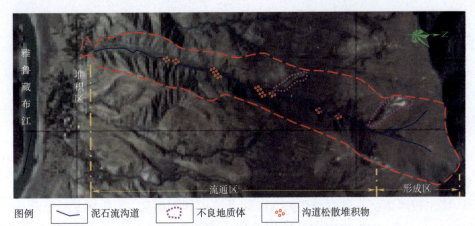

图 14.78 托麦 1 号沟泥石流流域分区及不良地质分布

以下第三系始新统年波组为主,灰绿、灰、灰紫色安山质熔岩、凝灰岩,夹多层砂岩、砾岩;下部夹有生物碎屑灰岩,产介形虫。沟口堆积区堆积的块石以安山岩和变质砂岩为主,堆积扇为历次泥石流堆积形成。

2) 流域分区特征

根据托麦 1 号沟的地质环境特征,结合泥石流的激发条件(松散固体物质和水源条件)和托麦 1 号沟泥石流流域的地形地貌特征,可将托麦 1 号沟泥石流分为形成区、流通区和堆积区三个功能区,如图 14.79 所示;各功能区均以典型的地形地貌特征为分界处,其分区特征见表 14.97。

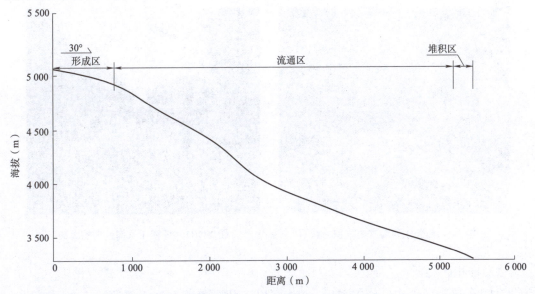

图 14.79 托麦 1 号沟流域主沟沟床纵比降

(1)形成区特征

形成区主要位于海拔 4 950 m 以上区域,集水面积约 1.38 km²,约占整个流域面积

表 14.97 托麦 1 号沟泥石流分区特征

分 区	面积(km²)	沟长(m)	高程范围(m)	高差(m)	纵比降
形成区	1.38	863	4 950～5 143	193	224‰
流通区	2.05	4 631	3 380～4 950	1 570	339‰
堆积区	0.03	156	3 137～3 380	243	288‰

的 40%。物源区顺沟长约 863 m,平均纵比降 224‰。形成区发育一条支沟,区内沟道下切小,纵比降较小。沟道两岸多为裸露基岩,风化碎块石堆积于坡脚及支沟与主沟交汇处,堵塞较严重。一旦春季遇到气温陡升造成积雪融化,或夏季遭遇降雨,将非常容易形成地表径流,流水将很容易携带大量的松散物质冲入沟内,带动沟道内原有的物源,形成泥石流。

(2)流通区特征

托麦 1 号沟的流通区相对较长,沟道海拔 3 380～4 950 m,面积约为 2.05 km²,沟长约 4.631 km,沟道纵比降为 339‰,沟道呈"V"形。流通区沟道较顺直,沟宽在 10 m 左右,沟道内无流水。沟内碎块石堆积(图 14.80),粒径以 0.3 m 居多,最大块石粒径达 1.2 m×1.5 m×1.2 m。沟道在该区下切明显,左侧坡体近于直立。

流通区的植被覆盖率较低,沟道沟底生长有浅灌。流通区下游沟道有大树,胸径约 15 cm(图 14.81)。沟道内的物质较松散,容易被泥石流侵蚀揭底。

图 14.80 托麦 1 号沟道内堆积的块石

图 14.81 托麦 1 号沟道内的大树

(3)堆积区特征

托麦 1 号沟的堆积区位于海拔 3 380 m 以下的雅鲁藏布江Ⅰ级阶地上,地势平坦,已成为当地居民聚集地,堆积扇上民房密集分布,绿树成荫,受人为改造较严重。堆积扇据推测应为多次形成,根据遥感解译结果,其形态呈对称扇形,分布于雅鲁藏布江Ⅰ级阶地上,无堵江(河)及顶托河流现象。托麦 1 号沟全貌如图 14.82 所示。

图 14.82　托麦 1 号沟全貌

2. 托麦 1 号沟泥石流发育历史及形成条件

1)泥石流发育历史

据当地年轻居民反映,托麦 1 号沟近 20 年来没有发生过大规模泥石流活动,而更早的泥石流活动历史因语言障碍而无法得知。但可以肯定的是托麦 1 号沟为一条低频泥石流沟,在多数情况下以高含砂洪水活动为主。根据沟道特征判断,托麦 1 号沟目前还处于下蚀阶段,沟道右岸溜滑体还有不断发展的趋势,支沟侵蚀小于主沟侵蚀,堆积区新老扇叠置不明显,植被覆盖率也在逐步降低。同时根据居民反映,近年来夏季及春夏季节交替时高含砂洪水的暴发频率也越加频繁,可以推断,泥石流的触发雨强也在逐渐降低。因此推断,托麦 1 号沟是一条处于发展期的泥石流沟,受当地气候影响,其暴发频率为低频。

2)泥石流形成条件

泥石流形成和发展必须具备三个条件:①丰富的物源。固体物质较丰富,为泥石流的暴发提供了物质基础。②有利的地形条件。托麦 1 号沟流域最高海拔为 5 080 m,沟口堆积扇前缘海拔为 3 335 m,相对高差 2 006 m,平均纵比降为 355‰,如此大的纵比降为泥石流物质的起动提供了势能转化为动能的条件,也为泥石流的暴发积聚了能量。③充足的水源。西藏地区为高海拔高寒地区,春季冰雪集中融化及降雨为泥石流暴发的激发因素,特别是短时间的气温陡升造成积雪大量融化,短历时的强降雨对泥石流的激发起着决定性的作用,在充足的物源和有效的地形条件都具备的情况下,冰雪融水及强降雨控制着泥石流的发生,起着导火线的作用。

对以上泥石流形成的三个条件分别进行阐述说明：

(1) 物源特征

从物源分布特征上看，形成区、流通区分区明显，物源除了来自形成区松散的坡面物质外，还来自沟道内的松散物及流通区沟道内发育的不良地质体。现场调查来看，整个流域发育两处小型溜滑体，通过遥感解译结合现场调查，流域内物源总量约 20.2 万 m^3，可动物源量有 6.2 万 m^3。这样的松散物质量已经具备形成泥石流的物源条件。

(2) 地形特征

发生泥石流必须有激发泥石流发生的势能条件，托麦 1 号沟的平均纵比降达到了 355‰，并且高差也达到 2 006 m，说明该沟势能充足。因此，虽然该沟流域较小，然而一旦形成地表径流，在不多的流水情况下，在石块自身势能的作用下，就能够激发而形成泥石流。

(3) 水源特征

实地的调查可知，托麦 1 号沟的流域较小，沟道内无常年流水，山坡两侧没有泉水出露。沟源处没有常年积雪，但在春夏季节交替时可能由融雪形成泥石流。因此，托麦 1 号沟泥石流的暴发不仅依赖于降雨的作用，在春季气温陡升时也有可能形成泥石流。

3. 托麦 1 号沟泥石流动力学特征

如前所述，从托麦 1 号沟形成区及流通区所分布的松散物源特征及沟形特征调查表明，托麦 1 号沟属于黏性泥石流。

由于无泥石流发生时的实际观测数据，对托麦 1 号沟泥石流的分析，主要依据现场调查资料，类比利用泥石流运动特征及动力特征研究的成果进行分析。

1) 峰值流量

根据《四川省水文手册》，不同频率下托麦 1 号沟设计洪峰流量见表 14.98。

表 14.98 不同频率下托麦 1 号沟设计洪峰流量计算结果

流域面积 $F(km^2)$	3.46		
沟长 $L(km)$	5.65		
沟道纵比降	355‰		
流域特征系数 θ	5.851		
汇流参数 m	0.574		
产流参数 μ	2.844		
设计频率 P	2%	1%	0.5%
暴雨参数 n	0.668	0.677	0.681
雨力 S_p (mm/h)	25.25	27.88	30.38
洪峰径流系数 ψ	0.938	0.944	0.950
汇流时间 $\tau(h)$	1.827	1.789	1.755
最大流量 $Q_B(m^3/s)$	13.10	14.96	16.80

根据公式(5.4),不同频率下托麦 1 号沟泥石流洪峰流量计算结果见表 14.99。

表 14.99　不同频率下托麦 1 号沟泥石流洪峰流量计算结果

频　率	D_c	γ_c(kN/m³)	γ_H(kN/m³)	$1+\varphi$	Q_B(m³/s)	Q_c(m³/s)
2%	1.6	15.0	26.5	1.43	13.10	29.97
1%	1.6	16.0	26.5	1.57	14.96	37.58
0.5%	1.8	17.0	26.5	1.74	16.80	52.62

2)一次泥石流过程总量和冲出固体物质总量

根据公式(5.6)和公式(5.7),不同频率下托麦 1 号沟一次泥石流过程总量计算结果见表 14.100,一次泥石流冲出固体物质总量计算结果见表 14.101。

表 14.100　托麦 1 号沟一次泥石流过程总量计算结果

频　率	K	T(s)	Q_c(m³/s)	Q(m³)
2%		900	29.97	7 121.54
1%	0.264	900	37.58	8 928.89
0.5%		900	52.62	12 501.94

表 14.101　托麦 1 号沟一次泥石流冲出固体物质总量计算结果

频　率	γ_c(kN/m³)	γ_H(kN/m³)	γ_w(kN/m³)	Q(m³)	Q_H(m³)
2%	15.0	26.5	10.0	7 121.54	2 158.04
1%	16.0	26.5	10.0	8 928.89	3 246.87
0.5%	17.0	26.5	10.0	12 501.94	5 303.85

3)流速

根据公式(5.3),不同频率下托麦 1 号沟泥石流流速计算结果见表 14.102。

表 14.102　托麦 1 号沟泥石流流速结算结果

频　率	$1/n_c$	H_c(m)	I	v_c(m/s)
2%	25	1.5	355‰	2.79
1%	25	1.6	355‰	2.91
0.5%	25	1.7	355‰	3.03

4. 托麦 1 号沟泥石流危险性评价

1)泥石流活动程度分析

根据托麦 1 号沟流域环境特征,结合野外实地调查和相应的评判标准(表 6.1 和表 6.2),对泥石流易发程度进行综合评价。

根据托麦 1 号沟流域的实际情况对各项指标进行综合打分,评分结果见表 14.103。

表 14.103　托麦 1 号沟泥石流易发程度评判表

序号	指　　标	指标打分
1	崩塌、滑坡及水土流失(自然和人为的)严重程度	15
2	泥沙沿程补给长度比	9
3	沟口泥石流堆积活动程度	1
4	河沟纵坡	11
5	区域构造影响程度	9
6	流域植被覆盖率	3
7	河沟近期一次变幅	2
8	岩性影响	7
9	沿沟松散物储量	5
10	沟岸山坡坡度	6
11	产沙区沟槽横断面	5
12	产沙区松散物平均厚度	3
13	流域面积	7
14	流域相对高差	5
15	河沟堵塞程度	4
综合得分		92
泥石流易发程度		易发

根据评价结果显示,托麦 1 号沟泥石流属于易发,即在较大降雨及冰雪融水条件下发生泥石流的可能性大。

2)危险度

泥石流危险度的评价采用成都山地所刘希林于 1996 年提出的单沟泥石流危险度评价方法。根据表 6.8 计算可得相应的转换值,见表 14.104。

表 14.104　危险度评价因子和转换函数及其转换值

评价因子	初始值	转换值
泥石流规模	8.9	0.47
发生频率	4.00	0.30
流域面积	3.46	0.38
主沟长度	5.65	0.74
流域相对高差	2.06	1.00
流域切割密度	1.61	0.08
不稳定沟床比例	0.30	0.50

根据公式(6.1)计算,托麦 1 号沟泥石流的危险度为 H_d 为 0.43,按照分级标准

表 6.9,可知托麦 1 号沟危险度为低度危险。

5. 泥石流发展趋势预测

1)泥石流历史灾害

前面介绍到,托麦 1 号沟是一条处于发展期的泥石流沟,受当地气候影响,其暴发频率为低频。但是如今托麦 1 号沟沟口堆积区有铁路线路方案通过,认清托麦 1 号沟泥石流灾害不容忽视。

2)泥石流的形成和发展趋势

托麦 1 号沟具备了泥石流形成和发展必须的三个条件:丰富的物源、有效的地形条件和充足的降雨。更为重要的是,托麦 1 号沟当前的纵比降还很大,随着溯源侵蚀的进行,泥石流灾害将来可能还会趋于严重。从统计的松散物源来看,托麦 1 号沟的物源较丰富,而该沟所处的地理位置为地震高发区,每一次地震之后,也可能形成新的物源,这也是铁路线路方案应该考虑的因素。

总之,托麦 1 号沟是一条发展期的低频泥石流,随着时间的推移,泥石流暴发频率将逐渐提高,其成灾规模也是不容忽视的。

14.2.4 温则沟(L113)

1. 泥石流流域特征分析

1)温则沟基本特征

加查县温则沟位于加查县城雅鲁藏布江对岸的安绕镇郭扎村,沟口位置坐标为 29°09′30.50″N,92°36′21.18″E,铁路线路方案从沟口堆积区通过。流域分区及不良地质现象分布如图 14.83 所示。

温则沟流域面积约 3.12 km²,主沟长约 4.05 km。流域内最高海拔 5 330 m,沟口

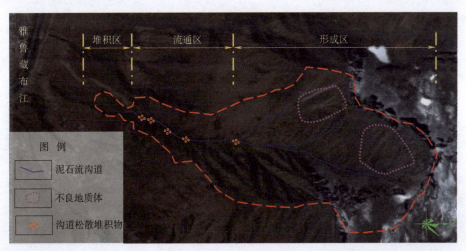

图 14.83　温则沟泥石流流域分区及不良地质分布

堆积扇前缘海拔 3 530 m，相对高差为 1 800 m，平均坡降为 444‰，堆积扇面积约有 0.03 km²。温则沟流域整体走向为南北。

温则沟流域形态近似口袋状，右岸坡度较左岸稍缓，两岸植被发育较差，坡表仅有矮灌木生长，对土体的固坡作用小，随海拔上升植被逐渐减少，基岩出露增加。沟道内的松散堆积物主要分布于流通区沟床内，来源为流域上游形成区，主要为冻融风化产物，岩性以安山岩及英安岩为主。根据区域地质资料知，温则沟堆积区及流通区下游地层主要以第三系罗布莎群为主，杂色复成分砾岩、砂砾岩、粉砂岩，富含动植物化石；流通区中上游及形成区以早白垩世～晚侏罗世桑日群比马组为主，顶部沉凝灰岩，上部条带状灰岩夹沉凝灰岩、安山岩、英安岩，下部安山岩、凝灰岩。沟口堆积区堆积的块石以安山岩和英安岩为主，堆积区现有地貌为历次泥石流堆积形成。

2) 流域分区特征

根据温则沟的地质环境特征，结合泥石流的激发条件（松散固体物质和水源条件）和温则沟泥石流流域的地形地貌特征，可将温则沟泥石流分为形成区、流通区、堆积区三个功能区，如图 14.84 所示；各功能区均以典型的地形地貌特征为分界处，其分区特征见表 14.105。

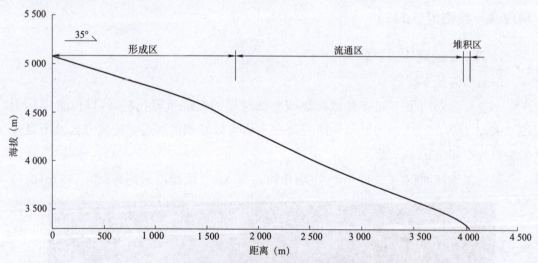

图 14.84 温则沟流域主沟沟床纵比降

表 14.105 温则沟泥石流分区特征

分 区	面积(km²)	沟长(m)	高程范围(m)	高差(m)	纵比降
形成区	1.90	1 753	4 400～5 330	930	531‰
流通区	1.19	2 197	3 580～4 400	820	373‰
堆积区	0.03	100	3 530～3 580	50	500‰

(1) 形成区特征

形成区主要位于海拔 4 400 m 以上区域，集水面积约 1.90 km²，为整个流域的

60%。物源区顺沟长约 1.753 km,平均纵比降 531‰。形成区发育三条支沟,区内沟道下切小,纵比降较大。沟道两岸多为裸露基岩,大量风化碎块石堆积于坡脚及支沟与主沟交汇处,堵塞较严重。一旦春季遇到气温陡升造成积雪融化,或夏季遭遇降雨,将非常容易形成地表径流,流水将很容易携带大量的松散物质冲入沟内,带动沟道内原有的物源,形成泥石流。

(2)流通区特征

温则沟的流通区相对较长,沟道海拔 3 580~4 400 m,面积约为 1.19 km²,沟长约 2.197 km,沟道纵比降为 373‰,沟道呈"V"形。流通区沟道较平直,沟宽在 5 m 左右,沟道内常年流水,沟口跌水发育。沟内碎块石堆积,粒径以 0.3 m 为多,最大块石达 1.2 m×3.7 m×2.3 m。沟道在流通区下切明显,左侧坡体近于直立。

流通区的植被覆盖率较低,沟道沟底以上 2 m 生长有浅灌,沟道内没有发现大树,沟道内的物质容易被泥石流侵蚀揭底。

(3)堆积区特征

但是温则沟的堆积区位于海拔 3 580 m 以下的雅鲁藏布江Ⅳ级阶地上,由于阶地受构造影响抬升后本身坡度较大,在泥石流及洪水冲刷下下切严重(图 14.85)。堆积区坡降较大,约 500‰,面积约为 0.03 km²,受地形控制平面形态沿冲沟呈条带状。堆积区块石呈多条垄岗状堆积(图 14.85),垄岗间冲沟深约 2 m,块石粒径普遍 1.2 m×2.1 m×1.5 m,磨圆度较好(图 14.86),推测其形成年代较古老。堆积区浅灌密布,行走困难。温则沟堆积区及流通区全貌如图 14.87 所示。

图 14.85 温则沟沟口垄岗状堆积物

图 14.86 温则沟口停积的块石

2. 温则沟泥石流发育历史及形成条件

1)泥石流发育历史

由于温则沟泥石流无法得知其发生历史。根据地形判断,目前堆积区沟道深切早于垄岗状堆积物形成之前。而此时温则沟泥石流处于一个相对活跃期,洪水及泥石流

图 14.87　温则沟堆积区及流通区全貌

切割阶地的速度远大于泥石流堆积的速度,从而形成目前的地貌形态。而后泥石流活动逐渐衰退,根据堆积区堆积物形态推断,温则沟泥石流应以高黏性泥石流为主,泥石流在冲出沟口后坡降进一步加大,但随着沟道宽度的加大,泥石流体出现分选,大块石首先沿流向停积下来形成垄岗,细颗粒及较小块石流向远处停积。后在洪水的作用下小块石及细颗粒被进一步带走,垄岗间的冲沟被进一步加深,从而形成目前的堆积区形貌。堆积区目前没有挤压河道现象,堆积区上游浅灌密布(图 14.88),结合当地气候特征,温则沟至少近 20 年未暴发大规模泥石流活动。地表泥石流堆积物块石磨圆度较好,阶地沟道深切(图 14.89),说明温则沟泥石流堆积物形成年代较古老,目前处于衰退期,暴发频率较低。

2)泥石流形成条件

泥石流形成和发展必须具备三个条件:①丰富的物源。固体物质较丰富,为泥石流的暴发提供了物质基础。②有利的地形条件。温则沟流域最高海拔为 5 330 m,沟口堆积扇前缘海拔为 3 530 m,相对高差 1 800 m,平均纵比降为 444‰,如此大的纵比降为泥石流物质的起动提供了势能转化为动能的条件,也为泥石流的暴发积聚了能量。③充足的水源。高海拔高寒地区春季冰雪集中融化及降雨为泥石流暴发的激发因素,特别是短时间的气温陡升造成积雪大量融化;短历时的强降雨对泥石流的激发起着决定性的作用。在充足的物源和有效的地形条件都具备的情况下,冰雪融水及强降雨控制着泥石流的发生,起着导火线的作用。

图 14.88　堆积区上游浅灌密布　　　　图 14.89　堆积区两侧阶地深切

对以上泥石流形成的三个条件分别进行阐述说明：

(1)物源特征

从物源分布特征上看,形成区、流通区分区明显,物源除了来自形成区松散的坡面物质外,还来自沟道内的松散物;现场调查来看,整个流域并没有大型不良地质体。通过遥感解译结合现场调查,流域内物源总量约 20.8 万 m^3,可动物源量约 8.5 万 m^3。这样的松散物质量已经具备形成泥石流的物源条件。

(2)地形特征

发生泥石流必须有激发泥石流发生的势能条件。温则沟的平均纵比降达到了444‰,并且高差也达到了 1 800 m,说明该沟势能充足。因此,虽然温则沟流域较小,然而一旦形成地表径流,在不多的流水情况下,在石块自身势能的作用下,就能够激发而形成泥石流。

(3)水源特征

实地的调查可知,温则沟的流域较小,沟道内有常年流水,山坡两侧没有泉水出露。沟源处常年积雪,能够由春季融雪形成泥石流。因此,温则沟泥石流的暴发不仅依赖于降雨的作用,在春季气温陡升时也有可能形成泥石流。

3. 温则沟泥石流动力学特征

如前所述,从温则沟形成区及流通区所分布的松散物源特征及沟形特征调查表明,温则沟属于高黏性泥石流。

由于无泥石流发生时的实际观测数据,对温则沟泥石流的分析,主要依据现场调查资料,类比利用泥石流运动特征及动力特征研究的成果进行分析。

1)峰值流量

根据《四川省水文手册》,不同频率下温则沟设计洪峰流量见表 14.106。

表 14.106 不同频率下温则沟设计洪峰流量计算结果

流域面积 F(km²)		3.12	
沟长 L(km)		4.04	
沟道纵比降		444‰	
流域特征系数 θ		3.994	
汇流参数 m		0.531	
产流参数 μ		2.900	
设计频率 P	2%	1%	0.5%
暴雨参数 n	0.668	0.677	0.681
雨力 S_p(mm/h)	25.25	27.88	30.38
洪峰径流系数 ψ	0.845	0.862	0.876
汇流时间 τ(h)	1.286	1.257	1.231
最大流量 Q_B(m³/s)	15.65	17.86	20.03

根据公式(5.4),不同频率下温则沟泥石流洪峰流量计算结果见表 14.107。

表 14.107 不同频率下温则沟洪峰流量计算结果

频 率	D_c	γ_c(kN/m³)	γ_H(kN/m³)	$1+\varphi$	Q_B(m³/s)	Q_c(m³/s)
2%	1.7	18.0	26.5	1.94	15.65	51.61
1%	1.7	19.0	26.5	2.20	17.86	66.80
0.5%	2.0	20.0	26.5	2.54	20.03	101.75

2)一次泥石流过程总量和冲出固体物质总量

根据公式(5.6)和公式(5.7),不同频率下温则沟一次泥石流过程总量计算结果见表 14.108,一次泥石流冲出固体物质总量计算结果见表 14.109。

表 14.108 温则沟一次泥石流过程总量计算结果

频 率	K	T(s)	Q_c(m³/s)	Q(m³)
2%		900	51.61	12 263.42
1%	0.264	900	66.80	15 870.82
0.5%		900	101.75	24 176.37

表 14.109 温则沟一次泥石流冲出固体物质总量计算结果

频 率	γ_c(kN/m³)	γ_H(kN/m³)	γ_w(kN/m³)	Q(m³)	Q_H(m³)
2%	18.0	26.5	10.0	12 263.42	5 945.90
1%	19.0	26.5	10.0	15 870.82	8 656.81
0.5%	20.0	26.5	10.0	24 176.37	14 652.35

3)流速

根据公式(5.3),不同频率下温则沟泥石流流速计算结果见表 14.110。

表 14.110 温则沟泥石流流速计算结果

频率	$1/n_c$	$H_c(kN/m^3)$	I	$v_c(m^3/s)$
2%	3.25	2.0	444‰	3.44
1%	3.25	2.3	444‰	3.77
0.5%	3.25	3.0	444‰	4.50

4. 温则沟泥石流危险性评价

1)泥石流活动程度分析

根据温则沟流域环境特征,结合野外实地调查和相应的评判标准(表 6.1 和表 6.2),对泥石流易发程度进行综合评价。

根据温则沟流域的实际情况对各项指标进行综合打分,评分结果见表 14.111。

表 14.111 温则沟泥石流易发程度评判表

序号	指标	指标打分
1	崩塌、滑坡及水土流失(自然和人为的)严重程度	12
2	泥沙沿程补给长度比	9
3	沟口泥石流堆积活动程度	1
4	河沟纵坡	11
5	区域构造影响程度	9
6	流域植被覆盖率	3
7	河沟近期一次变幅	2
8	岩性影响	6
9	沿沟松散物储量	4
10	沟岸山坡坡度	6
11	产沙区沟槽横断面	5
12	产沙区松散物平均厚度	3
13	流域面积	7
14	流域相对高差	5
15	河沟堵塞程度	3
	综合得分	86
	泥石流易发程度	轻度易发

根据评价结果显示,温则沟泥石流属于轻度易发,即在较大降雨及冰雪融水条件下有发生泥石流的可能性。

2)危险度

泥石流危险度的评价采用成都山地所刘希林于 1996 年提出的单沟泥石流危险度评价方法。根据表 6.8 计算可得相应的转换值,见表 14.112。

表 14.112　危险度评价因子和转换函数及其转换值

评价因子	初始值	转换值
泥石流规模	15.90	0.72
发生频率	4.00	0.30
流域面积	3.12	0.37
主沟长度	4.05	0.62
流域相对高差	1.80	1.00
流域切割密度	1.30	0.06
不稳定沟床比例	0.20	0.33

根据公式(6.1)计算,温则沟泥石流的危险度为 H_d 为 0.48,按照分级标准表 6.9,可知温则沟危险度为中度危险。

5. 泥石流发展趋势预测

1) 泥石流历史灾害

前面介绍到,由于该泥石流沟附近无居民居住,无法得知其发生历史。根据堆积区堆积物形态推断,温则沟泥石流应以高黏性泥石流为主;堆积区上游浅滩密布,结合当地气候特征,温则沟至少近 20 年未暴发大规模泥石流活动。地表泥石流堆积物块石磨圆度较好,阶地沟道深切,说明温则沟泥石流堆积物形成年代较古老,暴发频率较低,是一条处于衰退期的泥石流。温则沟沟口堆积区有铁路线路方案,认清温则沟泥石流灾害不容忽视。

2) 泥石流的形成和发展趋势

温则沟具备泥石流形成和发展必须的三个条件:丰富的物源、有效的地形条件和充足的降雨。更为重要的是,温则沟当前的纵比降还很大,随着溯源侵蚀的进行,泥石流灾害将来可能还会趋于严重。从统计的松散物源来看,温则沟的物源并不算丰富,然而该沟所处的地理位置位为地震高发区,每一次地震之后,可能形成新的物源,这也是铁路线路方案应该考虑的因素。

总之,温则沟是一条衰退期的泥石流,随着时间的推移,泥石流暴发频率将逐渐降低,但是其成灾规模却是不容忽视的。

14.2.5　R68 号沟

1. 泥石流流域特征分析

1) 朗县 R68 号沟基本特征

朗县 R68 号沟流域面积约 46.25 km²,主沟长约 17.2 km。流域内最高海拔 6 179 m,沟口海堆积扇前缘海拔 3 036 m,相对高差为 3 143 m,平均纵比降为 183‰,堆积扇面积约有 0.68 km²。朗县 R68 号沟流域整体走向为北偏东 10°,朗县 R68 号沟流域遥感如图 14.90 所示。

朗县 R68 号沟山坡的坡度两岸较缓，且两岸植被较差，坡表有乔木和灌木生长，而左岸坡体植被稀疏，对土体的固坡作用小，全沟的松散物质基本来源于该侧坡体。R68 号沟是一条正处于活跃期的泥石流沟，沟道内覆盖层较薄，基岩出露，沟道内的松散物质多；R68 号沟的岩性主要以灰黑色变质砂板岩为主，偶见泥质灰岩；根据区域地质资料知，朗县 R68 号沟处于上三叠统修康群。朗县 R68 号沟全貌如图 14.91 所示。

2）流域分区特征

根据朗县 R68 号沟的地质环境特征，结合泥石流的激发条件（丰富的松散固体物质和充足的水源条件）和朗县 R68 号泥石流沟流域的地形地貌特征，可将朗县 R68 号沟泥石流分为形成区、流通区、堆积区三个功能区，如图 14.92 所示；各功能区均以典型的地形地貌特征为分界处，其分区特征见表 14.113。

图 14.90　朗县 R68 号沟流域遥感图

表 14.113　朗县 R68 号沟泥石流分区特征

分　区	面积(km²)	沟长(m)	高程范围(m)	高差(m)	纵比降
形成区	37.15	14 365	3 374～6 179	2 805	195‰
流通区	8.42	2 645	3 045～3 374	329	124‰
堆积区	0.68	190	3 036～3 045	9	47‰

（1）形成区特征

形成区主要位于海拔 3 374 m 以上区域，集水面积约 37.15 km²，几乎为整个流域的 80%，物源区顺沟长约 14 365 m，平均纵比降 195‰。形成区内沟道下切小，纵比降很小。沟道两岸山坡多为裸露岩体，风化程度和冰水溶蚀严重，然而植被也以灌木为主，对山坡的固土作用较弱，一旦降雨，雨水将容易携带大量的松散物质冲入沟内，带动沟道内原有的物源，形成泥石流。朗县 R68 号沟形成区两岸植被发育情况如图 14.93 和图 14.94 所示。

图 14.91　朗县 R68 号沟全貌

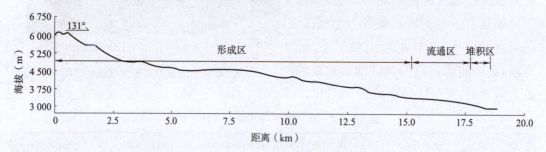

图 14.92　朗县 R68 号沟流域主沟沟床纵比降

图 14.93　朗县 R68 号沟形成区
　　　　　右岸植被发育情况

图 14.94　朗县 R68 号沟形成区
　　　　　左岸植被发育情况

(2) 流通区特征

朗县 R68 号沟的流通区相对短小,沟道主要位于海拔 3 045～3 374 m,面积约 8.42 km²,沟长约 2.645 km,沟道纵比降为 124‰,沟道呈"V"形(图 14.95)。流通区沟道较平直,沟宽在 5 m 左右,沟道内有常年流水,块石粒径以 0.3 m 为多,最大块石粒径达 1.5 m×0.8 m×0.4 m。沟道内的碎石土的厚度约 0.5 m。沟道在该区下切明显,左侧坡体近于直立。

流通区的植被覆盖率较高,沟道沟底以上 2 m 基本生长有乔木、灌木,对沟道有稳固作用;沟道内没有发现大的树枝,沟道内的物质容易被形成的泥石流侵蚀揭底外,沟道本身固结也不稳固,沟道两侧 0.5～1.2 m 的物质均可能被掏蚀。朗县 R68 号沟流通区两侧堆积物如图 14.96 所示。

+2(3) 堆积区特征

朗县 R68 号沟的堆积区位于海拔 3 045 m 以下,堆积区呈扇形,面积约 0.68 km²,如图 14.97 所示。

图 14.95　朗县 R68 号沟流通区沟道情况　　图 14.96　朗县 R68 号沟流通区两侧堆积物

堆积扇主要由第四纪泥石流堆积层(Q_4^{df})组成,主要为碎石或块石,砂土填充,平均厚度达 4 m。堆积扇前缘有一组较为明显的泥石流,2005 年发生一次泥石流的堆积厚度达 150 cm。由图 14.97 可知,朗县 R68 号沟的泥石流时有发生,然而冲出总量并不大,一次不会产生灾难性泥石流。实地调查知,朗县 R68 号沟在堆积区的沟道向左侧冲出,然而该区为稀性泥石流,当发生泥石流时随时会产生摆动。整个堆积扇处于河流左岸,对河流有顶托作用,使得河流向另一侧偏移。

2. 朗县 R68 号沟泥石流发育历史及形成条件

1) 泥石流发育历史

通过现场调查发现,朗县 R68 号沟堆积扇较为宽缓,面积也较大,挤压主河道,说明该沟泥石流活动曾经相当活跃。堆积扇靠主河上游侧较另一侧低,整个山体倾向主河上游侧。

图 14.97　朗县 R68 号沟堆积扇全貌

调查走访当地居民得知,朗县 R68 号沟近期泥石流活动发生在 2005 年,前期降雨较少,泥石流发生当天连续降雨半个小时,冲出的石块最大高达 1.5 m,长 0.8 m。当地居民均未见 R68 沟泥石流发生后对河流产生影响,但冲毁了 S306 旧桥梁,当地政府及时修建谷坊坝及防护堤,冲出物对河流的顶托作用应该发生在很早以前;未来 100 年间推测也将不会发生可以造成河流改道的泥石流。人类活动对朗县 R68 号沟也存在一定的影响,表现最明显的是沟道的两侧山坡,坡顶开垦有耕地,使植被对土壤固坡作用减弱,同时大量的人工采石弃渣,增加了可移动物源。

2)泥石流形成条件

泥石流形成和发展必须具备三个条件:①丰富的物源。固体物质相当丰富,为泥石流的暴发提供了物质基础。②有效的地形条件。朗县 R68 号沟流域最高海拔为 6 179 m,沟口堆积扇前缘海拔为 3 036 m,相对高差 3 143 m,平均纵比降为 183‰,如此大的纵比降为泥石流物质的起动提供了势能转化为动能的条件,也为泥石流的暴发积聚了能量。③充足的降雨。降雨是泥石流暴发的激发因素,特别是短时间的暴雨。短历时的强降雨对泥石流的激发起着决定性的作用,在充足的物源和有效的地形条件都具备的情况下,短历时的强降雨控制着泥石流的发生,起着导火线的作用。

对以上泥石流形成的三个条件分别进行阐述说明：

(1) 物源特征

从物源分布特征上看，形成区、流通区分区并不明显，物源除了来自形成区松散的坡面物质和少量的滑坡外，还有部分来自沟道内的松散物；现场调查来看，整个流域并没有大型崩坡积物，只有多处大型垮塌体，方量约有 20 万 m^3；沟道两侧按 2 m 掏蚀计算，粗估方量约有 87.2 万 m^3；沟道内已有碎石及泥土的方量约为 60 万 m^3，合计松散物质储量约为 167.2 万 m^3。对于流域面积 46.25 km^2 的朗县 R68 号沟而言，这样的松散物质储量已经具备形成泥石流的物源条件。根据该处的地质资料知，沟道前缘还有一条大型的断裂通过，这使得每次断裂活动产生的震动就可能会形成新的滑坡，为泥石流的活动提供新的松散物质，利于松散物源的供给。

(2) 地形特征

发生泥石流必须有激发泥石流发生的势能条件，朗县 R68 号沟的平均纵比降达到了 183‰，并且高差也达到了近 3 143 m。这不但说明 R68 沟势能充足，而且说明该沟正处于活动发展期。因此，虽然 R68 沟流域较小，然而一旦降雨，在不多的雨水情况下，在石块自身势能的作用下，就能够激发而形成泥石流。地形条件满足。

(3) 水源特征

实地的调查可知，朗县 R68 号沟的流域面积较小，沟道内没有常年流水，山坡两侧也没有泉水出露。该处常年积雪，能够由冰川等作用形成泥石流。因此，朗县 R68 号沟泥石流的暴发就依赖于降雨或者冰雪融水的作用。根据朗县的资料知，年均降雨量 600 mm，年平均气温 11.2 ℃，雨水多集中在夏季。从历史看，该区降雨量不大，不容易激发形成泥石流，然而由于纵比降偏大的缘故，R68 沟的泥石流激发雨量也相应偏小，在不需要太大降雨的情况下，也能产生泥石流。通过当地居民的走访也印证了这一点。

3. 朗县 R68 号沟泥石流动力学特征

如前所述，从朗县 R68 号沟主沟形成区及流通区所分布的松散物源特征及沟形特征调查表明，朗县 R68 号沟主沟属于稀性泥石流。

由于无泥石流发生时的实际观测数据，对朗县 R68 号沟泥石流的分析，主要依据现场调查资料，类比利用目前泥石流运动特征及动力特征研究的成果进行分析。

1) 峰值流量

根据《四川省水文手册》，不同频率下朗县 R68 号沟设计洪峰流量见表 14.114。

表 14.114 不同频率下朗县 R68 号沟设计洪峰流量计算结果

流域面积 $F(km^2)$	46.25
沟长 $L(km)$	17.2
沟道纵比降	183‰
流域特征系数 θ	11.785
汇流参数 m	0.366

续上表

产流参数 μ	1.738		
设计频率 P	2%	1%	0.5%
暴雨参数 n	0.941	0.949	0.956
雨力 S_p(mm/h)	39.80	43.80	47.60
洪峰径流系数 ψ	0.692	0.721	0.744
汇流时间 τ(h)	7.01	6.92	6.84
最大流量 Q_B(m³/s)	59.34	67.53	75.40

根据公式(5.4),不同频率下朗县 R68 号沟泥石流洪峰流量见表 14.115。

表 14.115 不同频率下朗县 R68 号沟泥石流洪峰流量计算结果

频率	D_c	γ_c(kN/m³)	γ_H(kN/m³)	$1+\varphi$	Q_B(m³/s)	Q_c(m³/s)
2%	1.5	18.0	26.5	1.94	59.34	172.68
1%	2.0	19.0	26.5	2.20	67.53	297.13
0.5%	2.5	20.0	26.5	2.53	75.40	476.91

2)一次泥石流过程总量和冲出固体物质总量

根据公式(5.6)和公式(5.7),不同频率下朗县 R68 号沟一次泥石流过程总量计算结果见表 14.116,一次泥石流冲出固体物质总量见表 14.117。

表 14.116 朗县 R68 号沟一次泥石流过程总量计算结果

频率	K	T(s)	Q_c(m³/s)	Q(m³)
2%		1 200	172.68	54 704.83
1%	0.264	1 200	297.13	94 131.42
0.5%		1 200	476.91	151 083.50

表 14.117 朗县 R68 号沟一次泥石流冲出的固体物质总量计算结果

频率	γ_c(kN/m³)	γ_H(kN/m³)	γ_w(kN/m³)	Q(m³)	Q_H(m³)
2%	18.0	26.5	10.0	54 704.83	26 523.56
1%	19.0	26.5	10.0	94 131.42	51 344.41
0.5%	20.0	26.5	10.0	151 083.50	91 565.76

3)流速

根据公式(5.2),不同频率下朗县 R68 号沟泥石流流速计算结果见表 14.118。

表 14.118 朗县 R68 号沟泥石流流速计算结果

频率	$1/n$	γ_H(kN/m³)	R(m)	I	v_c(m/s)
2%	20	26.5	0.55	183‰	1.13
1%	20	26.5	0.80	183‰	1.29
0.5%	20	26.5	1.50	183‰	1.73

4. 朗县 R68 号沟泥石流危险性评价

1)泥石流活动程度分析

根据朗县 R68 号沟流域环境特征,结合野外实地调查和相应的评判标准(表 6.1 和表 6.2),对泥石流易发程度进行综合评价。

根据朗县 R68 号沟流域的实际情况对各项指标进行综合打分,评分结果见表 14.119。

表 14.119　朗县 R68 号沟泥石流易发程度评判表

序号	指　　标	指标打分
1	崩塌、滑坡及水土流失(自然和人为的)严重程度	21
2	泥沙沿程补给长度比	12
3	沟口泥石流堆积活动程度	11
4	河沟纵坡	9
5	区域构造影响程度	9
6	流域植被覆盖率	1
7	河沟近期一次变幅	6
8	岩性影响	4
9	沿沟松散物储量	6
10	沟岸山坡坡度	6
11	产沙区沟槽横断面	5
12	产沙区松散物平均厚度	3
13	流域面积	3
14	流域相对高差	4
15	河沟堵塞程度	4
综合得分		104
泥石流易发程度		易发

根据评价结果显示,朗县 R68 号沟泥石流属于易发,即在较大降雨或者大量冰雪融水条件下发生泥石流的可能性大。

2)危险度

泥石流危险度的评价采用成都山地所刘希林于 1996 年提出的单沟泥石流危险度评价方法。根据表 6.8 计算可得相应的转换值,见表 14.120。

表 14.120　危险度评价因子和转换函数及其转换值

评价因子	初始值	转换值
泥石流规模	21	0.431
发生频率	6	0.447
流域面积	46.25	0.939
主沟长度	17.2	1.000 0

续上表

评价因子	初始值	转换值
流域相对高差	3.143	1.000 0
流域切割密度	0.17	0.008 5
不稳定沟床比例	0.05	0.083

根据公式(6.1)计算,朗县R68号沟泥石流的危险度为H_d为0.589,按照分级标准表6.9,可知朗县R68号沟危险度为中度危险。

5. 泥石流发展趋势预测

1)泥石流历史灾害

调查走访当地居民得知,朗县R68号沟最近一次暴发泥石流活动是在2005年。从朗县R68号沟的堆积扇可知该沟泥石流发育历史古老,冲刷淤埋较严重,近期也有所活动,是一条处于发展期的泥石流。

2)泥石流的形成和发展趋势

朗县R68号沟具备泥石流形成和发展必须的三个条件:丰富的物源、有效的地形条件和充足的降雨。更为重要的是,朗县R68号沟当前的纵比降还很大,随着溯源侵蚀的进行,泥石流灾害将来可能还会趋于严重。从统计的松散物源来看,朗县R68号沟的物源算丰富,然而该沟所处的地理位置位为地震高发区,每一次地震之后,也可能形成新的物源,这也是铁路线路方案应该考虑的因素。

总之,朗县R68号沟是一条发展期的泥石流,随着时间的推移,泥石流暴发频率逐渐提高。

14.2.6 R76号沟

1. R76号沟的流域特征

1)基本特征

R76号沟位于朗县洞嘎镇江堆塘村雅鲁藏布江的右岸,流域的面积约4.37 km²,沟长约4 460 m,沟道主流向为南北走向,沟谷呈"V"形。流域内最高海拔4 987 m,沟口堆积扇前缘海拔3 064 m,相对高差为1 923 m,沟道平均纵比降为431‰。沟道两岸坡体自然坡度约40°。R76号沟流域切割较为强烈,流域内支沟发育,流向多与主沟流向呈锐角斜交。R76号沟的堆积区坡度较陡,约13°,扇体表层植被较好。R76号沟流域遥感图如图14.98所示。

沟道内沿流水冲沟多有小型垮塌,局部基岩出露,主要为燕山晚期~喜山期花岗岩(γ_{5-6}^3)。由于该地区海拔较高,昼夜温差较大,使得表层岩石风化程度较强,基岩节理较为发育。沟道内植被不发育,局部有乔木。

2)流域分区特征

R76号沟泥石流可以分为三个功能区,即形成区、流通区和堆积区;其分区特征见

图 14.98 R76 号沟流域遥感图

表 14.121,R76 号沟沟床纵比降特征如图 14.99 所示,R76 号沟流域全貌如图 14.100 所示。

表 14.121 R76 号沟泥石流流域分区特征

分 区	面积(km²)	沟长(m)	高程范围(m)	高差(m)	纵比降
形成区	2.885	2 820	3 561~4 987	1 426	507‰
流通区	1.40	1 406	3 111~3 561	450	320‰
堆积区	0.085	234	3 064~3 111	47	201‰

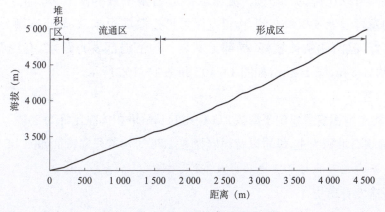

图 14.99 R76 号沟主沟沟床纵比降

图 14.100　R76 号沟流域全貌

(1) 形成区

R76 号沟的形成区位于海拔 3 561~4 987 m,形成区面积约为 2.885 km²,该段主沟长约 2 885 m,沟道纵比降 506‰,两侧坡度较陡,呈"V"形沟谷。形成区海拔较高,植被不发育,多处基岩出露。同时由于冻融风化作用强烈,基岩多破碎。顶部无植被发育,冰雪消融后冲沟发育,下游两侧长有少量的草本植被。R76 号沟形成区特征如图 14.101 所示。

(2) 流通区

R76 号沟的流通区主要位于海拔 3 111~3 561 m,流通区面积约为 1.4 km²,沟长约 1 406 m,沟道纵比降为 320‰。流通区沟道内多松散碎块石体,部分块石体粒径 1.5 m,冲沟发育于老堆积扇右侧,沟道左岸可见松散堆积体,右岸出露部分基岩,上游可见滑坡发育,但两侧植被较好,局部见基岩。沟道局部发育跌水,有泥石流发生痕迹,泥痕宽约 8.5 m,深 1.2 m,如图 14.102 和图 14.103 所示。

(3) 堆积区

R76 号沟老堆积扇主要位于海拔 3 064~3 111 m,堆积体纵比降为 201‰,表层植被较好,以松散碎块石堆积为主,母岩以花岗岩为主,R76 号沟堆积扇特征如图 14.104 所示。

2. R76 号沟泥石流发育历史及形成条件

1) 泥石流发育历史

通过现场调查发现,R76 号沟老堆积扇较宽缓,面积大,严重挤压河道,说明历史上

图 14.101　R76 号形成区特征

图 14.102　R76 号沟流通区特征

图 14.103 R76 号沟流通区物源特征

图 14.104 R76 号沟堆积扇特征

该沟泥石流发育,活动强度较强。冲沟冲切老堆积体,无明显新堆积体,同时沟道内有居民居住,说明该沟近期泥石流不活跃,主要以洪水冲刷作用为主。

2)泥石流形成条件

R76号沟具备泥石流形成和发展必须的三个条件:

(1)丰富的物源:沟道上游海拔较高,多出现冻融风化作用,岩体多破碎,同时由于冰川作用,后缘多形成松散碎块石体。同时在沟道两侧部分崩滑体堆积,成为潜在的物源。因此后缘风化物源、沟道内松散物源以及沿沟局部崩塌为泥石流发育提供了丰富的物源。据不完全统计,沟道内可动物源总量约137.25万 m^3。

(2)有效的地形条件:R76号沟流域最高海拔为4 987 m,沟口堆积扇前缘海拔3 064 m,相对高差1 923 m,平均纵比降为431‰,形成区纵比坡为506‰,如此大的纵比降为泥石流物质的起动提供了势能转化为动能的条件,也为泥石流的暴发积聚了能量。

(3)充足的水源:R76号沟位于朗县地区,年降雨量约600 mm,主要集中在5~9月,此间有部分冰雪融水,其雨量足以成为泥石流发生的直接因素,起到导火线的作用。

3. R76号沟泥石流动力学特征

如前所述,从R76号沟主沟形成区及流通区所分布的松散物源特征及沟形特征调查表明,R76号沟主沟属于稀性泥石流。

由于无泥石流发生时的实际观测数据,对R76号沟泥石流的分析,主要依据现场调查资料,类比利用泥石流运动特征及动力特征研究的成果进行分析。

1)峰值流量

根据《四川省水文手册》,不同频率下R76号沟设计洪峰流量见表14.122。

表14.122 不同频率下R76号沟设计洪峰流量计算结果

流域面积 $F(km^2)$	4.37		
沟长 $L(km)$	4.46		
沟道纵比降	431‰		
流域特征系数 θ	4.084		
汇流参数 m	0.533		
产流参数 μ	2.272		
设计频率 P	2%	1%	0.5%
暴雨参数 n	0.668	0.677	0.618
雨力 $S_P(mm/h)$	25.25	27.875	30.375
洪峰径流系数 ψ	0.853	0.869	0.882
汇流时间 $\tau(h)$	1.317	1.287	1.260
最大流量 $Q_B(m^3/s)$	21.76	24.81	27.8

根据公式(5.4),不同频率下 R76 号沟泥石流洪峰流量计算结果见表 14.123。

表 14.123　不同频率下 R76 号沟泥石流洪峰流量计算结果

频　率	D_c	γ_c (kN/m³)	γ_H (kN/m³)	$1+\varphi$	Q_B (m³/s)	Q_c (m³/s)
2%	1.4	17.0	26.5	1.74	21.76	53.01
1%	1.4	17.5	26.5	1.83	24.81	63.56
0.5%	1.4	18.0	26.5	1.94	27.80	75.50

2)一次泥石流过程总量和冲出固体物质总量

根据公式(5.6)和公式(5.7),不同频率下 R76 号沟一次泥石流过程总量计算结果见表 14.124,一次泥石流冲出固体物质总量计算结果见表 14.125。

表 14.124　R76 号沟一次泥石流过程总量计算结果

频　率	K	T(s)	Q_c(m³/s)	Q(m³)
2%		1 000	53.01	13 993.94
1%	0.264	1 000	63.56	16 780.69
0.5%		1 000	75.50	19 933.27

表 14.125　R76 号沟一次泥石流冲出固体物质总量计算结果

频　率	γ_c(kN/m³)	γ_H(kN/m³)	γ_w(kN/m³)	Q(m³)	Q_H(m³)
2%	17.0	26.5	10.0	13 993.94	5 936.82
1%	17.5	26.5	10.0	16 780.69	7 627.59
0.5%	18.0	26.5	10.0	19 933.27	9 664.61

3)流速

根据公式(5.2),不同频率下 R76 号沟泥石流流速计算结果见表 14.126。

表 14.126　R76 号沟泥石流流速计算结果

频　率	$1/n$	γ_H(kN/m³)	R(m)	I	v_c(m/s)
2%	25	26.5	0.85	431‰	3.25
1%	25	26.5	1.1	431‰	3.64
0.5%	25	26.5	1.3	431‰	3.84

4. R76 号沟泥石流危险性评价

1)泥石流活动程度分析

根据 R76 号沟流域环境特征,结合野外实地调查和相应的评判标准(表 6.1 和表 6.2),对泥石流易发程度进行综合评价。

根据 R76 号沟流域的实际情况对各项指标进行综合打分,评分结果见表 14.127。

根据评价结果显示,R76 号沟泥石流属于易发,即在较大降雨条件下发生泥石流的可能性大。

表 14.127 R76 号沟泥石流易发程度评判表

序号	指 标	指标打分
1	崩塌、滑坡及水土流失(自然和人为的)严重程度	12
2	泥沙沿程补给长度比	8
3	沟口泥石流堆积活动程度	7
4	河沟纵坡	12
5	区域构造影响程度	5
6	流域植被覆盖率	7
7	河沟近期一次变幅	4
8	岩性影响	4
9	沿沟松散物储量	6
10	沟岸山坡坡度	6
11	产沙区沟槽横断面	5
12	产沙区松散物平均厚度	3
13	流域面积	5
14	流域相对高差	4
15	河沟堵塞程度	3
	综合得分	91
	泥石流易发程度	易发

2)危险度

泥石流危险度的评价采用成都山地所刘希林于 1996 年提出的单沟泥石流危险度评价方法。根据表 6.8 计算可得相应的转换值,见表 14.128。

表 14.128 R76 号沟危险度评价因子和转换函数及其转换值表

评价因子	初始值	转换值
泥石流规模	13.7	0.378 9
发生频率	5	0.238 6
流域面积	4.73	0.423 1
主沟长度	4.46	0.648 1
流域相对高差	1.92	1.280 0
流域切割密度	1.05	0.052 5
不稳定沟床比例	0.35	0.583 3

根据公式(6.1)计算,R76 号沟泥石流的危险度为 H_d 为 0.397,按照分级标准表 6.9,可知 R76 号沟的危险度为低度危险。

5. 泥石流发展趋势预测

通过现场调查来看,R76 号沟历史上为一条较活跃的泥石流沟,老泥石流堆积扇明显。从现有泥石流沟道来看,随地壳抬升,现有沟道冲切原有泥石流堆积体,沟道纵比降加大，同时原来沟道内稳定的泥石流堆积体在新近流水冲刷下，成为可移动物源，加之上游冰川作用强烈，在一定条件下可再次起动沟道内物源，造成新的泥石流灾害，通过前面泥石流形成的三大条件来看，R76号沟泥石流将进入新的活跃期。

14.2.7　R84号沟

1. R84号沟的流域特征

1）基本特征

R84号沟位于朗县朗镇堆巴塘新村，雅鲁藏布江右岸，流域的面积约74.76 km^2，主沟长约16 110 m，沟道主流向为南北走向，沟谷呈"V"形。流域内最高海拔5 329 m，沟口堆积扇前缘海拔3 118 m，相对高差为2 211 m，沟道平均纵比降约为137‰。沟道两岸坡体下部较陡，坡度约35°，上部坡体较缓，自然坡度约20°。R84号沟流域切割较为强烈，流域内支沟发育，流向多与主沟流向呈锐角斜交。R84号沟的老堆积区总体呈扇形，扇体完整，后期新扇冲切原有扇体，新扇扇长约190 m，宽约170 m，扇体坡度约为2°。老堆积扇大致呈对称形态，明显挤压河道，有曾经堵塞雅鲁藏布江的可能。R84号沟流域遥感图如图14.105所示。

图14.105　R84号沟流域

沟道内沿流水冲沟多有小型垮塌,局部基岩出露,主要为燕山晚期～喜山期花岗岩(γ_{5-6}^3)为主要。由于该地区海拔较高,昼夜温差较大,使得表层岩石风化程度较强,基岩节理较为发育。沟道内植被不发育,零星分布有矮小灌木,沟口堆积扇上局部长有乔木。R84号沟沟道内常年有流水,春、夏两季流量相对较大,秋、冬两季流量较小。

2)流域分区特征

R84号沟泥石流可以分为三个区域,即形成区、流通区和堆积区;其分区特征见表14.129,各区的沟床纵比降特征如图14.106所示。

表 14.129　R84 号沟泥石流流域分区特征

分　区	面积(km²)	沟长(m)	高程范围(m)	高差(m)	纵比降
形成区	45.65	9 280	3 532～5 329	1 797	194‰
流通区	28.62	6 150	3 146～3 532	386	63‰
堆积区	0.49	680	3 118～3 146	28	41‰

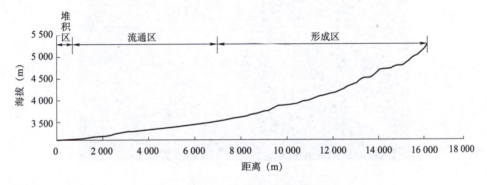

图 14.106　R84 号沟主沟沟床纵比降

(1)形成区

R84号沟的形成区位于高程 3 532～5 329 m,形成区面积约为 45.65 km²;该段主沟长约 9 280 m,沟道纵比降 194‰,两侧坡度较陡,沟谷呈"V"形。形成区海拔较高,植被不发育,多处基岩出露。同时由于冻融风化作用强烈,基岩多破碎。顶部无植被发育,冰雪消融后冲沟发育,下游两侧长有少量的草本植被。

(2)流通区

R84号沟的流通主要位于海拔 3 146～3 532 m,流通区面积约为 28.62 km²,沟长约 6 150 m,沟道纵比降为 63‰。流通区沟道宽缓,中部有以常年流水沟道,水宽 9 m,流速约 3 m/s,沟道内植被稀少。沟道右侧修有公路通往沟道内村庄。沟道左岸多基岩出露,右岸多为冰水堆积体,如图 14.107 所示。

(3)堆积区

R84号沟老堆积扇发育,严重挤压河道,有早期堵塞江道的可能。后期冲沟沿原有堆积扇中部冲切,现有沟道底部宽 29.5 m,高 65.1 m。左岸基岩出露,右岸为碎块石土

图 14.107　R84 号沟流通区特征

体,为早期泥石流堆积体。扇区植被较好,新扇长约 190 m,宽约 170 m,纵坡约 2°,扇缘位于江侧,仍有局部堵塞江道。

2. R84 号沟泥石流发育历史及形成条件

1)泥石流发育历史

通过现场调查发现,R84 号沟老堆积扇较宽缓,面积大,严重挤压河道,说明历史上该沟泥石流发育,活动强度较强。新的冲沟冲切老堆积体,两侧由于掏蚀作用,原有泥石流堆积体多垮塌,沟道扩宽,说明后期泥石流活动较稳定,主要由流水作用形成。新扇部分挤压河道,表明仍有相当规模泥石流发生。R84 号沟内有居民居住,说明近期大规模泥石流发生较少。

2)泥石流形成条件

R84 号沟具备泥石流形成和发展必须的三个条件:

(1)丰富的物源:沟道上游海拔较高,多出现冻融风化作用,岩体多破碎,同时由于冰川作用,后缘多形成松散碎块石体。同时在早期泥石流活跃期间,沟道内多堆积泥石流物质，物源存量大，后期由于地壳抬升，沟道下切，原有沟道稳定物源成为现有泥石流的可动物源。因此后缘风化物源、沟道内松散物源以及沿沟局部崩塌为泥石流发育提供了丰富的物源。据不完全统计，沟道内可动物源总量约3406万m^3。

(2)有效的地形条件：R84号沟流域最高海拔为5329 m，沟口堆积扇前缘海拔为3118 m，相对高差2211 m，平均坡降为179‰，如此大的纵比降为泥石流物质的起动提供了势能转化为动能的条件，也为泥石流的暴发积聚了能量。

(3)充足的水源：R84号沟主要水源为冰雪融水，此外为部分时段的暴雨。经调查沟道内常年流水，在调查期间（枯水期）流水流速为3 m/s，沟宽约9 m，流量约12.5 m^3/s。可见在冰水消融初期，清水流量更大，足以成为泥石流发生的直接因素，起到导火线的作用。

3. R84号沟泥石流动力学特征

如前所述，从R84号沟主沟形成区及流通区所分布的松散物源特征及沟形特征调查表明，R84号沟主沟属于稀性泥石流。

由于无泥石流发生时的实际观测数据，对R84号沟泥石流的分析，主要依据现场调查资料，类比利用泥石流运动特征及动力特征研究的成果进行分析，其流量按该地最大降雨情况计算。

1)峰值流量

根据《四川省水文手册》，不同频率下R84号沟设计洪峰流量见表14.130。

表14.130 不同频率下R84号沟设计洪峰流量计算结果

流域面积 F（km^2）	74.76		
沟长 L（km）	16.11		
沟道纵比降	137‰		
流域特征系数 θ	10.628		
汇流参数 m	0.648		
产流参数 μ	1.586		
设计频率 P	2%	1%	0.5%
暴雨参数 n	0.668	0.677	0.618
雨力 S_p（mm/h）	25.25	27.875	30.375
洪峰径流系数 ψ	0.842	0.858	0.871
汇流时间 τ（h）	3.273	3.205	3.143
最大流量 Q_B（m^3/s）	200.05	226.00	251.98

根据公式(5.4)，不同频率下R84号沟泥石流洪峰流量计算结果见表14.131。

2)一次泥石流过程总量和冲出固体物质总量

根据公式(5.6)和公式(5.7)，不同频率下R84号沟一次泥石流过程总量计算结果见表14.132，一次泥石流冲出固体物质总量计算结果见表14.133。

表 14.131　不同频率下 R84 号沟泥石流洪峰流量计算结果

频率	D_c	γ_c(kN/m³)	γ_H(kN/m³)	$1+\varphi$	Q_B(m³/s)	Q_c(m³/s)
2%	1.4	15.0	26.5	1.43	200.05	400.50
1%	1.4	16.0	26.5	1.57	226.00	496.75
0.5%	1.4	17.0	26.5	1.74	251.98	613.82

表 14.132　R84 号沟一次泥石流过程总量计算结果

频率	K	T(s)	Q_c(m³/s)	Q(m³)
2%		1 800	400.50	190 317.65
1%	0.264	1 800	496.75	236 054.65
0.5%		1 800	613.82	291 688.82

表 14.133　R84 号沟一次泥石流冲出固体物质总量计算结果

频率	γ_c(kN/m³)	γ_H(kN/m³)	γ_w(kN/m³)	Q(m³)	Q_H(m³)
2%	15.0	26.5	10.0	190 317.65	57 672.01
1%	16.0	26.5	10.0	236 054.65	85 838.05
0.5%	17.0	26.5	10.0	291 688.82	123 746.77

3) 流速

根据公式(5.2)，不同频率下 R84 号沟泥石流流速计算结果见表 14.134。

表 14.134　R84 号沟泥石流流速计算结果

频率	$1/n$	γ_H(kN/m³)	R(m)	I	v_c(m/s)
2%	25	26.5	0.85	137‰	2.35
1%	25	26.5	1.1	137‰	2.45
0.5%	25	26.5	1.3	137‰	2.43

4. R84 号沟泥石流危险性评价

1) 泥石流活动程度分析

根据 R84 号沟流域环境特征，结合野外实地调查和相应的评判标准(表 6.1 和表 6.2)，对泥石流易发程度进行综合评价。

根据 R84 号沟流域的实际情况对各项指标进行综合打分，评分结果见表 14.135。

表 14.135　R84 号沟泥石流易发程度评判表

序号	指　　标	指标打分
1	崩塌、滑坡及水土流失(自然和人为的)严重程度	16
2	泥沙沿程补给长度比	12
3	沟口泥石流堆积活动程度	14
4	河沟纵坡	9
5	区域构造影响程度	9

续上表

序号	指　　标	指标打分
6	流域植被覆盖率	7
7	河沟近期一次变幅	6
8	岩性影响	4
9	沿沟松散物储量	6
10	沟岸山坡坡度	6
11	产沙区沟槽横断面	5
12	产沙区松散物平均厚度	3
13	流域面积	3
14	流域相对高差	4
15	河沟堵塞程度	3
	综合得分	107
	泥石流易发程度	易发

根据评价结果显示，R84号沟泥石流属于易发，即在较大降雨条件下发生泥石流的可能性大。

2）危险度

泥石流危险度的评价采用成都山地所刘希林于1996年提出的单沟泥石流危险度评价方法。根据表6.8计算可得相应的转换值，见表14.136。

表14.136　R84号沟危险度评价因子和转换函数及其转换值表

评价因子	初始值	转换值
泥石流规模	85.8	0.644 5
发生频率	1	0
流域面积	74.76	1.110 3
主沟长度	16.11	1.292 1
流域相对高差	1.96	1.306 7
流域切割密度	0.526	0.026 3
不稳定沟床比例	0.47	0.783 3

根据公式（6.1）计算，R84号沟泥石流的危险度为 H_d 为0.563，按照分级标准表6.9，可知R84号沟的危险度为中度危险。

5. 泥石流发展趋势预测

通过现场调查来看，R84号沟历史上为一条较活跃的泥石流沟，老泥石流堆积扇明显。从现有泥石流沟道来看，新的沟道冲切原有泥石流堆积体，沟道纵比降加大，同时原来沟道内稳定的泥石流堆积体在新近流水冲刷下，成为可移动物源，加之上游冰川作用强烈，在一定条件下可再次起动沟道内物源，造成新的泥石流灾害。通过前面泥石流形成的三大条件来看，R84沟泥石流将进入新的活跃期。

14.2.8 R96号沟

1. 泥石流流域特征分析

1) 加查县热当R96号沟基本特征

加查县热当R96号沟流域面积约22.93 km²,主沟长约9.10 km。流域内最高海拔4 689 m,沟口堆积扇前缘海拔3 138 m,相对高差为1 551 m,平均纵比降为170‰,堆积扇面积约有0.47 km²。加查县热当R96号沟流域整体走向为正北。R96号沟流域遥感图如图14.108所示。

加查县热当R96号沟两岸山坡的坡度较缓,且两岸植被较差,坡表有乔木和灌木生长,而左岸坡体植被稀疏,对土体的固坡作用小,全沟的松散物质基本来源于该侧坡体。R96号沟是一条正处于衰退期的泥石流沟,沟道内覆盖层很薄,基岩出露,植被以灌木为主。沟道内岩性主要以深灰黑色变质砂板岩为主,偶见泥质灰岩,根据区域地质资料知,加查县热当R96号沟处于上三叠统修康群。R96号沟全貌如图14.109所示。

图14.108 加查县热当R96号沟流域遥感图

图14.109 加查县热当R96号沟全貌图

2) 流域分区特征

根据加查县热当 R96 号沟的地质环境特征,结合泥石流的激发条件(丰富的松散固体物质和充足的水源条件)和 R96 号沟泥石流流域的地形地貌特征,可将加查县热当 R96 号沟泥石流分为形成区、流通区和堆积区三个功能区,如图 14.110 所示;各功能区均以典型的地形地貌特征为分界处,其分区特征见表 14.137。

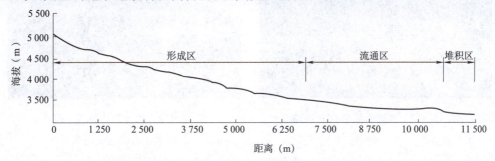

图 14.110　加查县热当 R96 号沟流域主沟沟床纵比降

表 14.137　加查县热当 R96 号沟泥石流分区特征

分　区	面积(km²)	沟长(m)	高程范围(m)	高差(m)	纵比降
形成区	15.75	5 678	3 511～4 689	1 178	207‰
流通区	6.08	2 814	3 184～3 511	327	116‰
堆积区	1.1	608	3 138～3 184	9	76‰

(1) 形成区特征

形成区主要位于海拔 3 511 m 以上区域,集水面积约 15.75 km²,几乎为整个流域的 69%,物源区顺沟长约 5.678 km,平均纵比降 207‰。形成区内沟道下切小,纵比降较一般。沟道左岸山坡多裸露基岩,右岸坡体植被稀薄,然而植被也以灌木为主,对山坡的固土作用较弱,一旦降雨,雨水将容易携带大量的松散风化物质冲入沟内,带动沟道内原有的物源,形成泥石流。

(2) 流通区特征

加查县热当 R96 号沟的流通区相对短小,沟道主要位于海拔 3 184～3 511 m,面积约为 6.08 km²,沟长约 2 814 m,沟道纵比降为 116‰,沟道呈"U"形。流通区沟道较平直,沟宽在 700 m 左右,沟道内有常年流水,粒径以 0.3 m 为多,最大块石达 1 m×0.7 m×0.5 m。沟道内的泥石流堆积物的厚度约 3.5 m,流通区沟道情况如图 14.111 所示。沟道在流通区下切明显,左侧坡体近于 45°,R96 号流通区左侧坡体情况如图 14.112 所示。

流通区的植被覆盖率很低,沟道沟底以上 2 m 基本生长有灌木,对沟道有一定的稳固作用;沟道内没有发现大的树枝,除沟道内的物质容易被已形成泥石流侵蚀揭底外,沟道本身固结也不稳固,沟道两侧约 0.1～0.2 m 的物质均可能被掏蚀。

(3) 堆积区特征

加查县热当 R96 号沟的堆积区位于海拔 3 184 m 以下,堆积区呈扇形,面积约为

$1.1 km^2$。R96 号沟堆积扇如图 14.113 和图 14.114 所示。

图 14.111　加查县热当 R96 号沟流通区沟道

图 14.112　加查县热当 R96 号沟流通区左侧基岩出露

图 14.113　加查县热当 R96 号沟堆积扇全貌

图 14.114　加查县热当 R96 号沟堆积扇出沟口

堆积扇主要由第四纪泥石流堆积层（Q_4^{df}）组成，主要为碎石或块石，砂土填充，平均厚度达 6 m。推测可知，加查县热当 R96 号沟的泥石流时有发生，然而冲出总量并不大，一次不会产生灾难性泥石流。实地调查知，当前加查县热当 R96 号沟在堆积区的沟道向左侧冲出，然而该区为稀性泥石流，当发生泥石流时随时会产生摆动。整个堆积扇处于河流右岸，对河流有顶托作用，使得河流向另一侧偏移。

2. 加查县热当 R96 号沟泥石流发育历史及形成条件

1）泥石流发育历史

通过现场调查发现，加查县热当 R96 号沟堆积扇较为宽缓，面积也较大，挤压主河道，说明该沟泥石流活动曾经相当活跃。堆积扇靠主河上游侧较另一侧低，整个山体倾向主河上游侧。人类活动对加查县热当 R96 号沟也存在一定的影响，表现最明显的是沟道的左侧山坡，坡顶开垦有耕地，沟内建有小型水坝，两岸大量的人工采石，形成了大量的物源，使得沟内可移动物源明显增多，有利于泥石流物源补充而加大泥石流的危险性。

2) 泥石流形成条件

泥石流形成和发展必须具备三个条件：①丰富的物源。固体物质相当丰富，为泥石流的暴发提供了物质基础。②有效的地形条件。加查县热当 R96 号沟流域最高海拔为 5 038 m，沟口堆积扇前缘海拔为 3 138 m，相对高差 1 551 m，平均纵比降为 170‰，如此大的纵比降为泥石流物质的起动提供了势能转化为动能的条件，也为泥石流的暴发积聚了能量。③充足的降雨。降雨是泥石流暴发的激发因素，特别是短时间的暴雨。短历时的强降雨对泥石流的激发起着决定性的作用，在充足的物源和有效的地形条件都具备的情况下，短历时的强降雨控制着泥石流的发生，起着导火线的作用。

对以上泥石流形成的三个条件分别进行阐述说明。

(1) 物源特征

从物源分布特征上看，形成区、流通区分区并不明显，物源除了来自形成区松散的坡面物质和少量的滑坡外，还有部分来自沟道内的松散物。现场调查来看，整个流域并没有大型崩坡积物，只有少数几个小型垮塌体，总量约有 50.2 万 m^3；沟道两侧按 2 m 掏蚀计算，粗略估算总量约有 75 万 m^3；沟道内已有碎石及泥土的总量约为 200 万 m^3，合计松散物质储量约为 325.2 万 m^3。对于一个流域面积 22.93 km^2 的 R96 号沟而言，这样的松散物质量已经具备形成泥石流的物源条件。根据该处的地质资料知，沟道前缘有一条大型的断裂通过，这使得每次断裂活动产生的震动就可能会形成新的滑坡，为泥石流的活动提供新的松散物质。

(2) 地形特征

发生泥石流必须有激发泥石流发生的势能条件，R96 号沟的平均纵比降达到了 170‰，并且高差也达到了 1 551 m。这不但说明势能充足，而且说明该沟正处于活动期。因此，R96 号沟流域较大，然而一旦降雨，在较多的雨水及冰雪融水情况下，在石块自身势能的作用下，就能够激发而形成泥石流。地形条件是满足的。

(3) 水源特征

实地的调查可知，R96 号沟的流域较大，沟道内有常年流水，山坡两侧没有泉水出露。该处也并非常年积雪，不存在由冰川等作用形成泥石流。因此，R96 号沟泥石流的暴发就依赖于降雨的作用。根据资料知，热当的年均降雨量 509.44 mm，年平均气温 9.4 ℃。雨水多集中在夏季 5~9 月。从历史看，该区降雨量不大，不容易激发形成泥石流，然而由于纵比降偏大的缘故，该沟的泥石流激发雨量也相应偏小，在不需要太大降雨的情况下，也能产生泥石流。通过当地居民的走访也印证了这一点。

3. 加查县热当 R96 号沟泥石流动力学特征

如前所述，从加查县热当 R96 号沟主沟形成区及流通区所分布的松散物源特征及沟形特征调查表明，加查县热当 R96 号沟主沟属于稀性泥石流。

由于无泥石流发生时的实际观测数据,对加查县热当 R96 号沟泥石流的分析,主要依据现场调查资料,类比利用泥石流运动特征及动力特征研究的成果进行分析。

1)峰值流量

根据《四川省水文手册》,加查县热当 R96 号沟不同频率下设计洪峰流量见表 14.138。

表 14.138　不同频率下加查县热当 R96 号沟设计洪峰流量计算结果

流域面积 $F(\text{km}^2)$	22.93		
沟长 $L(\text{km})$	9.1		
沟道纵比降	170‰		
流域特征系数 θ	7.567		
汇流参数 m	0.334		
产流参数 μ	1.985		
设计频率 P	2%	1%	0.5%
暴雨参数 n	0.941	0.949	0.956
雨力 $S_p(\text{mm/h})$	39.8	43.8	47.6
洪峰径流系数 ψ	0.732	0.757	0.776
汇流时间 $\tau(\text{h})$	4.67	4.55	4.51
最大流量 $Q_B(\text{m}^3/\text{s})$	40.45	45.81	50.74

根据公式(5.4),不同频率下加查县热当 R96 号沟泥石流洪峰流量计算结果见表 14.139。

表 14.139　不同频率下加查县热当 R96 号沟泥石流洪峰流量计算结果

频率	D_c	$\gamma_c(\text{kN/m}^3)$	$\gamma_H(\text{kN/m}^3)$	$1+\varphi$	$Q_B(\text{m}^3/\text{s})$	$Q_c(\text{m}^3/\text{s})$
2%	1.7	18.0	26.5	1.94	40.45	133.40
1%	2.5	19.0	26.5	2.20	45.81	251.96
0.5%	3.5	20.0	26.5	2.53	50.74	449.30

2)一次泥石流过程总量和冲出固体物质总量

根据公式(5.6)和公式(5.7),不同频率下加查县热当 R96 号沟一次泥石流过程总量计算结果见表 14.140,一次泥石流冲出固体物质总量计算结果见表 14.141。

表 14.140　加查县热当 R96 号沟一次泥石流过程总量计算结果

频率	K	$T(\text{s})$	$Q_c(\text{m}^3/\text{s})$	$Q(\text{m}^3)$
2%		1 800	133.40	63 393.63
1%	0.264	1 800	251.96	119 729.02
0.5%		1 800	449.30	213 508.64

表 14.141　加查县热当 R96 号沟一次泥石流冲出固体物质总量计算结果

频率	γ_c(kN/m³)	γ_H(kN/m³)	γ_w(kN/m³)	Q(m³)	Q_H(m³)
2%	18.0	26.5	10.0	63 393.63	30 736.30
1%	19.0	26.5	10.0	119 729.02	65 306.74
0.5%	20.0	26.5	10.0	213 508.64	129 399.18

3)流速

根据公式(5.2),不同频率下加查县热当 R96 号沟泥石流流速计算结果见表 14.142。

表 14.142　加查县热当 R96 号沟泥石流流速计算结果

频率	$1/n$	γ_H(kN/m³)	R(m)	I	v_c(m/s)
2%	25	26.5	0.55	170‰	1.36
1%	25	26.5	0.8	170‰	1.55
0.5%	25	26.5	1.5	170‰	2.09

4. 加查县热当(R96 号沟)泥石流危险性评价

1)泥石流活动程度分析

根据加查县热当 R96 号沟流域环境特征,结合野外实地调查和相应的评判标准(表 6.1 和表 6.2),对泥石流易发程度进行综合评价。

根据加查县热当 R96 号沟流域的实际情况对各项指标进行综合打分,评分结果见表 14.143。

表 14.143　加查县热当 R96 号沟泥石流易发程度评判表

序号	指　标	指标打分
1	崩塌、滑坡及水土流失(自然和人为的)严重程度	16
2	泥沙沿程补给长度比	8
3	沟口泥石流堆积活动程度	14
4	河沟纵坡	9
5	区域构造影响程度	9
6	流域植被覆盖率	9
7	河沟近期一次变幅	6
8	岩性影响	4
9	沿沟松散物储量	6
10	沟岸山坡坡度	6
11	产沙区沟槽横断面	5
12	产沙区松散物平均厚度	5
13	流域面积	3
14	流域相对高差	4
15	河沟堵塞程度	3

续上表

序号	指　　标	指标打分
	综合得分	107
	泥石流易发程度	易发

根据评价结果显示,加查县热当 R96 号沟泥石流属于易发,即在较大降雨条件下发生泥石流的可能性大。

2)危险度

泥石流危险度的评价采用成都山地所刘希林于 1996 年提出的单沟泥石流危险度评价方法。根据表 6.8 计算可得相应的转换值,见表 14.144。

表 14.144　危险度评价因子和转换函数及其转换值

评价因子	初始值	转换值
泥石流规模	90	1.47
发生频率	3	0.17
流域面积	22.93	0.727
主沟长度	9.1	0.950
流域相对高差	1.514	1.000
流域切割密度	0.21	0.009 3
不稳定沟床比例	0.09	0.098

根据公式(6.1)计算,加查县热当(R96 号沟)泥石流的危险度 H_d 为 0.775,按照分级标准表 6.9,可知加查县热当(R96 号沟)危险度为高度危险。

5. 泥石流发展趋势预测

1)泥石流历史灾害

从加查县热当 R96 号沟的堆积扇可知该沟泥石流发育历史古老,冲刷淤埋较严重,近期没有活动,是一条处于中年衰退期的泥石流。

2)泥石流的形成和发展趋势

加查县热当 R96 号沟具备泥石流形成和发展必须的三个条件:丰富的物源、有效的地形条件、充足的降雨。更为重要的是,加查县热当 R96 号沟当前的纵比降较大,随着溯源侵蚀的进行,泥石流灾害将来可能还会趋于严重。从统计的松散物源来看,加查县热当 R96 号沟的物源丰富,然而该沟所处的地理位置位为地震高发区,每一次地震之后,也可能形成新的物源,这也是铁路线路方案应该考虑的因素。

总之,加查县热当 R96 号沟,随着时间的推移,泥石流暴发频率逐渐提高。

14.3　加查段典型泥石流沟分析评价

加查县城上游峡谷段共有 11 条泥石流沟,即熊玛沟、白沟、白助沟、1 号沟、聂荣沟、多助沟、左邹日沟、右邹日沟、左甲沟、右甲沟、聂沟,如图 14.115 所示。

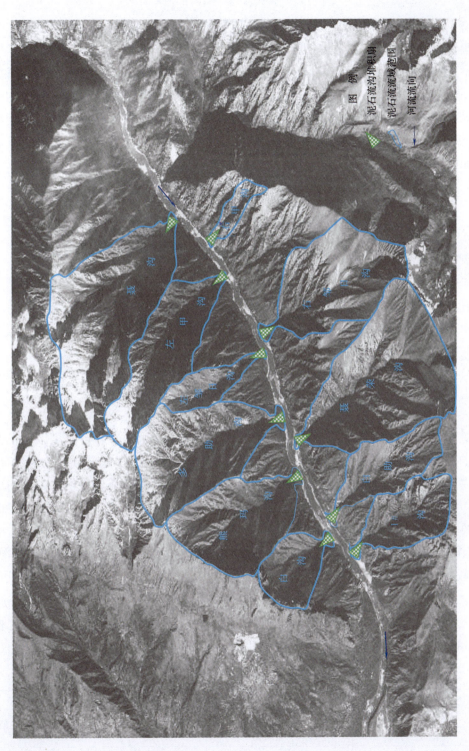

图 14.115　加查县城上游峡谷段 11 条泥石流沟遥感图

14.3.1 熊玛沟

1. 流域特征

熊玛沟位于雅鲁藏布江右岸,(藏木水电站)坝址轴线上游约500 m处,流域面积约3.21 km²,主沟长约2 350 m,沟道主流向为N64°E,沟谷呈"V"形。流域内最高海拔5 000 m,沟口海拔3 400 m,相对高差为1 600 m,沟道两岸山坡平均坡度约35°,平均纵比降为681‰。熊玛沟流域切割较为强烈,流域内共发育有3条支沟,两岸山坡坡度较陡,沟道纵比降大,流向多与主沟流向呈锐角斜交。熊玛沟泥石流流域分区及不良地质分布如图14.116所示。

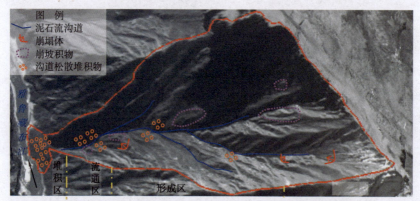

图14.116　熊玛沟泥石流流域分区及不良地质分布图
(底图为SPOT遥感影像)

沟道内多见基岩出露,主要为燕山晚期～喜山期花岗岩(γ_{5-6}^3),岩石类型以二长花岗岩为主。由于该地区日较差较大,使得表层岩石风化程度较强,基岩节理较为发育。在流域内可见较多由于风化而形成的坡面松散固体物质堆积,以及分布于沟内的崩塌堆积体。沟道两岸山坡坡度较陡,坡面土壤在地表径流的作用下容易流失,因此在山坡上主要生长低矮灌木和草本植物,流域内未见乔木生长。由于坡面松散固体物质的堆积,在沟道内植被生长相对茂盛,可见一些较为高大的灌木和长势较好的草本植物。熊玛沟沟道内常年有流水,春、夏两季流量相对较大,秋、冬两季流量较小。

2. 流域分区特征

熊玛沟泥石流可以分为四个区域,即清水区、形成区、流通区和堆积区;其分区特征见图14.116和表14.145,各区的沟床纵比降特征如图14.117所示。

表14.145　熊玛沟泥石流流域分区特征

分　区	面积(km²)	高程范围(m)
清水区	0.98	4 480～5 000
形成区	1.82	3 760～4 480
流通区	0.35	3 400～3 760
堆积区	0.06	3 250～3 400

14　各区段典型泥石流沟分析评价

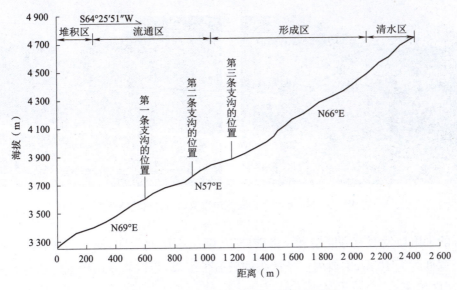

图 14.117　熊玛沟泥石流流域沟床比降特征

(1) 清水区

清水区是泥石流形成的动力源区,其对泥石流形成的影响主要表现为汇流作用。当降水发生时,清水区将分散的地表径流汇集,增大流域的清水流量,并迅速进入主沟,冲刷沟道底床及两岸不稳定边坡的松散物质,从而导致泥石流的发生。在坡降较大的情况下,地表径流在冲到主沟时具有较大的动能,对沟床和沟道两岸的冲刷更为强烈。熊玛沟的清水区主要位于海拔 4 480 m 以上区域,集水面积约 0.98 km^2,约占总流域面积的三分之一。据调查,清水区内多见基岩裸露,区内无明显的滑坡、崩塌等不良地质现象,基岩节理、裂隙较为发育,并有一定程度的风化。区域内植被长势较好,覆盖率较高,坡面松散固体物质在植被根系的固定下较为稳定,对熊玛沟泥石流的物源补给贡献不大。

(2) 形成区

形成区是泥石流物质补给的主要源区,对泥石流的影响主要表现在为泥石流的发生提供足够的松散固体物源,在水动力的作用下汇入沟道,形成泥石流。熊玛沟的形成区位于海拔 3 760~4 480 m,形成区面积为 1.82 km^2,形成区内主沟长约 1 057 m,沟道纵比降 681‰,沟宽 5~15 m 不等,沟谷呈"V"形。形成区内基岩风化较为强烈,表层岩石较为破碎,节理裂隙发育程度相对较高,沟道内随处可见风化的剥落堆积物(图 14.118),堆积的石块粒径主要以 5~10 cm 为主。沟道左岸的崩积体是形成区主要的松散固体物质补给源,右岸局部也有小规模的崩塌分布。形成区内沟道两岸坡面植被长势较差,沟道内植被长势相对较好。

(3) 流通区

熊玛沟的流通区主要位于海拔 3 400~3 760 m,流通区面积约为 0.35 km^2,沟长约 800 m,纵比降 450‰,沟道呈"V"形,宽 8~15 m,沟道内石块粒径以 5~20 cm 为主。沟

图 14.118　熊玛沟泥石流沟道两侧基岩出露特征

道左侧的平硐口发育有一断层和一条破碎带，断层为南北走向，向东陡倾，倾角为 85°，破碎带宽度约为 10 m，主要由三条次级的破裂带组成，带内岩石破碎程度达碎裂岩。

（4）堆积区

熊玛沟泥石流的堆积区位于海拔 3 400 m 以下，老泥石流堆积物已延伸至雅鲁藏布江内。堆积区呈明显的扇状结构，扇顶角约为 120°，堆积区面积约为 6.13 万 m^2，其堆积厚度 3～5 m，从而估算出该堆积扇的堆积体积约为 21.56 万 m^3。堆积区内可见大粒径块石堆积，粒径分布范围主要为 50～150 cm（图 14.119）。通过现场调查，堆积扇上最大石块粒径可达 4 m。在堆积扇的出口处有明显的垄岗状堆积（图 14.120）；在海拔 3 325 m 处还有一堆积台地（位置坐标为 92°30′42″E，29°11′20″N），从而说明历史上该沟曾发生过较大型泥石流。堆积区沟道最大下切深度可达 5 m，沟道内有常年流水，流量约 25 L/s，沟宽 1～2 m，两岸坡度 20°～30°。堆积扇出口处有高大的乔木生长，灌木的长势也相对较好；沟床内可见直径在 30～40 cm 的树木被泥石流冲毁，沟道内还可见断后的树桩，而直径大于 50 cm 的树木保存完好，但能清晰可见表面有被石块撞击的痕迹（图 14.121）；从植被的长势情况可以初步判断该沟泥石流发生的频率相对较低。

3. 泥石流动力学特征

通过大量山区的洪水流量资料分析比较，认为推理计算公式较适合于西藏地区的暴雨洪水的设计洪峰流量计算。

由推理公式求得不同频率下熊玛沟设计洪水洪峰流量见表 14.146。

表 14.146　不同频率下熊玛沟设计洪水洪峰流量表

频　率	设计洪水洪峰流量 $Q_B(m^3/s)$
20%	8.3
10%	11.5
5%	14.8
2%	19.2
1%	23.5

图 14.119　熊玛沟泥石流堆积扇块石堆积

图 14.120　熊玛沟泥石流堆积扇垄岗堆积

图 14.121　熊玛沟泥石流沟道内树木被泥石流撞击的痕迹

加入洪水的泥沙往往含有少量的水分,因此计算泥石流流量的泥沙比重实际上是湿泥沙比重,比干泥沙容重 27.0 kN/m³ 略小,研究中泥沙容重采用 26.5 kN/m³,清水容重取 10.0 kN/m³。通过泥石流堆积物形态、粒径、厚度和底坡等以及形成区和流通区的物源特征综合分析,初步确定熊玛沟不同频率下的容重和堵塞系数见表 14.147。

表 14.147　不同频率的熊玛沟泥石流计算容重和堵塞系数表

频　率	泥石流容重(kN/m³)	堵塞系数 D_c
$P=20\%$(高含沙洪水)	14.0	1.1
$P=10\%$(稀性泥石流)	14.5	1.3
$P=5\%$(稀性泥石流)	14.8	1.4
$P=2\%$(亚黏性泥石流)	15.2	1.5
$P=1\%$(亚黏性泥石流)	15.6	1.6

根据公式(5.4),熊玛沟泥石流洪峰流量见表 14.148。

表 14.148　熊玛沟设计泥石流(洪水)洪峰流量表

频　率	$Q_c(m^3/s)$
20%	12.1
10%	20.6
5%	29.2
2%	42.1
1%	56.9

根据国土资源部发布的《泥石流灾害防治工程设计规范》(DZ/T 0239—2004)中泥石流沟易发程度数量化评分标准(表 6.1),可以得出泥石流沟的总体评分(表 14.149),根据数量化评分值与容重、$(1+\varphi)$关系对照表(表 5.6),可以查出泥石流的容重;由数量化评分值再根据泥石流数量化和模糊综合评判等级标准表(表 14.101),可以判别泥石流沟的易发程度。

表 14.149　熊玛沟泥石流易发程度综合分级评判表

序号	影响因素	得　分
1	崩塌、滑坡及水土流失(自然和人为的)严重程度	12
2	泥沙沿程补给长度比	8
3	沟口泥石流堆积活动程度	7
4	河沟纵坡	12
5	区域构造影响程度	5
6	流域植被覆盖率	1
7	河沟近期一次变幅	4
8	岩性影响	4
9	沿沟松散物储量	5
10	沟岸山坡坡度	6
11	产沙区沟槽横断面	5
12	产沙区松散物平均厚度	3
13	流域面积	5
14	流域相对高差	4
15	河沟堵塞程度	1
总得分		82
易发程度评价		轻度易发

根据表 6.1、表 14.150 和表 5.6,熊玛沟泥石流的总体评分值为 82 分(表 14.151),容重为 15.65 kN/m³,属于稀性泥石流,为轻度易发。

表 14.150　泥石流数量化和模糊信息综合评判等级标准表

是与非的判别界限值			划分严重等级的界限值		
等级	标准得分 N 的范围	上下限模糊边界区 10%变差得分范围	等级	按标准得分 N 的范围自判	按上下限模糊边界区 10%范围自判
是	44～130 ($0.25 \leqslant r \leqslant 1.0$)	40～130	严重	116～130 ($r \leqslant 0.75$)	114～130
			中等	87～115 ($0.5 \leqslant r < 0.75$)	84～118
			轻微	44～86 ($0.25 \leqslant r < 0.5$)	40～90
非	15～43 ($r < 0.25$)	15～48	一般	15～43 ($r < 0.25$)	15～48

注:1. 括号内数字为模糊评判 r 的界限值。
　　2. 当时某条泥石流沟进行数量化评分得出总分 N 位于模糊界限区时,表示该沟的严重等级可作两可判断,一般需依靠经验判定。

流速 v_c 按照稀性泥石流的计算公式进行计算,取水力半径取 $0.5\ m$;泥石流水力坡度用沟床纵比降代替,为 $597‰$;清水河床糙率系数取 25;泥石流泥沙修正系数,取 0.532;泥石流容重,取 $15.65\ kN/m^3$;清水容重,取 $10\ kN/m^3$;泥石流中固体物质容重,取 $26.5\ kN/m^3$。

根据公式(5.2)计算,熊玛沟泥石流的平均流速为 $7.72\ m/s$。

根据对沟内泥石流痕迹的实际调查成果,在海拔 $3\ 280\ m$ 和 $3\ 295\ m$ 位置取两个断面,如图 14.122 所示,计算其流量:

断面 1: $B=2.2\ m, H=2.4\ m, Q_c=40.76\ m^3/s$。

断面 2: $B=5.2\ m, H=1.0\ m, Q_c=40.14\ m^3/s$。

根据以上的计算,熊玛沟的流量为 $40.45\ m^3/s$,相当于配方法 2%频率下的流量。

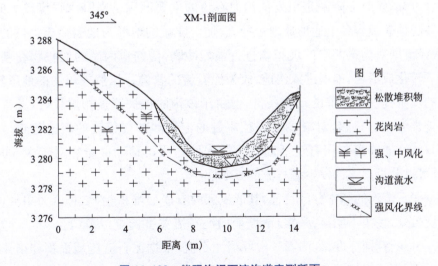

图 14.122　熊玛沟泥石流沟道实测断面

一次泥石流冲出的固体物质总量 Q_H 按公式(5.7)计算,得出熊玛沟的一次泥石流冲出的固体物质总量为 $3.46\ 万\ m^3$。

4. 松散固体物质可移动储量估算

熊玛沟内能够参与泥石流活动的松散固体物质主要包括以下三个部分：沟道堆积物、崩坡积物和流域内的滑坡或崩塌体。沟道松散固体物质储量主要根据主沟长度、宽度及松散固体物质的平均厚度相乘得到。流域内的崩塌或滑坡是根据高分辨率遥感影像解译与实地调查计算得到。流域内崩坡积物的计算主要根据流域物源区的面积及坡面松散固体物质的平均厚度计算得到。流域内各类松散固体物质储量的计算如下：

(1) 沟道堆积物的量测或估算

经估算，沟道堆积物体积为 3.52 万 m^3。

(2) 坡面崩坡积物的量测或估算

经估算，坡面崩坡积物体积为 8.44 万 m^3。

(3) 崩塌体的量测或估算

经估算，崩塌体体积为 0.73 万 m^3。

估算出能够参与泥石流活动的松散固体物质储量为 3.52+8.44+0.73=12.69 万 m^3。

5. 熊玛沟泥石流灾害现状评估

熊玛沟老泥石流堆积扇表面植被长势较好，根据当地植被的生长周期可以初步判断，该沟泥石流发生的频率较低，属于低频泥石流。

由于该地区缺乏详细的降水观测资料，因此选用距调查区 3.26 km，也是最近的加查气象站的观测资料作为该地区气象参考资料。据加查县气象站 1978—2004 年实测资料统计可知，短时强降雨是引发该沟泥石流的主要原因。当降水强度较大时，植被覆盖率差的地表很容易迅速形成地表径流，加上陡峭的地形为地表径流提供的巨大势能，地表径流便对沟道两岸的坡积物进行强烈冲刷，使沟道两岸的坡积物在基脚遭强烈冲刷下转化成滑坡、崩塌进入沟道，成为泥石流的物源。虽然熊玛沟的地形较陡，为泥石流的发生提供了足够的动力条件，但由于该沟的植被覆盖相对较好，尤其是沟道内的植被长势相对旺盛，对减少地表径流量的汇集和减缓径流的流速起到一定的作用。并且估算能够参与泥石流活动的松散固体物质可移动储量相对较少，物源不丰富，由此可以分析出该沟发生泥石流的频率低。

根据泥石流沟的基本分区特征，其形成区内有崩塌堆积物，堆积区为扇形，且堆积物磨圆度较好，棱角不明显，根据《滑坡崩塌泥石流灾害调查规范(1：50 000)》(DZ/T 0261—2004)的判别标准，该沟属于沟谷型泥石流；根据泥石流流域面积和扇体堆积物判断，该沟泥石流规模属于中型。

从泥石流沟的演化趋势判断，该沟沟坡趋于稳定，以河床侵蚀为主，有淤有冲，由淤转冲，属于衰退期泥石流。

综合上述分析，熊玛沟现状较稳定，地质灾害发育程度弱。此外，该沟致灾能力弱,地质灾害危害程度小,所以其现状地质灾害危险性小。

14.3.2 白沟

1. 流域特征

白沟位于雅鲁藏布江右岸,(藏木水电站)坝址轴线下游约 600 m 处,流域的汇水面积约 1.46 km²,主沟长约 1 350 m,平均纵比降为 889‰,整个流域呈围椅状,流域海拔最高 4 600 m,沟口海拔 3 400 m,流域相对高差为 1 200 m。流域内出露的基岩为燕山晚期~喜山期花岗岩(γ_{5-6}^3),主要岩石类型为二长花岗岩。白沟主要发育了 3 条支沟,各支沟比降较大,支沟内无明显崩塌等不良地质体分布。白沟泥石流流域分区及不良地质分布如图 14.123 所示。

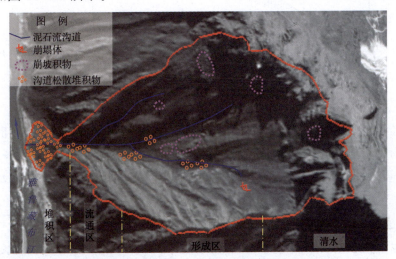

图 14.123 白沟泥石流流域分区及不良地质分布
(底图为 SPOT 遥感影像)

2. 流域分区特征

白沟泥石流可以分为四个区域,即清水区、形成区、流通区和堆积区;其分区特征见表 14.151,沟床纵比降特征如图 14.124 所示。

表 14.151 白沟泥石流的分区特征

分 区	面积(km²)	高程范围(m)
清水区	0.53	4 100~4 600
形成区	0.72	3 620~4 100
流通区	0.17	3 400~3 620
堆积区	0.04	3 250~3 400

(1)清水区

白沟泥石流清水区主要位于海拔 4 100 m 以上区域,集水面积约 0.53 km²,区内出

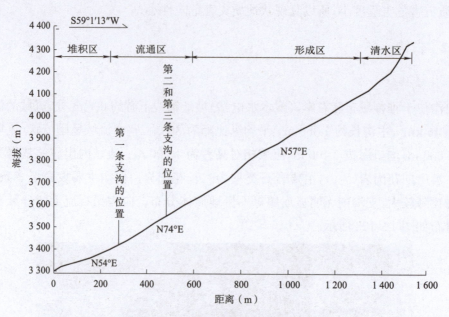

图 14.124　白沟泥石流沟床纵比降特征

露基岩为坚硬的花岗岩,表层风化程度较弱。区内植被覆盖较好,植被的根系对地表松散固体物质起到一定的固定作用,因此坡面松散固体物质的稳定性较好,无明显的滑坡和水土流失现象,只是局部有小规模的崩塌体零星分布。崩塌体在降水作用和陡峭的地形条件下很容易起动,成为白沟泥石流的固体物质来源。

(2)形成区

白沟泥石流形成区面积约为 0.72 km², 位于海拔 3 620～4 100 m, 沟长约 480 m, 纵比降 686‰,沟道呈"V"形,平均宽度约 7 m。沟道只在春、夏两季有流水,其余季节为干枯。沟道内松散固体物质主要为坡面崩落的碎石,粒径分布范围主要在 5～10 cm,沟道内松散固体物质堆积的地方植被长势相对较好,但多为低矮灌木和草本植物。

(3)流通区

白沟泥石流流通区位于海拔 3 400～3 620 m,面积约为 0.17 km², 沟长约 220 m, 纵比降 615‰。流通区沟道相对狭窄,沟道呈"V"形,沟道最窄处宽约 3 m,最宽处约 8 m (图 14.125)。沟道内松散固体物质主要为老泥石流的堆积体,粒径分布范围主要在 5～15 cm。区内植被较为稀疏,沟道两岸山坡多为基岩裸露,沟道内长有少量低矮灌木和草本植物,只有雨季才有水流。

图 14.125　白沟泥石流沟道及堆积特征

(4)堆积区

白沟泥石流堆积区海拔 3 250～3 400 m,沟道成"V"形,宽在 5～10 m,纵比降 453‰。老泥石流的冲出物在沟口呈扇状堆积,扇顶角约为 70°,扇轴长约 110 m,堆积面积约为 4.12 万 m^2,其堆积厚度 3～5 m,估算堆积扇的体积约为 14.25 万 m^3。堆积扇表面已有植被生长,可见粒径较大的石块零星分布,根据对现场石块粒径的测量,最大石块粒径为 2.5 m(图 14.125)。雨季沟道的流水在堆积扇的左岸形成一条冲沟,沟宽约 1.5 m。

3. 松散固体物质可移动储量估算

根据野外实地调查结合高分辨率的 SPOT 遥感影像,白沟内主要的能够参与泥石流活动的松散固体物质为沟道堆积物、坡面崩坡积物和崩塌体,其物质储量如下:

(1)沟道堆积物的量测或估算

经估算,沟道堆积物体积为 0.28 万 m^3。

(2)坡面崩坡积物的量测或估算

经估算,坡面崩坡积物体积为 3.13 万 m^3。

(3)崩塌体的量测或估算

经估算,崩塌体体积为 0.04 万 m^3。

估算出能够参与泥石流活动的松散固体物质可移动储量为 0.28＋3.13＋0.04＝3.45 万 m^3。

4. 地质灾害现状评估

根据白沟老泥石流堆积扇上大石块的粒径特征可以得出,该沟泥石流虽然规模较小,但冲击力较大。白沟老泥石流堆积扇表面植被长势较好,根据当地植被的生长周期可以初步判断,该沟泥石流发生的频率较低,属于低频泥石流。

白沟和熊玛沟属于同一气候区,其气象条件与熊玛沟基本一致,短时强降水是泥石流发生的主要原因,因此,该沟泥石流的发生类型也是属于暴雨型泥石流。白沟的地形较陡,平均沟道纵比降为 889‰,巨大的高差为泥石流的发生提供了足够的动能,有利于泥石流的发生。由于其沟道植被茂盛,植被面积达 70%以上,因此不容易形成地表强径流,从而降低了其发生泥石流的可能性。

白沟泥石流汇水面积为 1.46 km^2,沟谷两侧坡度 25°～35°不等,根据高分辨率的 SPOT 遥感影像及现场调查,估测可移动松散物质的总量为 3.45 万 m^3。白沟泥石流流域形态完整,可以划分为清水区、形成区、流通区和堆积区,其形成区内有崩塌堆积物,堆积区为扇形,且堆积物磨圆度较好,棱角不明显,根据《滑坡崩塌泥石流灾害调查规范(1∶50 000)》(DZ/T 0261—2004)的判别标准,该沟属于沟谷型泥石流。

根据泥石流流域面积和堆积扇判断,该沟泥石流规模属于小型。

根据国土资源部发布的《泥石流灾害防治工程设计规范》(DZ/T 0239—2004),白沟泥石流的总体评分值为70分(表14.152),容重为14.81 kN/m³,属于稀性泥石流,为轻度易发。从泥石流沟的演化趋势判断,该沟沟坡趋于稳定,以河床侵蚀为主,有淤有冲,由淤转冲,属于衰退期泥石流。

表14.152 白沟泥石流易发程度综合分级评判表

序号	影响因素	得分
1	崩塌、滑坡及水土流失(自然和人为的)严重程度	12
2	泥沙沿程补给长度比	12
3	沟口泥石流堆积活动程度	1
4	河沟纵坡	12
5	区域构造影响程度	5
6	流域植被覆盖率	1
7	河沟近期一次变幅	1
8	岩性影响	1
9	沿沟松散物储量	1
10	沟岸山坡坡度	6
11	产沙区沟槽横断面	5
12	产沙区松散物平均厚度	3
13	流域面积	5
14	流域相对高差	4
15	河沟堵塞程度	1
	总得分	70
	易发程度评价	轻度易发

综合上述分析,白沟现状较稳定,地质灾害发育程度弱,致灾能力弱,地质灾害危害程度小,所以其现状地质灾害危险性小。

14.3.3 白助沟

1. 流域特征

白助沟位于雅鲁藏布江左岸,(藏木水电站)坝址轴线下游约100 m处,流域面积约1.95 km²,主沟长约1900 m,流域海拔最高5200 m,沟口处海拔3360 m,流域相对高差为1840 m,平均纵比降为968‰。流域内主要发育有两条支沟,与主沟呈锐角相交,出露的基岩为燕山晚期~喜山期花岗岩(γ_{5-6}^3),岩石类型主要为二长花岗岩,节理较为发育,表层呈弱风化,基岩表层有少量第四纪松散堆积体覆盖。

白助沟为常年流水型沟谷,雨季流量相对较大,秋、冬两季沟道水流只在局部出露。流域内松散固体物质主要来源于表层岩石风化作用形成的崩落体和第四纪松散堆积体,植被以草本植物为主,由于坡面土壤层厚度较小,水分稀缺,因此坡面的灌木长势较差,只在水分较充分的沟道内才有少量灌木生长。白助沟泥石流流域分区及不良地质分布如图 14.126 所示。

图 14.126　白助沟泥石流流域分区及不良地质分布

(底图为 SPOT 遥感影像)

2. 流域分区特征

白助沟泥石流可以分为四个区域,即清水区、形成区、流通区和堆积区;其分区特征见表 14.153,沟床纵比降特征如图 14.127 所示。

表 14.153　白助沟泥石流流域分区特征

分　区	面积(km²)	高程范围(m)
清水区	0.76	4 520～5 200
形成区	0.90	3 720～4 520
流通区	0.26	3 360～3 720
堆积区	0.03	3 250～3 360

(1)清水区

白助沟的清水区主要分布在流域内海拔 4 520 m 以上地区,集水面积为 0.76 km²,约占整个流域面积的三分之一。清水区基岩的稳定性较好,但有一定程度上的风化,表层有少量第四纪松散堆积物,区内山坡较陡,左岸坡度 30°～40°,右岸坡度 20°～30°,陡峭的地形为坡表松散固体物质的移动提供了良好的地形条件,但由于该区坡面松散固体物质储量较小,因此沟道内只有少量坡面崩落的松散固体物质堆积。

(2)形成区

白助沟的形成区位于海拔 3 880～4 500 m,主沟长约 800 m,纵比坡降为 660‰,沟道呈"V"形,沟宽 5～15 m 不等。形成区沟道两岸山坡较为陡峭,平均坡度约 35°,陡峭的地形使得坡面的松散固体物质很容易汇集到沟道,在降水条满足的情况下,很容易引发泥石流。区内多见基岩出露,岩性以花岗岩为主,表层风化较弱,但地表第四纪覆

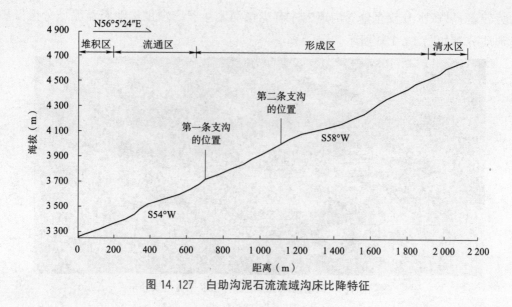

图 14.127 白助沟泥石流流域沟床比降特征

盖层的厚度相对较大,沟道内松散固体物质堆积量相对较大,堆积物主要为坡面松散崩落物和沟道冲积物,堆积体石块粒径主要分布在 5～10 cm,最大的石块粒径可达 3 m。沟道内植被长势相对茂盛,灌木约占 60%,浅草约占 40%。

(3)流通区

白助沟的流通区位于高程 3 360～3 720 m,沟长约 360 m,纵比降 690‰,沟道两岸山坡坡度较陡,平均坡度约 30°。沟道两侧及沟道内多见基岩出露,风化程度较弱,表层有第四纪松散堆积物质覆盖,堆积物平均厚度约 0.5 m。沟道相对较窄,呈"V"形,沟道最窄处宽约 3 m,最宽处约 6 m,沟道内松散堆积物主要为沟道的冲积物和坡表崩落的碎石,粒径多在 5～15 cm(图 14.128)。受地形条件和水分条件的影响,流通区植被长势较差,沟道及两岸山坡主要分布有草本植物,灌木数量较少。

(4)堆积区

白助沟的堆积区主要分布在海拔 3 250～3 360 m,纵比降 500‰,堆积体呈明显的扇状堆积,堆积扇轴长约 110 m,扇的前缘已进入雅鲁藏布江,在交汇处可见被雅鲁藏布江冲刷的痕迹。堆积扇扇顶角约 70°,扇宽变幅 3～8 m 不等,扇体的堆积面积约为 2.50 万 m^2,平均厚度约 3 m,从而估算出该堆积扇的体积为 7.50 万 m^3。堆积区两侧基岩出露,表层呈弱风化,可以看到其上新鲜剥落岩块的凌空面。堆积扇表有灌木和草本植物生长,灌木长势相对茂密,最高灌木可达 3 m,堆积物以巨砾块石为主,50～100 cm 之间大粒径为主(图 14.129)。

3. 泥石流洪峰流量

由推理公式求得不同频率下白助沟设计洪水洪峰流量见表 14.154。

根据公式(5.4),计算得白助沟泥石流洪峰流量见表 14.155。

14 各区段典型泥石流沟分析评价

图 14.128　白助沟泥石流沟道特征　　　图 14.129　白助沟泥石流堆积特征

表 14.154　不同频率下白助沟设计洪水洪峰流量表

频　率	设计洪水洪峰流量 $Q_B(m^3/s)$
20%	5.1
10%	7.2
5%	9.3
2%	12.1
1%	14.9

表 14.155　白助沟泥石流设计洪峰流量表

频　率	泥石流洪水峰流量 $Q_c(m^3/s)$
20%	7.4
10%	12.9
5%	18.4
2%	26.5
1%	36.1

4. 松散固体物质可移动储量估算

根据高分辨率的 SPOT 遥感影像并结合实地调查,白助沟内主要的能够参与泥石流活动的松散固体物质为沟道堆积物、坡面崩坡积物和崩塌体,其物质储量如下:

(1)沟道堆积物的量测或估算

经估算,沟道堆积物体积为 0.21 万 m^3。

(2)坡面崩坡积物的量测或估算

经估算,坡面崩坡积物体积为 1.46 万 m^3。

(3)崩塌体的量测或估算

经估算,崩塌体体积为 2.27 万 m^3。

估算出能够参与泥石流活动的松散固体物质可移动储量为 0.21＋1.46＋2.27＝3.94万 m³。

5. 地质灾害现状评估

白助沟老泥石流堆积扇表面植被长势较好，根据当地植被的生长周期可以判断，该沟泥石流发生的频率较低，属于低频泥石流。

根据实地调查及对当地气象资料的分析，白助沟泥石流发生的主要原因是由于短时强降雨所引发。强降水在短时间内迅速形成地表径流，在陡峭的地形条件下冲入沟道，具有较大的动能，沿途对沟道两岸的坡积物进行强烈冲刷，使沟道两岸的坡积物在基脚遭强烈冲刷下转化成滑坡、崩塌进入沟道，成为泥石流的物源。虽然白助沟的地形较陡，为泥石流的发生提供了较好的地形条件，但由于该沟流域面积较小、区域内松散固体物质储量不大，泥石流暴发的规模较小，对坝址的影响不大。

根据泥石流沟的基本分区特征，可将白助沟划分为清水区、形成区、流通区和堆积区，按照《滑坡崩塌泥石流灾害调查规范（1∶50 000）》(DZ/T 0261—2014)的判别标准，该沟属于沟谷型泥石流。根据泥石流流域面积和堆积扇判断，该沟泥石流规模属于小型。

根据国土资源部颁发的《泥石流灾害防治工程设计规范》(DZ/T 0239—2004)，白助沟泥石流的总体评分值为79分（表14.156），容重为15.44 kN/m³，属于稀性泥石流，为轻度易发。从泥石流沟的演化趋势判断，该沟沟坡趋于稳定，以河床侵蚀为主，有淤有冲，由淤转冲，属于衰退期泥石流。

表14.156 白助沟泥石流易发程度综合分级评判表泥石流易发程度评判表

序号	影响因素	得分
1	崩塌、滑坡及水土流失（自然和人为的）严重程度	12
2	泥沙沿程补给长度比	12
3	沟口泥石流堆积活动程度	7
4	河沟纵坡	12
5	区域构造影响程度	5
6	流域植被覆盖率	1
7	河沟近期一次变幅	1
8	岩性影响	4
9	沿沟松散物储量	1
10	沟岸山坡坡度	6
11	产沙区沟槽横断面	5
12	产沙区松散物平均厚度	3
13	流域面积	5
14	流域相对高差	4

续上表

序号	影响因素	得分
15	河沟堵塞程度	1
	总得分	79
	易发程度评价	轻度易发

综合上述分析,白助沟现状较稳定,暴发大规模泥石流的可能性较小,地质灾害发育程度弱,致灾能力弱,地质灾害危害程度小,所以其现状地质灾害危险性小。

14.3.4 1号沟

1. 流域特征

1号沟位于雅鲁藏布江左岸,(藏木水电站)坝址轴线下游约1 000 m处,流域的汇水面积约2.06 km², 主沟长约1 800 m。平均纵比降为933‰,流域最高海拔为5 000 m,沟口海拔为3 320 m,流域相对高差为1 680 m。流域内出露燕山晚期~喜山期花岗岩(γ_{5-6}^3),主要岩石类型为花岗闪长岩,表层弱风化,节理和裂隙发育,有第四纪松散堆积物覆盖,覆盖层平均厚度较小。1号沟共发育有4条支沟,支沟坡度较陡,流向与主沟流向呈锐角相交。1号沟泥石流分区及不良地质分布如图14.130所示。

图14.130 1号沟泥石流分区及不良地质分布

(底图为SPOT遥感影像)

1号沟内常年有流水,春、夏两季水流量相对较大,秋、冬两季沟道水流量相对较小。流域内松散固体物质主要来源于表层岩石风化作用形成的崩落体和第四纪松散堆积体;植被以灌木为主,灌木长势较好,草本植物长势相对较差,未见高大乔木生长。

2. 流域分区特征

1号沟泥石流可以分为四个区域,即清水区、形成区、流通区和堆积区;其分区特征见表 14.157,沟床纵比降特征如图 14.131 所示。

表 14.157　1 号沟泥石流流域分区特征

分　区	面积(km²)	高程范围(m)
清水区	0.60	4 360～5 000
形成区	1.20	3 600～4 360
流通区	0.22	3 320～3 600
堆积区	0.04	3 250～3 320

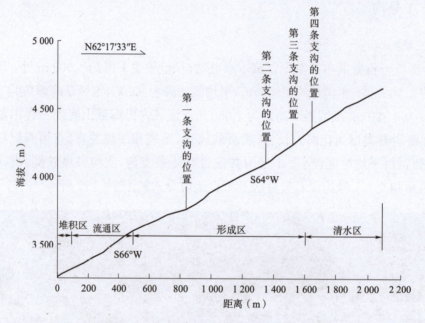

图 14.131　1 号沟泥石流流域沟床比降特征

(1) 清水区

1 号沟的清水区主要位于海拔 4 360 m 以上的区域,面积约 0.60 km²,大约占整个流域面积的三分之一,清水区坡面冲沟较为发育,山坡坡度较陡,区内基岩的稳定性较好,表层呈弱风化,节理裂隙轻微发育。表层土壤覆盖层厚度较小,覆盖层主要为第四纪松散堆积物。清水区主要生长有灌木和浅草,生长较为茂密,对地表的松散堆积物起到一定的固定作用,因此清水区对 1 号沟泥石流的贡献主要表现为清水汇集。

(2) 形成区

1 号沟的形成区位于海拔 3 600～4 360 m,沟长约 760 m,纵比降 660‰,沟道呈 "V" 形,沟宽 5～10 m 不等,沟道两岸山坡平均坡度约 25°。沟道内有大量的坡面松散物质滚落后堆积,粒径 5～20 cm 不等,这些松散固体物质是 1 号沟泥石流的主要物源。形成区内基岩出露相对较少,节理和裂隙都不发育,风化程度较弱,表层多被坡面松散堆积物所覆盖,地表长有灌木和浅草,灌木长势相对较好。

(3)流通区

1号沟的流通区位于海拔3 320～3 600 m,沟长约350 m,纵比降875‰,沟道成"V"形,该区沟道相对较窄,沟宽2～6 m(图14.132)。沟道两侧及沟底都有基岩出露,沟道内堆积有大量块石,粒径多在50～150 cm,石块最大粒径可达3.5 m(图14.133)。沟道两侧山坡坡度较陡,平均坡度约30°,有利于坡面松散固体物质的移动,在沟道内可见坡面崩落的松散物和泥石流冲积后留下的块石堆积(图14.134)。

图14.132 1号沟泥石流流通区沟道特征

图14.133 1号沟泥石流沟道碎石堆积

图14.134 1号沟泥石流沟道松散堆积物

图14.135 1号沟泥石流堆积特征

(4)堆积区

1号沟的堆积区位于海拔3 250～3 320 m,纵比降为420‰,呈明显的扇状堆积,扇顶角约100°,扇轴长约80 m,扇轴延伸方向为235°,扇面坡度约为20°,堆积扇面积约为3.35万 m^2,其堆积厚度3～5 m,估算出该堆积扇的体积约为11.75万 m^3。堆积物以大颗粒块石为主,堆积扇上生长茂密的灌木,高2～3 m。在堆积扇的中间位置,从沟口处开始切割出一条宽约2 m的流水沟,直接流向雅鲁藏布江,如图14.135中看到,堆积扇的前缘和雅鲁藏布江接触的地方,泥石流冲出物与雅鲁藏布江河流的冲积物的区别。主扇对雅鲁藏布江河道挤压明显。

3. 泥石流洪峰流量

由推理公式求得不同频率下1号沟设计洪水洪峰流量见表14.158。

表14.158　1号沟泥石流沟不同频率下设计洪水洪峰流量表

频　率	设计洪水洪峰流量 $Q_B(m^3/s)$
20%	5.7
10%	8.0
5%	10.3
2%	13.3
1%	16.4

根据公式(5.4)和清水洪峰流量计算得1号沟泥石流洪峰流量见表14.159。

表14.159　1号沟泥石流设计洪峰流量表

频　率	泥石流洪峰流量 $Q_c(m^3/s)$
20%	8.3
10%	14.3
5%	20.3
2%	29.1
1%	39.7

4. 松散固体物质可移动储量估算

根据高分辨率的遥感影像结合实际的调查，估算1号沟内主要的能够参与泥石流活动的松散固体物质为沟道堆积物、坡面崩坡积物和崩塌体，其物质储量如下：

a. 沟道堆积物的量测或估算：

经估算，沟道堆积物体积为0.41万 m^3。

b. 坡面崩坡积物的量测或估算：

经估算，坡面崩坡积物体积为2.53万 m^3。

c. 崩塌体的量测或估算：

经估算，崩塌体体积为3.02万 m^3。

估算出能够参与泥石流活动的松散固体物质储量为0.41+2.53+3.02=5.96万 m^3。

5. 地质灾害现状评估

根据1号沟老泥石流堆积扇表面植被的长势情况，可以判断该沟泥石流发生的频率较低，属于低频泥石流。

根据气象特征判断，短时强降水是1号沟泥石流发生的主要原因，因此，该沟泥石流的发生类型属于暴雨型泥石流。

1号沟可以划分为清水区、形成区、流通区和堆积区，其形成区内有崩塌堆积物，堆积区为扇形，且堆积物磨圆度较好，棱角不明显，根据《滑坡崩塌泥石流灾害调查规范

(1∶50 000)》(DZ/T 0261—2014)中的判别标准,该沟属于沟谷型泥石流。根据泥石流流域面积和堆积扇判断,该沟泥石流规模属于中型。

根据国土资源部颁发的《泥石流灾害防治工程设计规范》(DZ/T 0239—2004)(表6.1和表5.6),1号沟泥石流的总体评分值为83分(表14.160),容重为15.72 kN/m³,属于稀性泥石流,为轻度易发。从泥石流沟的演化趋势判断,该沟沟坡趋于稳定,以河床侵蚀为主,有淤有冲,由淤转冲,属于衰退期泥石流。

表14.160　1号沟泥石流易发程度综合分级评判表

序号	影响因素	得分
1	崩塌、滑坡及水土流失(自然和人为的)严重程度	12
2	泥沙沿程补给长度比	12
3	沟口泥石流堆积活动程度	7
4	河沟纵坡	12
5	区域构造影响程度	5
6	流域植被覆盖率	1
7	河沟近期一次变幅	1
8	岩性影响	4
9	沿沟松散物储量	5
10	沟岸山坡坡度	6
11	产沙区沟槽横断面	5
12	产沙区松散物平均厚度	3
13	流域面积	5
14	流域相对高差	4
15	河沟堵塞程度	1
总得分		83
易发程度评价		轻度易发

综合上述分析,1号沟现状较为稳定,地质灾害发育程度弱。致灾能力弱,地质灾害危害程度小,所以其现状地质灾害危险性小。

14.3.5　聂荣沟

1. 流域特征

聂荣沟位于雅鲁藏布江左岸,(藏木水电站)坝址轴线上游约1 000 m处,流域的汇水面积约6.34 km²,主沟长约3 310 m,沟道主流向为S50°W。流域内最高海拔5 400 m,沟口海拔3 320 m,相对高差为2 080 m,沟道狭窄,沟坡坡度25°～40°,平均纵比降为628‰,呈基本对称"V"形谷,切割较深,聂荣沟流域内共发育有3条支沟,呈树枝状水系分布。聂荣沟泥石流分区及不良地质分布如图14.136所示。

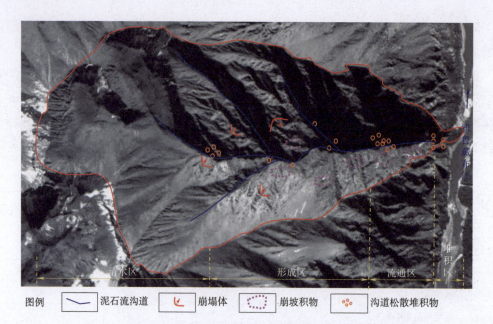

图 14.136 聂荣沟泥石流分区及不良地质分布

(底图为 SPOT 遥感影像)

沟道内多见基岩出露,主要有燕山晚期～喜山期花岗岩(γ_{5-6}^3),岩石类型以二长花岗岩为主。由于该地区日较差较大,使得表层岩石风化程度较强,基岩节理发育,在流域内可见较多风化形成的松散固体物质堆积在坡面。沟道两岸山坡坡度较陡,坡面土壤在地表径流的作用下容易流失,因此在山坡上主要生长低矮灌木和草本植物,流域内未见乔木生长。由于坡面松散固体物质的堆积,在沟道内植被生长相对茂盛,可见一些相对高大的灌木和长势较好的草本植物,聂荣沟内常年有流水,春、夏两季流量相对较大,秋、冬两季流量相对较小。

2. 流域分区特征

聂荣沟泥石流可以分为四个区域,即清水区、形成区、流通区和堆积区,其分区特征见表 14.161,沟床纵比降特征如图 14.137 所示。

表 14.161 聂荣沟泥石流流域分区特征

分 区	面积(km²)	高程范围(m)
清水区	2.75	4 920～5 400
形成区	2.90	3 840～4 920
流通区	0.66	3 400～3 840
堆积区	0.03	3 250～3 400

(1)清水区

清水区主要位于海拔 4 920 m 以上的范围,该地段植被状态较好,坡面较稳定,无明显的崩塌和水土流失现象;汇水面积约 2.75 km²,坡度较陡,在 30°～40°,在降雨后,

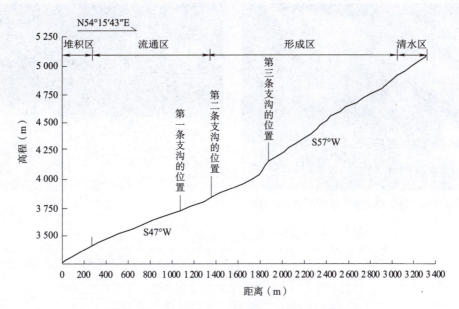

图 14.137 聂荣沟泥石流流域沟床纵比降特征

能够把区域内的水流汇集注入主沟中,从而增大洪水来量,为沟道底床及两岸不稳定边坡的松散物质活动提供水动力条件。

(2) 形成区

沟道的中段为形成区,位于海拔 3 840~4 920 m,主沟长约 1 705 m,纵比降 640‰,沟道呈"V"形,宽 5~10 m 不等,两岸边坡在 30°~40°;坡面有基岩出露,风化较强烈,表层岩石破碎,沟道内可见风化剥落堆积。沟中常年有流水,植被长势相对坡面较好。

(3) 流通区

流通区位于海拔 3 400~3 840 m,主沟长约 1 070 m;沟道内基岩出露,局部地段有少量崩坡积物(图 14.138),沟床纵比降为 517‰,沟道呈"V"形,宽 3~8 m。两岸边坡在 30°~40°。

(4) 堆积区

堆积区位于泥石流沟与雅鲁藏布江交汇处,在海拔 3 400 m 以下,沟道出口处有一崩塌体明显发育。堆积扇明显,扇顶角约 100°,堆积物以大颗粒块石为主,充填细颗粒,其上生长茂密灌木,高 2~3 m(图 14.139)。其堆积面积约为 2.35 万 m^2,堆积厚度 3~5 m,估测堆积量约 8.25 万 m^3。

3. 泥石流洪峰流量

由推理公式求得不同频率下聂荣沟设计洪水洪峰流量见表 14.162。

根据公式(5.4)和清水洪峰流量计算得聂荣沟泥石流洪峰流量见表 14.163。

图 14.138　聂荣沟沟道两侧岩石的风化特征　　图 14.139　聂荣沟堆积特征

表 14.162　聂荣沟不同频率下设计洪水洪峰流量表

频　率	设计洪水洪峰流量 Q_B(m³/s)
20%	6.2
10%	9.9
5%	13.8
2%	18.8
1%	22.9

表 14.163　聂荣沟设计泥石流洪峰流量表

频　率	泥石流洪峰流量 Q_c(m³/s)
20%	9.0
10%	17.7
5%	27.2
2%	41.2
1%	55.5

4. 松散固体物质可移动储量估算

根据高分辨率的 SPOT 遥感影像并结合实地调查,聂荣沟内主要的能够参与泥石流活动的松散固体物质为沟道堆积物、坡面崩坡积物和崩塌体,其物质储量如下:

(1)沟道堆积物的量测或估算

经估算,沟道堆积物体积为 7.43 万 m³。

(2)坡面崩坡积物的量测或估算

经估算,坡面崩坡积物体积为 5.26 万 m³。

(3)崩塌体的量测或估算

经估算,崩塌体体积为 4.66 万 m³。

估算出能够参与泥石流活动的松散固体物质储量为 7.43+5.26+4.66=17.35 万 m³。

5. 危险性分析

根据聂荣沟老泥石流堆积扇表面植被长势情况,可以判断该沟泥石流发生的频率较低,属于低频泥石流。

根据气象特征判断,短时强降水是聂荣沟泥石流发生的主要原因,因此该沟泥石流的发生类型属于暴雨型泥石流。

聂荣沟可以明显的划分为清水区、形成区、流通区和堆积区,其形成区内有崩塌堆积物,堆积区为扇形,且堆积物具有一定的磨圆度,棱角不明显,根据《滑坡崩塌泥石流灾害调查规范(1∶50 000)》(DZ/T 0261—2014)的判别标准,该沟属于沟谷型泥石流。

根据泥石流流域面积和堆积扇判断,该沟泥石流规模属于中型。

根据国土资源部颁发的《泥石流灾害防治工程设计规范》(DZ/T 0239—2004),聂荣沟泥石流的总体评分值为76分(表14.164),容重为15.23 kN/m³,属于稀性泥石流,为轻度易发。从泥石流沟的演化趋势判断,该沟沟坡趋于稳定,以河床侵蚀为主,有淤有冲,由淤转冲,属于衰退期泥石流。

表14.164 聂荣沟泥石流易发程度综合分级评判表

序号	影响因素	得分
1	崩塌、滑坡及水土流失(自然和人为的)严重程度	12
2	泥沙沿程补给长度比	12
3	沟口泥石流堆积活动程度	1
4	河沟纵坡	12
5	区域构造影响程度	5
6	流域植被覆盖率	1
7	河沟近期一次变幅	1
8	岩性影响	4
9	沿沟松散物储量	5
10	沟岸山坡坡度	6
11	产沙区沟槽横断面	5
12	产沙区松散物平均厚度	3
13	流域面积	4
14	流域相对高差	4
15	河沟堵塞程度	1
总得分		76
易发程度评价		轻度

综合上述分析,聂荣沟现状较为稳定,地质灾害发育程度弱,致灾能力弱,现阶段在其附近还没有人为活动,地质灾害危害程度小,所以其现状地质灾害危险性小。

14.3.6 多助沟

1. 流域特征

多助沟位于雅鲁藏布江左岸,(藏木水电站)坝址轴线上游约 1 700 m 处,流域的汇水面积约 4.07 km²,主沟长约 2 600 m,沟道主流向为 N79°E。流域内最高海拔 5 400 m,沟口海拔 3 360 m,相对高差为 1 840 m,沟道狭窄,沟坡坡度 25°～35°,平均纵比降为 708‰,呈"V"形谷,切割较深,流域内共发育有 6 条支沟,呈树枝状水系分布。多助沟泥石流流域分区及不良地质分布如图 14.140 所示。

图 14.140　多助沟泥石流流域分区及不良地质分布
(底图为 SPOT 遥感影像)

沟道内有基岩出露,主要为燕山晚期～喜山期花岗岩(γ_{5-6}^3),岩石类型以二长花岗岩为主。表层岩石风化程度较强,基岩节理发育,在流域内可见较多风化形成的松散固体物质堆积在坡面。整个流域范围内的植被状况良好,多为灌木或草本植物,沟内有常年流水,春、夏两季流量相对较大,秋、冬两季流量相对较小。

2. 流域分区特征

多助沟泥石流流域可以分为四个区域,即清水区、形成区、流通区和堆积区;其分区特征见表 14.165,沟床纵比降特征如图 14.141 所示。

表 14.165　多助沟泥石流流域分区特征

分　区	面积(km²)	高程范围(m)
清水区	1.50	4 720～5 200
形成区	2.20	3 720～4 720
流通区	0.30	3 400～3 720
堆积区	0.07	3 250～3 400

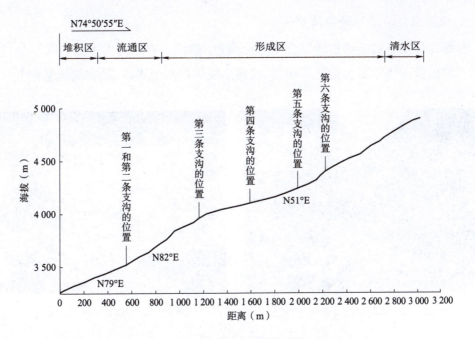

图 14.141 多助沟泥石流流域沟床纵比降特征

(1)清水区

清水区位于海拔 4 720 m 以上,该地段植物状态较好,坡面较稳定,只有局部出现崩坡积物。汇水面积约 1.50 km², 坡度较陡, 大约在 30°~40°。降雨后坡面径流汇入主沟道内, 从而增大洪水流量, 为松散固体物质的起动和搬运及泥石流的形成提供水动力条件。

(2)形成区

形成区主要是海拔 3 720~4 720 m 的汇水和松散固体物质堆积区, 主沟长约 1 890 m, 纵比降 496‰, 沟道呈"V"形, 宽 5~10 m 不等。沟道内有松散固体堆积, 堆积厚度 0.6~1.2 m; 坡面有局部崩塌, 坡脚同时也有部分崩坡积物, 这些松散堆积物质将是泥石流形成的主要物质来源。

(3)流通区

流通区位于海拔 3 400~3 720 m, 主沟长约 525 m, 纵比降 600‰, 沟道成"V"形, 宽 3~8 m; 沟内有部分松散固体物质堆积, 下游端与泥石流堆积扇相连。多助沟流通区特征如图 14.142 所示。

(4)堆积区

堆积区位于海拔 3 400 m 以下, 主沟长约 310 m, 纵比降 468‰。堆积扇明显, 扇顶角约 120°, 堆积物质以块石、碎石为主, 充填有细颗粒, 堆积区特征如图 14.143 所示。其堆积面积约为 6.76 万 m², 堆积厚度 3~5 m, 估算出该堆积扇的体积约为 23.66 万 m³。

3. 松散固体物质可移动储量估算

根据高分辨率的遥感影像结合实际的调查，解译出多助沟内主要的能够参与泥石流活动的松散固体物质为沟道堆积物、坡面崩坡积物和崩塌体，其物质储量如下：

图 14.142　多助沟流通区沟道特征

图 14.143　多助沟堆积区特征

(1) 沟道堆积物的量测或估算：

经估算，沟道堆积物体积为 0.60 万 m^3。

(2) 坡面崩坡积物的量测或估算：

经估算，坡面崩坡积物体积为 11.34 万 m^3。

(3) 崩塌体的量测或估算：

经估算，崩塌体体积为 1.27 万 m^3。

估算出能够参与泥石流活动的松散固体物质储量为 0.60+11.34+1.27=13.21 万 m^3。

4. 地质灾害现状评估

根据多助沟老泥石流堆积扇表面植被长势情况，可以判断该沟泥石流发生的频率较低，属于低频泥石流。

根据气象特征判断，短时强降水是多助沟泥石流发生的主要原因，因此，该沟泥石流的发生类型属于暴雨型泥石流。

多助沟可以明显的划分为清水区、形成区、流通区和堆积区，其形成区内有崩塌堆积物，堆积区为扇形，且堆积物具有一定的磨圆度，根据《滑坡崩塌泥石流灾害调查规范(1∶50 000)》(DZ/T 0261—2014)中的判别标准，该沟属于沟谷型泥石流。

根据泥石流流域面积和堆积扇判断，该沟泥石流规模属于中型。

根据国土资源部颁发的《泥石流灾害防治工程设计规范》(DZ/T 0239—2004)，多助沟泥石流的总体评分值为 82 分(表 14.166)，容重为 15.65 kN/m^3，属于稀性泥石流，为轻度易发。从泥石流沟的演化趋势判断，该沟沟坡趋于稳定，以河床侵蚀为主，有淤有冲，由淤转冲，向洪水沟演化，属于衰退期泥石流。

表 14.166 多助沟泥石流易发程度综合分级评判表泥石流易发程度评判表

序号	影响因素	得 分
1	崩塌、滑坡及水土流失（自然和人为的）严重程度	12
2	泥沙沿程补给长度比	16
3	沟口泥石流堆积活动程度	1
4	河沟纵坡	12
5	区域构造影响程度	5
6	流域植被覆盖率	1
7	河沟近期一次变幅	1
8	岩性影响	4
9	沿沟松散物储量	6
10	沟岸山坡坡度	6
11	产沙区沟槽横断面	5
12	产沙区松散物平均厚度	3
13	流域面积	5
14	流域相对高差	4
15	河沟堵塞程度	1
	总得分	82
	易发程度评价	轻度

综合上述分析，从多助沟老泥石流堆积扇的情况、松散固体物质储量及沟床纵比降上判断，在极低频暴雨的情况下，该沟仍有发生较大规模泥石流的可能性，可能会对雅鲁藏布江形成一定的挤压，但总体上对研究区的影响不大。而且，多助沟现状较为稳定，致灾能力弱，所以地质灾害现状危险性小。

参考文献

[1] 四川省水利电力局水文总站.四川省水文手册[M].[出版地不详]:[出版者不详],1979.

[2] 宋章,张广泽,蒋良文,等.川藏铁路主要地质灾害特征及地质选线探析[J].铁道标准设计,2016,60(1):14-19.

[3] 郑宗溪,孙其清.川藏铁路隧道工程[J].隧道建设,2017,37(8):1049-1054.

[4] 郭长宝,张永双,蒋良文,等.川藏铁路沿线及邻区环境工程地质问题概论[J].现代地质,2017,31(5):877-889.

[5] 徐正宣,袁东,刘志军,等.川藏铁路宋家沟泥石流发育特征及危险性分析[J].长江科学院院报,2020,37(10):165-170,176.

[6] 漆先望.建设川藏铁路的战略意义[J].决策咨询,2019(6):6-8.

[7] 冯涛,刘建国,游勇,等.川藏铁路郭达山隧道受泥石流影响分析与防治[J].铁道建筑,2020,60(11):80-83.

[8] 张广泽,蒋良文,宋章,等.横断山区川藏线山地灾害和地质选线原则研究[J].铁道工程学报,2016,33(2):21-24,33.

[9] 周必凡,李德基,罗德富,等.泥石流防治指南[M].北京:科学出版社,1991.

[10] 王继康.泥石流防治工程技术[M].北京:中国铁道出版社,1996.

[11] 康志成,李焯芬,马蔼乃,等.中国泥石流研究[M].北京:科学出版社,2004.

[12] 崔鹏.我国泥石流防治进展[J].中国水土保持科学,2009,7(5):7-13,31.

[13] 中国科学院水利部成都山地灾害与环境研究所,中国科学院兰州冰川冻土研究所,西藏自治区交通厅科学研究所.川藏公路南线(西藏境内)山地灾害及防治对策[M].北京:科学出版社,1995.

[14] 中国科学院成都山地灾害与环境研究所,西藏自治区交通科学研究所.川藏公路典型山地灾害研究[M].成都:成都科技大学出版社,1999.

[15] 崔建恒.川藏公路地质环境与整治改建方案的思考[J].工程地质学报,2003(1):100-104.

[16] 中国科学院—水利部成都山地灾害与环境研究所,西藏自治区交通厅科学研究所.西藏泥石流与环境[M].成都:成都科技大学出版社,1999.

[17] 蒲健辰,姚檀栋,王宁练,等.近百年来青藏高原冰川的进退变化[J].冰川冻土,2004,26(5):517-522.

[18] 鲁安新,姚檀栋,王丽红,等.青藏高原典型冰川和湖泊变化遥感研究[J].冰川冻土,2005,27(6):783-792.

[19] 吕儒仁,李德基.青藏高原地表过程与地质构造基础[M].成都:四川科学技术出版社,2015.

[20] 中国科学院青藏高原综合科学考察队.西藏河流与湖泊[M].北京:科学出版社,1984.

[21] 游勇,蒋良文,张广泽,等.川藏铁路拉萨—加查段泥石流发育特征及防治对策[C]//中国铁道学会、中国铁道学会工程分会、中国中铁股份有限公司、中铁二院工程集团有限责任公司."川藏铁路建设

的挑战与对策"2016学术交流会论文集. 北京:人民交通出版社股份有限公司,2016:46-52.

[22] 刘峰贵,张海峰,陈琼,等. 青藏铁路沿线自然灾害地理组合特征分析[J]. 地理科学,2010,30(3):384-390.

[23] 胡勇. 桑日—加查河谷段地应力场特征及隧道岩爆预测分析[D]. 成都:成都理工大学,2016.

[24] 中国科学院青藏高原综合科学考察队. 西藏第四纪地质[M]. 北京:科学出版社,1983.

[25] 肖序常,万子益,李光岑,等. 雅鲁藏布江缝合带及其邻区构造演化[J]. 地质学报,1983(2):205-212.

[26] 郑来林,金振民,潘桂棠,等. 东喜马拉雅南迦巴瓦地区区域地质特征及构造演化[J]. 地质学报,2004,78(6):744-751,882.

[27] 林祥. 西藏降水分布特征[J]. 气象,1978,4(3):12-14.

[28] 中国科学院水利部成都山地灾害与环境研究所. 中国泥石流[M]. 北京:商务印书馆,2000.

[29] 吴积善,田连权,康志成,等. 泥石流及其综合治理[M]. 北京:科学出版社,1993.

[30] 中国科学院青藏高原综合科学考察队. 西藏冰川[M]. 北京:科学出版社,1986.

[31] 崔鹏,陈容,向灵芝,等. 气候变暖背景下青藏高原山地灾害及其风险分析[J]. 气候变化研究进展,2014,10(2):103-109.

[32] 张永双,郭长宝,姚鑫,等. 青藏高原东缘活动断裂地质灾害效应研究[J]. 地球学报,2016,37(3):277-286.

[33] 程尊兰,朱平一,党超,等. 藏东南冰湖溃决泥石流灾害及其发展趋势[J]. 冰川冻土,2008,30(6):954-959.

[34] 程尊兰,朱平一,宫怡文. 典型冰湖溃决型泥石流形成机制分析[J]. 山地学报,2003,21(6):716-720.

[35] 夏远志. 川藏公路南线然乌至培龙段冰湖溃决泥石流分布规律及形成机制研究[D]. 重庆:重庆交通大学,2012.

[36] 中华人民共和国国土资源部. 泥石流灾害防治工程勘查规范:DZ/T 0220—2006[S]. 北京:中国标准出版社,2005.

[37] 杨美卿,王立新. 泥石流运动的层移质模型及其试验研究[J]. 泥沙研究,1992(3):21-29.

[38] 王光谦,倪晋仁,张军,等. 泥石流的颗粒流模型[J]. 山地研究,1992,10(1):1-10.

[39] 费祥俊,熊刚. 泥石流输砂能耗及运动速度与阻力的计算方法[J]. 泥沙研究,1995(4):1-9.

[40] 费祥俊. 水石流的输沙浓度与流动速度[J]. 泥沙研究,2002(4):8-12.

[41] 刘希林,唐川. 泥石流危险性评价[M]. 北京:科学出版社,1995.

[42] 刘希林,莫多闻. 泥石流风险评价[M]. 成都:四川科学技术出版社,2003.

[43] 谭万沛. 泥石流及其灾害的极大值[J]. 灾害学,1987,8(3):79-83.

[44] 崔鹏,杨坤,朱颖彦,等. 西部山区交通线路的泥石流灾害及减灾对策[J]. 山地学报,2004,22(3):326-331.

[45] 王士革,崔鹏,谢洪,等. 山区铁路建设中的泥石流灾害与防治对策[J]. 工程地质学报,2000,8(4):400-403.

[46] 孟河清. 宝成铁路泥石流浅析[J]. 山地学报,1986,4(2):28-36.

[47] 孙东,王道永. 雅鲁藏布江缝合带中段构造特征及成因模式新见解[J]. 地质学报,2011,85(1):56-65.

[48] 曾庆高,王保弟,西洛郎杰,等. 西藏的缝合带与特提斯演化[J]. 地球科学,2020,45(8):2735-2763.

[49] 吴新国,贾建称,崔邢涛. 雅鲁藏布江缝合带开合演化模式的探讨[J]. 现代地质,2005,19(4):

488-494.

[50] 刘飞,杨经绥,连东洋,等.雅鲁藏布江缝合带西段北亚带的基性岩成因和构造意义[J].地球学报,2015,36(4):441-454.

[51] 欧阳猛.公路泥石流灾害特征参数确定与防治对策研究[D].长沙:中南大学,2008.

[52] 孟兴民,陈冠,郭鹏,等.白龙江流域滑坡泥石流灾害研究进展与展望[J].海洋地质与第四纪地质,2013,33(4):1-15.

[53] 胡涛.汶川震区震后大型泥石流致灾机理及防治对策研究[D].成都:成都理工大学,2017.

[54] 马传浩,陈剑.地质雷达技术在泥石流灾害调查中的应用:以北京房山南安主沟泥石流为例[J].地质与勘探,2019,55(4):1066-1072.

[55] 曹晨.泥石流 GeoFlow-SPH 数值模拟中参数取值研究[D].成都:成都理工大学,2019.

[56] 徐士彬.泥石流作用下路基易损性试验研究与综合评价[D].合肥:合肥工业大学,2017.

[57] 于辉.东川大白泥河小流域泥石流迹地遥感探测分析研究[D].昆明:昆明理工大学,2019.

[58] 刘家宏,王光谦.基于遥感图像的泥石流地面活动程度评价[J].地理科学,2003,23(4):454-459.

[59] 余斌,朱渊,王涛,等.沟床起动型泥石流预报研究[J].工程地质学报,2014,22(3):450-455.

[60] 胡清波,李海明.遥感技术在南昆铁路段家河流域泥石流调查中的应用[J].铁路航测,1994(3):27-30.

[61] 赵建康,孙乐玲,唐小明.浙江省小流域泥石流地质灾害调查与评价技术方法[C]//浙江省地质学会.2006年浙江省地质学会学术交流会论文集.[出版者不详],2006:74-80.

[62] 郭兆成,童立强,周成灿,等.基于遥感图像分析对金错冰川湖溃决泥石流事件的验证[J].国土资源遥感,2016,28(1):152-158.

[63] 郭友根.太行山区泥石流调查及计算方法探讨[J].黑龙江交通科技,2011,34(6):111-112.

[64] 孙健,刘海,刘钦,等.沟谷型泥石流地质灾害调查评价方法研究:以皖南小容泥石流地质灾害调查为例[J].华东地质,2021,42(1):108-115.

[65] 蒋树,文宝萍.国内外泥石流活动关键指标估算方法之比较[J].水文地质工程地质,2012,39(3):86-96.

[66] 唐小明,冯杭建,赵建康.基于虚拟GIS和空间分析的小流域泥石流地质灾害遥感解译:以嵊州市为例[J].地质科技情报,2008,27(2):12-16.

[67] 余斌.稀性泥石流容重计算的改进方法[J].山地学报,2009,27(1):70-75.

[68] 王震宇,裘建国,汪庆华.龙泉市小流域泥石流地质灾害特征及防灾对策[J].水土保持通报,2011,31(4):210-214.

[69] 罗真富,齐信,易静.遥感三维可视化在南沟泥石流调查中的运用[J].环境科学与管理,2010,35(1):144-146.

[70] 屈永平,唐川,刘洋,等.西藏林芝地区冰川降雨型泥石流调查分析[J].岩石力学与工程学报,2015,34(S2):4013-4022.

[71] 刘洋.基于RS的西藏帕隆藏布流域典型泥石流灾害链分析[D].成都:成都理工大学,2013.

[72] 唐小平,桑有明,李耀家.西藏公路建设中的泥石流调查与危险性评价[J].中国地质灾害与防治学报,2007,18(S1):11-15.

[73] 韦方强,胡凯衡.泥石流流速研究现状与发展方向[J].山地学报,2009,27(5):545-550.

[74] 张罗号,张红武,张锦方,等.泥石流流速计算与模型设计方法[J].人民黄河,2015,37(4):18-24.

[75] 徐黎明,王清,陈剑平,等.基于BP神经网络的泥石流平均流速预测[J].吉林大学学报(地球科学版),2013,43(1):186-191.

[76] 高波,张佳佳,王军朝,等.西藏天摩沟泥石流形成机制与成灾特征[J].水文地质工程地质,2019,46(5):144-153.

[77] 崔鹏,陈晓清,程尊兰,等.西藏泥石流滑坡监测与防治[J].自然杂志,2010,32(1):19-25,66.

[78] 李元灵,王军朝,陈龙,等.2016年帕隆藏布流域群发性泥石流的活动特征及成因分析[J].水土保持研究,2018,25(6):397-402.

[79] 薛翊国,孔凡猛,杨为民,等.川藏铁路沿线主要不良地质条件与工程地质问题[J].岩石力学与工程学报,2020,39(3):445-468.

[80] 陈宁生,周海波,胡桂胜.气候变化影响下林芝地区泥石流发育规律研究[J].气候变化研究进展,2011,7(6):412-417.

[81] 屈永平,朱静,卜祥航,等.西藏林芝地区冰川降雨型泥石流起动实验初步研究[J].岩石力学与工程学报,2015,34(S1):3256-3266.

[82] 陈飞飞,姚磊华,赵宏亮,等.泥石流危险性评价问题的探讨[J].科学技术与工程,2018,18(32):114-123.

[83] 李阔,唐川.泥石流危险性评价研究进展[J].灾害学,2007,22(1):106-111.

[84] 柴波,陶阳阳,杜娟,等.西藏聂拉木县嘉龙湖冰湖溃决型泥石流危险性评价[J].地球科学,2020,45(12):4630-4639.

[85] 黄伟,唐川,刘洋.基于灰色关联度的冰川泥石流危险性评价因子分析[J].灾害学,2013,28(2):172-176.

[86] 刘佳,赵海军,马凤山,等.基于改进变异系数法的G109拉萨—那曲段泥石流危险性评价[J].中国地质灾害与防治学报,2020,31(4):63-70.

[87] 钟鑫,赵德军,黎厚富.西藏波密县卡达沟泥石流发育特征及危险性评价[J].人民长江,2018,49(S2):103-107.

[88] 魏斌斌,陆鹿.西藏地区公路泥石流特征、危险性评价及防治建议:以某公路泥石流为例[J].青海交通科技,2017(2):33-38.

[89] 彭仕雄,陈卫东.泥石流危险性三要素评估方法[J].岩石力学与工程学报,2018,37(S1):3542-3549.